Küpper/Friedl/Hofmann/Pedell
Übungsbuch zur Kosten- und Erlösrechnung

# Übungsbuch zur Kosten- und Erlösrechnung

von

Prof. Dr. Dr. h. c. Hans-Ulrich Küpper

Prof. Dr. Gunther Friedl

Prof. Dr. Christian Hofmann

Prof. Dr. Burkhard Pedell

8., überarbeitete und erweiterte Auflage

Verlag Franz Vahlen München

**Prof. Dr. Dr. h.c. Hans-Ulrich Küpper** lehrte bis 2013 Produktionswirtschaft und Controlling an der Ludwig-Maximilians-Universität München, und von 2020 bis 2023 Rechnungswesen an der Universität Wien.

**Prof. Dr. Gunther Friedl** ist Inhaber des Lehrstuhls für Controlling an der Technischen Universität München.

**Prof. Dr. Christian Hofmann** leitet das Institut für Unternehmensrechnung und Controlling an der Ludwig-Maximilians-Universität München.

**Prof. Dr. Burkhard Pedell** ist Inhaber des Lehrstuhls für ABWL und Controlling an der Universität Stuttgart.

ISBN Print: 978 3 8006 7211 0
ISBN eBook: 978 3 8006 7212 7


Satz: Fotosatz Buck
Zweikirchener Str. 7, 84036 Kumhausen
Druck und Bindung: Beltz Grafische Betriebe GmbH
Am Fliegerhorst 8, 99947 Bad Langensalza
Umschlaggestaltung: Ralph Zimmermann – Bureau Parapluie
Bildnachweis: © andresr – istockphoto.com
Gedruckt auf säurefreiem, alterungsbeständigem Papier
(hergestellt aus chlorfrei gebleichtem Zellstoff)

# Vorwort zur achten Auflage

Die Kosten- und Erlösrechnung zählt zu den Instrumenten, deren Wurzeln in praktischer und wissenschaftlicher Hinsicht in die Anfänge wirtschaftlichen Handelns und der (viel jüngeren) Betriebswirtschaftslehre zurückreichen. Bei ihr muss man die Bedeutung für das konkrete Handeln nicht lange erklären, dafür werden die theoretischen Hintergründe ihres Einsatzes nicht ohne Weiteres erkennbar. Unabdingbar ist es, die Vielzahl der für sie entwickelten Verfahren an konkreten Beispielen zu trainieren.

Dem dient das vorliegende Übungsbuch, dessen Anfänge auf Übungen zurück gehen, die der Erstautor vor über 40 Jahren als wissenschaftlicher Mitarbeiter gehalten und dann mit seinen ersten Assistenten an den Universitäten Stuttgart und Essen weitergeführt hat. Aus diesen stellten zwei studentische Mitarbeiter, die zwischenzeitlich Tätigkeiten als Vorstand bei Daimler bzw. Professor in Cambridge aufnahmen, an der TH Darmstadt ein „Skript" zusammen. Da die Koautoren der ersten Auflage in die Praxis gingen, ist deren Aufgabe seit der vierten Auflage an die jetzigen Koautoren übergegangen.

Die Kosten- und Erlösrechnung ist inzwischen bis in viele Dienstleistungsbereiche hinein weit verbreitet. Problematisch wird ihr Einsatz ohne ausreichende konzeptionelle und theoretische Kenntnisse zur Verwendbarkeit der berechneten Informationen. Deshalb ist dieses Übungsbuch eng mit den Lehrbüchern „Systeme der Kosten- und Erlösrechnung" (11. Auflage 2015, Verlag Vahlen) und „Kostenrechnung – Eine entscheidungsorientierte Einführung" (4. Auflage 2022, Verlag Vahlen) verknüpft.

In der Weiterführung über viele Auflagen hinweg schlagen sich einerseits Erfahrung und andererseits die Neuentwicklungen in Wissenschaft und Praxis nieder. Deshalb hoffen wir, dass diese Aufgaben weiter vielen helfen, auf Basis guter theoretischer Kenntnisse Instrumente der Kosten- und Erlösrechnung einzuüben und zweckgerecht praktisch einzusetzen.

In der vorliegenden achten Auflage wurden neben zahlreichen neuen Rechenaufgaben auch einige zusätzliche Single und Multiple Choice Aufgaben aufgenommen.

Für Unterstützung bei der Überarbeitung danken wir vor allem Frau Dr. Franziska Grieser, Frau Dr. Andrea Kampmann, Herrn Dr. Martin Viehweger, der auch die Koordination sowie Endredaktion übernommen hat, und Herrn Dr. Peter Schäfer sowie Frau Dr. Barbara Schlösser für die wie immer unkomplizierte und effiziente Zusammenarbeit mit dem Verlag Vahlen.

Wien, München und Stuttgart, im Frühjahr 2023

*Prof. Dr. Dr. h.c. Hans-Ulrich Küpper* *Prof. Dr. Gunther Friedl*
*Prof. Dr. Christian Hofmann* *Prof. Dr. Burkhard Pedell*

# Vorwort zur ersten Auflage

Die Kosten- und Erlösrechnung gehört zu den wichtigsten Informationsinstrumenten von Unternehmungen. Ihre Kenntnis ist eine zentrale Basis betriebswirtschaftlichen Wissens und bildet daher einen wichtigen Gegenstand aller kaufmännischen oder betriebswirtschaftlichen Ausbildungsgänge von der Berufsschule bis zur Universität.

Dabei ist die Auseinandersetzung mit unterschiedlichen Systemen der Kosten- und Erlösrechnung eine wichtige Aufgabe im betriebswirtschaftlichen Studium. Dieses Übungsbuch soll es ermöglichen, die im Lehrbuch „Systeme der Kosten- und Erlösrechnung" von Marcell Schweitzer und Hans-Ulrich Küpper gekennzeichneten Probleme und Verfahren an einer größeren Zahl von Beispielen zu analysieren.

Seine Aufgaben zu den verschiedenen Bestandteilen und Systemen der Kosten- und Erlösrechnung unterstützen Vorlesungen, Übungen und Selbststudium. Sie sind im Schwierigkeitsgrad so abgestuft, daß man sowohl im Grund- als auch im Hauptstudium mit ihnen arbeiten kann. Durch die Skizzierung der Lösungen läßt sich der jeweilige Lösungsweg nachvollziehen.

Die Aufgaben sind aus Veranstaltungen an der Technischen Hochschule Darmstadt, der Universität Frankfurt und der Universität München hervorgegangen. Dort bildeten sie einen wesentlichen Bestandteil von Übungen des Grund- und des Hauptstudiums. Zum Teil wurden sie für Klausuren dieser Übungen bzw. des Vor- und Hauptdiploms entwickelt.

An der Erstellung, Prüfung und Überarbeitung der Aufgaben war neben den Autoren eine Reihe von Mitarbeitern an den genannten Hochschulen beteiligt. Den ersten Entwurf haben die Herren Dr. Wolfgang Bernhard und Dipl.-Wirtschaftsingenieur Christoph Loch, Ph.D., noch als studentische Mitarbeiter an der Technischen Hochschule Darmstadt erstellt. Die erste Umsetzung der Aufgaben und Lösungen in eine druckreife Fassung übernahmen vor allem unsere jetzigen studentischen Mitarbeiter Frau Dipl.-Ingenieur Marion Eibl, Frau Angela Gartner und Herr Burkhard Pedell. Ihnen und allen früheren Mitarbeitern, die zu der mühsamen Arbeit des laufenden Ausdenkens neuer (Klausur-) Aufgaben beigetragen haben, gebührt unser herzlicher Dank.

Wir hoffen, die meisten Fehler inzwischen ausgemerzt zu haben. Wie schwierig das ist, weiß jeder, der sich in die Kleinarbeit derartiger Aufgaben hineinkniet. Für Hinweise auf Fehler und Mängel sind wir dankbar, auch wenn es uns natürlich ärgert, sie nicht selbst gefunden zu haben.

München, im Herbst 1993

*Prof. Dr. Hans-Ulrich Küpper* *Dr. Konrad Bösl*
*Dipl.-Kfm. Volker Breid* *Dipl.-Kfm. Ingo Koch*

# Inhaltsverzeichnis

# Abkürzungsverzeichnis

Abschr. ........ Abschreibung
Abt. ........... Abteilung
AM ........... Ausbringungsmenge
Aufw. ........ Aufwendungen
AV ............ Arbeitsvorbereitung
AW .......... Anschaffungswert
BA ........... Beschäftigungsabweichung
BAB .......... Betriebsabrechnungsbogen
BEP .......... Break-Even-Point
BW ........... Buchwert
bzw. .......... beziehungsweise
cm ........... Zentimeter
$cm^3$ .......... Kubikzentimeter
DB ........... Deckungsbeitrag
$DB_{ges}$ ......... Gesamtdeckungsbeitrag
E ............. Erlös
EK ........... Einzelkosten
EM ........... Einsatzmenge
EMK ......... Einsatzmengenkosten
EW ........... Erwartungswert
FEK .......... Fertigungseinzelkosten
Fert. .......... Fertigung
FF ............ Fertigfabrikate
FGK .......... Fertigungsgemeinkosten
FK ........... Fertigungskosten
FKSt ......... Fertigungskostenstelle
FL ........... Fertigungslöhne
FM ........... Fertigungsmaterial
G ............ Gewinn
GK ........... Gemeinkosten
$GK_v$ .......... variable Gemeinkosten
GKR ......... Gemeinschafts-Kontenrahmen
GKV ......... Gesamtkostenverfahren
GuV .......... Gewinn- und Verlustrechnung
HF ........... Halbfabrikate
h ............. Stunden
hl ............ Hektoliter
HK ........... Herstellkosten
$HK_f$ .......... fixe Herstellkosten
$HK_v$ .......... variable Herstellkosten

HKSt ......... Hilfskostenstelle
HuB .......... Hilfs- und Betriebsstoffe
K ............ Gesamtkosten
k ............ Stückkosten
$K_f$ ............ fixe Gesamtkosten
$k_f$ ............ fixe Stückkosten
$K_{ist}$ ........... Istkosten
$K_{plan}$ .......... geplante Gesamtkosten
$K_{preis}$ ......... Preisabweichung
$K_{Menge}$ ........ Mengenabweichung
$K_{M,P}$ .......... Abweichung höheren Grades
$K_{sek}$ .......... sekundäre Kosten
$K_{soll}$ .......... Sollkosten
$k_v$ ............ variable Stückkosten
$K_{vp}$ ........... verrechnete Plankosten
KA ........... Kostenanteil
kalk. ......... kalkulatorisch
kg ............ Kilogramm
KoANr. ....... Kostenartennummer
KoSt ......... Kostenstelle
$K_v$ ............ variable Gesamtkosten
KW .......... Kapitalwert
kWh .......... Kilowattstunden
l ............ Liter
LE ........... Leistungseinheit(en)
lmi ........... leistungsmengeninduziert
lmn .......... leistungsmengenneutral
m ............ Meter
$m^2$ ........... Quadratmeter
$m^3$ ........... Kubikmeter
MA .......... Mengenabweichung
Mat .......... Material
max. ......... maximal
ME ........... Mengeneinheit(en)
MEK ......... Materialeinzelkosten
min .......... Minuten
Mio .......... Million
MGK ......... Materialgemeinkosten
mm .......... Millimeter
MW .......... Marktwert
MWSt ........ Mehrwertsteuer
ND ........... Nutzungsdauer
p. a. .......... per anno
prop. ......... proportional
RE ........... Rechnungseinheit(en)
RW ........... Restwert
SEK .......... Sondereinzelkosten

SEKF ......... Sondereinzelkosten der Fertigung
SEKVt ........ Sondereinzelkosten des Vertriebs
SK ........... Selbstkosten
$SK_{voll}$ ......... volle Selbstkosten
$SK_v$ ........... variable Selbstkosten
sk ............ Stückselbstkosten
$sk_v$ ........... variable Stückselbstkosten
$sk_{voll}$ .......... volle Stückselbstkosten
St ............ Stück
StK ........... Stufenkosten
t ............. Tonnen
Teilk. .......... Teilkosten
TEV .......... Total Efficiency Variance
TG ........... Teilgewicht
u. a. .......... unter anderem
U ............ Umsatz
UKV ......... Umsatzkostenverfahren
Untern. ........ Unternehmung
VA ........... Verbrauchsabweichung
var. .......... variabel
VEV .......... Variable Efficiency Variance
vorzugeb. ...... vorzugebende
Vollk. ......... Vollkosten
Vt ............ Vertrieb
VtK .......... Vertriebskosten
$VtK_f$ .......... fixe Vertriebskosten
$VtK_v$ .......... variable Vertriebskosten
VtGK ......... Vertriebsgemeinkosten
Vw ........... Verwaltung
VwK ......... Verwaltungskosten
VwGK ........ Verwaltungsgemeinkosten
Vw- u. VtK .... Verwaltungs- und Vertriebskosten
Vw- u. VtGK .. Verwaltungs- und Vertriebsgemeinkosten
W ............ Wahrscheinlichkeit
ZI ............ Zielkostenindex
z. T. .......... zum Teil

# 1 Bestandteile der Kostenrechnung

## 1.1 Kostenartenrechnung

### 1.1.1 Abschreibungen

#### Aufgabe 1.1.1.1: Abschreibung in Bilanz und Kostenrechnung

Wann und bei welchen Gütern werden in der bilanziellen Rechnung und in der Kostenrechnung Abschreibungen angesetzt?

Kennzeichnen Sie die grundsätzlichen Gemeinsamkeiten und Unterschiede zwischen pagatorischem und kalkulatorischem Ansatz von Abschreibungen.

#### Aufgabe 1.1.1.2: Abschreibung in Bilanz und Kostenrechnung

Eine Krananlage mit einem Anschaffungswert von € 850.000,– besitzt ein voraussichtliches Nutzungspotential von 20.000 Leistungsstunden. Der Restwert beträgt am Ende der erwarteten Nutzungsdauer von zehn Jahren voraussichtlich € 50.000,–. Die Anlage wird bilanziell geometrisch-degressiv mit dem steuerlich maximal zulässigen Prozentsatz abgeschrieben. Dagegen wird die kalkulatorische Abschreibung zeit- und leistungsabhängig vorgenommen. Der Zeitabschreibung wird die Hälfte der Abschreibungsbasis zugrunde gelegt, während die andere Hälfte gemäß der Leistungsinanspruchnahme abgeschrieben wird. Die Leistungsinanspruchnahme beträgt in den ersten vier Jahren 1.500, 1.900, 2.200 bzw. 2.060 Stunden.

a) Mit welchem Prozentsatz wird die Krananlage bilanziell abgeschrieben?

b) Wie hoch ist die Abschreibungsquote bei der zeitabhängig vorgenommenen kalkulatorischen Abschreibung, wenn von einem linearen Abschreibungsverlauf ausgegangen werden kann?

c) Berechnen Sie die bilanziellen und die gesamten kalkulatorischen Abschreibungen für die ersten vier Jahre.

#### Aufgabe 1.1.1.3: Abschreibungsverfahren

Geben Sie einen Überblick über die Verfahren der Abschreibung. Berechnen Sie diese Abschreibungen für eine Produktionsanlage mit folgenden Daten:

- Wiederbeschaffungskosten [€]: 10.000,–
- Nutzungsdauer [Jahre]: 5
- Produktionsleistung [Stück/Jahr]: 4.000, 2.000, 2.000, 1.000, 1.000
- Steuerlich höchstzulässiger Abschreibungsprozentsatz: 20 %

## Aufgabe 1.1.1.4: Abschreibungsverfahren

Eine Maschine mit Anschaffungskosten in Höhe von € 180.000,– soll über vier Jahre abgeschrieben werden. Der Resterlös nach Periode vier betrage € 20.000,–. Über die Nutzungsdauer von vier Jahren wird mit einer Gesamtkapazität der Anlage von 320.000 Stück gerechnet, die sich wie folgt auf die einzelnen Perioden verteilt:

| Periode | 1 | 2 | 3 | 4 |
|---|---|---|---|---|
| Stück | 100.000 | 60.000 | 90.000 | 70.000 |

a) Stellen Sie jeweils einen Abschreibungsplan der gesamten Nutzungsdauer für die folgenden Abschreibungsmethoden auf:
   a1) lineare Abschreibung
   a2) geometrisch-degressive Abschreibung
   a3) arithmetisch-degressive (digitale) Abschreibung
   a4) leistungsabhängige Abschreibung.
   Aus dem Abschreibungsplan müssen der jeweilige Buchwert zu Periodenbeginn ($BW_{t-1}$), der Restbuchwert am Periodenende (RW) sowie der jährliche Abschreibungsbetrag ($a_t$) hervorgehen.

b) Kennzeichnen Sie drei verschiedene Abschreibungsursachen. Welche Abschreibungsmethode empfehlen Sie bei jeder dieser drei Ursachen?

## Aufgabe 1.1.1.5: Abschreibung nach Bain/Kilger

Für einen LKW mit Wiederbeschaffungskosten von € 240.000,– werden eine maximale Nutzungsdauer von 10 Jahren und eine maximale Gesamtleistung von 180.000 km geschätzt. Berechnen Sie die monatlichen Abschreibungen nach dem Näherungsverfahren von Bain/Kilger bei einer Planbeschäftigung im Monat ($x_p$) von 1.500, 2.500 und 4.000 km für eine Istbeschäftigung im Monat ($x_i$) von 1.500, 2.500 und 4.000 km.

Wie beurteilen Sie dieses Verfahren? Begründen Sie Ihre Auffassung!

## Aufgabe 1.1.1.6: Abschreibungsverfahren nach Bain

Das Unternehmen Werner GmbH produziert seit seinem 20-jährigen Firmenbestehen Stahl- und Leichtmetallfelgen für die Autoindustrie. Die beiden Felgentypen werden an jeweils einer eigenen Maschine gefertigt. Bisher werden die Abschreibungen im Rahmen der Grenzplankostenrechnung als fixer Kostenbestandteil behandelt. Der Chefcontroller beschließt die Abschreibungen in Zukunft nach dem Näherungsverfahren nach Bain zu berechnen.

a) Welchen Zweck erfüllt die Abschreibungsregel nach Bain im Rahmen der Grenzplankostenrechnung? Warum benötigt man dazu ein Näherungsverfahren?

Zu den beiden Maschinen liegen folgende Daten vor:

| | **Maschine 1: Stahlfelgen** | **Maschine 2: Leichtmetallfelgen** |
|---|---|---|
| Wiederbeschaffungswert [€] | 4.000.000,– | 6.000.000,– |
| Maximale Nutzungsdauer | 8 Jahre | 6 Jahre |
| Maximal Gesamtleistung | 1.000.000 Felgen | 200.000 Felgen |

Es ist geplant, im nächsten Jahr 160.000 Stahlfelgen und 20.000 Leichtmetallfelgen zu produzieren.

b) Berechnen Sie die jährliche Abschreibung des Folgejahres nach dem Näherungsverfahren von Bain, wenn mit Maschine 1 tatsächlich 200.000 Stahlfelgen und mit Maschine 2 tatsächlich 40.000 Felgen produziert wurden. Weisen Sie dabei die fixe und variable Abschreibung getrennt aus.

c) Wie ändern sich die Ergebnisse für Maschine 1 aus Aufgabenteil b), wenn die geplante Anzahl von Stahlfelgen von 160.000 auf 200.000 steigt. Gehen Sie von dem gleichen tatsächlich realisierten Wert wie in Aufgabenteil b) aus.

d) Illustrieren Sie das Näherungsverfahren nach Bain grafisch für Maschine 1 anhand der Zahlen aus Aufgabenteil b). Zeigen Sie dabei genau die Differenz zwischen den errechneten Abschreibungen nach dem Näherungsverfahren und dem tatsächlichen Wertverlust (ohne Näherungsverfahren) auf. Berechnen Sie diese Differenz für Maschine 1 sowohl für die Angaben aus Aufgabenteil b) als auch für die Angaben aus Aufgabenteil c).

### 1.1.2 Personalkosten

#### Aufgabe 1.1.2.1: Lohn- und Gehaltsabrechnung

In der Lohnbuchhaltung liegen über eine zu entlohnende Tätigkeit in der Unternehmung die in nachfolgender Tabelle angegebenen Informationen vor:

| Tätigkeit | Fräsen und Schleifen eines Werkstücks | |
|---|---|---|
| Vorgabezeit | | |
| – Fräsen | Rüstzeit [min] | 195 |
| | Ausführungszeit je Stück [min] | 7,6 |
| – Schleifen | Rüstzeit [min] | 123 |
| | Ausführungszeit je Stück [min] | 3 |
| Entlohnung | Prämienzeitlohn | |
| | Stundenlohn [€] | 9,42 |
| | Zeitersparnisprämie [€/min] | 0,12 |

Über den diese Tätigkeit ausführenden Arbeitnehmer sind folgende Informationen bekannt. Der Arbeiter hat an 18 Arbeitstagen mit jeweils 8 Stunden 795 Werkstücke bearbeitet (gefräst und geschliffen). Während der 18 Arbeitstage trat eine betriebsbedingte Stillstandszeit von vier Stunden auf. Der Arbeitnehmer war im abgelaufenen Monat vier Tage krank.

a) Wie hoch ist der Grundlohn des Arbeitnehmers?

b) Welche Vorgabezeit ergibt sich für die bearbeitete Menge, wenn für den Fräs- und den Schleifvorgang jeweils einmal die Maschine vorbereitet und eingerichtet werden musste?

c) Für welche Zeit bekommt der Arbeitnehmer eine Prämie bezahlt?

d) Welcher Bruttolohnbetrag ergibt sich für den Arbeitnehmer?

### 1.1.3 Bestandsbewertung und Zinsen

#### Aufgabe 1.1.3.1: Bestandsbewertung

Ein Webereibetrieb stellt Stoffe für Herrenoberhemden her. Als Einsatzgüter werden u. a. Baumwollgarne verschiedener Stärke und Festigkeit benötigt. Für ein bestimmtes Baumwollgarn wurden im Laufe der vergangenen Abrechnungsperiode die in nachfolgender Tabelle aufgezeichneten Bewegungen in der Materialrechnung erfasst:

| Datum | Vorgang | Menge [kg] | Preis [€/kg] |
|---|---|---|---|
| 03.02. | Zugang | 1.520 | 7,30 |
| 16.02. | Abgang | 1.030 | |
| 13.07. | Abgang | 700 | |
| 14.08. | Zugang | 840 | 7,25 |
| 19.10. | Zugang | 1.360 | 7,65 |
| 21.10. | Abgang | 580 | |
| 28.11. | Abgang | 950 | |

Der Bestand zu Jahresbeginn betrug 9.780 kg (Preis: 7,10 €/kg).

a) Ermitteln Sie den Endbestand an Baumwollgarn.

b) Bewerten Sie die Stoffabgänge nach der Lifo-, Fifo- und Hifo-Methode sowie mit dem gleitenden Durchschnitt.

## Aufgabe 1.1.3.2: Kalkulatorische Zinsen

Eine industrielle Unternehmung möchte wissen, welchen Betrag sie an kalkulatorischen Zinsen kostenrechnerisch zu erfassen hat. Über verschiedene Anlagegüter liegen die in nachfolgender Tabelle aufgeführten Angaben über die kalkulatorischen Buchwerte und Abschreibungen vor:

| Anlagegut | Kalkulatorischer Buchwert zu Periodenbeginn [€] | Kalkulatorische Abschreibungen (vom kalkulatorischen Buchwert) [%] |
|---|---|---|
| Bebaute Grundstücke | 1.200.000,– | 5 |
| Maschinenpark | 2.700.000,– | 15 |
| Betriebs- und Geschäftsausstattung | 820.000,– | 10 |
| Fuhrpark | 375.000,– | 20 |

Die Unternehmung hat einen Wertpapierbesitz von € 100.000,–. Das durchschnittlich gebundene Umlaufvermögen setzt sich aus Stoffen von € 350.000,–, Halb- und Fertigerzeugnissen von € 1.030.000,–, Forderungen von € 710.000,– und Zahlungsmitteln von € 266.000,– zusammen. Von den Lieferantenkrediten sind € 509.000,– als zinslos anzusehen. Kunden haben Anzahlungen in Höhe von € 63.000,– geleistet. In den bebauten Grundstücken ist ein Mietshaus im Wert von € 480.000,– enthalten.

a) Berechnen Sie das betriebsnotwendige Kapital. Bei der Berechnung ist zu berücksichtigen, dass bei den abzuschreibenden Anlagegütern der durchschnittliche kalkulatorische Buchwert anzusetzen ist.

b) Wie hoch ist das zinsberechtigte betriebsnotwendige Kapital?

c) Mit welchem Betrag sind die kalkulatorischen Zinsen bei einem Zinssatz von 8 % anzusetzen?

## Aufgabe 1.1.3.3: Kalkulatorische Zinsen

Die Bilanz einer Unternehmung weist am Ende von zwei aufeinander folgenden Stichtagen folgende Werte auf:

| Aktiva | 31.12.2002 | 31.12.2003 | Passiva | 31.12.2002 | 31.12.2003 |
|---|---|---|---|---|---|
| Grundstück mit Fabrikhalle | 100.000,– | 120.000,– | Grundkapital | 500.000,– | 500.000,– |
| Grundstück mit Privatwohnung | 80.000,– | 70.000,– | Offene Rücklagen | 150.000,– | 150.000,– |
| Maschinen | 530.000,– | 570.000,– | Rückstellungen | 110.000,– | 110.000,– |
| Betriebs- und Geschäftsausstattung | 70.000,– | 80.000,– | Darlehen | 150.000,– | 180.000,– |
| Roh-, Hilfs- und Betriebsstoffe | 130.000,– | 110.000,– | Verbindlichkeiten aus Lieferungen und Leistungen | 320.000,– | 340.000,– |
| Erzeugnisse | 140.000,– | 120.000,– | Erhaltene Anzahlungen | 65.000,– | 75.000,– |
| Forderungen | 100.000,– | 120.000,– | Bilanzgewinn | 35.000,– | 5.000,– |
| Schecks und Kasse | 130.000,– | 110.000,– | | | |
| Wertpapiere des Umlaufvermögens | 50.000,– | 60.000,– | | | |
| Summe | 1.330.000,– | 1.360.000,– | Summe | 1.330.000,– | 1.360.000,– |

a) Ermitteln Sie aufgrund dieser Werte die Höhe der kalkulatorischen Zinsen für 2003, wenn mit einem Zinssatz von 10 % gerechnet wird.

b) Warum rechnet man in der Kostenrechnung nicht mit den tatsächlich gezahlten Zinsen?

c) Welche Bedeutung hat das Abzugskapital?

## Aufgabe 1.1.3.4: Kalkulatorische Zinsen

Für einen einfachen Produktionsprozess gelten die nachfolgend angegebenen Daten über die Zahlungsvorgänge und die Entwicklung der Bestände.

| Zeitpunkt | 0 | 1 | 2 | 3 | 4 | 5 | 6 | 7 |
|---|---|---|---|---|---|---|---|---|
| Bestände an: [€] | | | | | | | | |
| Material | 1.800 | 1.200 | 600 | | | | | |
| Halbfertigerzeugnisse | | 600 | 600 | 600 | | | | |
| Fertigerzeugnisse | | | 600 | 600 | 600 | | | |
| Umsatz [€] | | | | 800 | 800 | 800 | | |
| Debitorenbestand [€] | | | | 800 | 1.600 | 1.600 | 800 | |
| Auszahlung für Material [€] | | 1.800 | | | | | | |
| Einzahlungen für Produktverkauf [€] | | | | | | 800 | 800 | 800 |

a) Wie hoch sind der Endwert und die für diesen Prozess anzusetzenden Zinsen bei einem kalkulatorischen Zinssatz von 1 %
   - mit Zinseszinsen,
   - ohne Zinseszinsen?

b) Wie werden die Zinsen in der traditionellen Kostenrechnung ermittelt?

c) Zeichnen Sie die Bestandsentwicklung für Material, Halb- und Fertigfabrikate sowie Debitoren in eine Grafik. Berechnen Sie unter Verwendung von Bestandshöhe und durchschnittlicher Lagerdauer die Höhe der Zinsen ohne Zinseszinsen für diesen Prozess. Vergleichen Sie das modifizierte Verfahren mit der traditionellen Berechnung.

## Aufgabe 1.1.3.5: Kalkulatorische Zinsen

In einer Einproduktunternehmung werden in einem zweistufigen Produktionsprozess auf der ersten Stufe aus Rohmaterial Halbfertigprodukte und auf der zweiten Stufe aus den Halbfertigprodukten Fertigprodukte hergestellt. Die Fertigungsdauer der Produktion beträgt jeweils einen Monat. Pro Monat werden jeweils 40 Halbfertigprodukte aus Rohmaterial und 40 Fertigprodukte aus Halbfertigprodukten hergestellt. Das Rohmaterial sei das einzige Einsatzgut. Von Lohn- und anderen Zahlungen wird vereinfachend abstrahiert. Die Materialkosten betragen € 20,– je Stück. Das Material wird jeweils für 4 Monate beschafft, wobei der Unternehmung von den Lieferanten ein Zahlungsziel von einem Monat eingeräumt wird. Vereinfachend wird angenommen, dass der

Materialabgang und der Zugang an Halb- und Fertigfabrikaten jeweils geballt am Ende eines Monats erfolgen. Auch die Umsätze erfolgen annahmegemäß geballt am Ende eines Monats. Der erste Umsatz erfolgt am Ende des dritten Monats, wobei den Abnehmern ein Zahlungsziel von zwei Monaten gewährt wird. Der Absatzpreis je Fertigprodukt betrage € 25,–. Sie haben den Auftrag, die kalkulatorischen Zinsen für den Prozess zu berechnen, der mit der einmaligen Materialbeschaffung für 4 Monate beginnt und dem letzten Zahlungseingang für die aus dieser einmaligen Materialbeschaffung hergestellten Produkte endet. Der kalkulatorische Zinssatz betrage 1 % je Monat (diskrete Verzinsung).

a) Wie hoch sind die Werte in € der Bestände an Rohmaterial, Halbfertigprodukte und Fertigprodukte, des Umsatzes, des Debitorenbestandes, der Auszahlungen für Material und der Einzahlungen aus dem Produktverkauf zu Beginn jedes Monats bis zur letzten Einzahlung?

b) Berechnen Sie die kalkulatorischen Zinsen nach dem traditionellen bestandsorientierten Verfahren.

c) Berechnen Sie die kalkulatorischen Zinsen einschließlich Zinseszinsen nach dem zahlungsstromorientierten Verfahren.

d) Berechnen Sie die kalkulatorischen Zinsen nach dem modifizierten bestandsorientierten Verfahren. Wie erklären Sie sich die Unterschiede zu den unter b) bzw. zu den unter c) ermittelten kalkulatorischen Zinsen?

e) Veranschaulichen Sie die Unterschiede zwischen der traditionellen bestandsorientierten Zinsberechnung gemäß Teilaufgabe b) und der modifizierten bestandsorientierten Zinsberechnung gemäß Teilaufgabe d) anhand einer geeigneten Grafik.

## Aufgabe 1.1.3.6: Kalkulatorische Zinsen

Eine Unternehmung produziert in einem zweistufigen Produktionsprozess aus dem Rohmaterial R über das Halbfertigerzeugnis HFE das Fertigerzeugnis FE. Zu diesem Prozess liegen Ihnen folgende Informationen vor:

| Zeitpunkt | 0 | 1 | 2 | 3 | 4 | 5 | 6 | 7 | 8 |
|---|---|---|---|---|---|---|---|---|---|
| Bestände an: [€] | | | | | | | | | |
| – Rohmaterial R | 4.800 | 3.200 | 1.600 | | | | | | |
| – Halbfertigerzeugnisse HFE | | 1.600 | 1.600 | 1.600 | | | | | |
| – Fertigerzeugnisse FE | | | 1.600 | 3.200 | 3.200 | 1.600 | | | |
| Umsatz [€] | | | | | 2.000 | 2.000 | 2.000 | | |
| Debitorenbestand [€] | | | | | 2.000 | 4.000 | 4.000 | 2.000 | |

| Zeitpunkt | 0 | 1 | 2 | 3 | 4 | 5 | 6 | 7 | 8 |
|---|---|---|---|---|---|---|---|---|---|
| Auszahlungen für Rohmaterial [€] | 1.000 | | 3.800 | | | | | | |
| Einzahlungen für Produktverkauf [€] | | | | | | | 2.000 | 2.000 | 2.000 |

Der kalkulatorische Zinssatz betrage 1 % je Teilperiode (diskrete Verzinsung).

a) Berechnen Sie die kalkulatorischen Zinsen nach dem traditionellen bestandsorientierten Verfahren.

b) Ermitteln Sie die kalkulatorischen Zinsen einschließlich Zinseszinsen nach dem zahlungsstromorientierten Verfahren.

c) Berechnen Sie die kalkulatorischen Zinsen nach dem modifizierten bestandsorientierten Verfahren. Erläutern Sie die Unterschiede zu den unter a) bzw. zu den unter b) ermittelten kalkulatorischen Zinsen.

## Aufgabe 1.1.3.7: Kalkulatorische Zinsen

In der Bäckerei „Semmeln & Co" sollen die kalkulatorischen Zinskosten für das Jahr 2013 erfasst werden. Über die Anlagegüter, deren kalkulatorische Buchwerte und Abschreibungen liegen Ihnen folgende Informationen vor:

| Anlagegut | Kalkulatorischer Buchwert am 01.01.2013 | Kalkulatorische Abschreibungen in 2013 (vom kalkulatorischen Buchwert) [in %] |
|---|---|---|
| Maschinen | 1.600.000 € | 25 |
| Betriebs- und Geschäftsausstattung | 2.000.000 € | 10 |
| Unbebautes Grundstück | 4.000.000 € | 5 |

Am 01.01.2013 wurde zudem ein neuer Lieferwagen gekauft, der drei Jahre genutzt und anschließend wiederverkauft werden soll. Der Kaufpreis beträgt 80.000 €, der Restwert nach drei Jahren wird auf 20.000 € geschätzt. Der Lieferwagen wird linear über drei Jahre abgeschrieben.

Das durchschnittlich gebundene Umlaufvermögen setzt sich aus folgenden Positionen zusammen:

| Roh-, Hilfs- und Betriebsstoffe | 150.000 € |
|---|---|
| Forderungen | 80.000 € |
| Wertpapierbesitz | 2.500.000 € |
| Kasse | 100.000 € |

Die Anzahlungen von Kunden betragen 40.000 €, die Verbindlichkeiten bei der Bank 400.000 € (jeweils im Durchschnitt über das Jahr 2013).

a) Berechnen Sie den Abschreibungsbetrag für den Lieferwagen in 2013.

b) Ermitteln Sie das betriebsnotwendige Vermögen in 2013. Bei der Berechnung ist zu berücksichtigen, dass bei den abzuschreibenden Anlagegütern der durchschnittliche kalkulatorische Buchwert anzusetzen ist.

c) Wie hoch ist das zinsberechtigte betriebsnotwendige Kapital in 2013?

d) Mit welchem Betrag sind im Jahr 2013 die kalkulatorischen Zinskosten bei einem Zinssatz von 8 % anzusetzen?

e) Nehmen Sie nun an, dass der Lieferwagen nicht linear sondern geometrisch-degressiv über die Nutzungsdauer von drei Jahren abgeschrieben wird. Berechnen Sie den Abschreibungsbetrag für den Lieferwagen in 2013 und seinen Buchwert am Ende des Jahres. Wie wirkt sich diese Änderung des Abschreibungsverfahrens auf die Höhe der Zinskosten in 2013 aus? Begründen Sie Ihre Antwort.
(Hinweis: Es ist keine neue Berechnung der Zinskosten erforderlich. Mögliche Auswirkungen sind: Zinskosten steigen/fallen/bleiben gleich.)

## 1.2 Kostenstellenrechnung

### 1.2.1 Primärkostenverteilung

#### Aufgabe 1.2.1.1: Primärkostenverteilung

Für das abgelaufene Geschäftsjahr eines Kleinbetriebes liegen folgende Zahlen aus der Buchhaltung vor:

| Kostenarten | Zahlen der Buchhaltung [€] | Verteilungsgrundlage |
|---|---|---|
| Fertigungslöhne | 100.000,– | **(1)** Lohnschein |
| Hilfslöhne | 30.000,– | **(2)** Hilfsarbeiterstunden |
| Gehälter | 20.000,– | **(3)** Zahl der Angestellten |
| Sozialkosten | 15.000,– | **(4)** Gehalts-u.Hilfslohnsumme |
| Fertigungsmaterial | 50.000,– | **(5)** Materialscheine |
| Hilfs- u. Betriebsstoffe | 5.000,– | **(6)** Entnahmescheine |
| Abschreibungen | 40.000,– | **(7)** investiertes Kapital |
| Sonstige Kosten | 60.000,– | **(8)** internes Umlageverhältnis |

| Verteilungsschlüssel → Kostenstellen ↓ | (1) | (2) | (3) | (4) | (5) | (6) | (7) | (8) |
|---|---|---|---|---|---|---|---|---|
| Allgemeine Kostenstelle | – | 800 | 1 | | – | – | 2 | 8 |
| Arbeitsvorbereitung | – | 600 | 2 | | – | – | 4 | 6 |
| Werkstatt | – | 1000 | 0,5 | | – | 30 | 6 | 10 |
| Fertigungshauptstelle 1 | 70 | 200 | 1,5 | | 30 | 5 | 15 | 12 |
| Fertigungshauptstelle 2 | 30 | 200 | 2 | | 20 | 5 | 10 | 14 |
| Materialstelle | – | 200 | 1 | | – | 10 | 3 | 4 |
| Verwaltungs- und Vertriebsstelle | – | – | 2 | | – | – | – | 6 |

a) Führen Sie mit Hilfe der angegebenen Verteilungsgrundlagen und der Verteilungsschlüssel die Kostenstellenrechnung im BAB durch und ermitteln Sie die Einzel- und Gemeinkosten.

b) Nach welchen Schlüsselarten können Kostenarten auf Kostenstellen verteilt werden?

## Aufgabe 1.2.1.2: Primärkostenverteilung

In der Kostenrechnungsabteilung liegen für die abgelaufene Rechnungsperiode folgende Informationen vor:

| Kostenarten | Betrag | Verteilungs-schlüssel | Vorkostenstellen | | Endkostenstellen | | | | Gesamt |
|---|---|---|---|---|---|---|---|---|---|
| | | | Allgemeine Kostenstelle | Fertigungshilfsstelle | Fertigungshauptstelle | Materialstelle | Verwaltungsstelle | Vertriebsstelle | |
| Gehälter | 320.000,– | Lohnscheine [€] | 12.000,– | 97.000,– | 24.000,– | – | 124.000,– | 63.000,– | 320.000,– |
| Hilfslöhne | 280.000,– | Hilfsarb. stunden [h] | 2.300 | 6.500 | 13.200 | 1.000 | 2.500 | 2.500 | 28.000 |
| Soziale Aufwendungen | 225.000,– | Löhne u. Gehälter [€] | | | | | | | |
| Betriebsstoffe | 32.000,– | Maschinenzahl | – | 10 | 30 | – | – | – | 40 |
| Abschreibungen | 470.000,– | Umbaute Fläche [m³] | 190 | 205 | 885 | 130 | 530 | 410 | 2.350 |
| Zinsen | 114.000,– | Investierte Werte [€] | 180,– | 200,– | 960,– | 140,– | 440,– | 360,– | 2.280,– |
| Sonstige Gemeinkosten | 260.000,– | Zahl der Mitarbeiter | 2 | 5 | 16 | 1 | 9 | 7 | 40 |

a) Verteilen Sie im BAB die Kostenarten nach dem angegebenen Verteilungsschlüssel auf die Kostenstellen.

b) Berechnen Sie in diesem BAB die Summe der primären Gemeinkosten für die beiden Vorkostenstellen und die Kosten der Endkostenstellen.

c) Beurteilen Sie die bei der Kostenumlage angewandten Schlüsselgrößen, Lohnscheine, Maschinenzahl, umbaute Fläche, investierte Werte. Begründen Sie Ihre Meinung.

### 1.2.2 Verfahren der innerbetrieblichen Leistungsverrechnung (Sekundärkostenrechnung)

#### Aufgabe 1.2.2.1: Blockumlageverfahren

Das Zweigwerk eines Herstellers von Schlagbohrgeräten ist in drei Vorkosten- und vier Endkostenstellen gegliedert. Folgende Kostenarten, deren tatsächlich entstandene Höhe sich aus der Buchhaltung ergibt, liegen vor:

| | |
|---|---|
| Fertigungsmaterial (FM) | € 50.000,– |
| Fertigungslöhne in Stelle A (FL A) | € 50.000,– |
| Fertigungslöhne in Stelle B (FL B) | € 40.000,– |
| Kalkulatorischen Ausschusskosten (AK) | € 20.000,– |
| Sonstige Gemeinkosten (GK) | € 307.000,– |

Führen Sie die Kostenstellenrechnung durch und ermitteln Sie die Zuschlagssätze für die Endkostenstellen. Die innerbetriebliche Leistungsverrechnung soll aus Vereinfachungsgründen mit einer Blockumlage vorgenommen werden, wobei die Kosten im Verhältnis 3 : 4 : 2 : 1 auf die Fertigungshauptstellen A und B sowie die Materialstelle M und die Verwaltungs- und Vertriebsstelle VV umgelegt werden. Bezugsbasen für die Zuschlagssätze in A, B und M sind die jeweiligen Einzelkosten, in VV die Herstellkosten.

Die Verteilung der Gemeinkosten auf die Kostenstellen ist nach folgenden Schlüsseln vorzunehmen:

| | Vorkostenstellen | | | Endkostenstellen | | | |
|---|---|---|---|---|---|---|---|
| | I | II | III | A | B | M | VV |
| Kalkulatorischer Ausschuss | 4 | 4 | 2 | 6 | 4 | – | – |
| Sonstige Gemeinkosten | 25 | 15 | 10 | 40,5 | 38 | 5 | 20 |

Lagerbestandsänderungen sind nicht aufgetreten.

#### Aufgabe 1.2.2.2: Block- und Treppenumlageverfahren

Für die Abrechnung innerbetrieblicher Leistungen liegen folgende Daten vor:

| | Allgemeine Kostenstellen | | | Fertigungsbereich | | | | Materialbereich | | Verwaltung und Vertrieb | |
|---|---|---|---|---|---|---|---|---|---|---|---|
| | Hausverwaltung | Reparaturen | Fert. hilfsstelle | Sägerei | Beschichten u. Pressen | Bohrerei | Montage | Einkauf | Lager | Vw | Vt |
| Verteilungsgrundlage: $m^2$-Flächen | 20 | 40 | 60 | 120 | 100 | 60 | 100 | 40 | 140 | 80 | 40 |
| Reparaturstunden | | | | | 48 | 32 | | | 20 | 10 | |
| Lohnscheine | | | | 100 | 120 | 70 | 160 | | | | |

| | Hausverwaltung | Reparaturen | Fert.-hilfsstelle | Sägerei | Beschichten u. Pressen | Bohrerei | Montage | Einkauf | Lager | Verwaltung | Vertrieb |
|---|---|---|---|---|---|---|---|---|---|---|---|
| Kostenarten | | | | | | | | | | | |
| FL [€] | – | – | – | 10.000,– | 12.000,– | 7000,– | 16.000,– | – | – | – | – |
| FM [€] | – | – | – | – | – | – | – | 15.000,– | 5.000,– | – | – |
| GK [€] | 12.480,– | 4.860,– | 8.500,– | 6.250,– | 7.400,– | 5.500,– | 7.340,– | 8.460,– | 9.340,– | 20.730,– | 16.140,– |

a) Legen Sie die Kosten der allgemeinen Kostenstellen auf die Endkostenstellen über das Block- und Treppenumlageverfahren um.

- Die Umlage der Kosten der Hausverwaltung erfolgt anhand der Fläche der Kostenstellen.
- Die Umlage der Reparaturkosten erfolgt entsprechend der Reparaturstunden.
- Die Kosten der Fertigungshilfsstelle werden im Verhältnis der Lohnscheine umgelegt.

b) Bestimmen Sie für die vier Fertigungskostenstellen, die Materialkostenstelle sowie die Verwaltungs- und Vertriebskostenstellen die Gemeinkostenzuschlagssätze.

## Aufgabe 1.2.2.3: Block- und Treppenumlageverfahren

In einem Industriebetrieb sind die primären Kosten ermittelt worden. Die Leistungsströme sind in der nachstehenden Tabelle angegeben.

| Kostenarten | Betrag [€] | Kostenstelle |
|---|---|---|
| Werksarzt | 80.000,– | KS 1 |
| Meisterbüro | 150.000,– | KS 2 |
| Reparaturwerkstatt | 65.000,– | KS 3 |
| Dampf und Heizung | 35.000,– | KS 4 |
| Sonstige Hilfsdienste | 60.000,– | KS 5 |
| Kartonagenproduktion | 1.000.000,– | KS 6 |
| Wellpappeproduktion | 500.000,– | KS 7 |
| Feinpapierproduktion | 800.000,– | KS 8 |

| an / von | KS 1 | KS 2 | KS 3 | KS 4 | KS 5 | KS 6 | KS 7 | KS 8 | Summe |
|---|---|---|---|---|---|---|---|---|---|
| KS 1 | 0 | 5 | 2 | 0 | 3 | 50 | 10 | 40 | 110 Patienten |
| KS 2 | 0 | 0 | 0 | 0 | 0 | 2.400 | 2.000 | 3.600 | 8.000 h |
| KS 3 | 0 | 50 | 0 | 0 | 50 | 2.500 | 500 | 1.900 | 5.000 h |
| KS 4 | 10 | 20 | 40 | 0 | 30 | 400 | 500 | 1.100 | 2.100 KWh |
| KS 5 | 0 | 10 | 0 | 0 | 0 | 20 | 20 | 50 | 100 % |
| KS 6 | 0 | 0 | 0 | 0 | 0 | 0 | 0 | 0 | 0 |
| KS 7 | 0 | 0 | 0 | 0 | 0 | 0 | 0 | 0 | 0 |
| KS 8 | 0 | 0 | 0 | 0 | 0 | 0 | 0 | 0 | 0 |

a) Führen Sie die Umlage nach dem Treppenumlageverfahren durch (Reihenfolge beachten und auf volle € aufrunden!).

b) Welche Endkosten erhalten Sie, wenn Sie das Blockumlageverfahren anwenden (aufrunden!)?

## Aufgabe 1.2.2.4: Primärkostenverteilung und Deckungsumlageverfahren

Die Unternehmung A stellt ihre Erzeugnisse in Einzelfertigung her. Der Leiter der betriebswirtschaftlichen Abteilung möchte für das abgelaufene Geschäftsjahr die effektiven Gemeinkosten verursachungsgerecht den Kostenträgern zurechnen. Dazu beauftragt er Sie mit der:

- Ermittlung der primären Stellengemeinkosten des BAB
- Durchführung einer innerbetrieblichen Leistungsverrechnung mit Hilfe des Deckungsumlageverfahrens. Eine eventuelle Deckungsumlage ist auf die Fertigungskostenstellen im Verhältnis 4:1:1 auf die Fertigungsstellen I, II, III zu verteilen
- Ermittlung der Gemeinkostenzuschlagssätze für die Fertigungsstellen I, II, III, die Material-, Verwaltungs- und Vertriebsstelle. Bezugsbasis für die Fertigungsstellen sind die Fertigungslöhne, für die Materialstelle das Fertigungsmaterial und für die Verwaltungs- und Vertriebsstelle die Herstellkosten

Für die Erfüllung dieser Aufgaben liegen Ihnen die nachfolgenden Informationen vor:

| Kostenarten | Zahlen der Buchhaltung [€] | Verteilungsgrundlage |
|---|---|---|
| Gehälter | 75.000,– | Zahl der Angestellten |
| Fertigungslöhne | 480.000,– | Akkordlohnstunden |
| Hilfslöhne | 90.000,– | Zahl der Hilfsarbeiter |
| Fertigungsmaterial | 420.000,– | Materialentnahmescheine |
| Hilfs- u. Betriebsstoffe | 45.000,– | Materialentnahmescheine |
| Instandhaltungskosten | 30.000,– | Rechnungen |
| Kalkulatorische Kosten | 120.000,– | investierte Werte |
| Verwaltungskosten | 105.000,– | |
| Vertriebskosten | 135.000,– | |

| | Zahl der Hilfsarbeiter | Akkordlohn [h] | Hilfs- und Betriebsstoffe [%] | Fertigungsmaterial [€] | Zahl der Angestellten | Investierte Werte [€] | Instandhaltung [€] |
|---|---|---|---|---|---|---|---|
| Allgemeine Kostenstellen: | | | | | | | |
| A | 3 | – | 10 | – | – | 40.000,– | – |
| B | 3 | – | 25 | – | – | 35.000,– | – |
| C | 1 | – | – | – | 1 | 20.000,– | – |
| Fertigungsstellen: | | | | | | | |
| I | 1 | 2.000 | 5 | 105.000,– | 2 | 95.000,– | 12.000,– |
| II | 2 | 3.500 | 20 | 165.000,– | – | 300.000,– | 18.000,– |
| III | – | 2.500 | 15 | 150.000,– | – | 155.000,– | – |
| Materialstelle | 2 | – | 10 | – | – | 30.000,– | – |
| Verwaltung | – | – | 5 | – | 4 | 65.000,– | – |
| Vertrieb | – | – | 10 | – | 3 | 60.000,– | – |

Leistungsaustausch:

| von \ an | A | B | C | I | II | III | Materialstelle | Verwaltung | Vertrieb |
|---|---|---|---|---|---|---|---|---|---|
| A [m²] | (3.600) | 225 | 150 | 900 | 450 | 600 | 390 | 375 | 510 |
| B [Stück] | 20 | (300) | 20 | 80 | 60 | 100 | 10 | 4 | 6 |
| C [kWh] | 15.000 | 37.500 | (150.000) | 30.000 | 30.000 | 30.000 | 6.000 | 1.500 | – |

In Klammern sind die jeweiligen Gesamtleistungen der Hilfskostenstelle angegeben. Die Verrechnungspreise betragen für Stelle A (genutzte Fläche) 10 €/m², B (Reparatur) Istkosten, C (Strom) 0,10 €/kWh.

## Aufgabe 1.2.2.5: Deckungsumlageverfahren

In einem Kleinbetrieb steht für die innerbetriebliche Leistungsverrechnung folgendes Zahlenmaterial zur Verfügung:

| | Allgemeine Kostenstellen | | | Endkostenstellen | | |
|---|---|---|---|---|---|---|
| **Kosten-stellen** | **Wasser** | **Strom** | **Repara-tur** | **Ferti-gung** | **Material** | **Vw- u. Vt** |
| Primär-kosten [€] | 1.600,– | 5.300,– | 2.900,– | 22.000,– | 3.100,– | 2.100,– |

| an / von | Wasser | Strom | Repara-tur | Ferti-gung | Material | Vw- u. Vt |
|---|---|---|---|---|---|---|
| Wasser [m³] | – | 100 | 200 | 1.000 | 300 | 100 |
| Strom [kWh] | 10 | – | 60 | 500 | 30 | 70 |
| Reparatur [h] | 5 | 50 | – | 100 | 40 | 5 |

| *Verrechnungspreise:* | | *Bezugsbasen:* | | |
|---|---|---|---|---|
| Wasser | 1,– €/m³ | FGK: | FL | 74.000,– € |
| Strom | 10,– €/kWh | MGK: | FM | 22.200,– € |
| Reparatur | 20,– €/h | Vw- u. VtGK: | HK | |

a) Führen Sie eine innerbetriebliche Leistungsverrechnung mit dem Deckungsumlageverfahren (Gutschrift-Lastschrift-Verfahren) durch. Eine eventuelle Deckungsumlage ist auf die Endkostenstellen im Verhältnis der bis dahin aufgelaufenen Kostenstellenkosten zu verteilen. Berechnen Sie die Gemeinkostenzuschlagssätze.

b) Welcher Rechenvorgang führt bei diesem Verfahren zu einem Fehler?

## Aufgabe 1.2.2.6: Gleichungsverfahren

Durch die Verteilung der Kostenarten auf die Kostenstellen im BAB haben sich in einem Zweigwerk nachfolgende primäre Stellenkosten ergeben (in Klammern sind die Gesamtleistungen der Schreinereien angegeben):

| Kostenstellen | | Schreinerei 1 | Schreinerei 2 | Spritzguss | Druckguss |
|---|---|---|---|---|---|
| primäre Stellenkosten [€] | | 20.000,– | 14.000,– | 10.000,– | 12.000,– |
| Leistungsbeziehungen von | | | | | |
| Schreinerei 1 [h] | an | (100) | 50 | 30 | 20 |
| Schreinerei 2 [Stück] | an | 400 | (1000) | 200 | 400 |

a) Welches Verfahren der innerbetrieblichen Leistungsverrechnung ist im vorliegenden Fall am besten geeignet? Begründen Sie Ihre Auswahl.

b) Stellen Sie für die innerbetriebliche Leistungsverrechnung ein Gleichungssystem auf.

c) Kennzeichnen Sie im Gleichungssystem diejenigen Koeffizienten, die bei den Gemeinkosten die innerbetrieblichen Leistungen ausmachen.

d) Geben Sie die sekundären Kosten und die Gemeinkosten an.

e) Ermitteln Sie die Gemeinkostenzuschlagssätze, wenn die Fertigungslöhne (€ 64.000,– bei Spritzguss und € 152.000,– bei Druckguss) als Bezugsbasen verwendet werden.

## Aufgabe 1.2.2.7: Gleichungsverfahren

Bei der Verteilung der Kostenarten auf die Kostenstellen im BAB haben sich in einer Unternehmung die in der Matrix stehenden primären Kosten und innerbetrieblichen Leistungen ergeben:

| Empfangende Kostenstelle | | Abgebende Hilfskostenstelle | | | | | Primäre Gemeinkosten |
|---|---|---|---|---|---|---|---|
| | | 1 | 2 | 3 | 4 | 5 | |
| Hilfskostenstelle | 1 | – | 50 | 150 | 180 | 105 | 11700 |
| | 2 | 30 | – | 30 | – | 30 | 1300 |
| | 3 | 450 | 900 | – | 540 | 330 | 32600 |
| | 4 | 240 | 1440 | 390 | – | 180 | 32700 |
| | 5 | 960 | 1860 | 270 | 690 | – | 17800 |
| Hauptkostenstelle | | 3070 | 13650 | 5670 | 6030 | 3075 | |

a) Stellen Sie ein Gleichungssystem für den gegenseitigen Leistungsaustausch der Hilfskostenstellen auf.

b) Kennzeichnen Sie in Ihrem Gleichungssystem die Leistung der 2. Hilfskostenstelle, den Leistungsfluss von der 3. zur 4. Hilfskostenstelle und die primären Kosten der 5. Hilfskostenstelle.

c) Geben Sie die Gleichung für die Kosten der Hauptkostenstelle an.

## Aufgabe 1.2.2.8: Iteratives Verfahren

Für ein Fertigungsunternehmen liegen die nachfolgenden primären Gemeinkosten und die innerbetrieblichen Leistungsbeziehungen vor. Führen Sie eine Umlage der Kosten der Vorkostenstellen auf die Hauptkostenstellen mit dem iterativen Verfahren durch. Wiederholen Sie die Umlage so oft, bis die zu verteilenden Kostenbeträge kleiner als € 10,– werden. (Runden Sie auf volle €.)

| Kostenstellen | $V_1$ Wasser | $V_2$ AV | $V_3$ Strom | $E_1$ Material | $E_2$ Fertigung |
|---|---|---|---|---|---|
| primäre Gemeinkosten [€] | 12.480,– | 8.400,– | 22.000,– | 7.800,– | 36.500,– |

Leistungsaustausch:

| an / von | $V_1$ Wasser | $V_2$ AV | $V_3$ Strom | $E_1$ Material | $E_2$ Fertigung |
|---|---|---|---|---|---|
| $V_1$ [m$^3$] | – | 2.200 | 5.000 | 4.900 | 27.900 |
| $V_2$ [h] | 20 | – | 20 | 40 | 80 |
| $V_3$ [kwh] | 2.000 | 3.000 | – | 14.000 | 81.000 |

## Aufgabe 1.2.2.9: Iteratives Verfahren

In einem Betrieb liegen für die Hilfskostenstellen Pressluft, Strom, Werkzeuge und Reparatur sowie die Fertigungskostenstellen Schweißerei und Dreherei die primären Stellenkosten vor.

| Kostenstellen | Pressluft | Strom | Werkzeuge | Reparatur | Schweißerei | Dreherei |
|---|---|---|---|---|---|---|
| Primäre Kosten [€] | 2.000,– | 5.000,– | 1.000,– | 10.000,– | 10.000,– | 20.000,– |
| Leistungsverteilung: | | | | | | |
| Pressluft an | (50) | 10 | 5 | 5 | 10 | 20 |
| Strom an | 2 | (20) | 4 | 2 | 4 | 8 |
| Werkzeuge an | – | – | (10) | 2 | 4 | 4 |
| Reparaturen an | – | – | 2 | (20) | 8 | 10 |

In Klammern sind die jeweiligen Gesamtleistungsmengen der Hilfskostenstelle angegeben, ohne Klammern die empfangenen Mengen.

a) Welche Verfahren der innerbetrieblichen Leistungsverrechnung lassen sich grundsätzlich in diesem Fall anwenden? Begründen Sie Ihre Meinung.

b) Führen Sie die innerbetriebliche Leistungsverrechnung mit dem iterativen Verfahren durch, bis die zu verteilenden Kosten geringer als € 1,– werden, und ermitteln Sie die Gesamtkosten der Schweißerei und der Dreherei.

## Aufgabe 1.2.2.10: Treppenumlage- und Gleichungsverfahren

Für die Umlage der Kosten der Vorkostenstellen auf die Hauptkostenstellen mit dem Treppenumlageverfahren stehen Ihnen die Zahlen der primären Gemeinkosten und der innerbetrieblichen Leistungsströme zur Verfügung:

| Kostenstellen | Vorkostenstellen | | | Endkostenstellen | | |
|---|---|---|---|---|---|---|
| | $V_1$ Dampf | $V_2$ Reparaturen | $V_3$ Strom | $E_4$ Fertigung | $E_5$ Material | $E_6$ Vw- u. Vt |
| primäre Gemeinkosten [€] | 6.400,– | 14.400,– | 18.000,– | 30.000,– | 5.400,– | 6.800,– |
| an / von | $V_1$ | $V_2$ | $V_3$ | $E_4$ | $E_5$ | $E_6$ |
| $V_1$ [t] | – | – | 300 | 1.200 | 400 | 100 |
| $V_2$ [h] | 300 | – | 100 | 700 | 60 | 40 |
| $V_3$ [kWh] | 2.000 | 4.000 | – | 60.000 | 10.000 | 4.000 |

a) Welche Grundregel gilt bezüglich der Reihenfolge beim Treppenumlageverfahren, um den dabei begangenen Fehler möglichst klein zu halten?

b) Führen Sie eine innerbetriebliche Leistungsverrechnung mit Hilfe des Treppenumlageverfahrens durch und beurteilen Sie das Verfahren.

c) Stellen Sie für die innerbetriebliche Leistungsverrechnung ein simultanes Gleichungssystem auf und kennzeichnen Sie diejenigen Koeffizienten, die bei den Gemeinkosten die innerbetrieblichen Leistungen ausmachen.

d) Ermitteln Sie die Kosten der innerbetrieblichen Leistungen mit Hilfe des mathematischen Verfahrens.

e) Stellen Sie die Kostenabrechnung in Kontenform dar.

## Aufgabe 1.2.2.11: Deckungsumlage- und Gleichungsverfahren

In einer Unternehmung ergaben sich nach der Verrechnung der Gemeinkosten auf die Kostenstellen folgende Primärkosten:

| Vorkostenstellen [€] | | | | Endkostenstellen [€] | | |
|---|---|---|---|---|---|---|
| $A_1$ | $A_2$ | $A_3$ | $A_4$ | F | M | Vw- u. Vt |
| 21.960,– | 28.040,– | 11.760,– | 5.920,– | 144.900,– | 25.430,– | 21.990,– |

Über den Leistungsaustausch liegen folgende Angaben vor:

| an / von | $A_1$ | $A_2$ | $A_3$ | $A_4$ | F | M | Vw- u. Vt |
|---|---|---|---|---|---|---|---|
| $A_1$ [m²] | 140 | 210 | 260 | 140 | 1.000 | 600 | 150 |
| $A_2$ [t] | 320 | – | 480 | 960 | 1.440 | 640 | 160 |
| $A_3$ [h] | 50 | 69 | – | 2 | 150 | 5 | 3 |
| $A_4$ [kWh] | 10.000 | 2.000 | 22.000 | 16.000 | 80.000 | 6.000 | 4.000 |

a) Es sind die primären Stellenkosten der allgemeinen Kostenstellen $A_1$, $A_2$, $A_3$ und $A_4$ unter Berücksichtigung der gegenseitigen Leistungsabgabe nach dem Deckungsumlageverfahren (Gutschrift-Lastschrift-Verfahren) auf die Fertigungsstelle F, Materialstelle M und Verwaltungs- und Vertriebsstelle Vw- u. Vt zu verteilen und die Gemeinkosten der Hauptkostenstellen zu ermitteln. Folgende Verrechnungspreise sind anzusetzen:
   $A_1$ genutzte Fläche 12,– €/m²
   $A_2$ Dampf 10,– €/t
   $A_3$ Reparatur Istkosten
   $A_4$ Strom 0,12 €/kWh
   Eine etwaige Deckungsumlage ist im Verhältnis F : M : Vw- u. Vt = 2 : 1 : 1 auf die Endkostenstellen zu verteilen.

b) Wie lautet das vollständige Gleichungssystem des mathematischen Verfahrens für die innerbetriebliche Leistungsverrechnung?

## Aufgabe 1.2.2.12: Deckungsumlage-, Treppenumlage- und Gleichungsverfahren

Aus einem Betrieb, der in fünf Hilfskostenstellen und drei Hauptkostenstellen gegliedert ist, stehen Ihnen die primären Stellenkosten, die Daten über den Leistungsaustausch und die Verrechnungspreise zur Verfügung.

| | Hilfskostenstellen | | | | | Hauptkostenstellen | | |
|---|---|---|---|---|---|---|---|---|
| | 1 | 2 | 3 | 4 | 5 | I Fert. | II Fert. | III Vw- u. Vt |
| Leistungsbeziehungen an | | | | | | | | |
| 1 [m³] | (7.000) | 200 | – | – | – | 4.500 | 1.300 | 1.000 |
| 2 [kWh] | 12.000 | (80.000) | 30.000 | 7.000 | 4.000 | 17.000 | 8.000 | 2.000 |
| 3 [%] | 10 | – | (100) | – | – | 60 | 10 | 20 |
| 4 [t] | 500 | 100 | – | (4.000) | – | 1.200 | 1.400 | 800 |
| 5 [h] | 400 | 300 | – | 300 | (2.500) | 500 | 700 | 300 |
| primäre Stellenkosten [€] | 2.500 | 4.000 | 12.000 | 3.400 | 29.400 | | | 5.000 |
| | | | | | Einzelkosten: | 15.000 | 7.000 | |

Die Gesamtleistungsmenge der Hilfskostenstelle ist jeweils in Klammern angegeben.

| Hilfskostenstellen | Einheit | Verrechnungspreis |
|---|---|---|
| 1 | €/m³ | 1,5 |
| 2 | €/kWh | 0,1 |
| 3 | € | Istkosten |
| 4 | €/t | 2,– |
| 5 | €/h | 12,– |

a) Führen Sie die innerbetriebliche Leistungsverrechnung mit dem Deckungsumlageverfahren (Gutschrift-Lastschrift-Verfahren) durch. Eine eventuelle Deckungsumlage ist zu gleichen Teilen auf die Hauptkostenstellen I und II zu verteilen.

b) Ermitteln Sie die Gemeinkostenzuschlagssätze, wenn die Bezugsgrößen der Hauptkostenstellen I und II die Fertigungslöhne, für Verwaltung und Vertrieb die Herstellkosten sind.

c) Bestimmen Sie die optimale Reihenfolge der Hilfskostenstellen bei Anwendung des Treppenumlageverfahrens.

d) Stellen Sie das Gleichungssystem auf, das bei der Anwendung des mathematischen Verfahrens benötigt wird.

## Aufgabe 1.2.2.13: Iteratives und Gleichungsverfahren

In einem Betrieb sollen die primären Stellenkosten gemäß dem Leistungsaustausch zwischen Allgemeiner Kostenstelle, Hilfs- und Fertigungskostenstellen verrechnet werden. Als Daten liegen die folgenden primären Stellenkosten und Verteilungsgrundlagen vor:

| | | I | II | III | IV | V |
|---|---|---|---|---|---|---|
| **Kostenstellen** | | **Allgemein** | **HKSt 1** | **HKSt 2** | **FKSt 1** | **FKSt 2** |
| primäre Gemeinkosten [€] | | 3.000,– | 5.000,– | 6.000,– | 25.500,– | 27.000,– |
| Leistungsverteilung | I an | – | 18 | 2 | 15 | 25 |
| | II an | – | – | – | 4 | 6 |
| | III an | 1 | 3 | – | 8 | 8 |

a) Führen Sie die Leistungsverrechnung nach dem iterativen Verfahren durch und ermitteln Sie die Gesamtkosten der Fertigungskostenstellen. Runden Sie jeweils auf volle €-Beträge (z. B. 0,49 € = 0,– € und 0,50 € = € 1,–). Wiederholen Sie die Umlage so lange, bis die zu verteilenden Kosten geringer als € 1,– werden.

b) Stellen Sie das Gleichungssystem auf, das bei Anwendung des mathematischen Verfahrens benötigt wird. Zeigen Sie anhand der Kostenstelle II die Übereinstimmung der Gleichung auf der Grundlage der Kostenanteile mit derjenigen unter Verwendung von Stückkosten.

## Aufgabe 1.2.2.14: Iteratives und Gleichungsverfahren

Zwischen den Vor- (V) und den End- (E) Kostenstellen einer Unternehmung bestehen die folgenden Leistungsbeziehungen mit den angegebenen primären Kosten je Stelle:

| Kostenstellen | $V_1$ | $V_2$ | $E_3$ | $E_4$ | Summe |
|---|---|---|---|---|---|
| Primäre Kosten | 100 | 160 | 160 | 240 | **660** |
| Leistungen von | | | | | |
| $V_1$ (Stunden) an | | 60 | 30 | 10 | **100** |
| $V_2$ (Stück) an | 200 | | 500 | 300 | **1.000** |

a) Mit welchem Verfahren lassen sich bei einem derartigen Vorliegen zyklischer Leistungsbeziehungen die Gesamtkosten je Vor- und Endkostenstelle exakt berechnen?

b) Führen Sie das entsprechende exakte Verfahren durch und berechnen Sie die Gesamtkosten für jede Stelle.

c) Wie kann man mit relativ wenigen Schritten näherungsweise zu denselben Werten gelangen? Führen Sie diese Rechnung durch.

d) Welche Preise müsste man bei einem Gutschrift-Lastschrift-Verfahren pro Stunde von $K_1$ und pro Stück von $K_2$ ansetzen, um zu denselben Beträgen der Endkostenstellen zu gelangen?

## Aufgabe 1.2.2.15: Iteratives und Gleichungsverfahren

Über die innerbetrieblichen Leistungsströme einer Unternehmung werden in der kommenden Periode folgende primären Kosten (in Geldeinheiten) sowie Mengenströme (in Mengeneinheiten) der Vor- (V) und End- (E) Kostenstellen erwartet:

| Kostenstellen | $V_1$ | $V_2$ | $V_3$ | $V_4$ | $E_5$ | $E_6$ | Summe |
|---|---|---|---|---|---|---|---|
| Primäre Kosten | 10 | 120 | 50 | 200 | 3.000 | 4.000 | **7.380** |
| Leistungen von | | | | | | | |
| $V_1$ an | | 20 | 10 | 20 | 25 | 25 | **100** |
| $V_2$ an | 2 | | | 4 | 7 | 7 | **20** |
| $V_3$ an | | | | 40 | 80 | 80 | **200** |
| $V_4$ an | | | 2 | | 4 | 4 | **10** |

a) Welches Problem für eine relativ exakte Verrechnung der Kosten innerbetrieblicher Leistungen stellt sich hier? Warum führen Block- und Treppenumlage hier zu fehlerhaften Ergebnissen?

b) Berechnen Sie mit dem exakten Verfahren die Gesamtkosten $K_1$ sowie $K_2$ der Vorkostenstellen $V_1$ und $V_2$.

c) Mit welchem Verfahren gelangt man zumindest näherungsweise zu den exakten Werten der Gesamtkosten aller sechs Kostenstellen?

d) Führen Sie dieses Verfahren durch, indem Sie zwei ‚Runden' zur Verteilung der Kosten der vier Vorkostenstellen durchführen. Welche Werte erhalten Sie dann für die Gesamtkosten der Vorkostenstellen?

e) Vergleichen Sie die in d) erhaltenen Werte mit den in b) exakt berechneten Werten von $K_1$ und $K_2$. Wie kann man mit diesem Verfahren zu noch genaueren Werten gelangen?

## Aufgabe 1.2.2.16: Blockumlage- und Gleichungsverfahren

Eine Unternehmung gliedert sich in sieben Kostenstellen (KS). Für das abgelaufene 1. Quartal stellen sich die Leistungsbeziehungen in Einheiten der Vorprodukte wie folgt dar:

| an / von | $KS_1$ | $KS_2$ | $KS_3$ | $KS_4$ | $KS_5$ | $KS_6$ | $KS_7$ |
|---|---|---|---|---|---|---|---|
| $KS_1$ | 0 | 0 | 0 | 0 | 400 | 400 | 0 |
| $KS_2$ | 0 | 0 | 0 | 0 | 0 | 200 | 0 |
| $KS_3$ | 0 | 0 | 0 | 0 | 0 | 300 | 300 |
| $KS_4$ | 0 | 0 | 0 | 0 | 0 | 0 | 100 |

Nachfolgende Tabelle zeigt die Primärkosten der Kostenstellen:

| Kostenstelle | $KS_1$ | $KS_2$ | $KS_3$ | $KS_4$ | $KS_5$ | $KS_6$ | $KS_7$ |
|---|---|---|---|---|---|---|---|
| Primäre Gemeinkosten [€] | 60.000 | 80.000 | 75.000 | 40.000 | 35.000 | 70.000 | 20.000 |

a) Die Fertigungsmengen der drei Endkostenstellen betragen:

- $KS_5$: 100 Stück von Produkt P5
- $KS_6$: 200 Stück von Produkt P6
- $KS_7$: 150 Stück von Produkt P7

Führen Sie die innerbetriebliche Leistungsverrechnung auf Basis des Blockumlageverfahrens in einem Betriebsabrechnungsbogen durch. Weisen Sie den Endkostenstellen die Gemeinkosten der Vorkostenstellen zu und berechnen Sie die Gemeinkosten je Einheit für die drei Endprodukte. Begründen Sie knapp, ob sich das Blockumlageverfahren bei der vorliegenden Leistungsstruktur zur Leistungsverrechnung eignet.

b) Im 2. Quartal ergeben sich folgende Veränderungen im Produktionsprozess: In der neu geschaffenen $KS_8$ wird das Produkt P8 gefertigt. In $KS_6$ werden 100 Stück P6 für den Markt sowie 100 Einheiten für $KS_8$ produziert und geliefert. $KS_6$ benötigt auf Grund von genutzten Einsparpotentialen nur noch 200 Einheiten von $KS_3$; die eingesparten 100 Einheiten fließen in $KS_8$. Die übrigen Güterströme bleiben unverändert. Insgesamt werden 100 Einheiten P8 hergestellt. Die primären Gemeinkosten der $KS_8$ betragen € 30.000.

   Geben Sie einen tabellarischen Überblick über die Güterströme.

   Bestimmen Sie die Gemeinkosten der Endkostenstellen sowie je Einheit der Endprodukte, indem Sie die innerbetriebliche Leistungsverrechnung nach dem Treppenumlageverfahren in einem Betriebsabrechnungsbogen durchführen. Begründen Sie kurz, ob dieses Verfahren unter Beachtung der Leistungsbeziehungen zweckmäßig ist.

c) Gehen Sie von den Annahmen aus Aufgabenteil b) aus. Die Einführung von Qualitätskontrollen im 3. Quartal zeigt, dass 10 Einheiten P5 erforderlich sind, um einen hochwertigen Produktionsablauf in $KS_1$ zu garantieren. Veranschaulichen Sie die nun vorliegenden Leistungsverflechtungen der Kostenstellen mit Hilfe eines Stromdiagramms. Führen Sie die innerbetriebliche Leistungsverrechnung auf Basis des Gleichungsverfahrens durch! Weisen Sie je Kostenstelle die Gemeinkosten nach durchgeführter innerbetrieblicher Leistungsverrechnung aus und bestimmen Sie für die vier Endprodukte den Gemeinkostenbetrag je Stück.

## Aufgabe 1.2.2.17: Gleichungs- und Gutschrift-Lastschrift-Verfahren

Zwischen den Vor- (V) und den End- (E) Kostenstellen einer Unternehmung bestehen die folgenden Leistungsbeziehungen mit den angegebenen primären Kosten je Stelle:

| Kostenstellen | $V_1$ | $V_2$ | $E_3$ | $E_4$ | Summe |
|---|---|---|---|---|---|
| Primäre Kosten | 200 | 850 | 690 | 640 | **2.380** |
| Leistungen von | | | | | |
| $K_1$ (Stunden) an | | 100 | 60 | 40 | **200** |
| $K_2$ (Stück) an | 100 | | 600 | 300 | **1.000** |

a) Warum kann das Treppenverfahren bei derartigen Leistungsbeziehungen zu keinen genauen Ergebnissen führen? Welches Verfahren führt in diesem Fall zu exakten Ergebnissen?

b) Berechnen Sie die Gesamtkosten aller vier Kostenstellen möglichst genau mithilfe dieses Verfahrens.

c) Führen Sie das Gutschrift-Lastschrift-Verfahren durch, wenn aus der Vorperiode Verrechnungspreise $k_1$=1,6 € pro Stunde von $V_1$ und $k_2$= 0,8 € pro Stück von $V_2$ vorliegen.

d) In welchem Verhältnis würden Sie eine verbleibende Unter- und Überdeckung der beiden Vorkostenstellen auf die Endkostenstellen umlegen? Begründen Sie Ihren Vorschlag.

## Aufgabe 1.2.2.18: Gutschrift-Lastschrift-, Gleichungs- und iteratives Verfahren

Zwischen den Vor- (V) und den End- (E) Kostenstellen einer Unternehmung bestehen die folgenden Leistungsbeziehungen mit den angegebenen primären Kosten je Stelle:

| **Kostenstellen** | $V_1$ | $V_2$ | $V_3$ | $E_4$ | $E_5$ | **Summen** |
|---|---|---|---|---|---|---|
| Primäre Kosten | 240 | 360 | 400 | 900 | 1.500 | **3.400** |
| Leistungen von | | | | | | |
| $V_1$ (Stunden) an | | 1 | 1 | 4 | 4 | **10** |
| $V_2$ (Stück) an | 100 | | | 40 | 60 | **200** |
| $V_3$ (kg) an | 200 | 40 | | 90 | 70 | **400** |

a) Bestimmen Sie die Gesamtkosten für die beiden Endkostenstellen $E_4$ und $E_5$ mithilfe des Gutschrift-Lastschrift-Verfahrens. Nehmen Sie dabei als Preise für die Leistungen der Vorkostenstellen näherungsweise für jede den Durchschnitt aus primären Kosten und ihrer Leistungsmenge an. Eine ggf. notwendige Deckungsumlage können Sie je zur Hälfte auf die beiden Endkostenstellen aufteilen.

b) Mit welchem Verfahren lassen sich bei derartigen Leistungsbeziehungen die Gesamtkosten je Vor- und Endkostenstelle exakt, mit welchem zumindest näherungsweise exakt berechnen?

c) Berechnen Sie die Gesamtkosten der beiden Endkostenstellen mit einem der in b) genannten Verfahren; je nachdem, welches Ihnen hier schneller erscheint.

d) Vergleichen Sie die Werte für diese Kostenstellen zwischen a) und c). Wie beurteilen Sie den Unterschied? Wann würden Sie welches der von Ihnen hier gerechneten Verfahren empfehlen?

# 1.3 Kalkulation

## 1.3.1 Mehrstufige Divisionsrechnung

### Aufgabe 1.3.1.1: Mehrstufige Divisionskalkulation

Bei der Erzeugung eines chemischen Massenprodukts sind auf der ersten Fertigungsstufe 500 t Grundsubstanz erzeugt worden, die Stufenkosten in Höhe von € 60.000,– verursacht haben. 450 t dieser Grundsubstanz sind in der zweiten Fertigungsstufe eingesetzt worden, wo aus ihnen 300 t des Endprodukts gewonnen wurden und € 21.000,– als Stufenkosten entstanden sind. In der Abrechnungsperiode wurden 250 t des Endprodukts abgesetzt. Die für den Absatz entstandenen Vertriebskosten haben € 7.500,– betragen.

Ermitteln Sie die Selbstkosten je t mit einem geeigneten Kalkulationsverfahren.

### Aufgabe 1.3.1.2: Mehrstufige Divisionskalkulation

Ein homogenes Produkt wird in einem dreistufigen Fertigungsprozess hergestellt. Die Produktionszahlen sind aus der nachstehenden Tabelle ersichtlich. Aus der Kostenrechnung des betreffenden Zeitraums liegen die Stufenkosten vor.

Ermitteln Sie die Selbstkosten je kg mit einem geeigneten Kalkulationsverfahren.

| Stufe | Einsatzmenge [kg] | Ausbringungsmenge [kg] |
|---|---|---|
| 1 | 160.000 | 150.000 |
| 2 | 140.000 | 140.000 |
| 3 | 155.000 | 128.000 |
| 4 | Absatzmenge [kg] 108.000 | |

| Kostenarten | Betrag [€] |
|---|---|
| Rohstoffkosten [€/kg] | 0,75 |
| Fertigungskosten der Stufe 1 | 180.000,– |
| Fertigungskosten der Stufe 2 | 350.000,– |
| Fertigungskosten der Stufe 3 | 326.500,– |
| Vertriebskosten | 129.600,– |

## Aufgabe 1.3.1.3: Mehrstufige Divisionskalkulation

In einem Betrieb werden aus einem Ausgangsrohstoff durch Bearbeitung auf mehreren Produktionsstufen, auf denen zum Teil produktionsbedingte Mengenverluste auftreten, drei verschiedene Endprodukte A, B und C sowie die Zwischenprodukte D, E, F, G, H, J und K hergestellt. EM gibt die zum Einsatz gelangte Menge des Produkts der jeweiligen Vorstufe an, AM die hergestellte Menge des Produkts der jeweiligen Produktionsstufe. Stufenkosten (StK) sind die zusätzlichen Herstellkosten der jeweiligen Produktionsstufe.

a) Ermitteln Sie nach der Durchwälzmethode die Herstellkosten pro t für alle Zwischen- und Endprodukte.

b) Ermitteln Sie den Wert der Bestandsveränderungen bei den Zwischen- und Endprodukten. In der Periode wurden von Endprodukt A 180 t, von Endprodukt B 170 t und von Endprodukt C 400 t verkauft.

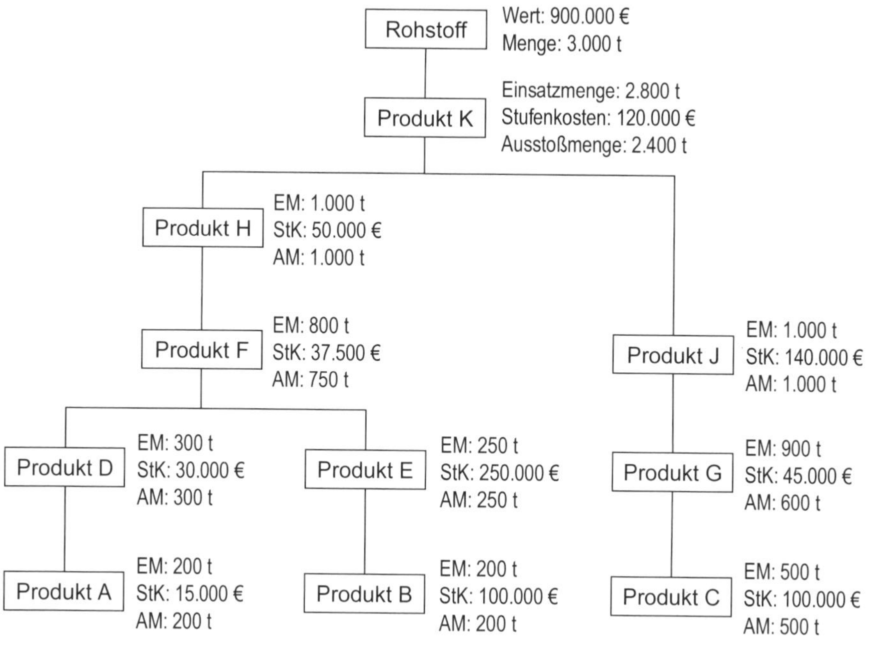


## Aufgabe 1.3.1.4: Mehrstufige Divisionskalkulation

Die „Bohr Frei GmbH“ stellt Rohlinge für Gewindebohrer her. Dabei sind in der letzten Abrechnungsperiode insgesamt folgende Kosten und Lagerbestandsveränderungen angefallen. Zu Beginn der Periode waren sämtliche Zwischen- und Endlager leer.

| Produktionsstufen | Stufe I: Rohlinge fertigen | Stufe II: Rohlinge härten | Verwaltung und Vertrieb |
|---|---|---|---|
| Kosten je Produktionsstufe | 49.000,– € | 29.500,– € | 15.000,– € |
| Ausbringungs- und Absatzmenge je Stufe | 28.000 Stück, davon: 5.000 Stück gehen auf Lager | 22.500 Stück, davon: 2.500 Stück gehen auf Lager | 20.000 Stück werden verkauft |

Welche der folgenden Aussagen sind richtig?

a) Die Divisionskalkulation mit Äquivalenzziffern, auch Äquivalenzziffernrechnung genannt, findet bei artverwandten Produkten Anwendung, die ein- und denselben technischen Fertigungsprozess durchlaufen. Oft unterscheiden sich die Produkte nur in der Materialverbrauchsmenge.

b) Der Wert der Lagerbestandserhöhung der gehärteten Rohlinge beträgt 7.750,– €.

c) Die Herstellkosten je Rohling betragen 3,30 €.

d) Die Selbstkosten je Rohling betragen 3,85 €.

Die Geschäftsleitung der „Bohr Frei GmbH" möchte in Zukunft fertige Gewindebohrer herstellen. Die Fertigung erweitert sich um eine Stufe und es fallen – zusätzlich zu den bisherigen Kosten – folgende zusätzliche Kosten an. Die gesamte produzierte Menge an Gewindebohrern wird am Markt abgesetzt.

| Produktionsstufe | Stufe III Gewinde fräsen |
|---|---|
| Kosten der Produktionsstufe | 32.050,– € |
| Ausbringungsmenge | 19.000 Stück |

e) Die Herstellkosten je Gewindebohrer betragen 4,95 €.

f) Die Gesamtselbstkosten für die Fertigung der Gewindebohrer betragen 119.500 €.

## 1.3.2 Äquivalenzziffernrechnung

### Aufgabe 1.3.2.1: Äquivalenzziffernrechnung

In einer Wachsgießerei werden Kerzen unterschiedlicher Größe hergestellt. Bei jeder Kerzengröße wird das gleiche Wachs verwendet. Die Materialkosten sind somit proportional zum Kerzenvolumen.

| Kerzensorten | klein | mittel | groß |
|---|---|---|---|
| Volumen [cm³]<br>Ausbringungsmenge [Stück] | 100<br>200.000 | 200<br>225.000 | 800<br>100.000 |

Die gesamten Materialkosten betragen € 3.335.000,–.

Bestimmen Sie die Materialkosten pro Kerzensorte und pro Sorteneinheit durch Äquivalenzziffernrechnung. Verwenden Sie dabei die Kerzengröße und die Stückzahlen als Äquivalenzziffern.

## Aufgabe 1.3.2.2: Äquivalenzziffernrechnung

Die Blechwalzwerk AG stellt Bleche mit unterschiedlicher Stärke her.

| Stärke [mm] | 0,4 | 0,5 | 1,0 | 1,25 | 2,5 |
|---|---|---|---|---|---|
| Menge [t] | 500 | 400 | 700 | 600 | 300 |

Die Gesamtkosten einer Periode betragen € 879.000,–.

Da Bleche geringerer Stärke öfter gewalzt werden müssen, steigen die Fertigungskosten tendenziell mit abnehmender Blechstärke. Hingegen kommt es bei Blechen über 1 mm Stärke zu zunehmenden Ausschusskosten.

Bezogen auf die Blechstärke von 1 mm lässt sich folgende Grundtendenz im Kostenverhalten angeben:

| Stärke [mm] | 0,4 | 0,5 | 1,0 | 1,25 | 2,5 |
|---|---|---|---|---|---|
| höhere Kosten | 50 % | 30 % | – | 5 % | 10 % |

a) Welches Kalkulationsverfahren ist geeignet? Begründen Sie Ihre Aussage.

b) Berechnen Sie die Selbstkosten für jede Blechstärke pro Tonne sowie insgesamt.

## Aufgabe 1.3.2.3: Äquivalenzziffernrechnung

Eine Unternehmung stellt Tonrohre her. Die verschiedenen Sorten unterscheiden sich hinsichtlich ihrer Länge und ihres Durchmessers. Die Preise der einzelnen Sorten und die Produktionsmengen einer abgelaufenen Periode sind in der nachstehenden Tabelle angegeben. Die Kalkulation wird mit einer Äquivalenzziffernrechnung durchgeführt. Als Äquivalenzziffer gilt das Produkt aus Durchmesser und Länge.

| Durchmesser \ Länge | 100 cm | 50 cm | 30 cm |
|---|---|---|---|
| 100 mm | Sorte (1)<br>10,– [€/Stück]<br>10.000 [Stück] | Sorte (2)<br>3,– [€/Stück]<br>2.000 [Stück] | Sorte (3)<br>2,– [€/Stück]<br>200 [Stück] |
| 150 mm | Sorte (4)<br>15,– [€/Stück]<br>30.000 [Stück] | Sorte (5)<br>8,– [€/Stück]<br>3.000 [Stück] | Sorte (6)<br>6,– [€/Stück]<br>1.000 [Stück] |

An Gesamtkosten sind € 470.080,– angefallen.

Ermitteln Sie die Selbstkosten und die Gewinne je Stück. Verwenden Sie als Äquivalenzziffern das Produkt aus Rohrdurchmesser und Rohrlänge.

## Aufgabe 1.3.2.4: Äquivalenzziffernrechnung

In der Nahrungsmittelherstellung der „Es Schmeckt" GmbH werden Konfitüren verschiedener Fruchtsorten und Mischungen hergestellt. Da für die einzelnen Sorten die Mischungsverhältnisse, die Mengen der Geschmacksverfeinerungsstoffe und die Art der Zubereitung unterschiedlich sind, wären die auf jede Sorte entfallenden Kosten nur unter großem organisatorischen Aufwand genau zuzurechnen. Deswegen hat sich die Kostenrechnungs-abteilung für die Anwendung der Äquivalenzziffernrechnung entschlossen.

| Sorte | Äquivalenzziffern | | | in der Abrechnungs-periode hergestellte Menge [Stück] |
|---|---|---|---|---|
| | Konfitüre | Verpackung | sonstige Herstellkosten | |
| 1 | 5,5 | 3,0 | 4,0 | 17.000 |
| 2 | 3,0 | 3,0 | 4,5 | 12.000 |
| 3 | 6,5 | 3,0 | 2,0 | 50.000 |
| 4 | 4,0 | 3,0 | 6,0 | 61.000 |
| 5 | 8,0 | 5,0 | 9,0 | 24.000 |
| 6 | 10,0 | 5,0 | 8,0 | 25.000 |

| Kostenarten | Betrag [€] |
|---|---|
| Früchte | 210.000,– |
| Gelierzucker | 56.000,– |
| Konservierungsstoffe | 30.000,– |
| Geschmacksverfeinerungsstoffe | 23.340,– |
| Gläser | 40.100,– |
| Etiketten | 7.500,– |
| Kartons | 5.600,– |
| Löhne | 145.000,– |
| Lagerkosten | 30.000,– |
| kalkulatorische Abschreibung | 126.200,– |

Kalkulieren Sie die Herstellkosten pro Glas jeder Sorte und pro Sorte insgesamt mit Hilfe der angegebenen Herstellmengen und Äquivalenzziffern.

## Aufgabe 1.3.2.5: Äquivalenzziffernrechnung

In einer Ziegelei werden vier verschiedene Produkte hergestellt. Der Betrieb kalkuliert die einzelnen Produktarten mit Äquivalenzziffern. Die Gesamtherstellkosten der Abrechnungsperiode belaufen sich auf € 67.500,– davon sind € 27.000,– fixe Kosten. Die variablen Vertriebskosten betragen € 33.480,–.

| Erzeugnisart | hergestellte Menge [in 1.000 Stück] | verkaufte Menge [in 1.000 Stück] | Äquivalenzziffern für | | |
|---|---|---|---|---|---|
| | | | fixe Kosten | variable Kosten | Vertriebs-kosten |
| Bauziegel A | 120 | 100 | 1,0 | 1,0 | 2,0 |
| Bauziegel B | 75 | 75 | 2,0 | 1,6 | 2,0 |
| Dachziegel I | 60 | 40 | 3,0 | 2,0 | 1,0 |
| Dachziegel II | 150 | 120 | 1,5 | 3,0 | 1,4 |

Bestimmen Sie die Herstellkosten und die Selbstkosten jeder Erzeugnisart (in 1.000 Stück)

a) zu Vollkosten

b) zu Teilkosten.

## Aufgabe 1.3.2.6: Äquivalenzziffernrechnung

Der Murmelhersteller Förster GmbH & Co. KG stellt Glasmurmeln verschiedener Größen her. Die verschiedenen Murmelarten mit Angabe des Gewichts pro

Murmel und der produzierten Menge können Sie der nachfolgenden Tabelle entnehmen.

| Murmelart | Gewicht [g] | Produzierte Menge [Stück] |
|---|---|---|
| A | 20,00 | 300 |
| B | 35,00 | 272 |
| C | 42,20 | 100 |
| D | 48,40 | 150 |

Die gesamte Produktion an Murmeln verursachte Kosten in Höhe von 40.600,– EUR, wovon 35.100,– EUR variable Kosten sind. Die variablen Kosten verhalten sich proportional zum Gewicht der Murmeln.

Bestimmen Sie mit Hilfe der Äquivalenzziffernrechnung die Herstellkosten auf Stückbasis und für die gesamte Produktion je Murmelart! Die Fixkosten sollen zu gleichen Teilen den verschiedenen Murmelarten zugeordnet werden.

### 1.3.3 Zuschlagsrechnung

#### Aufgabe 1.3.3.1: Zuschlagskalkulation

Eine Unternehmung der Metallindustrie stellt plastikbeschichtete Zäune her. Die Zäune haben Höhen von 80, 100, 120, 160 und 200 cm bei jeweils 25 m Länge pro Rolle. Die Fertigung erfolgt in den Fertigungskostenstellen F1 Drahtzieherei, F2 Flechterei, F3 Beschichterei.

Aus dem Betriebsabrechnungsbogen wurden für die Ermittlung der Kosten pro 25 m Rolle Zaun die folgenden Daten übernommen:

| | Kostenstellen | | | | | |
|---|---|---|---|---|---|---|
| [€] | Material (1) | F1 (2) | F2 (3) | F3 (4) | Verwaltung (5) | Vertrieb (6) |
| Materialeinzelkosten | 135.340,– | | | | | |
| Fertigungslohn | | 42.375,– | 46.938,– | 53.415,– | | |
| Gemeinkosten | 19.348,– | 27.869,– | 24.740,– | 28.913,– | 45.850,– | 36.980,– |

Wegen der bestehenden Unsicherheiten in Bezug auf die Messung der Äquivalenzziffern soll zur Ermittlung der Selbstkosten pro Produkteinheit ein Verfahren der Zuschlagskalkulation angewendet werden.

Als relevante Bezugsgrößen dienen für die Verrechnung der Produkt-Materialgemeinkosten die Materialeinzelkosten. Die Zurechnung der Fertigungslöhne auf die Produkte erfolgt unter Verwendung der Maschinenzeiten von 37.800 Maschinenminuten in der Drahtzieherei, 54.000 Maschinenminuten in der Drahtflechterei und 27.000 Maschinenminuten in der Beschichterei.

Die Fertigungsgemeinkosten werden unter Verwendung der Fertigungszeiten und der Maschinenzeiten in den Fertigungskostenstellen verrechnet. Die Bezugsgröße für die Verrechnung der Fertigungsgemeinkosten ist in der Drahtzieherei die Maschinenzeit, in der Drahtflechterei für die Verrechnung von € 10.860,– die Fertigungszeit (18.000 Fertigungsminuten) sowie von € 13.880,– die Maschinenzeit, in der Beschichterei die Fertigungszeit (44.700 Fertigungsminuten). Die Verrechnung der Verwaltungs- und Vertriebsgemeinkosten erfolgt auf Basis der Herstellkosten.

Für das Produkt 3 (25 m Rolle Zaun mit 120 cm Höhe) werden die Materialeinzelkosten mit € 7,25 ermittelt. Die Maschinenzeiten für die Fertigung einer Produkteinheit wurden in den Fertigungskostenstellen 1, 2, 3 gemessen mit 2; 3,5; 2 Minuten; als Fertigungszeiten wurden ermittelt 2; 1; 2,5 Minuten.

Bestimmen Sie im Rahmen einer differenzierten Zuschlagskalkulation die Selbstkosten pro Einheit des Produktes 3.

## Aufgabe 1.3.3.2: Zuschlagskalkulation

In einer Fertigungskostenstelle wird zunächst auf Maschine I und dann auf Maschine II eine Produktart bearbeitet. In der letzten Abrechnungsperiode sind an maschinenabhängigen Fertigungsgemeinkosten angefallen:

| [€] | Maschine I | Maschine II |
|---|---|---|
| Kalkulatorische Abschreibungen | 16.000,– | 12.500,– |
| Kalkulatorische Zinsen | 7.000,– | 3.750,– |
| Instandhaltungs- und Wartungskosten | 2.000,– | 4.450,– |
| Energie- und Betriebsstoffkosten | 3.500,– | 4.000,– |
| Raumkosten | 1.500,– | 800,– |

In der betreffenden Kostenstelle sind außerdem maschinenunabhängige Fertigungsgemeinkosten entstanden:

| | |
|---|---|
| Hilfslöhne | € 25.000,– |
| Sozialkosten | € 40.000,– |
| Arbeitsvorbereitung | € 3.400,– |

Die Fertigungseinzelkosten beliefen sich auf € 6,– und die Sondereinzelkosten der Fertigung auf 0,50 €/Stück. In der Abrechnungsperiode wurden 6.000 Stück produziert. Die durchschnittliche Fertigungszeit an Maschine I beträgt 10 Minuten/Stück, an Maschine II 15 Minuten/Stück.

Ermitteln Sie die Fertigungskosten je Stück.

## Aufgabe 1.3.3.3: Zuschlagskalkulation

Für eine Werkzeugmaschine liegen die Fertigungslohnkosten und die Fertigungsmaterialkosten vor. Des Weiteren gelten die Gemeinkostenzuschlagssätze der vorhergehenden Periode.

| | |
|---|---|
| Fertigungslöhne [€] | 120.000,– |
| Fertigungsmaterial [€] | 50.000,– |
| Fertigungslohn-Gemeinkostenzuschlagssatz [%] | 210 |
| Fertigungsmaterial-Gemeinkostenzuschlagssatz [%] | 15 |
| Vw- und Vt-Gemeinkostenzuschlagssatz [%] | 60 |

a) Ermitteln Sie die Selbstkosten mit Hilfe der Zuschlagskalkulation.

b) Errechnen Sie den Angebotspreis so, dass nach Abzug von 3 % Skonto und 5 % Rabatt noch ein Gewinnaufschlag von 10 % übrig bleibt.

## Aufgabe 1.3.3.4: Zuschlagskalkulation

Die Produkte A, B und C werden in drei Fertigungshauptstellen (FKSt) gefertigt. In den nachstehenden Tabellen sind die dafür jeweils verwendeten Fertigungslöhne (FL) und Fertigungsmaterialien (FM), weiterhin die Gemeinkosten (GK), Fertigungsmaterial- und Lohnkosten der letzten Periode aufgeführt.

| **Kostenarten** | **Fertigungskostenstellen** | | | **Materialstelle** | **Verwaltungsstelle** | **Vertriebsstelle** |
|---|---|---|---|---|---|---|
| **[€]** | **I** | **II** | **III** | | | |
| Gemeinkosten | 78.750,– | 82.350,– | 93.500,– | 25.200,– | 115.160,– | 86.370,– |
| Fert.material | | | | 105.000,– | | |
| Fert.löhne | 75.000,– | 61.000,– | 55.000,– | | | |

| **Produkt** | **FKSt I** | | **FKSt II** | | **FKSt III** | |
|---|---|---|---|---|---|---|
| | FM [€] | FL [€] | FM [€] | FL [€] | FM [€] | FL [€] |
| A | 1,50 | 3,– | 0,50 | 4,– | 1,50 | 0,50 |
| B | 0,40 | 2,– | 0,60 | 1,– | 4,– | 0,40 |
| C | 0,60 | 1,– | 1,70 | 1,20 | 0,20 | 5,– |

a) Kennzeichnen und beurteilen Sie den Unterschied in der Vorgehensweise zwischen einer Zuschlagsrechnung mit einem Gesamtzuschlag und einer Zuschlagsrechnung mit differenzierten Zuschlagssätzen.

b) Ermitteln Sie die Gemeinkostenzuschlagssätze.

c) Kalkulieren Sie die Selbstkosten der Produkte durch Zuschlagskalkulation.

d) Welche Annahmen stehen hinter den verwendeten Zuschlagsbasen für die Materialstelle und für die Verwaltungs- und Vertriebsstellen? Wie beurteilen Sie diese?

## Aufgabe 1.3.3.5: Zuschlagskalkulation

Für die Kalkulation einer Spezialmaschine wurden folgende Planwerte für die Einzelkosten angesetzt.

| Kosten | Betrag [€] |
|---|---|
| Fertigungsmaterial | 1.550,– |
| Fertigungslöhne | 1.830,– |
| Sondereinzelkosten der Fertigung | 132,– |
| Sondereinzelkosten des Vertriebs | 245,– |

Die geplante Fertigungszeit für die Spezialmaschine beträgt 200 Stunden.

Folgende Planwerte liegen für die gesamte Unternehmung vor:

| Kostenarten | Betrag [€] |
|---|---|
| **Geplante Einzelkosten:** | |
| Fertigungsmaterial | 170.650,– |
| Fertigungslöhne | 298.235,– |
| Sondereinzelkosten der Fertigung | 15.800,– |
| Sondereinzelkosten des Vertriebs | 42.325,– |
| **Geplante Gemeinkosten:** | |
| Materialgemeinkosten | 35.000,– |
| Fertigungsgemeinkosten | 513.000,– |
| Verw.- und Vertriebsgemeinkosten | 235.300,– |

Die gesamte geplante Fertigungszeit beträgt 28.500 Stunden.

a) Kalkulieren Sie die geplanten Selbstkosten der Maschine mit einem Gesamtzuschlag auf die Summe der Einzelkosten.

b) Kalkulieren Sie die Selbstkosten der Maschine, indem Sie die Materialgemeinkosten auf das Fertigungsmaterial, die Fertigungsgemeinkosten proportional zur Fertigungszeit und die Verwaltungs- und Vertriebskosten auf die Herstellkosten zuschlagen.

## Aufgabe 1.3.3.6: Zuschlagskalkulation

Aus der Kostenrechnung eines Unternehmens liegen folgende Daten vor:

| Kostenstellen → | Fertigungsstellen | | | Materialstellen | | Verwaltung | Vertrieb |
|---|---|---|---|---|---|---|---|
| Kostenarten [€] ↓ | I | II | III | I | II | | |
| Hilfslöhne | 3.017,– | 4.312,– | 10.515,– | 500,– | 250,– | 1.750,– | 1.830,– |
| Fertigungslöhne | 135.000,– | 225.000,– | 375.300,– | – | – | – | – |
| Gehälter | – | 1.400,– | 7.971,– | – | 500,– | 92.144,– | 103.741,– |
| Fertigungsmaterial | – | – | – | 68.300,– | 55.000,– | – | – |
| Zinsen | 5.733,– | 8.730,– | 15.923,– | – | 350,– | 15.930,– | 18.930,– |
| Abschreibungen | 10.500,– | 15.375,– | 35.121,– | 2.481,– | 1.178,– | 11.330,– | 23.230,– |
| Sonstige Verwaltungskosten | 3.700,– | 1.683,– | 9.283,– | 1.800,– | 472,– | 3.770,– | 2.178,– |

Einzelkosten der Produkte A und B:

| Produkt | FL I | FL II | FL III | Mat I | Mat II | SEKVt |
|---|---|---|---|---|---|---|
| A | 153,– | 172,– | 102,– | 53,– | 91,– | 21,– |
| B | 33,– | 65,– | 93,– | 121,– | 25,– | – |

Berechnen Sie die Zuschlagssätze auf Vollkostenbasis und kalkulieren Sie für Produkt A einen Angebotspreis, der nach Abzug von 3 % Skonto und 5 % Rabatt noch 15 % Gewinn enthält.

## Aufgabe 1.3.3.7: Zuschlagskalkulation

Der Betriebsabrechnungsbogen einer Plankostenrechnung auf Vollkostenbasis besitzt nach Durchführung der Kostenstellenumlage folgende Werte.

| Gemeinkosten | Betrag [€] | Materialstellen | | Fertigungsstellen | | | Verwaltungsstelle | Vertriebsstelle |
|---|---|---|---|---|---|---|---|---|
| | | 1 | 2 | 1 | 2 | 3 | | |
| Summe | 549.900,– | 22.500,– | 24.000,– | 138.000,– | 180.000,– | 45.000,– | 54.000,– | 86.400,– |
| Zuschlagsbasis | | Fertigungsmaterial [€] | | Fertigungszeit [h] | | Fertigungslöhne [€] | Herstellkosten [€] | |
| | | 250.000,– | 200.000,– | 3.000 | 2.400 | 18.000,– | 1.080.000,– | |

| | Produkt A | Produkt B |
|---|---|---|
| Fertigungsmaterial 1 [€] | 100,– | 150,– |
| Fertigungsmaterial 2 [€] | 50,– | 80,– |
| Fertigungslöhne in Fertigungsstelle 1 [€] | 41,– | 95,– |
| Fertigungslöhne in Fertigungsstelle 2 [€] | 30,– | – |
| Fertigungslöhne in Fertigungsstelle 3 [€] | 40,– | 64,– |

| Erlöse je Einheit [€] | 700,– | 850,– |
|---|---|---|
| Fertigungszeit in Stelle 1 [h] | 1,5 | 2,4 |
| Fertigungszeit in Stelle 2 [h] | 1,4 | – |
| Fertigungszeit in Stelle 3 [h] | 2,0 | 3,2 |

Für Produkt B fallen Sondereinzelkosten der Fertigung in Höhe von € 17,50 an. Die Sondereinzelkosten des Vertriebs betragen für Produkt A € 20,– und für Produkt B € 30,–.

a) Berechnen Sie den Zuschlagssatz für jede der sieben Endkostenstellen.

b) Berechnen Sie mit den errechneten Zuschlagssätzen – unter Verwendung eines gemeinsamen Kalkulationsschemas – die geplanten Selbstkosten und die geplanten Stückerfolge von zwei Endprodukten.

## Aufgabe 1.3.3.8: Zuschlagskalkulation

Die Gewinde-GmbH fertigt in einer Abrechnungsperiode an verschiedenen Maschinen aus Stahlstangen Präzisions-Gewindestangen vom Typ 1 (10.000 Stück) und Typ 2 (20.000 Stück) an. Die Stahlstangen werden zunächst in der Dreherei mit einem Gewinde versehen und dann mit Chrom überzogen.

Aus dem BAB der Abrechnungsperiode ergeben sich für die Kostenstellen des Unternehmens folgende Gemeinkosten:

| **Kostenstelle** | **Gemeinkosten** |
|---|---|
| Materialstelle | 228.000 € |
| Dreherei | 798.000 € |
| Verchromung | 360.000 € |
| Vertrieb | 178.600 € |

Daneben fallen für die Gewindestangen folgende Einzelkosten an:

| | **Typ 1** | **Typ 2** |
|---|---|---|
| Materialeinzelkosten | 100 €/Stück | 64 €/Stück |
| Fertigungslöhne in der Dreherei | 50 €/Stück | 48 €/Stück |
| Sondereinzelkosten der Dreherei | 4 €/Stück | 3 €/Stück |

Welche der folgenden Aussagen sind richtig?

a) Zu den wichtigsten Aufgaben der Kostenrechnung gehört die Unterstützung der Unternehmensleitung bei der kurzfristigen Planung und der Kontrolle des Unternehmensgeschehens. Dabei unterscheidet man die Kostenträgerstückrechnung und die Kostenträgerzeitrechnung.

b) Der Zuschlagsatz für die Materialstelle beträgt 10 %.

c) Die Fertigungsgemeinkosten betragen bei Typ 1 und Typ 2 je Stück 14,00 €.

d) Die Bezugsgröße der Vertriebskosten sind die Herstellkosten, in diese müssen die Verwaltungsgemeinkosten einbezogen werden.

e) Die durch die Kostenträgerrechnung ermittelten Herstellkosten dienen als Grundlage für die Kalkulation der Angebotspreise.

## Aufgabe 1.3.3.9: Divisions- und Zuschlagskalkulation

Eine Unternehmung stellte in der vergangenen Periode zwei Produktarten A und B her. Hierbei ergaben sich folgende Daten:

| **Produkt** | **Material-stelle**<br>**Fert.-Mat. (€/Stk)** | **Fert.-Stelle I**<br>**FZ/Stk (min)** | **Fert.-Stelle II**<br>**FZ/Stk (min)** | **Fert.-Menge**<br>**(Stk)** | **Absatz-menge**<br>**(Stk)** | **SEK Fer-tigung**<br>**(€/Stk)** | **SEK Vertrieb**<br>**(€/Stk)** |
|---|---|---|---|---|---|---|---|
| A | 20,– | 30 | 20 | 60 | 60 | 20,– | 22,50 |
| B | 10,– | 12 | 10 | 40 | 60 | 15,– | 7,50 |
| **Gemein-kosten (€)** | 800,– | 4.560,– | 6.400,– | **Verw. -u. Vertr. Stelle**<br>6.120,– | | | |

Lohnsatz generell € 120,– je Stunde.

a) Kalkulieren Sie die Selbstkosten je Stück im Sinne einer Divisionskalkulation für jede der beiden Produktarten für den Durchschnitt aus Fertigungs- und Absatzmengen. Teilen Sie dabei die gesamten angefallenen Gemeinkosten im Verhältnis der Materialeinzelkosten auf die beiden Produktarten auf.

b) Führen Sie eine differenzierte Zuschlagskalkulation der Selbstkosten je Stück durch, indem Sie die Materialgemeinkosten auf das Fertigungsmaterial beziehen und in beiden Fertigungsstellen die Fertigungsgemeinkosten entsprechend den Fertigungszeiten zurechnen. Die Verwaltungs- und Vertriebsgemeinkosten sind in der üblichen Weise zu verteilen.

c) Vergleichen Sie die Ergebnisse der beiden Kalkulationen. Arbeiten Sie drei Gründe heraus, auf welche die Unterschiede zurückzuführen sind. Welche Kalkulation würden Sie aus welchem Grund vorziehen?

d) Wie könnte die differenzierte Kalkulation im Hinblick auf Programm- und Preisentscheidungen deutlich verbessert werden? Begründen Sie Ihren Vorschlag.

## 1.3.4 Maschinenstundensatzrechnung

### Aufgabe 1.3.4.1: Maschinenstundensatzrechnung

In der Fertigungsabteilung einer Unternehmung stehen für die Vornahme einer bestimmten Arbeitsverrichtung ein Großgerät und fünf kleinere Geräte zur Verfügung.

| Maschine | Großgerät | Kleingeräte | | | | |
|---|---|---|---|---|---|---|
| | | 1 | 2 | 3 | 4 | 5 |
| Belegzeit [h/Bauteil] | 2,0 | 0,9 | 1,2 | 0,3 | 0,6 | 1,5 |

| | Kosten [€] | Zuschlagssatz [%] |
|---|---|---|
| Fertigungsmaterial | 120,– | 30 |
| Fertigungslöhne | 70,– | 210 |

| Planwerte | | |
|---|---|---|
| **Rechnungsmerkmal** | **Großgerät** | **Gruppe der 5 Kleingeräte** |
| Nutzungsdauer [Jahre] | 10 | 12 (je Gerät) |
| Wiederbeschaffungswert [€] = Anschaffungskosten [€] | 384.000,– | 63.000,– (je Gerät) |
| Raumbedarf [m2] | 30 | 50 (gesamte Gruppe) |
| Strombedarf [kWh] | 5 | 3 (je Gerät) |
| Jährliche Instandhaltung [€] | 5.600,– | 9.000,– (gesamte Gruppe) |
| Versicherung [€] | 3.840,– | 3.000,– (gesamte Gruppe) |
| Jährliche Werkzeugkosten [€] | 1.200,– | 450,– (je Gerät) |
| Ausfallzeiten [h] | 240 | 340 (je Gerät) |

- Zinssatz 10 % (Durchschnittsverzinsung!)
- Raumkosten monatlich 6,– €/m2
- Strompreis 0,14 €/kWh

Die tägliche Arbeitszeit beträgt 8 Stunden an 230 Tagen im Jahr. Ein Bauteil wird auf den 6 Maschinen gefertigt.

a) Berechnen Sie den geplanten Maschinenstundensatz für das Großgerät und ein Kleingerät.

b) Kalkulieren Sie anhand der errechneten Maschinenstundensätze und der angegebenen Fertigungslohn-, Fertigungsmaterialkosten und Maschinenbelegungszeiten die Herstellkosten des Bauteils.

c) Unter welchen Umständen erachten Sie die Kalkulation mit Maschinenstundensätzen für sinnvoll?

## Aufgabe 1.3.4.2: Maschinenstundensatzrechnung

In der Mühlbauer GmbH kommt ein Schleifautomat zum Einsatz. Auf diesem werden pro Jahr 1.000 Stück des Produktes A und 3.500 Stück des Produktes B hergestellt. Die Fertigungszeit je Stück beträgt 1,5 Stunden bei A und 1 Stunde bei B.

Die Anschaffungskosten des Automaten betrugen 250.000 €, sein Wiederbeschaffungspreis beträgt 300.000 €, der Restwert am Ende der Nutzungsdauer ist 0 €.

Die kalkulatorische Nutzungsdauer beträgt 15 Jahre, die Abschreibung in der Kostenrechnung erfolgt linear.

Der kalkulatorische Zinssatz für das in der Anlage gebundene Kapital beträgt 8 %. Die Leistungsaufnahme der Maschine beträgt 25 kW pro Stunde, der Preis pro kWh beträgt 0,16 €.

Bei den Betriebsstoffkosten wird mit 3.000 € pro Jahr kalkuliert, die durchschnittlichen kalkulatorischen Wartungskosten betragen 12.000 € pro Jahr.

Ermitteln Sie den kalkulatorischen Stundensatz für diesen Schleifautomaten.

## Aufgabe 1.3.4.3: Maschinenstundensatzrechnung und Zuschlagskalkulation

In einem zweistufigen Produktionsprozess wurden 200 Stück von Produkt A und 100 Stück von Produkt B erzeugt. In den beiden Fertigungsstellen war jeweils eine Maschine mit folgenden Daten eingesetzt:

| Maschine | I | II |
|---|---|---|
| Nutzungsdauer [Jahre] | 10 | 6 |
| Wert [€] | 80.000,– | 72.000,– |
| Strombedarf [kWh] | 5 | 4 |
| Instandhaltung [€ pro Jahr] | 4.800,– | 3.000,– |
| Werkzeugkosten [€ pro Jahr] | 2.000,– | 1.500,– |
| Ausfallzeiten [Stunden] | 240 | 340 |
| Zinssatz pro Jahr | 0,05 | |
| Strompreis [€/kWh] | 0,20 | |

Die tägliche Arbeitszeit betrug 8 Stunden an 230 Tagen.

Ferner sind folgende Daten (Kosten in €, Zeiten in h) bekannt:

| Einzelkosten | Fertigungsmaterial (pro Stück) | Fertigungslöhne | | Fertigungszeiten | | Sondereinzelkosten des Vertriebs |
|---|---|---|---|---|---|---|
| | | FSt I | FSt II | FSt I | FSt II | |
| **Produkt A** | 50,– | 40,– | 60,– | 5 | 6 | 10,– |
| **Produkt B** | 60,– | 50,– | 30,– | 6 | 3 | 15,– |
| **Gemeinkosten** | **Materialstelle** | **FSt I** | **FSt II** | **Verw.- u Vertr.-Stelle** | | **Summe** |
| | 2.400,– | 18.400,– | 19.500,– | 19.470,– | | 59.770,– |

(FSt steht für Fertigungsstelle)

In dieser Periode wurden 150 Stück von Produkt A und 200 Stück von Produkt B abgesetzt.

a) Kalkulieren Sie für beide Produktarten die Selbstkosten mithilfe der Zuschlagsrechnung unter Verwendung eines Gesamtzuschlags.

b) Bestimmen Sie die Maschinenstundensätze für beide Maschinen in Fertigungsstelle I und Fertigungsstelle II.

c) Führen Sie nun eine differenzierte Zuschlagsrechnung unter Verwendung der in b) bestimmten Maschinenzuschlagssätze durch.

d) Wie beurteilen Sie die Unterschiede in den Ergebnissen der beiden Zuschlagsrechnungen in a) und c)?

## Aufgabe 1.3.4.4: Maschinenstundensatzrechnung und Zuschlagskalkulation

Für zwei Produkte A und B, die in der kommenden Periode gefertigt und abgesetzt werden sollen, liegen folgende Plandaten vor:

| Produktart | Fertigungsmaterial (Euro/Stück) | Fertigungszeiten (Min./Stück) | Sondereinzelkosten | | Fertigungsmengen (Stück) | Absatzmengen (Stück) |
|---|---|---|---|---|---|---|
| | | | der Fertigung (Euro/Stück) | des Vertriebs (Euro/Stück) | | |
| A | 10,– | 30 | 10,– | 50,– | 1.000 | 800 |
| B | 20,– | 40 | 15,– | 80,– | 1.200 | 1.500 |

Der Fertigungslohnsatz beträgt € 120 je Stunde.

Ferner fallen einmal folgende Gemeinkosten an:

| Material-stelle | Fertigungs-stelle | Verw.- und Vertriebsstelle |
|---|---|---|
| 6.800,– | 156.000,– | 133.097,– |

Die Gemeinkosten der Materialstelle sind proportional zum Fertigungsmaterial, diejenigen der Fertigungsstellen sind nach Fertigungszeiten zu verteilen. Die Gemeinkosten in Verwaltung und Vertrieb sind wie üblich den Herstellkosten zuzuschlagen.

Ferner entstehen in der Fertigungsstelle maschinenabhängige Gemeinkosten, die über einen Stundensatz für die in ihr eingesetzte Maschine abgerechnet werden. Für diese werden folgende Werte erwartet: Die tägliche Arbeitszeit beträgt 8 Stunden (h) an 230 Tagen pro Jahr, der Zinssatz für Durchschnittsverzinsung 10 %, die Raumkosten € 10,– je qm und der Strompreis € 0,15 je kWh.

| | |
|---|---|
| Wiederbeschaffungswert | 840.000,– |
| Nutzungsdauer (Jahre) | 10 |
| Raumbedarf (qm) | 63 |
| Strombedarf (kWh) | 10 |
| Ausfallzeiten pro Jahr (h) | 340 |

a) Bestimmen Sie den Maschinenstundensatz.

b) Bestimmen Sie die weiteren Gemeinkostenzuschläge für die Material- und die Fertigungsstellen.

c) Kalkulieren Sie die Herstellkosten je Stück beider Produktarten.

d) Wie hoch ist der Zuschlagssatz für die Verwaltungs- und Vertriebsgemeinkosten?

e) Führen Sie die Zuschlagskalkulation für die beiden Produktarten durch.

## Aufgabe 1.3.4.5: Maschinenstundensatzrechnung, Divisionsrechnung und Zuschlagskalkulation

In einem zweistufigen Produktionsprozess wurden 8.000 Stück eines Produkts hergestellt und 6.000 Stück verkauft. In den beiden Fertigungsstellen war jeweils eine Maschine mit folgenden Daten eingesetzt:

| Maschine | I | II |
|---|---|---|
| Nutzungsdauer (Jahre) | 10 | 8 |
| Wert (€) | 160.000,– | 150.000,– |
| Strombedarf (kWh) | 12 | 8 |
| Instandhaltung (€ pro Jahr) | 9.600,– | 6.000,– |
| Werkzeugkosten (€ pro Jahr) | 8.000,– | 6.000,– |
| Ausfallzeiten (Stunden) | 240 | 340 |
| Zinssatz pro Jahr | 0,05 | 0,05 |
| Strompreis (€/kWh) | 0,50 | 0,50 |

Die tägliche Arbeitszeit betrug 8 Stunden an 230 Tagen. Der Lohnsatz beträgt € 60 je Stunde. Je Stück fallen € 50,– an Materialeinzelkosten an. Die Fertigungszeiten für das Produkt betragen 12 Minuten in Fertigungsstelle I und 11 Minuten in Fertigungsstelle II. Die Materialgemeinkosten betragen € 4.000,–, die Fertigungsgemeinkosten werden über die Maschinensätze abgerechnet. In Verwaltung und Vertrieb fallen € 101.220,– an Gemeinkosten sowie Sondereinzelkosten des Vertriebs von € 20,– je Stück an.

a) Bestimmen Sie die Stückkosten mit einer Zuschlagsrechnung und einem Gesamtzuschlag.

b) Bestimmen Sie die Stückkosten mithilfe einer Divisionsrechnung.

c) Bestimmen Sie die Maschinenstundensätze für die beiden Maschinen.

d) Berechnen Sie die Stückkosten mit einer differenzierten Zuschlagsrechnung und verrechnen Sie dabei die Fertigungsgemeinkosten mithilfe der Maschinensätze aus c).

e) Wie beurteilen Sie (gegebenenfalls die Gemeinsamkeiten und) die Unterschiede zwischen den Kalkulationsergebnissen von a) und b) sowie von b) und d)? Worauf sind diese jeweils zurückzuführen?

## Aufgabe 1.3.4.6: Maschinenstundensatzrechnung und Zuschlagskalkulation

In einem zweistufigen Produktionsprozess wurden 500 Stück von Produkt A und 600 Stück von Produkt B erzeugt. In den beiden Fertigungsstellen war jeweils eine Maschine mit folgenden Daten eingesetzt:

| Maschine | I | II |
|---|---|---|
| Nutzungsdauer (Jahre) | 10 | 12 |
| Wert (€) | 160.000,– | 90.000,– |
| Strombedarf (kWh) | 20 | 16 |
| Instandhaltung (€ pro Jahr) | 9.600,– | 15.000,– |
| Werkzeugkosten (€ pro Jahr) | 19.200,– | 6.300,– |
| Ausfallzeiten (Stunden) | 240 | 340 |
| Zinssatz pro Jahr | 0,04 | 0,04 |
| Strompreis (€/kWh) | 0,60 | 0,60 |

Die tägliche Arbeitszeit betrug 8 Stunden an 230 Tagen. Der Lohnsatz € 120,– pro Stunde.

Ferner sind folgende Daten bekannt:

| Einzelkosten | Fertigungsmaterial (€/Stück) | Fertigungszeiten (Min.) | | Maschinenzeiten (Min.) | | Sondereinzelkosten d. Vertriebs (€/Stück) |
|---|---|---|---|---|---|---|
| | | FSt I | FSt II | FSt I | FSt II | |
| Produkt A | 100,– | 20 | 30 | 120 | 120 | 26,– |
| Produkt B | 80,– | 12 | 20 | 60 | 50 | 20,– |
| Gemeinkosten | Materialstelle | | | | | Verw.- u. Vertr.-Stelle |
| (€/Jahr) | 19.600,– | 51.600,– | 108.000,– | 67.200,– | 45.000,– | 126.475,– |

In dieser Periode wurden 600 Stück von Produkt A und 500 Stück von Produkt B abgesetzt.

a) Bestimmen Sie die Maschinenstunden- und -minutensätze für beide Maschinen.

b) Nennen Sie je zwei Beispiele für fertigungszeit- und für maschinenzeitabhängige Gemeinkosten.

c) Führen Sie eine differenzierte Zuschlagskalkulation durch, wobei

   (1) die Materialgemeinkosten proportional zum Fertigungsmaterial,

   (2) die Gemeinkosten der Fertigungsstellen wie angegeben proportional zu den Fertigungszeiten bzw. zu den Maschinenzeiten,

   (3) die Verwaltungs- und Vertriebsgemeinkosten wie üblich proportional zu den Herstellkosten aufgeschlagen werden.

d) Nennen Sie zwei Argumente, die gegen die Verwendung dieser Zuschlagssätze sprechen. Wie könnte die Rechnung im Hinblick auf (kurzfristige) Entscheidungszwecke deutlich verbessert werden?

## Aufgabe 1.3.4.7: Maschinenstundensatzrechnung und Zuschlagskalkulation

Für zwei Produkte A und B, die in der kommenden Periode gefertigt und abgesetzt werden sollen, liegen folgende Plandaten vor:

| Produktart | Fert.-material (€/Stück) | Fert.-Zeiten (Min./Stück) | Masch.-zeiten (Min./Stück) | Sondereinzelkosten | | Fert.-mengen (Stück) | Absatz-mengen (Stück) |
|---|---|---|---|---|---|---|---|
| | | | | der Fertigung (€/Stück) | des Vertriebs (€/Stück) | | |
| A | 20,– | 20 | 60 | 30,– | 50,25 | 1.000 | 800 |
| B | 50,– | 30 | 30 | 20,– | 80,– | 1.200 | 1.500 |

Der Fertigungslohnsatz beträgt 120,– €/Stunde.

In der Fertigungsstelle fallen einerseits fertigungs- und andererseits maschinenzeitabhängige Gemeinkosten an.

Die Gemeinkosten betragen:

| Materialstelle | Fertigungszeitabhängig | Maschinenzeitabhängig | Verwaltung und Vertrieb |
|---|---|---|---|
| 16.000,– | 280.000,– | 864.000,– | 178.400,– |

Die Gemeinkosten der Materialstelle sind proportional zum Fertigungsmaterial zu verteilen.

Die Produkte werden in der Fertigungsstelle auf einer Maschine bearbeitet, für die folgende Daten bekannt sind:

| | |
|---|---|
| Wiederbeschaffungs- und Anschaffungswert (Euro) | 1.600.000,– |
| Nutzungsdauer (Jahre) | 10 |
| Raumbedarf (qm) | 20 |
| Strombedarf (kWh) | 960 |
| Ausfallzeiten pro Jahr (h) | 240 |

Die tägliche Arbeitszeit beträgt 8 Stunden (h) an 230 Tagen pro Jahr, der Zinssatz für Durchschnittsverzinsung 10 %, die Raumkosten 40 €/qm pro Monat und der Strompreis 0,40 €/kWh.

Die Gemeinkosten in Verwaltung und Vertrieb sind wie üblich den Herstellkosten zuzuschlagen.

a) Bestimmen Sie den Maschinenstundensatz.

b) Bestimmen Sie die weiteren Gemeinkostenzuschläge für die Material- und die Fertigungsstelle.

c) Kalkulieren Sie die Herstellkosten je Stück beider Produktarten.

d) Wie hoch ist der Zuschlagssatz für die Verwaltungs- und Vertriebsgemeinkosten?

e) Führen Sie die Zuschlagskalkulation für die beiden Produktarten durch.

### 1.3.5 Kalkulation von Kuppelprodukten

#### Aufgabe 1.3.5.1: Kalkulation von Kuppelprodukten

In einem Kuppelprozess werden vier Produkte erzeugt. Die dabei angefallenen Kosten, Produktionsmengen und Erlöse sind aus der nachstehenden Tabelle ersichtlich.

| Produkt | direkt zurechenbare Kosten [€] | Kosten des Kuppelprozesses [€] | Produktionsmenge [Stück] | Erlöse [€] |
|---|---|---|---|---|
| A | 40.000,– | 80.000,– | 20.000 | 100.000,– |
| B | 8.000,– | | 2.000 | 20.000,– |
| C | 12.000,– | | 1.000 | 30.000,– |
| D | 4.000,– | | 1.000 | 10.000,– |

a) Kalkulieren Sie die Stückkosten nach der Restwertmethode, wenn Produkt A das Hauptprodukt ist.

b) Kalkulieren Sie die Stückkosten nach der Verteilungsrechnung mit einer Verteilung nach Marktwerten (Marktwertmethode).

## Aufgabe 1.3.5.2: Kalkulation von Kuppelprodukten

In einem Chemiebetrieb entstehen bei einer Kuppelproduktion in der ersten Fertigungsstufe die Zwischenprodukte A und B. Beide Zwischenprodukte müssen in einem weiteren Kuppelproduktionsprozess verarbeitet werden.

Aus Produkt A entstehen in der zweiten Fertigungsstufe die absatzfähigen Produkte C und D. Dabei fallen im Anschluss an die Aufspaltung direkt zurechenbare Kosten für C in Höhe von € 10.000,– und für D in Höhe von € 20.000,– an. Der Stückverkaufspreis von Produkt C beträgt € 20,–, von Produkt D € 500,–.

Bei der Verarbeitung von B lassen sich die Endprodukte E und F sowie das weitere Zwischenprodukt G gewinnen. Für Produkt E betragen die direkt zurechenbaren Weiterverarbeitungskosten € 10.000,–. Durch einen Veredelungsprozess resultiert aus dem Produkt G das am Markt absetzbare Erzeugnis H, wobei der Prozess Kosten in Höhe von € 60.000,– verursacht. Das Produkt H kann zu 500,– €/Stück verkauft werden, während die Produkte E und F jeweils einen Verkaufspreis von 10,– €/Stück erzielen.

Für den gesamten Fertigungsprozess werden 100.000 kg einer Mischung aus zwei Rohstoffen eingesetzt. Für Rohstoff I, der zu 60 % eingeht, sind 0,50 €/kg, für Rohstoff II 1,– €/kg zu bezahlen. Für die Mischung entstehen Kosten in Höhe von € 30.000,–.

a) Ermitteln Sie die Gewinne der verkauften Produkte bei Verwendung der Marktwerte als Bezugsgröße (Marktwertmethode). Folgende Produktions- bzw. Absatzmengen gelten:

| Produkt | A | B | C | D | E | F | G | H |
|---|---|---|---|---|---|---|---|---|
| Produktions- bzw. Absatzmenge [Stück] | 100 | 500 | 2.000 | 50 | 3.000 | 500 | 2.000 | 1.000 |

b) Aufgrund strenger Umweltschutzauflagen wird in naher Zukunft die Weiterverarbeitung von Zwischenprodukt A nunmehr unter strengen Auflagen möglich sein. Die Unternehmung gibt deshalb die Weiterverarbeitung von A auf. Ein Entsorgungsunternehmen ist bereit, die je Kuppelprozess anfallende Menge von Produkt A gegen ein Entgelt von € 12.000,– zu übernehmen. Kalkulieren Sie unter diesen Bedingungen den Gewinn von Hauptprodukt H nach der Restwertmethode.

## Aufgabe 1.3.5.3: Kalkulation von Kuppelprodukten

Bei einem Kuppelprozess entstehen die Endprodukte A, C und D. Die Produkte C und D werden aus dem Zwischenprodukt B gewonnen. Bei der Produktion von A und B fallen in der Kostenstelle 1 die Kosten K1 an, bei der Produktion von C und D in der Kostenstelle 2 die Kosten K2.

| | Marktwerte [€] |
|---|---|
| A | 90.000,– |
| C | 85.000,– |
| D | 65.000,– |

| | Kosten [€] |
|---|---|
| Rohstoff | 20.000,– |
| K1 | 100.000,– |
| K2 | 90.000,– |

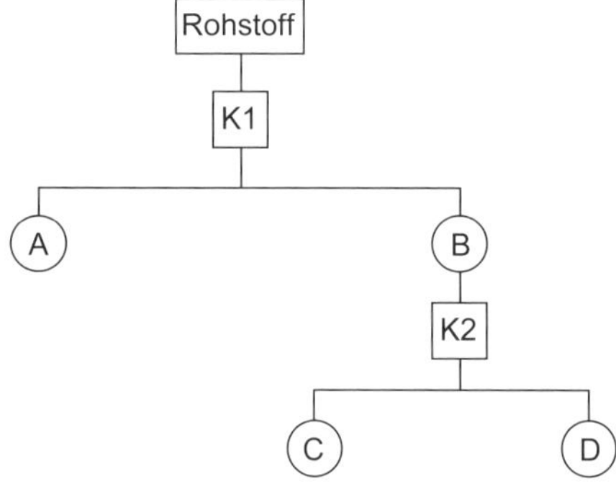


a) Bestimmen Sie die Herstellkosten der Endprodukte über die Marktwertmethode (retrograde Rechenweise).

b) Kalkulieren Sie den Gewinn, wenn A und C Nebenprodukte sind.

## Aufgabe 1.3.5.4: Kalkulation von Kuppelprodukten

Aus einem Rohstoff (30.000 kg zu 1,– €/kg) entstehen bei einer Kuppelproduktion in einer Abrechnungsperiode die Kuppelprodukte A und B. Während Produkt A sofort am Markt abgesetzt werden kann, wird B in mehreren Produktionsstufen zu den Endprodukten B11 und B12 und B2 weiterverarbeitet und dann ebenfalls vollständig verkauft.

Die Produktionsstufen mit den entstehenden Kosten in den Kostenstellen K1 bis K5 und die Marktwerte der Endprodukte zeigt untenstehende Darstellung.

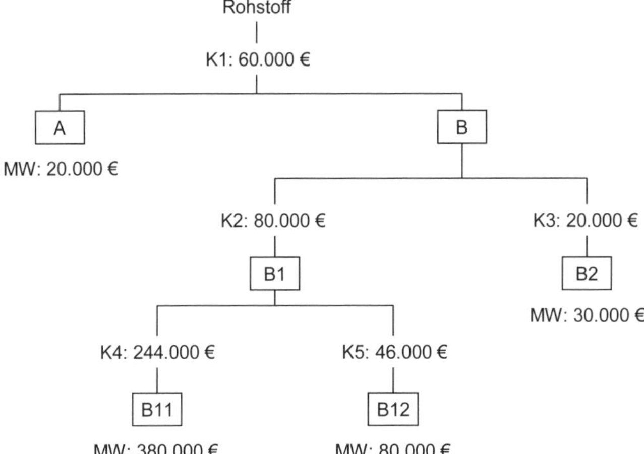


Ermitteln Sie die Gewinne der verkauften Endprodukte, indem Sie deren Marktwerte als Verteilungsgrundlage der Kosten heranziehen.

## Aufgabe 1.3.5.5: Kalkulation von Kuppelprodukten

Die Firma Fadenschein GmbH & Co KG stellt aus einem Rohstoff bei Kosten in Höhe von € 50.000,– (K1) die Kuppelprodukte A, B und C her. Produkt C kann sofort am Markt abgesetzt werden, während A und B erst noch zu den verkaufsfähigen Endprodukten A1, A2, B2, B3 und B4 weiterverarbeitet werden müssen. Die nachfolgende Tabelle gibt die Produktionsstruktur, die anfallenden Kosten (K1 bis K7) und die Verkaufspreise (Marktwerte MW) wieder.

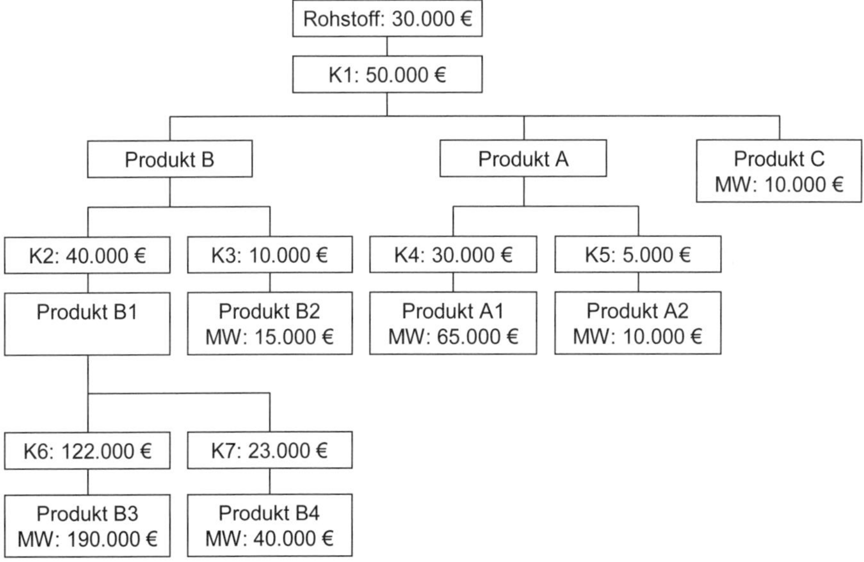

Ermitteln Sie mit Hilfe der retrograden Rechenweise (Marktwertmethode) die Kosten der verkauften Endprodukte.

## Aufgabe 1.3.5.6: Kalkulation von Kuppelprodukten

Ihr Vorgesetzter, Leiter der Abteilung „Kalkulation und Kostenkontrolle“, beauftragt Sie, für das abgelaufene Geschäftsjahr die Herstellkosten der verkaufsfähigen Produkte, die im Rahmen einer Kuppelproduktion anfallen, zu ermitteln. Folgende Angaben stehen Ihnen zur Verfügung:

Aus dem Rohstoff, der zu einem Preis von € 156.000,– eingekauft wurde, entstanden während der Produktionsperiode die Kuppelprodukte A bis P entsprechend der nachfolgenden Produktionsstruktur, wobei die Produkte A, B, D, F, G, I, K, und N nur Zwischenprodukte darstellen, während die Produkte C, E, H, L, M, O, und P marktfähige Hauptprodukte sind.

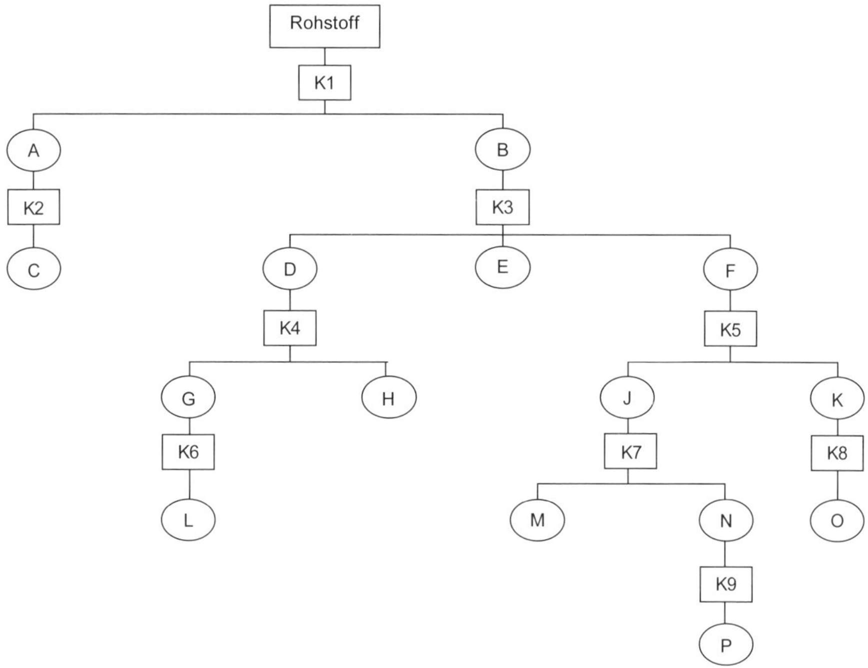


Die in den einzelnen Kostenstellen angefallenen Kosten und die Marktwerte der Hauptprodukte geben die folgenden Abbildungen wieder.

| Kostenstellen | Kosten [€] |
|---|---|
| K1 | 180.000,– |
| K2 | 60.000,– |
| K3 | 100.000,– |
| K4 | 120.000,– |
| K5 | 120.000,– |
| K6 | 20.000,– |
| K7 | 40.000,– |
| K8 | 40.000,– |
| K9 | 40.000,– |

| Produkte | Marktwerte der Hauptprodukte [€] |
|---|---|
| C | 80.000,– |
| E | 140.000,– |
| H | 60.000,– |
| L | 160.000,– |
| M | 140.000,– |
| O | 200.000,– |
| P | 180.000,– |

a) Bestimmen Sie mit Hilfe der retrograden Rechenweise (Marktwertmethode) die Herstellkosten der verkauften Produkte.

b) Alternativ zu dieser Rechnung schlägt Ihnen Ihr Vorgesetzter eine andere Betrachtungsweise vor, bei der die Produkte L und M als Nebenprodukte angesehen werden, wobei sich deren Ergebnis auf die entsprechenden Hauptprodukte auswirkt. Wie groß sind die Herstellkosten und Gewinne der Hauptprodukte in diesem Fall?

## Aufgabe 1.3.5.7: Kalkulation von Kuppelprodukten

Eine Unternehmung der chemischen Industrie stellt aus einem Rohstoff im Wert von € 25.000,– in einer Kuppelproduktion die Produkte A bis J her. Die Produkte B, E und G sind Zwischenprodukte, die vollständig zu den Produkten der untergeordneten Stufen weiterverarbeitet werden; A, C, D, F, H und J sind verkaufsfähige Endprodukte. Die folgende Abbildung enthält die Erzeugnisstruktur und die Produktionsmengen.

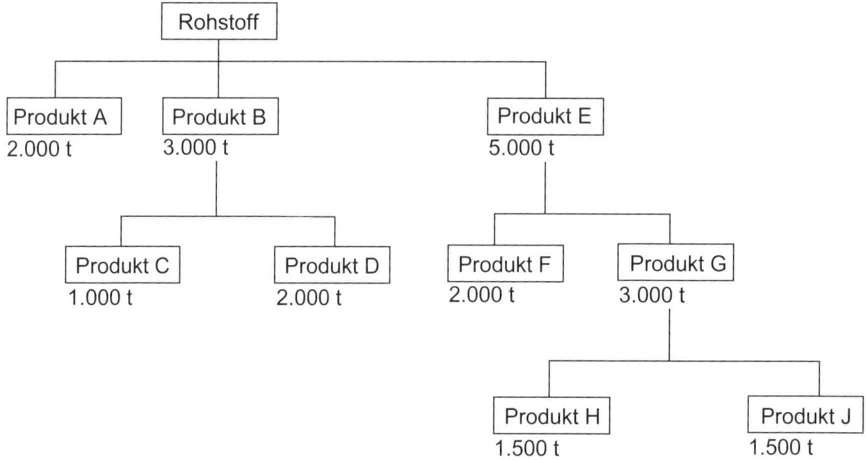


Folgende Kosten sind entstanden:

| | | |
|---|---|---|
| Direkt zurechenbare Kosten [€/t] | Produkt A<br>Produkt D<br>Produkt G<br>Produkt J | 4,–<br>4,50<br>2,–<br>2,– |
| Sonstige, nicht direkt auf Produkte zurechenbare Verfahrenskosten [€] | | 20.000,– |

Die Endprodukte erzielen am Markt folgende Erlöse:

| Produkt | A | C | D | F | H | J |
|---|---|---|---|---|---|---|
| [€/t] | 10,– | 5,– | 12,– | 8,– | 8,– | 6,– |

a) Berechnen Sie mit Hilfe der Marktwertmethode die Gewinne der verkauften Endprodukte.

b) Wie verändert sich der Gesamtgewinn des Unternehmens, wenn D und H als Nebenprodukte betrachtet werden? Begründen Sie Ihre Aussage.

c) Sollte die Produktion der Produkte C, F, H, J zugunsten einer Produktionserweiterung der gewinnträchtigen Produkte A und D eingeschränkt werden?

### 1.3.6 Verfahrenswahl

#### Aufgabe 1.3.6.1: Verfahrenswahl

In der „Bodo Butter AG Büttelborn“ möchte der Leiter der Produktionsabteilung eine Verfahrensplanung durchführen. Dazu stehen folgende Daten aus der Kostenrechnung zur Verfügung. Die Produkte I, II und III können von drei verschiedenen Drehbänken (Normale Drehbank, Halbautomat, Drehautomat) bearbeitet werden. Dabei fallen die unten angegebenen Rüst-, Werkzeug- und Energiekosten an. Das Produkt III lässt sich mit einem Sonderwerkzeug, das ausgeliehen werden muss, auf dem Vollautomaten bearbeiten. Die Maschinensätze geben die Kosten pro Bearbeitungsminute an.

| Kostenarten | Dreh-automat | Halb-automat | Drehbank |
|---|---|---|---|
| Einricht-, Rüstkosten [€] | 1.000,– | 500,– | 50,– |
| Sonderwerkzeug bei Produkt III [€] | 500,– | – | – |
| Werkzeugverschleiß [€/min] | 3,– | 1,50 | 2,– |
| Energie [€/min] | 1,– | 0,75 | 1,25 |
| Maschinensatz [€/min] | 2,– | 0,50 | 0,10 |

| Produkt | Bearbeitungszeit [min/Stück] | | | Stückzahl |
|---|---|---|---|---|
| | Drehautomat | Halbautomat | Drehbank | |
| I | 0,2 | 3,0 | 5,0 | 100 |
| II | 2,0 | 3,0 | 5,0 | 10 |
| III | 0,4 | 1,5 | 6,0 | 500 |

Ermitteln Sie die kostengünstigste Maschinenauswahl.

## Aufgabe 1.3.6.2: Verfahrenswahl

Das bisherige Produktionsverfahren in einem Werk soll im Hinblick auf Erhöhung der Produktionsmenge untersucht werden. Sie erhalten folgende Informationen:

| | | |
|---|---|---|
| Bisherige Herstellmenge | [Stück] | 1.000 |
| Geplante Herstellmenge | [Stück] | 1.500 |
| Preis für fertige Produkte bei Zukauf | [€/Stück] | 4,– |
| Kosten für Rohmaterial bei Eigenerstellung | [€/Stück] | 2,– |
| Lagerkosten (anteilig pro gekauftes Fertigprodukt) | [€/Stück] | 0,20 |
| Zwischenlagerkosten (anteilig der hergestellten Produkte) | [€/Stück] | 0,05 |

| Fertigungskosten bei Eigenerstellung | | | |
|---|---|---|---|
| **Kostenarten** | **Alternative** | | |
| Energiekosten (variabel) | (a)<br>(b)<br>(c) | 0,30<br>0,25<br>0,25 | [€/Stück]<br>[€/Stück]<br>[€/Stück] |
| Rüstkosten (fix pro Serie) | (a)<br>(b)<br>(c) | 3 Ser. à 150,–<br>3 Ser. à 50,–<br>2 Ser. à 100,– | [€/Periode]<br>[€/Periode]<br>[€/Periode] |
| Lohnkosten (variabel) | (a)<br>(b)<br>(c) | 3.200,–<br>500,–<br>1.800,– | [€/Periode]<br>[€/Periode]<br>[€/Periode] |
| Abschreibungen auf die alte Maschine (fix) | | 1.000,– | [€/Periode] |
| Erforderliche Investitionsausgaben | (a)<br>(b)<br>(c) | 3.000,–<br>12.000,–<br>– | [€]<br>[€] |

Die Investitionen sind linear über eine Nutzungsdauer von 10 Jahren abzuschreiben. Sie haben die Aufgabe, die entstehenden Kosten pro Periode für folgende Alternativen zu bestimmen:

a) Das bisherige Produktionsverfahren wird durch Zusatzaggregate verbessert.

b) Die bisherigen Maschinen werden durch neue ersetzt und stehen in Zukunft als Reserveaggregate zur Verfügung.

c) Die erforderlichen Zusatzmengen werden durch Zukauf aufgebracht.

d) Die Produktion erfolgt vollständig durch Fremdbetriebe, und die alten Anlagen stehen in Zukunft als Reserveaggregate zur Verfügung. Welche der vier Alternativen ist kostenoptimal?

### 1.3.7 Kalkulation auf der Basis von Preis-Absatz-Funktionen

#### Aufgabe 1.3.7.1: Preis- und Mengenpolitik

In einer Unternehmung ist der gegenwärtige Absatz des Produktes „X-tra“ durch untenstehende Daten gekennzeichnet. Der Planungsabteilung werden verschiedene Maßnahmen für die folgende Periode vorgeschlagen. Würdigen Sie die Maßnahmen bezüglich ihrer Wirkung.

| Umsatz [Stück] | 230.000 |
|---|---|
| Preis [€/Stück] | 5,– |
| Umsatz [€] | 1.150.000,– |

| **Variable Kosten des Umsatzes [€]** | |
|---|---|
| Löhne | 70.000,– |
| Material | 200.000,– |
| Variable Gemeinkosten | 55.000,– |
| Fracht u. Verpackung | 20.000,– |
| Erzeugnisfixe Kosten | 350.000,– |

a) Die Absatzabteilung hält einen Mehrverkauf von 20.000 Stück für realistisch. Diese Absatzsteigerung kann jedoch nur durch eine Preissenkung um 10 % erreicht werden. Wie wirkt sich diese Maßnahme auf den Gewinn aus?

b) Wäre es eine Verbesserung, den Verkaufspreis um 10 % zu erhöhen und dafür einen Absatzrückgang von 15 % in Kauf zu nehmen?

c) Es ist mit einer Steigerung der Materialkosten um 11,5 % zu rechnen.

- Welche Absatzsteigerung wäre nötig, damit der Gewinn der laufenden Periode auch im kommenden Jahr wieder erzielt wird?
- Welche Preiserhöhung käme in Frage, wenn diese Erhöhung der Materialkosten nicht im Deckungsbeitrag aufgefangen werden kann, dieser also nach wie vor 70 % vom Erlös betragen soll?
- Beim obigen Vorschlag käme es noch zu einer kleinen Gewinnsteigerung. Soll der Gewinn aber gleich bleiben, welcher Verkaufspreis käme dann (bei geändertem Deckungsbeitragssatz) in Frage?

## Aufgabe 1.3.7.2: Preis-Absatz-Funktion

In einer Unternehmung ist der gegenwärtige Absatz des Produktes „XX-tra“ durch folgende Daten gekennzeichnet:

| Absatzmenge [Stück] | 230.000 |
|---|---|
| Preis [€/Stück] | 5,– |
| Variable Kosten des Umsatzes [€]<br>• Löhne<br>• Material<br>• Variable Gemeinkosten<br>• Fracht und Verpackung | <br>70.000,–<br>200.000,–<br>55.000,–<br>20.000,– |
| Erzeugnisfixe Kosten [€] | 350.000,– |

Ausgehend vom Umsatz wendet die Unternehmung eine zweistufige Deckungsbeitragsrechnung an. Die Marketing-Abteilung schätzt den folgenden Preis-Absatz-Zusammenhang:

| Variante | Preis pro Stück [€] | Änderung des Absatzes [Stück] |
|---|---|---|
| 2 | 6,50 | – 110.000 |
| 3 | 6,– | – 70.000 |
| 4 | 5,50 | – 35.000 |
| 5 | 4,50 | + 50.000 |
| 6 | 4,– | + 70.000 |
| 7 | 3,50 | + 100.000 |

Bei einer Stückzahl unter 190.000 könnte das Verwaltungspersonal der XX-tra-Produktwerkstatt um eine Person verringert werden, wodurch € 30.000,– eingespart würden; unter der Stückzahl von 150.000 Stück könnten zwei Personen und damit € 60.000,– eingespart werden. Über 290.000 Stück müsste das Verwaltungspersonal um eine Person erhöht werden, wodurch € 40.000,– mehr an Kosten auftreten würden; über 320.000 Stück müssten zwei Personen neu eingestellt werden, wodurch € 80.000,– an Kosten zusätzlich anfallen würden.

Errechnen Sie die gewinnmaximale Variante.

## Aufgabe 1.3.7.3: Preis-Absatz-Funktion

Am Strand von Norderney verkauft ein Student Eis zum Preis von € 2,– pro Portion. Jeden Tag werden 200 Portionen verlangt. Nach Einbruch einer Hitzewelle sucht er nach einer Möglichkeit, seinen Gewinn zu steigern. Eine Möglichkeit dazu sieht er in der Vergrößerung der Portionen, eine andere in der Umgestaltung seines Verkaufsstandes.

Bisher bezahlt er für den Verkaufsstand € 120,– täglich; eine Portion Eis kostet ihn € 0,8. Für den umgestalteten Verkaufsstand müsste er täglich € 125,– statt € 120,– bezahlen; für eine größere Portion müsste er zusätzlich € 0,2 je Portion rechnen.

Die Absatzmenge steigt bei einer Vergrößerung der Portionen um 100 Portionen täglich, bei Umgestaltung des Verkaufsstandes um 40 Portionen.

Das Strandsegment, das der Student mit Eis versorgt, wird pro Tag von 600 Badenden besucht, von denen zum bisherigen Preis und ohne Präferenzpolitik des Studenten lediglich 200 eine Portion Eis kaufen. Wäre das Eis umsonst, so würde jeder Badende eine Portion essen. Der Student geht davon aus, dass seine Preis-Absatz-Funktion linear verläuft.

a) Welche mathematische Gestalt besitzt die Preis-Absatz-Funktion ohne Präferenzpolitik, bei Vergrößerung der Portionen und bei Umgestaltung des Verkaufsstandes?

b) Welcher Gewinn ergibt sich täglich ohne Präferenzpolitik, bei Vergrößerung der Portionen und bei Umgestaltung des Verkaufsstandes unter Beibehaltung des oben genannten Verkaufspreises?

c) Welche Preis-Mengen-Kombination führt ohne Präferenzpolitik zum höchsten Gewinn? Wie hoch ist dieser Gewinn?

d) Sollte der Student den bisherigen Preis beibehalten und versuchen, mittels Präferenzpolitik die Absatzmengen zu steigern oder ist es für ihn vorteilhafter, weiterhin 200 Portionen zu verkaufen zu dem Preis, den er nach Einsatz jeweils eines präferenzpolitischen Instruments maximal fordern könnte?

# 1.4 Periodenerfolgsrechnung

## 1.4.1 Kurzfristige Erfolgsrechnung

### Aufgabe 1.4.1.1: Kurzfristige Erfolgsrechnung

a) Geben Sie einen systematischen Überblick über die möglichen Formen der kalkulatorischen Erfolgsrechnung.

b) Kennzeichnen Sie die Vor- und Nachteile jeder Form.

### Aufgabe 1.4.1.2: Kurzfristige Erfolgsrechnung

Eine Unternehmung fertigt zwei Produktarten in einem einstufigen Produktionsprozess. Für die beiden Produkte liegen folgende Angaben vor:

| Produkt | Stückerlöse [€] | Fertigungsmaterial [€/Stück] | Fertigungslöhne [€/Stück] | Fertigungszeiten [h/Stück] | Fertigungsmengen [Stück] | Absatzmengen [Stück] |
|---|---|---|---|---|---|---|
| A | 70,– | 10,– | 14,– | 0,20 | 5.000 | 4.000 |
| B | 150,– | 25,– | 37,50 | 0,55 | 2.000 | 2.500 |

Die Summe der Gemeinkosten betrug im selben Zeitraum € 300.000,–.

a) Berechnen Sie die Kosten des Fertigungsmaterials, der Fertigungs-löhne und die für die Fertigung benötigte Zeit je Produktart sowie insgesamt.

b) Berechnen Sie unter Verwendung der obigen Ergebnisse und der nachfolgenden Gemeinkosten aus dem BAB die Zuschlagssätze für die Endkostenstellen.

| | Material-stelle | Fertigungs-stelle | Vw- u. Vertriebsstelle | Betrag [€] |
|---|---|---|---|---|
| Kosten | | | | |
| Summe [€] | 10.000,– | 210.000,– | 80.000,– | 300.000,– |
| Zuschlags-basis | Fertigungs-material | Fertigungs-zeit | HK der abgesetzten Produkte: 480.000,– € | – |

c) Berechnen Sie unter Verwendung der Zuschlagssätze die Selbstkosten der beiden Produktarten.

d) Führen Sie unter Verwendung der obigen Ergebnisse die kurzfristige Erfolgsrechnung nach dem Gesamt- und dem Umsatzkostenverfahren durch.

## Aufgabe 1.4.1.3: Kurzfristige Erfolgsrechnung

Die Firma Ignoranz GmbH hat in der letzten Teilperiode ein erheblich schlechteres Ergebnis vorzuweisen als in den vorhergehenden Teilperioden. Daher wird der Periodenerfolg daraufhin analysiert, bei welchem Produkt eine Schwachstelle vorliegt. Aus der Vollkostenrechnung liegen folgende Daten vor:

Die Periodenfixkosten betragen € 50.000,– und wurden nach den hergestellten Stückzahlen auf die Produkte geschlüsselt. Von Produkt B wurden 6.000 Stück auf Lager produziert, während von Produkt C 2.000 Stück vom Lager verkauft wurden.

| Produkt | Erlöse [€/Stück] | Volle Selbstkosten [€/Stück] | Verkaufsmenge [Stück] |
|---|---|---|---|
| A | 3,– | 2,– | 10.000 |
| B | 4,– | 3,50 | 16.000 |
| C | 7,– | 7,50 | 10.000 |

a) Nach welchem Verfahren der kurzfristigen Erfolgsrechnung sind die Berechnung und Analyse des Periodenerfolgs in der Vollkostenrechnung zweckmäßigerweise vorzunehmen? Begründen Sie Ihr Urteil.

b) Bestimmen Sie den Periodenerfolg nach diesem Verfahren und suchen Sie eine mögliche Schwachstelle.

## Aufgabe 1.4.1.4: Gesamtkostenverfahren auf Voll- und Teilkostenbasis

Die Kostenrechnungsabteilung der Firma Häberle & Pfleiderer, die Schneideisen vom Typ A und vom Typ B herstellt und bisher gute Gewinne aufweisen konnte, hat für den kommenden Monat die folgenden Planzahlen ermittelt:

| Produkt | Stückerlöse [€] | Fertigungszeit [min/Stück] | Fertigungsmenge [Stück] | Absatzmenge [Stück] |
|---|---|---|---|---|
| A | 23,– | 30 | 10.000 | 12.000 |
| B | 13,– | 20 | 6.000 | 5.000 |

| Kostenarten | Gesamtkosten [€] | | Materialstelle [€] | | Fertigungsstelle [€] | | Verwaltungs- und Vertriebsstelle [€] | |
|---|---|---|---|---|---|---|---|---|
| | fix | prop. | fix | prop. | fix | prop. | fix | prop. |
| Fertigungsmaterial: | | | | | | | | |
| Produkt A | | 20.000,– | | 20.000.- | | | | |
| Produkt B | | 6.000,– | | 6.000,– | | | | |
| Fertigungslöhne | | 105.000,– | | | | 105.000,– | | |
| FGK | 42.000,– | 126.000,– | | | 42.000,– | 126.000,– | | |
| Lagerkosten | 1.300,– | 1.300,– | 1.300,– | 1.300,– | | | | |
| Vw-Kosten | 10.000,– | 8.000,– | | | | | 10.000,– | 8.000,– |
| Werbung | 3.090,– | 2.345,– | | | | | 3.090,– | 2.345,– |
| Verkauf | 20.000,– | 18.000,– | | | | | 20.000,– | 18.000,– |
| Zuschlagsbasen | | | Fertigungsmaterial | | Fertigungszeiten | | Herstellkosten | |

a) Ermitteln Sie den Periodenerfolg nach dem Gesamtkostenverfahren
   a1) bei Vollkostenrechnung
   a2) bei Teilkostenrechnung.

b) Wie lässt sich der Unterschied im Periodenerfolg zwischen a1) und a2) begründen?

c) Welche der folgenden Möglichkeiten würden Sie der Unternehmensleitung unter Erfolgsgesichtspunkten für den kommenden Monat empfehlen? Begründen Sie Ihren Vorschlag.
   c1) Realisierung der Planzahlen
   c2) Streichen von Produkt A, Realisierung der Planzahlen für Produkt B
   c3) Streichen von Produkt B, Realisierung der Planzahlen für Produkt A
   c4) Einstellen der Fertigung.

## Aufgabe 1.4.1.5: Periodenerfolgsrechnung auf Voll- und Teilkostenbasis

Die Planwerte für die Folgeperiode betragen:

| | | | |
|---|---|---|---|
| Herstellkosten [€] | 800.000,– | davon fix: | 200.000,– |
| Vertriebsgemeinkosten [€] | 200.000,– | davon fix: | 120.000,– |
| Verwaltungsgemeinkosten [€] | 160.000,– | davon fix: | 160.000,– |
| Herstellungsmenge [Stück] | 10.000 | Stückerlös [€/Stück] | 140,– |

a) Berechnen Sie den Periodenerfolg nach dem Umsatz- und dem Gesamtkostenverfahren bei Vollkosten- und bei Teilkostenrechnung, wenn alle hergestellten Produkte abgesetzt werden. Unterscheidet sich der Gewinn der Vollkostenrechnung von dem bei Teilkostenrechnung? Begründen Sie Ihre Aussage.

b) Berechnen Sie den Periodenerfolg nach dem Umsatz- und dem Gesamtkostenverfahren bei Vollkosten- und bei Teilkostenrechnung, wenn nur 8.000 (der hergestellten 10.000) Produkteinheiten abgesetzt werden und die Vertriebskosten entsprechend niedriger sind. Worauf ist die Gewinndifferenz zurückzuführen? Empfehlen Sie unter kurzfristigen Gesichtspunkten die Produktion? Begründen Sie Ihre Auffassung.

## Aufgabe 1.4.1.6: Periodenerfolgsrechnung auf Voll- und Teilkostenbasis

Für die kommende Periode einer Unternehmung sind folgende Plandaten ermittelt worden:

| Produkt | Produktionsmengen | Absatzmengen | Stückerlös (€) | Variable Herstellkosten je Stück (€) | Volle Herstellkosten je Stück (€) |
|---|---|---|---|---|---|
| A | 2.000 | 2.400 | 50,– | 30,– | 40,– |
| B | 1.000 | 800 | 40,– | 28,– | 36,– |

Ferner ist in der Planung ermittelt worden, dass sich die geplanten Gesamtkosten wie folgt zusammensetzen:

Einzelkosten: 49.600,–

Gemeinkosten: € 94.400, davon sind € 11.200 variable Verwaltungs- und Vertriebsgemeinkosten

a) Nach welchem Verfahren der Periodenerfolgsrechnung können Sie bei den hier verfügbaren Daten den Periodenerfolg berechnen? Aus welchem Grund?

b) Bestimmen Sie den Periodenerfolg bei Vollkostenrechnung.

c) Wie hoch sind die gesamten variablen Kosten, wie hoch die Fixkosten bei dieser Unternehmung?

d) Wie hoch ist der Periodenerfolg auf Teilkostenbasis?

e) Worauf ist die Differenz des Periodenerfolgs zwischen Voll- und Teilkostenrechnung zurückzuführen? Belegen Sie dies rechnerisch.

f) Welcher Periodenerfolg (auf Vollkostenbasis oder Teilkostenbasis) gibt der Unternehmung die zuverlässigere Information? Mit welchen Argumenten begründen Sie Ihre Auffassung?

## Aufgabe 1.4.1.7: Gesamt- und Umsatzkostenverfahren mit Äquivalenzziffernrechnung

Eine Unternehmung stellt vier verschiedene Produktarten A, B, C und D her, deren Herstellungsprozesse sehr ähnlich sind. Für die Herstellung fallen fixe Herstellkosten in Höhe von GE 1.200,– sowie variable Herstell- und Vertriebskosten an. Mit folgenden Daten wird geplant:

| Produkt | Fertigungsmenge | Absatzmenge | Stückerlös | Variable Herstellkosten je Stück | Variable Vertriebskosten je Stück |
|---|---|---|---|---|---|
| A | 100 | 80 | 60,– | 30,– | 10,– |
| B | 120 | 150 | 80,– | 50,– | 10,– |
| C | 60 | 50 | 100,– | 60,– | 20,– |
| D | 50 | 80 | 120,– | 60,– | 20,– |

a) Errechnen Sie die vollen Selbstkosten je Stück der abgesetzten Produkte. Die angefallenen fixen Herstellkosten sollen unter Verwendung der folgenden Äquivalenzziffern den Produkten zugerechnet werden.

| Produktart | Äquivalenzziffer |
|---|---|
| A | 1,2 |
| B | 1,5 |
| C | 1 |
| D | 0,8 |

b) Ermitteln Sie den geplanten Periodengewinn auf Vollkostenbasis unter Anwendung des Umsatzkostenverfahrens.

c) Bestimmen Sie den geplanten Periodengewinn auf Teilkostenbasis unter Anwendung des Gesamtkostenverfahrens.

d) Worauf lässt sich der Unterschied zwischen dem geplanten Gewinn bei Voll- und bei Teilkostenrechnung zurückführen? Begründen Sie den Unterschied auch rechnerisch.

## Aufgabe 1.4.1.8: Preisfindung auf Vollkostenbasis

Für die Preisentscheidung auf Vollkostenbasis haben Sie die folgenden Prämissen gegeben:

- kostenorientierte Preispolitik, 20 % Gewinnzuschlag auf (volle) Selbstkosten
- linear fallende Nachfragefunktion x = 32.000 – 2.000 p
- Fixkosten von € 48.000,–
- variable Stückkosten 4,– €.

Berechnen Sie den Angebotspreis, die Nachfragemenge und die Differenz zwischen Nachfrage- und Fertigungsmenge für alternative Fertigungsmengen von 6.000, 8.000, 10.000 und 12.000 Stück.

## Aufgabe 1.4.1.9: Erfolgsrechnung auf Vollkostenbasis

Berechnen Sie für die nachfolgenden Daten die Stückerfolge auf Vollkostenbasis (Schlüsselung der Fixkosten nach der Fertigungszeit) sowie den Gesamterfolg mit und ohne „Verlustprodukte".

| **Produktart** | **A** | **B** | **C** |
|---|---|---|---|
| Produktionsmenge [Stück] | 1.000 | 1.200 | 500 |
| Stückerlös [€] | 8,– | 6,– | 10,– |
| Variable Stückkosten [€] | 5,– | 4,– | 9,– |
| Fertigungszeit [h]<br>– je Stück<br>– je Produktart | <br>1<br>1.000 | <br>2<br>2.400 | <br>4<br>2.000 |
| Fixkosten [€] insgesamt | | 2.700,– | |

## Aufgabe 1.4.1.10: Erfolgsrechnung

Als Vorstandsassistent der Schluck&Specht Brauerei AG sollen Sie aus den folgenden unvollständigen Informationen der Abteilung ‚Rechnungswesen' die Gewinn- und Verlustrechnung für das Jahr 2003 erstellen.

| | Trau-Dich | Hau-Weg |
|---|---|---|
| Hergestellte Menge 2002 | 19.000 | 34.000 |
| Hergestellte Menge 2003 | 25.000 | 30.000 |

An weiteren Informationen wird Ihnen lediglich mitgeteilt, dass die Preise für Trau-Dich (24,– €/Stück) und Hau-Weg (28,– €/Stück) in beiden Jahren gleich geblieben sind. Im Jahr 2002 wurde die gesamte Produktion abgesetzt, 2003 konnten 5.000 Stück Hau-Weg nicht verkauft werden. Die variablen Kosten auf die hergestellten Mengen blieben in beiden Jahren gleich hoch. Fixe Kosten sind nicht angefallen. Weiter teilt Ihnen die Abteilung ‚Rechnungswesen' mit, dass sich 2003 der Gewinn nach Steuern im Vergleich zum Jahre 2002 um 1,2 % vermindert hat. Der Kostensteuersatz auf den Gewinn vor Steuern betrug 2002 48 %. Dieser wurde 2003 auf 52 % erhöht. Weitere Steuern sind nicht zu betrachten.

a) Bestimmen Sie die variablen Stückkosten von Trau-Dich und Hau-Weg.

b) Erstellen Sie die Gewinn- und Verlustrechnung für das Jahr 2003.

c) Geben Sie die variablen Gesamtkosten der Periode an.

### 1.4.2 Break-Even-Analyse

#### Aufgabe 1.4.2.1: Break-Even-Analyse

Die Geschäftsleitung einer Schokoladenfabrik, die bisher ausschließlich eine große Ladenkette beliefert hat, bittet Sie, mit Hilfe der Break-Even-Analyse verschiedene Vorschläge unabhängig voneinander zu überprüfen. Für die Vorbereitung der Jahresplanung liegen Ihnen folgende Eckdaten vor:

| | |
|---|---|
| Verkaufspreis je Tafel [€] | 0,45 |
| Variable Kosten [€]<br>• Rohstoffe<br>• Fertigungslöhne<br>• Fertigungsgemeinkosten | <br>0,12<br>0,10<br>0,05 |
| Fixe Kosten [€] | 140.000,– |
| Derzeitige Kapazitätsgrenze der Fabrik | 1,2 Mio. Tafeln im Jahr |
| Erwarteter Absatz für das kommende Jahr | 1,0 Mio. Tafeln im Jahr |

a) Bestimmen Sie aus einem Break-Even-Schaubild und mathematisch den Break-Even-Punkt der Schokoladenfabrik und das zu erwartende Ergebnis bei Durchführung des Absatzplanes.

b) Es wird vorgeschlagen, die Kapazität der Fabrik voll auszulasten. Allerdings muss dann der Preis auf € 0,40 je Tafel gesenkt werden. Außerdem erwartet die Ladenkette, dass die Fabrik € 50.000,– an Kosten einer Verkaufsförderungsaktion übernimmt. Wie ist die Maßnahme zu beurteilen?

c) Nach Informationen des Produktleiters ist im Planungszeitraum mit bisher nicht eingeplanten Lohnerhöhungen in der Fertigung um 15 % zu rechnen. In welchem Maß müssen die Preise erhöht werden, um diese Lohnerhöhung ohne Ergebnisverschlechterung auffangen zu können?

d) Durch ein technisch verbessertes Verfahren der Zubereitung der Kakaomasse können die Rohstoffkosten je Tafel um 20 % gesenkt werden. Die fixen Kosten erhöhen sich jedoch gleichzeitig um € 15.000,–. Empfiehlt es sich, die Verfahrensänderung durchzuführen?

## Aufgabe 1.4.2.2: Break-Even-Analyse

Eine Unternehmung fertigt die Produkte A, B und C. Sie fallen bei der Produktion zwangsläufig in der konstanten Mengenrelation A : B : C = 5 : 2 : 1 an. Der Unternehmung entstehen bei ihrer Produktion fixe Kosten in Höhe von € 77.000,–. Die proportionalen Kosten betragen für ein Produktbündel (fünf Einheiten von Produkt A, zwei Einheiten von Produkt B und eine Einheit von Produkt C) € 36,–. Für die produktweise Weiterbearbeitung der Kuppelprodukte, welche für die Erlangung der Absatzreife erforderlich wird, fallen proportionale Stückkosten in Höhe von € 9,20 für Produkt A, € 1,80 für Produkt B und € 0,70 für Produkt C an. Es wird ein Stückerlös von € 19,40 für Produkt A, € 8,95 für Produkt B und € 6,40 für Produkt C erwartet.

a) Berechnen Sie die Fertigungsmenge, bei der die Unternehmung gerade eine Deckung ihrer Kosten erreicht (Gewinnschwelle).

b) Bei welchen Absatzmengen wird ein Mindestgewinn von € 42.000,– erreicht?

c) Berechnen Sie die gesamten proportionalen Kosten an der Gewinnschwelle aus Teilaufgabe a) und bei dem Mindestgewinn aus Teilaufgabe b).

## Aufgabe 1.4.2.3: Break-Even-Analyse

Ein Hersteller von Sonnenschirmen hat in einer Planperiode Fixkosten in Höhe von € 12.000,– und proportionale Stückkosten von € 16,–. Der Nettoerlös für einen Sonnenschirm beträgt € 40,–.

a) Bestimmen Sie die Absatzmenge, für die ein Mindestgewinn in Höhe von € 6.000,– realisiert werden kann, rechnerisch und grafisch (Skizze mit Kennzeichnung der relevanten Beträge).

b) Bei gleich bleibenden Fixkosten in Höhe von € 12.000,– ist der Hersteller nun in der Lage, neben den Sonnenschirmen auch Regenschirme mit proportionalen Stückkosten von € 12,– und Nettostückerlösen von € 28,– zu produzieren. Welche besondere geometrische Eigenschaft hat die Gewinnschwelle der Break-Even-Analyse in diesem Fall? Welche hätte Sie im Fall einer n-Produkt-Fertigung? Bestimmen Sie die Absatzmengen, für welche die Gewinnschwelle (Gewinn = 0) erreicht wird, rechnerisch und grafisch (Skizze und Beträge).

c) Eine genauere Analyse der Fixkosten hat ergeben, dass den Sonnenschirmen Fixkosten in Höhe von € 1.560,–, den Regenschirmen Fixkosten in Höhe von € 840,– direkt zurechenbar sind. Führen Sie nun für jede Produktart (Sonnen- und Regenschirme) eine eigene Break-Even-Analyse durch. Verteilen Sie dabei die keiner Produktart direkt zurechenbaren Fixkosten im Verhältnis der Stückdeckungsbeiträge auf beide Produkte.

d) Erläutern Sie kurz vier Erweiterungsmöglichkeiten des Grundmodells der Break-Even-Analyse.

## Aufgabe 1.4.2.4: Break-Even-Analyse

Der Sportartikelhersteller Sadida beauftragt Sie mit einer Break-Even-Analyse für das WM-Trikot Siegerhaut. Die Unternehmung kalkuliert mit einem Stückerlös von € 60,–. Die variablen Stück-Herstellkosten betragen € 20,–. Variable Vertriebs- und Verwaltungsgemeinkosten werden mit einem 20%-igen Zuschlag auf die Herstellkosten angesetzt. Die Fixkosten belaufen sich auf € 30.000.000,–.

a) Errechnen Sie den Stück-Deckungsbeitrag sowie die Stück-Deckungsbeitrags-Rate.

b) Bestimmen Sie die Break-Even-Menge. Die Jahresproduktionskapazität beträgt 2.800.000 Trikots. Nach wie viel Tagen hat Sadida die Break-Even-Menge hergestellt? Die Unternehmung strebt aus dem Trikotverkauf einen Zielgewinn von € 6.000.000,– für das WM-Jahr an. Wie hoch ist der Zielumsatz? Hinweis: Unterstellen Sie, dass das Jahr 360 Tage hat und dass kontinuierlich produziert wird.

c) Nehmen Sie nun an, dass die Umsatzerlöse in US-Dollar erzielt werden. Sadida geht davon aus, dass der US-Dollar bis zur Umsatzrealisierung von 1,– €/$ auf 0,80 €/$ abgewertet wird. Berechnen Sie den Stückverkaufspreis in US-Dollar, so dass der Zielgewinn für die Zielgewinn-Menge aus Teilaufgabe b) erreicht wird.

d) Die Hausbank von Sadida bietet an, gegen einen Fixbetrag von € 2.500.000,– einen Wechselkurs von 0,95 €/$ zum Zeitpunkt der Umsatzrealisierung zu garantieren. Die Unternehmung geht bei der Prüfung des Angebots davon aus, dass 1.000.000 Trikots verkauft werden können, dass die Stückkosten auf €-Basis konstant bleiben und dass der erzielbare Stückerlös $ 60,– beträgt. Sollte Sadida das Angebot annehmen?

e) Sadida verzichtet auf das Währungssicherungsgeschäft. Unterstellen Sie jetzt, dass nicht nur die Umsatzerlöse in US-Dollar realisiert werden, sondern auch die variablen Kosten auf Dollar-Basis anfallen. Der Stückerlös beträgt $ 60,–, die proportionalen Stückselbstkosten belaufen sich auf $ 24,–. Welche Auswirkungen ergeben sich daraus für Ihre Zielgewinn-Menge und Ihren Zielgewinn-Umsatz auf €-Basis? Begründen Sie kurz Ihr Ergebnis.

f) Durch eine aufwändige Werbekampagne, die Kosten in Höhe von $ 8.000.000,– verursacht, ist es Sadida möglich, den Stückpreis in den USA auf $ 75,– anzuheben. Die variablen Kosten auf US-Dollar-Basis bleiben unverändert. Ermitteln Sie die nun notwendige Zielgewinn-Menge.

g) Wie lassen sich Cost-Volume-Profit-Analysen nutzen, wenn wesentliche Erfolgsgrößen unsicher sind? Veranschaulichen Sie Ihre Ausführungen an einem Beispiel.

## Aufgabe 1.4.2.5: Break-Even-Analyse

Die Firma Expresso produziert Kaffeekapseln für Kaffeemaschinen. Die Kapseln werden in Stangen (Inhalt je Stange: 10 Kapseln) für € 3,50 je Stange verkauft. Die variablen Materialkosten belaufen sich auf € 0,80, die variablen Fertigungskosten auf € 0,20 je Stange. Monatlich fallen fixe Kosten in Höhe von € 1.250.000,– an.

a) Berechnen Sie die monatliche Break-Even-Menge sowie den monatlichen Break-Even-Umsatz. Was sagt die Break-Even-Menge inhaltlich aus?

b) Expresso will einen monatlichen Gewinn von € 250.000,– erzielen. Welche Verkaufsmenge ist dafür pro Monat notwendig?

c) Unterstellen Sie, dass der Absatz in Höhe der in Teilaufgabe b) berechneten Menge kontinuierlich über den Monat verteilt ist. Nach wie vielen Tagen wird die Break-Even-Menge erreicht (Annahme: 1 Monat = 30 Tage)?

d) Expresso plant eine neue Werbekampagne mit einem großen Hollywood-Star. Die fixen Kosten erhöhen sich dadurch pro Monat um € 150.000,–, die Absatzmenge bleibt konstant auf dem Wert aus Teilaufgabe b). Welchen neuen Verkaufspreis muss Expresso pro Stange verlangen, um weiterhin einen monatlichen Gewinn von € 250.000,– zu erzielen?

e) Nehmen Sie nun an, dass Expresso die Werbekampagne nicht durchführt und die Stangen weiterhin zu einem Preis von € 3,50 verkauft. Jedoch muss der Gewinn mit einem Steuersatz von 20 % versteuert werden. Welche Verkaufsmenge ist pro Monat notwendig, um weiterhin einen monatlichen Gewinn *nach* Steuern von € 250.000,– zu erzielen?

## Aufgabe 1.4.2.6: Break-Even-Analyse

Sie sind Controller bei der Stricklust GmbH, die sich auf die Herstellung von Wollknäuel spezialisiert hat. Aus der Kostenrechnung steht Ihnen die folgende Deckungsbeitragsrechnung für weitere Analysen zur Verfügung (Angaben in €):

| | |
|---|---|
| Umsatzerlöse<br>– variable Herstellkosten | 5.200.000,–<br>2.700.000,– |
| = Deckungsbeitrag | 2.500.00,– |
| – fixe Gemeinkosten der Fertigung<br>– fixe Vertriebskosten<br>– fixe Verwaltungskosten<br>– sonstige Fixkosten | 1.250.000,–<br>500.000,–<br>350.000,–<br>150.000,– |
| = Betriebsergebnis | 250.000,– |

Der Verkaufspreis eines Wollknäuels beträgt 1,25 €.

a) Ermitteln Sie die Höhe des Break-Even-Umsatzes.

b) Bestimmen Sie den Sicherheitskoeffizienten und erläutern Sie kurz dessen Aussage.

c) Zeigen Sie anhand eines geeigneten Schaubildes, wie Teilaufgabe a) grafisch gelöst werden kann.

## Aufgabe 1.4.2.7: Break-Even-Analyse

Gegeben sind folgende Informationen bezüglich drei verschiedener Szenarien.

| Szenario | Umsatzerlöse [€] | Variable Stückkosten [€] | Fixe Kosten [€] | Periodenerfolg [€] | Stückzahl | Break-Even-Umsatz [€] |
|---|---|---|---|---|---|---|
| A | 9.000,– | 3,– | | 2.000,– | 2.000 | |
| B | 12.000,– | | 3.750,– | | 1.500 | 10.000,– |
| C | | 11,50 | 3.000,– | 1.500,– | 600 | |

Ermitteln Sie die fehlenden Beträge für die einzelnen Szenarien.

# 2 Planungsorientierte Systeme der Kostenrechnung auf Vollkostenbasis

## 2.1 Flexible Plankostenrechnung auf Vollkostenbasis

### 2.1.1 Kostenplanung und Prognosekostenrechnung

#### Aufgabe 2.1.1.1: Kostenplanung

Aus den Kostenaufzeichnungen vergangener Perioden ergeben sich für die Gemeinkosten einer Kostenstelle, deren Beschäftigung x in Fertigungsstunden gemessen wird, die folgenden Werte.

| x [h] | 90 | 120 | 140 | 160 |
|---|---|---|---|---|
| K [€] | 4.250,– | 5.500,– | 5.000,– | 6.000,– |

a) Ermitteln Sie mit Hilfe eines Streupunktdiagramms die Kostenfunktion dieser Gemeinkosten, die Höhe der Fixkosten und die Höhe der Plankosten bei einer Planbeschäftigung von x = 180.

b) Wie beurteilen Sie die Zuverlässigkeit der ermittelten Kostenfunktion für Kostenprognosen?

c) Nennen Sie vier Größen, die neben den Fertigungsstunden zur Messung der Beschäftigung herangezogen werden könnten.

d) Formulieren Sie ein praktisches Beispiel, bei dem es sinnvoll ist, die Gemeinkosten einer Kostenstelle mit Hilfe von zwei verschiedenen Bezugsgrößen zu planen.

#### Aufgabe 2.1.1.2: Kostenplanung

Eine Unternehmung hat in den vergangenen 20 Monaten die monatlich anfallenden Kosten sowie die jeweils realisierten Beschäftigungsgrade erfasst.

a) Erstellen Sie aufgrund der folgenden Beobachtungen ein Streupunktdiagramm.

| Monat | Realisierter Beschäftigungsgrad X [%] | Realisierte Kostenhöhe K [€] |
|---|---|---|
| 1 | 90 | 800,– |
| 2 | 85 | 790,– |
| 3 | 90 | 830,– |
| 4 | 95 | 850,– |
| 5 | 110 | 1.020,– |
| 6 | 110 | 950,– |
| 7 | 100 | 930,– |
| 8 | 95 | 870,– |
| 9 | 90 | 850,– |
| 10 | 80 | 780,– |
| 11 | 70 | 740,– |
| 12 | 60 | 700,– |
| 13 | 60 | 680,– |
| 14 | 50 | 660,– |
| 15 | 75 | 730,– |
| 16 | 85 | 760,– |
| 17 | 90 | 820,– |
| 18 | 100 | 880,– |
| 19 | 115 | 970,– |
| 20 | 120 | 1.030,– |

b) Die Unternehmung beabsichtigt, zukünftig Kostenplanungen vorzunehmen. Versuchen Sie, die angetragenen Wertepaare durch eine lineare Funktion zu approximieren.

c) Planen Sie die Kosten für den kommenden Monat, wenn eine Beschäftigung von $x = 92$ realisiert werden soll.

## Aufgabe 2.1.1.3: Kostenplanung

Für eine Kostenstelle liegen die nachfolgend aufgeführten Daten vor.

| Kostenarten | Plankosten [€] | Variator |
|---|---|---|
| Reparaturen | 15.000,– | 6 |
| Raumkosten | 23.000,– | 0 |
| Kalkulatorische Abschreibungen | 33.750,– | 2 |
| Kalkulatorische Zinsen | 17.000,– | 0 |
| Fertigungsmaterial | 15.000,– | 9 |
| Fertigungslöhne | 16.500,– | 10 |
| Bezugsgröße: | Fertigungsstunden | |
| Planbeschäftigung: | 1.500 Fertigungsstunden | |

a) Geben Sie die Plankosten, getrennt nach variablen und fixen Anteilen, bei Planbeschäftigung an.

b) Ermitteln Sie die Sollkosten für eine Istbeschäftigung von 2.000 Fertigungsstunden.

## Aufgabe 2.1.1.4: Flexible Plankostenrechnung auf Vollkostenbasis

Entwickeln Sie aus den nachstehenden Angaben einen Kostenstellenplan für eine flexible Plankostenrechnung mit Stufenplänen (für 100 %, 90 % und 80 % Beschäftigung) bzw. mit differenziertem Ausweis der fixen und variablen Kosten (bei 100 % Beschäftigung).

| Kostenstellenplan | | | | | | |
|---|---|---|---|---|---|---|
| Planjahr: 2004 | | | Kostenstelle: Fräsen<br>Kostenstellenleiter: Müller | | | |
| Kostenarten | | | Planverbrauchsmenge bei Planbezugsgrößen | Planpreis [€/Einheit] | Plankosten [€] | Variator |
| Nr. | Bezeichnung | Einheit | | | | |
| 1 | Gehälter | Monat | 12 | 2.400,– | | 0 |
| 2 | Hilfslöhne | Stunden | 4.500 | 6,20 | | 10 |
| 3 | Sozialaufwendungen | geplante Lohn- u. Gehaltskosten | 58.400 | 22 % der Planmenge | | 5 |

| | | | | | | |
|---|---|---|---|---|---|---|
| 4 | Urlaubs- u. Feiertagslöhne | dito | 58.400 | 18 % der Planmenge | | 0 |
| 5 | Instandhaltungsmaterial | kg | 85 | 5,40 | | 7 |
| 6 | Hilfs- u. Betriebsstoffe | kg | 4.300 | 2,78 | | 8 |
| 7 | Strom | kWh | 25.000 | 0,28 | | 9 |
| 8 | Wasser | $m^3$ | 2.200 | 1,75 | | 9 |
| 9 | Abschreibungen | gebundenes Kapital bzw. Maschinenstunden | 390.000 | 20 % der Planmenge | | 6 |
| 10 | Zinsen | dito | 390.000 | 5 % der Planmenge | | 0 |
| 11 | Steuern | Bemessungsgrundlage | 52.000 | Verm.steuer, Grund- u. Gewerbekap. steuer | 2.500,– | 0 |
| 12 | Versicherungen | gebundenes Kapital | 390.000 | 1,4 % der Planmenge | | 0 |
| | | | | Summe: | | |

Planbezugsgröße: 1.100.000 Fertigungsminuten = 100 %
Plankostenverrechnungssatz: €/Min.
Datum: Unterschrift:

## Aufgabe 2.1.1.5: Prognosekostenrechnung

In einer Kostenstelle werden in der kommenden Planungsperiode zur Erzeugung eines Zwischenproduktes drei Einsatzgüter benötigt. Der Verbrauch des ersten Einsatzgutes „Werkstoff" verläuft proportional zur Beschäftigung, die durch die Fertigungszeit gemessen wird. Der Verbrauch an Werkstoffen beträgt voraussichtlich 0,075 kg/Fertigungsminute. Der Planpreis des Werkstoffes beläuft sich auf 2,– €/kg. Ab einer Verbrauchsmenge von 6.000 kg ermäßigt sich der Planpreis durch Gewährung eines Rabattes um 5 %. Werden 7.500 kg und mehr bezogen (und eingesetzt), wird ein Rabatt von 10 % gewährt.

Für das zweite Einsatzgut „maschinelle Arbeitsleistung" werden die Planverbrauchsmenge und der Planpreis undifferenziert in Gestalt einer geplanten Periodenabschreibung von € 16.500,– erfasst. Das dritte Einsatzgut ist die menschliche Arbeitsleistung. Der Verbrauch an menschlicher Arbeitsleistung wird durch die Fertigungszeit erfasst. Der Planpreis (Lohnsatz) beträgt 0,20 €/

Fertigungsminute. Dem akkordentlohnten Mitarbeiter ist ein Mindestlohn von € 18.000,– zugesagt. Die maximale Fertigungszeit der Kostenstelle beträgt 120.000 Minuten.

a) Geben Sie den mathematischen Ausdruck der Kostenfunktion in Abhängigkeit von der Fertigungszeit für jede Kostenart an und bestimmen Sie die Funktion der Gesamtkosten.

b) Bestimmen Sie die gesamten Prognosekosten rechnerisch, wenn ein Beschäftigungsgrad von 70 %, 80 % bzw. 85 % erwartet wird.

c) Stellen Sie die Kostenfunktion der Gesamtkosten grafisch dar.

d) Bestimmen Sie grafisch die gesamten Prognosekosten für einen erwarteten Beschäftigungsgrad von 90 %.

## Aufgabe 2.1.1.6: Kostenplanung

Der Leiter des Rechnungswesens P. Fiffig wird beauftragt, Kostenrechnungsinformationen für die anstehende Planung des Produktionsprogramms für das 1. Quartal 2005 bereitzustellen. Basis seiner Kostenplanung ist eine quartalsweise Aufstellung der Unternehmenskosten vergangener Jahre.

| Quartal | Q1 – 02 | Q2 – 02 | Q3 – 02 | Q4 – 02 | Q1 – 03 | Q2 – 03 |
|---|---|---|---|---|---|---|
| Beschäftigung [h] | 770 | 800 | 940 | 820 | 910 | 980 |
| Kosten [T€] | 1.520 | 1.550 | 1.775 | 1.600 | 1.730 | 1.800 |

| Quartal | Q3 – 03 | Q4 – 03 | Q1 – 04 | Q2 – 04 | Q3 – 04 | Q4 – 04 |
|---|---|---|---|---|---|---|
| Beschäftigung [h] | 1.020 | 1.080 | 890 | 950 | 840 | 1.120 |
| Kosten [T€] | 1.850 | 1.900 | 1.720 | 1.800 | 1.625 | 1.950 |

Für die Budgetierung liefert der Vertriebsbereich die erwarteten Absatzzahlen des 1. Quartals 2005 sowie die erwarteten Stückerlöse für die vier Produkte A bis D. Da es sich um hochmodische Produkte handelt, müssen die Absatzmengen im 1. Quartal gefertigt werden. Infolge eines veränderten Fertigungsprozesses kann der Produktionsbereich die Fertigungszeiten je Stück lediglich mit einer Unter- sowie Obergrenze abschätzen.

| | Produkt A | Produkt B | Produkt C | Produkt D |
|---|---|---|---|---|
| Erwartete Absatzmenge [Stück] | 100 | 150 | 140 | 120 |
| Stückerlöse [T€/Stück] | 4,5 | 3,7 | 5,5 | 1,2 |

| | Produkt A | Produkt B | Produkt C | Produkt D |
|---|---|---|---|---|
| Fertigungszeiten [h/Stück] | | | | |
| Untergrenze | 1,8 | 1,6 | 2,5 | 1,0 |
| Obergrenze | 2,2 | 2,0 | 3,0 | 1,5 |

a) Geben Sie den maximalen Bereich an, für welchen sich sinnvollerweise eine Funktion der Unternehmenskosten in Abhängigkeit von der Beschäftigung bestimmen lässt.

b) Ermitteln Sie die Funktion der Unternehmenskosten über die Hoch-Tief-Methode. Verwenden Sie hierzu als Tiefpunkt die im 1. Quartal 2005 erwartete Beschäftigung entsprechend den Untergrenzen der Fertigungszeiten und als Hochpunkt die erwartete Beschäftigung für die jeweiligen Obergrenzen.

c) Kalkulieren Sie die Stückkosten sowie Stückdeckungsbeiträge der vier Produkte. Legen Sie Ihren Berechnungen die durchschnittlichen produktspezifischen Stückfertigungszeiten zu Grunde. Welcher Periodenerfolg resultiert für die erwarteten Absatzmengen im 1. Quartal 2005? Welche Empfehlungen lassen sich für das optimale Produktprogramm ableiten?

d) Entfernen Sie alle Produkte mit einem negativen Stückdeckungsbeitrag aus dem Produktprogramm. Ermitteln Sie auf gleichem Wege wie in b) die Funktion der Unternehmenskosten und kalkulieren Sie entsprechend c) die Stückkosten sowie Stückdeckungsbeiträge der drei Produkte. Bestimmen Sie den nun erwarteten Periodenerfolg für das 1. Quartal 2005.

e) Diskutieren Sie die Unterschiede zwischen den Kalkulationen bei dem Vier- sowie dem Drei-Produkt-Programm.

### 2.1.2 Kostenabweichungen

#### Aufgabe 2.1.2.1: Abweichungsarten und Variatormethode

a) Welche Aufgabe hat ein Variator in der Plankostenrechnung?

b) Welche Voraussetzung gilt für die Anwendung der Variatormethode?

c) Welche Kostenarten liegen vor, wenn der Variator den Wert null, zehn bzw. sieben besitzt?

d) Welche Abweichung kann in der Grenzplankostenrechnung nicht ermittelt werden? Begründen Sie Ihre Antwort.

e) Gehören Beschäftigungsabweichungen zu den vom Kostenstellenleiter zu vertretenden Kostenabweichungen?

f) Ist der Kostenstellenleiter für Verbrauchsabweichungen verantwortlich?

## Aufgabe 2.1.2.2: Kostenplanung und Abweichungsanalyse

In der Fertigungskostenstelle eines Maschinenbauunternehmens sollen für den Monat März eine Kostenplanung und nach Vorliegen der Ergebnisse eine Abweichungsanalyse vorgenommen werden. Als Grundlage für die Kostenplanung steht Ihnen folgender lückenhafter Stufenplan des Monats Februar zur Verfügung (100 % Beschäftigung entspricht 2.000 Fertigungsstunden):

| Kostenarten [€] | Plankosten x = 100 % | Plankosten x = 120 % | Plankosten x = 140 % | Variator (x = 100 %) |
|---|---|---|---|---|
| Fertigungslöhne | 12.000,– | | 16.800,– | |
| Hilfslöhne | 8.000,– | 8.800,– | 9.800,– | 5 |
| Hilfs- und Betriebsstoffe | 4.400,– | 5.104,– | | |
| Abschreibungen | | 3.240,– | 3.480,– | |
| Zinsen | 3.600,– | | | 0 |

Alle Kostenkurven der Kostenarten mit Ausnahme der Hilfslöhne verlaufen linear und stetig. Die der Hilfslöhne weist einen stückweise linearen Verlauf auf: Ab einer Beschäftigung von 130 % wird infolge der gestiegenen Intensität der Hilfstätigkeiten den diese Tätigkeiten ausübenden Arbeitern ein fester Lohnaufschlag je zusätzlicher Beschäftigungseinheit gewährt.

a) Ermitteln Sie die Kostenfunktion der Kostenart Hilfslöhne und geben Sie in einer Grafik den Verlauf der Kostenkurve wieder.

b) Bestimmen Sie rechnerisch die Variatoren für die restlichen Kostenarten und den Variator der Gesamtkosten (in Bezug auf eine Beschäftigung von 100 %).

c) Berechnen Sie mittels Variator die starren Plankosten für den Monat März, wenn mit einer Beschäftigung von 80 % gerechnet und von den Plandaten für Februar ausgegangen wird.

d) Ende März wird eine Beschäftigung von 1.700 Stunden bei Istkosten in Höhe von € 27.230,– festgestellt. Berechnen Sie damit die Verbrauchs-, die Beschäftigungs- und die Gesamtmengenabweichung.

## Aufgabe 2.1.2.3: Flexible Plankostenrechnung auf Vollkostenbasis und Abweichungsanalyse

Ein Computerhersteller wendet für seine Kostenplanung und -kontrolle eine flexible Plankostenrechnung auf Vollkostenbasis an. Für die Kostenstelle „Bildschirmmontage" liegen folgende Plandaten vor: Als Vorgabezeit für die Montage werden 2 Stunden je Stück veranschlagt. Pro Periode sollen 1.000 Bildschirme gefertigt werden. Die geplanten Gemeinkosten, bezogen auf die Größe „Arbeitsstunde", belaufen sich pro Periode auf € 15.000,–. Davon werden € 2.000,– als fixe Kosten angesehen.

a) Zeigen Sie die Preis- und Beschäftigungsabweichungen rechnerisch und grafisch, wenn nach der ersten Planperiode folgende Istdaten ermittelt werden:

   Die Fertigungsmenge an Bildschirmen betrug 800 Stück in 1.600 Arbeitsstunden. An Gemeinkosten sind € 14.500,– angefallen.

b) Ermitteln Sie die Istkosten pro Stunde und analysieren Sie die Differenz zum Plankostenverrechnungssatz.

## Aufgabe 2.1.2.4: Abweichungsanalyse mit Variator

In einer Kostenstelle sind für die angefallenen Kostenarten bei einer Beschäftigung von x=10 und die Planbeschäftigung von x=100 aus der Planung folgende Planwerte der Kosten bekannt:

| | Plankosten | |
|---|---|---|
| **Beschäftigung** | **x = 10** | **x = 100** |
| **Kostenart** | | |
| Löhne | 10.000,– | 100.000,– |
| Material | 19.000,– | 100.000,– |
| Hilfs- und Betriebsstoffe | 12.000,– | 66.000,– |
| Kalkulatorische Abschreibungen | 40.400,– | 44.000,– |
| Meistergehälter | 20.000,– | 20.000,– |
| Instandhaltung | 5.200,– | 16.000,– |
| Kalkulatorische Zinsen | 10.000,– | 10.000,– |
| **Summen:** | **116.600,–** | **356.000,–** |

a) Ermitteln Sie die Fixkosten und die variablen Kosten bei x = 100 für jede dieser Kostenarten.

b) Wie groß ist der Variator für

   - Löhne,
   - Instandhaltung?

c) Wie lautet die (lineare) (Soll-)Kostenfunktion dieser Kostenstelle?

d) Für eine Beschäftigung von x = 110 rechnet man (zusätzlich zu den obigen Angaben) mit Kosten der Instandhaltung von € 18.000,–. Welche Form weist dann deren Kostenfunktion auf, worauf könnte das zurückzuführen sein?

e) Wie groß sind die Verbrauchs- und die Beschäftigungsabweichung, wenn bei einer Überbeschäftigung von 10% Istkosten von € 400.000,– entstehen und die höheren Sollkosten der Instandhaltung entsprechend c) berücksichtigt werden? Was besagen die beiden Abweichungen jeweils in diesem Fall?

## Aufgabe 2.1.2.5: Abweichungsanalyse auf Vollkostenbasis

In einer Kostenstelle stehen drei artgleiche Maschinen, die von jeweils einer Person bedient werden. Die tägliche Arbeitszeit beträgt acht Stunden. Es wird mit jährlich 230 Arbeitstagen gerechnet. Die erwarteten fixen Kosten betragen € 165.600,–. Des Weiteren ergibt die Kostenplanung, dass eine Fertigungsstunde einer Maschine voraussichtlich durchschnittlich € 45,– an Kosten entstehen lässt.

Am Periodenende wird festgestellt, dass für diese Kostenstelle an Periodenkosten ein Betrag von € 382.600,– angefallen ist. Im Abrechnungszeitraum ist an zwölf Tagen gestreikt worden. An Ausfallzeiten sind darüber hinaus 816 Stunden aufgelaufen.

a) Welche Größe wird zur Messung der Beschäftigung verwendet?

b) Bestimmen Sie die Kostenfunktion dieser Kostenstelle.

c) Ermitteln Sie den Wert der oben gewählten Größe bei Planbeschäftigung.

d) Bestimmen Sie den Wert der oben gewählten Größe bei Istbeschäftigung.

e) Berechnen Sie aufgrund der ermittelten Werte die starren Plankosten, die flexiblen Sollkosten und die verrechneten Plankosten.

f) Ermitteln Sie die aufgetretenen Abweichungen.

g) Stellen Sie die Zusammenhänge grafisch dar.

h) Welchen Wert besitzt der Variator in diesem Beispiel und wie ist er zu interpretieren?

## Aufgabe 2.1.2.6: Abweichungsanalyse auf Vollkostenbasis

Für eine Fertigungshauptstelle gelte die Kostenfunktion $K = 2.000 + 50 \cdot x$. Die Beschäftigung x wird in Fertigungsstunden gemessen. Die Planfertigungszeit beträgt 100 Stunden. Bei einer Istfertigungszeit von 80 Stunden sind Kosten in Höhe von € 7.500,– entstanden.

a) Führen Sie grafisch und algebraisch die Abweichungsanalyse in der Vollkostenrechnung durch. Geben Sie dabei die starren Plankosten, die flexiblen Sollkosten, die verrechneten Plankosten sowie die verschiedenen Abweichungsarten an.

b) Wie hoch ist der Variator?

## Aufgabe 2.1.2.7: Abweichungsanalyse auf Vollkostenbasis

Für den Monat Januar waren für die Kostenstelle des Kostenstellenleiters H. Motzer folgende Kosten geplant:

| Kostenarten | Plankosten [€] | Variator |
|---|---|---|
| Löhne | 77.000,– | 10 |
| Material | 55.000,– | 8 |
| Hilfs- und Betriebsstoffe | 30.000,– | 7 |
| Kalkulatorische Abschreibungen | 25.000,– | 2 |
| Meistergehälter | 18.000,– | 0 |
| Instandhaltung | 15.000,– | 6 |
| Kalkulatorische Zinsen | 30.000,– | 0 |
| S | 250.000,– | |

Die Planbeschäftigung betrug 2.000 Stunden. Im Februar wurden nachträglich für die Kostenstelle folgende tatsächliche Kosten für Januar ermittelt: Istkosten: € 310.000,– bei einer Istbeschäftigung von 2.500 Stunden.

a) Berechnen Sie den Variator der Gesamtkosten.

b) Stellen Sie die Gesamtkostenfunktion auf.

c) Berechnen Sie die Verbrauchs-, Beschäftigungs- und Gesamtabweichung. Was bringt die Beschäftigungsabweichung hier zum Ausdruck?

## Aufgabe 2.1.2.8: Abweichungsanalyse auf Vollkostenbasis

Die geplanten Gemeinkosten einer Fertigungsstelle setzen sich aus Fixkosten in Höhe von € 60.000,– und variablen Kosten von 30,– €/Fertigungsstunde zusammen. Die Planbeschäftigung wurde mit 3.000 Fertigungsstunden angesetzt. Am Periodenende zeigt sich, dass bei einer tatsächlichen Beschäftigung von 3.600 Fertigungsstunden Istkosten in Höhe von € 175.000,– entstanden sind.

a) Zeichnen Sie die Kurve der Fixkosten, der flexiblen Sollkosten und der verrechneten Plankosten in eine Grafik und bezeichnen Sie diese.

b) Ermitteln Sie algebraisch die Höhe der Preis- und der Beschäftigungsabweichung.

c) Was bringt die Beschäftigungsabweichung hier zum Ausdruck?

d) Welche Änderungen würden sich für diese Abweichungsanalyse in einer Teilkostenrechnung ergeben?

## Aufgabe 2.1.2.9: Abweichungsanalyse auf Vollkostenbasis

In einer Kostenstelle sind für die angefallenen Kostenarten bei einer Beschäftigung von x = 10 und die Planbeschäftigung von x = 100 aus der Planung folgende Planwerte der Kosten bekannt:

| **Beschäftigung** | **x = 10** | **x = 100** |
|---|---|---|
| **Kostenart:** | **Plankosten (€)** | **Plankosten (€)** |
| Löhne | 7.700,– | 77.000,– |
| Material | 15.400,– | 55.000,– |
| Hilfs- und Betriebsstoffe | 11.100,– | 30.000,– |
| Kalkulatorische Abschreibungen | 20.500,– | 25.000,– |
| Meistergehälter | 18.000,– | 18.000,– |
| Instandhaltung | 6.900,– | 15.000,– |
| Kalkulatorische Zinsen | 30.000,– | 30.000,– |
| **Summen:** | **109.600,–** | **250.000,–** |

a) Ermitteln Sie die Fixkosten und die variablen Kosten für jede dieser Kostenarten.

b) Wie lautet die (lineare) Kostenfunktion dieser Kostenstelle?

c) Bestimmen Sie die Verbrauchs- und die Beschäftigungsabweichung, wenn bei einer Beschäftigung von x = 75 Istkosten von € 232.000,– angefallen sind. Was bringt die Verbrauchsabweichung zum Ausdruck?

d) Wie groß sind diese beiden Abweichungen, wenn bei einer Überbeschäftigung von 25 % Istkosten von € 310.000,– entstehen? Was besagt die Beschäftigungsabweichung in diesem Fall?

## Aufgabe 2.1.2.10: Abweichungsanalyse auf Vollkostenbasis

a) Die Planbeschäftigung einer Kostenstelle betrage x = 150 Fertigungsstunden. Geben Sie den Variator für folgende fünf Kostenarten an, deren Kostenfunktionen wie folgt lauten:

(1) $K1 = 2.500 + 50 \cdot x$
(2) $K2 = 3.500$
(3) $K3 = 30 \cdot x$
(4) $K4 = 500 + 30 \cdot x$
(5) $K5 = 3.500 + 10 \cdot x$ für $x \leq 150$
$K5 = 3.200 + 12 \cdot x$ für $150 < x <$ Kapazitätsgrenze

b) In der betrachteten Kostenstelle sind bei der Beschäftigung von 80 % insgesamt (= Summe aller fünf Kostenarten) Istkosten von € 30.000,– entstanden. Berechnen Sie die Höhe der Sollkosten, der verrechneten Plankosten, der Leerkosten, der Nutzkosten sowie der Beschäftigungs- und der Verbrauchsabweichung dieser Kostenstelle.

c) Aus welchen Gründen erscheint es sinnvoll, in Plankostenrechnungen eine Abweichungsanalyse durchzuführen?

## Aufgabe 2.1.2.11: Abweichungsanalyse mit Effizienzabweichung

In einer Fertigungshauptstelle liegen folgende Planwerte für eine Periode vor:

| | | |
|---|---|---|
| Geplante Ausbringungsmenge (= Planbeschäftigung) | Stück | 200 |
| Standardfertigungszeit je Stück | Stunden | 2 |
| Variable Gemeinkosten je Fertigungsstunde (zu Planpreisen) | € | 10,– |
| Fixkosten | € | 30.000,– |

a) Die tatsächliche (Ist-) Fertigungszeit waren 460 Stunden. Nehmen Sie zunächst an, dass die Fertigungszeitabweichung allein aus Veränderungen der Ausbringungsmenge resultiert. Die Istkosten (zu Planpreisen) belaufen sich auf € 38.000,–. Führen Sie eine Abweichungsanalyse durch, indem Sie die relevanten Abweichungsarten berechnen.

b) Stellen Sie die relevanten Abweichungsarten grafisch dar, wenn an der Abszisse die Ausbringungsmenge abgetragen wird.

c) Was würde sich an der Grafik verändern, wenn an der Abszisse die Fertigungszeit abgetragen werden würde?

d) Nehmen Sie jetzt an, dass die Fertigungszeit unter a) allein auf einer Veränderung der Intensität beruht. Berechnen Sie die Variable Efficiency Variance und die Total Efficiency Variance.

## Aufgabe 2.1.2.12: Spezielle Verbrauchsabweichung

In der Textilfabrik Oberammergau werden Fahnenstoffe der Sorte „Weiß-Blau" hergestellt. Zur Herstellung dieses Produktes ist gemäß Arbeitsplan ein Maschinentyp einzusetzen, bei dem von einem Arbeiter drei Maschinen gleichzeitig bedient werden. Um einen noch unerfahrenen Arbeiter nicht zu überfordern, wurden diesem bei der Produktion von 1.000 Metern des Stoffes „Weiß-Blau" lediglich zwei Maschinen zugeteilt. Die Plan-Maschinenzeit je Meter Stoff beträgt drei Minuten. In der Kostenplanung wurde ein proportionaler Plankostensatz pro Fertigungsminute von € 5,– angesetzt.

a) Berechnen Sie die proportionalen Fertigungskosten, die für die Herstellung von 1.000 m Stoff bei planmäßiger Bedienungsrelation anfallen.

b) Berechnen Sie die proportionalen Fertigungskosten, die für die Herstellung von 1.000 m Stoff tatsächlich entstanden sind.

c) Wie groß ist die Fertigungskostenabweichung aufgrund der außerplanmäßigen Bedienungsrelation?

## Aufgabe 2.1.2.13: Abweichungsanalyse mit Effizienzabweichung

Für eine Fertigungsperiode von einem Monat sind folgende Planwerte festgelegt worden:

- Geplante Ausbringungsmenge [Stück]: 540
- Fixkosten [€]: 108,–
- Variable Kosten je Stück [€/Stück]: 2,10

Am Ende dieses Monats wird ermittelt, dass für die Herstellung von 500 Stück Kosten in Höhe von insgesamt € 1.180,– angefallen sind. Die Preise für Einsatz-Güter waren in der Abrechnungsperiode konstant.

a) Berechnen Sie die aufgetretenen Kostenabweichungen und verdeutlichen Sie Ihr Vorgehen anhand einer Grafik!

b) Zur präziseren Erfassung der Kostenabweichungen wird für den folgenden Monat folgende Kostenfunktion mit zwei unabhängigen Variablen zugrunde gelegt:

   $K = f(d, t) = d^{\alpha} \cdot t$

   $d$ = Fertigungsintensität $\left[\frac{\text{Stück}}{\text{Tag}}\right]$

   $t$ = Fertigungstage pro Monat

   $\alpha = 1{,}2$

   Für die betrachtete Periode liegen folgende Angaben vor:

| | Intensität [Stück/Tag] | Gesamtkosten [€] |
|---|---|---|
| Planwerte | $d_p = 32$ | $K_p = 1.024,–$ |
| Istwerte | $d_i = 36$ | $K_i = 1.400,61$ |

   Grenzen Sie anhand einer Grafik die Fertigungszeitabweichung 1. Grades, die Intensitätsabweichung 1. Grades und die Abweichung 2. Grades voneinander ab und berechnen Sie die entsprechenden Werte mit Hilfe der differenziert kumulativen Methode! (Hilfestellung: Welcher Zusammenhang besteht zwischen Kostenhöhe und Intensität?)

## Aufgabe 2.1.2.14: Äquivalenzziffernrechnung und Abweichungsanalyse

Die Icin AG fertigt drei Sorten I, II und III. Die gesamten Kosten der abgelaufenen Periode betragen € 627.000,–.

a) Vervollständigen Sie die folgende Tabelle und geben Sie die Kosten je Schlüsseleinheit an.

| Sorte | Äquivalenzziffer | Produktionsmenge [t] | Schlüsselzahl | Stückkosten je Tonne [€/t] | Gesamtkosten je Sorte [€] |
|---|---|---|---|---|---|
| I | | | 5.000 | 7,50 | |
| II | 1 | 24.000 | | | 360.000 |
| III | | | | 24,00 | |

b) Die Icin AG ist auch offizieller Hersteller des WM-Maskottchens Zottel. Für Januar 2006 geht die Unternehmung von einer Planbeschäftigung (x) in Höhe von 160 Stunden aus. Icin rechnet mit Plankosten in Höhe von € 12.000,–. Ferner ist bekannt, dass € 50,– proportionale Kosten je Stunde Beschäftigung anfallen. Geben Sie bei Planbeschäftigung die Summe der proportionalen Kosten, die Fixkosten, die Nutz- und Leerkosten sowie die verrechneten Plankosten an.

c) Die Icin AG ist in eine existenzbedrohende Lage geraten. Entgegen der ursprünglichen Planung betrug die Istbeschäftigung nur 80 % der Planbeschäftigung, während sich die Istkosten auf 95 % der Plankosten belaufen. Berechnen Sie die Istbeschäftigung sowie die Istkosten. Geben Sie darüber hinaus die Sollkosten sowie die Nutz- und Leerkosten an. Wie hoch sind die verrechneten Plankosten? Ermitteln Sie zudem die Beschäftigungs-, Verbrauchs- und Mengenabweichung. Nennen Sie je Abweichungsart zwei Funktionsträger, die für mögliche Abweichungen verantwortlich sein können.

d) Führen Sie eine grafische Abweichungsanalyse auf Grundlage der Informationen aus den Teilaufgaben b) sowie c) durch und veranschaulichen Sie die zuvor ermittelten Kennzahlen.

## Aufgabe 2.1.2.15: Abweichungsanalyse

Als Assistent der Geschäftsführung der Schokoladen GmbH sind Sie für die unternehmensinternen Abweichungsanalysen zuständig. Ihr Unternehmen produziert Schokoladenosterhasen und Schokoladenweihnachtsmänner, die im Herstellungsprozess absolut identisch sind und daher zu gleichen Bedingungen hergestellt werden können. Die Osterhasen werden in der Periode „Frühling", die Weihnachtsmänner in der Periode „Winter" produziert.

a) Zu Beginn der Periode „Frühling" wird insgesamt ein Planverbrauch von 1.000 Liter Milch mit einem Einstandspreis von 0,40 €/Liter für die Produktion von Osterhasen veranschlagt. Am Ende der Periode wird festgestellt, dass für die Produktion der geplanten Osterhasenmenge tatsächlich 1.200 Liter Milch verbraucht wurden. Der Einstandspreis betrug tatsächlich 0,45 €/Liter. Ermitteln Sie die relevanten Abweichungsarten durch einen Ist-Soll-Vergleich auf Plan-Bezugsbasis nach der alternativen, der kumulativen und der differenziert kumulativen Methode der Abweichungsanalyse.

In der Fertigungshauptstelle wird für die Periode „Frühling" eine geplante Ausbringungsmenge (Planbeschäftigung) von 10.000 Stück Osterhasen bei einer Standardfertigungszeit von 2 Minuten je Stück veranschlagt. Des Weiteren geht man von Gesamt-Plangemeinkosten bei dieser Planbeschäftigung in Höhe von € 15.000,– aus, wobei die variablen Gemeinkosten je Fertigungsminute € 0,50 betragen.

b) Berechnen Sie die Höhe der relevanten Abweichungsarten, wenn in der Periode „Frühling" tatsächlich 12.000 Stück Osterhasen in 24.000 Minuten gefertigt wurden und dabei Istkosten in Höhe von € 17.500,– anfielen.

c) Der Leiter der Fertigungshauptstelle behauptet, er könne wegen der geänderten Produktionsmenge an Osterhasen die in Teilaufgabe b) ermittelten Abweichungen nicht verantworten. Wie beurteilen Sie die Verantwortlichkeit des Leiters der Fertigungshauptstelle für die verschiedenen Abweichungsarten?

Für die Produktion der Weihnachtsmänner in der Periode „Winter" werden dieselben Planwerte bezüglich Planbeschäftigung, Standardfertigungszeit je Stück, Gesamt-Plangemeinkosten und variablen Gemeinkosten je Fertigungsminute wie bei der Osterhasenproduktion angesetzt. Tatsächlich wurden 12.000 Stück Weihnachtsmänner in 22.000 Minuten gefertigt, wobei Kosten in Höhe von € 20.000,– verursacht wurden.

d) Berechnen Sie die Abweichungsarten, welche in der Periode „Winter" auftreten.

## Aufgabe 2.1.2.16: Abweichungsanalyse und Preisuntergrenzen

Eine Unternehmung plant, in der kommenden Periode von einem Produkt 2.000 Stück herzustellen und zu verkaufen. In der Kostenstelle, in welcher dieses Produkt erzeugt wird, sollen nach Angaben des Controlling folgende Kosten anfallen:

| **Produktionsmenge** | **x = 0** | **x = 2.000** |
|---|---|---|
| Kostenart | Plankosten [€] | Plankosten [€] |
| Material | 0,– | 80.000,– |
| Löhne | 10.000,– | 120.000,– |
| Gehälter | 40.000,– | 40.000,– |
| Kalk. Absch.+Zinsen | 30.000,– | 30.000,– |
| Instandhaltung | 5.000,– | 30.000,– |

Am Ende der Periode zeigt sich, dass mit einer Herstellungs- und Absatzmenge von 1.600 Stück tatsächlich Istkosten von € 270.000,– angefallen sind. Aufgrund einer vollkostenorientierten Kalkulation wurde der Verkaufspreis auf € 160,– je Stück festgesetzt.

a) Ermitteln Sie die Fixkosten und die variablen Kosten je Stück für jede dieser Kostenarten.

b) Wie lauten die Sollkostenfunktion und die Funktion der verrechneten Plankosten, wenn die Produktionsmenge von 2.000 Stück die Planbeschäftigung darstellt?

c) Wie hoch ist das tatsächlich erzielte Ergebnis? Auf welche verschiedenen Ursachen lässt es sich zurückführen?

d) Bis zu welchem Preis könnte die Unternehmung kurzfristig heruntergehen, damit sich Herstellung und Verkauf noch lohnen, solange die Fixkosten nicht abbaubar sind (absolute Preisuntergrenze)?

## Aufgabe 2.1.2.17: Preis- und Verbrauchsabweichung

Für die Herstellung von 10.000 Stück ihrer bayernweit bekannten Bazi-Burger wird bei der Mc Maximilian Corp. ein Planverbrauch von 5.000 kg Weizenmehl mit einem Planpreis von 2,– €/kg veranschlagt. Am Ende der Periode wird festgestellt, dass tatsächlich 10.000 Stück Bazi-Burger produziert wurden, dafür aber 6.000 kg Weizenmehl verbraucht wurden. Aufgrund von Lieferengpässen wegen der LKW-Blockaden an der bayrisch-preußischen Grenze kam es zu Preissteigerungen beim Weizenmehl. Der tatsächliche Einstandspreis betrug daher im Schnitt 2,20 €/kg.

a) Ermitteln Sie die relevanten Abweichungsarten durch einen **Soll-Ist Vergleich auf Ist-Bezugsbasis** nach der alternativen, der kumulativen und der differenziert kumulativen Methode der Abweichungsanalyse.

b) Ermitteln Sie die relevanten Abweichungsarten durch einen **Ist-Soll-Vergleich auf Plan-Bezugsbasis** nach der alternativen, der kumulativen und der differenziert kumulativen Methode der Abweichungsanalyse.

c) Wie beurteilen Sie die oben angewandten Methoden der Abweichungsanalyse?

### Aufgabe 2.1.2.18: Preis- und Verbrauchsabweichung

Für die Herstellung von Produkt A wird ein Planverbrauch von 1.000 kg Weizenmehl mit einem Planpreis von 3,– €/kg veranschlagt. Am Ende der Periode wird festgestellt, dass für die geplante Ausbringungsmenge tatsächlich 2.000 kg Weizenmehl verbraucht wurden. Der tatsächliche Einstandspreis betrug 2,– €/kg.

a) Ermitteln Sie die Gesamtabweichung. Stellen Sie die flexiblen Plan- und Istkosten als Flächen in einer Grafik dar.

b) Ermitteln Sie die relevanten Abweichungsarten durch einen Ist-Soll-Vergleich auf Plan-Bezugsbasis nach der alternativen, der kumulativen und der differenziert kumulativen Methode der Abweichungsanalyse.

c) Skizzieren Sie die drei Abweichungen von b) in je einer Grafik. Interpretieren Sie die Ergebnisse der Verfahren, vor allem im Hinblick auf die Aussagefähigkeit der verschiedenen Methoden.

d) Welche Veränderungen ergeben sich bei einem Soll-Ist-Vergleich auf Plan-Bezugsbasis gegenüber b) in Bezug auf die alternative und die differenziert kumulative Methode der Abweichungsanalyse? Wie ist bei letzterer mit der Abweichung 2. Grades umzugehen?

## 2.1.3 Erlösabweichungen

### Aufgabe 2.1.3.1: Erlös- und Deckungsbeitragsabweichung mit Markteinfluss

Die Münchner Schädelbräu AG stellt drei Sorten Bier her: Weizen, Märzen, Pils. Die geplanten Absatzmengen für das laufende Jahr wurden auf Basis des erwarteten Marktvolumens und des Marktanteils der Schädelbräu AG im Vorjahr unter Berücksichtigung einer geplanten Marktanteilsausweitung aufgrund gesteigerter Marketingaktivitäten festgelegt. Für die Planung des Absatzprogrammes wurde die Struktur des Vorjahres zugrunde gelegt.

Die nachfolgenden Tabellen zeigen die Planung und die tatsächlichen Ergebnisse der Schädelbräu AG für das laufende Jahr. Das gesamte Marktvolumen für alle drei Biersorten zusammen wurde in der Planung auf 40.000 hl veranschlagt, tatsächlich betrug es im laufenden Jahr aber nur 35.000 hl.

| **Planergebnisrechnung** | **Weizen** | **Märzen** | **Pils** | **Gesamt** |
|---|---|---|---|---|
| Absatzmenge [hl] | 1.000 | 1.000 | 2.000 | 4.000 |
| Erlöse [€] | 400.000,– | 350.000,– | 400.000,– | 1.150.000,– |
| variable Kosten [€] | 250.000,– | 300.000,– | 200.000,– | 750.000,– |
| Deckungsbeitrag I [€] | 150.000,– | 50.000,– | 200.000,– | 400.000,– |
| Produktarten-Fixkosten [€] | 50.000,– | 50.000,– | 100.000,– | 200.000,– |
| Deckungsbeitrag II [€] | 100.000,– | 0,– | 100.000,– | 200.000,– |
| Unternehmensfixkosten [€] | | | | 150.000,– |
| Nettoerfolg [€] | | | | 50.000,– |

| **Istergebnisrechnung** | **Weizen** | **Märzen** | **Pils** | **Gesamt** |
|---|---|---|---|---|
| Absatzmenge [hl] | 1.200 | 800 | 3.000 | 5.000 |
| Erlöse [€] | 360.000,– | 280.000,– | 450.000,– | 1.090.000,– |
| variable Kosten [€] | 300.000,– | 300.000,– | 300.000,– | 900.000,– |
| Deckungsbeitrag I [€] | 60.000,– | –20.000,– | 150.000,– | 190.000,– |
| Produktarten-Fixkosten [€] | 100.000,– | 50.000,– | 70.000,– | 220.000,– |
| Deckungsbeitrag II [€] | –40.000,– | –70.000,– | 80.000,– | –30.000,– |
| Unternehmensfixkosten [€] | | | | 150.000,– |
| Nettoerfolg [€] | | | | –180.000,– |

a) Erklären Sie die Gesamt-Erlös-Abweichung mit Hilfe einer differenziert kumulativen Abweichungsanalyse als Ist-Soll-Vergleich auf Planbezugsbasis.

b) Ermitteln Sie die Abweichungen der variablen Kosten. Wie lässt sich die Abweichung des Gesamtdeckungsbeitrages I auf Veränderungen der Stückdeckungsbeiträge und der Absatzmengen zurückführen? Verwenden Sie dafür das gleiche Verfahren wie unter a).

c) Welcher Einfluss geht von der gegenüber dem Plan abweichenden Struktur der Absatzmengen auf die Deckungsbeitragsabweichung aus?

d) Welcher Einfluss auf die Deckungsbeitragsabweichung lässt sich auf die gegenüber dem Plan abweichende Situation am Biermarkt zurückführen? Wie kann dieser Einfluss der Marktsituation durch Veränderungen des Marktvolumens insgesamt und Veränderungen des Marktanteils erklärt werden? Interpretieren Sie Ihre Ergebnisse und weisen Sie auf den möglichen zusätzlichen Informationsbedarf hin, der sich für das Erfolgscontrolling ergeben könnte.

e) Aufgrund des erheblichen Erfolgsrückgangs trotz der Absatzausweitung in der Sparte Weizenbier unterzieht das Erfolgscontrolling der Schädelbräu AG diese Sparte einer genaueren Untersuchung. Im Rahmen dieser Untersuchung sollen die exogenen und endogenen Ursachen der Erlösabweichungen beim Weizenbier ermittelt werden. Aus den Untersuchungen des Erfolgscontrolling geht hervor, dass das Marktvolumen auf dem Weizenbiermarkt im laufenden Jahr aufgrund des schlechten Sommers um 5.000 hl hinter dem geplanten Marktvolumen von 20.000 hl zurückblieb. Die Branche versuchte diesem Sachverhalt mit teilweise erheblichen Preisnachlässen entgegenzuwirken, was dazu führte, dass der Branchenpreis gegenüber dem Planpreis von 400,– €/hl auf 350,– €/hl zurückging.

- Welche exogenen und endogenen Faktoren, die die oben angegebenen Erlösabweichungen hervorgerufen haben können, lassen sich unterscheiden?
- Berechnen Sie die auf die exogenen und endogenen Faktoren zurückzuführenden Abweichungen. Weisen Sie dabei die auf die Veränderungen des Branchenpreises und des Marktvolumens zurückzuführenden Erlösabweichungen gesondert aus.

## Aufgabe 2.1.3.2: Erlösabweichung mit Markteinfluss

Die McBavaria GmbH vertreibt im Marktsegment Fast-Food drei Produkte: den Munichburger, den Hendlburger und den Radiburger. Die geplanten Absatzmengen und -preise sowie die tatsächlichen Absatzmengen und Erlöse sind den nachfolgenden Angaben zu entnehmen.

| | Munichburger | Hendlburger | Radiburger |
|---|---|---|---|
| Ist-Absatzmenge | 4.000 | 6.000 | 2.000 |
| Ist-Erlös pro Stück [€] | 3,– | 4,– | 2,– |
| Plan-Absatzmenge | 5.000 | 5.000 | 3.000 |
| Plan-Erlös pro Stück [€] | 3,50 | 3,80 | 1,50 |

Die Planungen der McBavaria GmbH gehen von einem gesamten Marktvolumen für das Marktsegment Fast-Food von 130.000 Stück aus. Aufgrund des allgemeinen Konjunkturhochs ergibt sich jedoch ein tatsächliches Marktvolumen von 150.000 Stück. Legen Sie bei der Bearbeitung der Teilaufgaben a) bis c) jeweils einen Ist-Soll-Vergleich auf Planbezugsbasis zugrunde.

a) Erläutern Sie die Gesamt-Erlösabweichung mit Hilfe der differenziert kumulativen Abweichungsanalyse.

b) Wie lässt sich der Einfluss, der von der veränderten Situation auf dem Fast-Food-Markt auf die Erlösabweichung ausgeht, auf Veränderungen des Marktanteils der McBavaria GmbH und auf Veränderungen des gesamten Marktvolumens zurückführen?

c) Das Produkt Munichburger wird auf unterschiedlichen regionalen Märkten verkauft. Die McBavaria GmbH betreibt eine Politik der regionalen Preisdifferenzierung, wobei zwischen den Regionen Bayern, Rest-Deutschland und Österreich unterschieden wird. Aus der Umsatzstatistik lassen sich folgende Angaben entnehmen.

| | Bayern | Rest-D | Österreich |
|---|---|---|---|
| Region-Plan-Preis pro Stück [€] | 3,– | 5,– | 2,50 |
| Region-Plan-Absatzmenge | 2.500 | 1.500 | 1.000 |
| Region-Ist-Absatzmenge | 1.000 | 2.000 | 1.000 |

Welcher Einfluss geht von den gegenüber „dem" Plan abweichenden regionenspezifischen Absatzmengen auf die Erlösabweichung aus? Interpretieren Sie Ihre Ergebnisse.

## Aufgabe 2.1.3.3: Erlösabweichung mit Markteinfluss

Die Unternehmung Runner's Delight Inc. bietet im Marktsegment der hochwertigen Laufschuhe zwei Modelle, Said und Dieter, an. Die folgende Tabelle weist Ist- und Plandaten für den Monat Mai aus:

| Modell | Said | Dieter |
|---|---|---|
| Ist-Erlöse [€] | 280.000,– | 345.000,– |
| Ist-Absatzmenge [Paare] | 2.800 | 1.500 |
| Plan-Erlöse [€] | 315.000,– | 336.000,– |
| Plan-Absatzmenge [Paare] | 2.250 | 1.600 |

Aufgrund einer konjunkturellen Schwäche lag das gesamte Marktvolumen im Mai mit 40.000 verkauften Paaren um 5.000 Paare unter der geplanten Größe. Auf die Nachfrageschwäche haben die Anbieter mit Preissenkungen reagiert, um die als groß eingeschätzte Preiselastizität der Nachfrager in diesem Marktsegment auszunutzen. Dadurch fiel der durchschnittliche Preis je Paar auf € 125,–, während der geplante Branchenpreis € 200,– betrug.

a) Erläutern Sie die Gesamtabweichung mit Hilfe der differenziert kumulativen Abweichungsanalyse als Ist-Soll-Vergleich auf Planbezugsbasis.

b) Ermitteln Sie die exogen bzw. endogen verursachten Anteile der Erlösabweichung für das Modell Said. Weisen Sie ferner die auf Veränderungen des Branchenpreises und des Marktvolumens zurückzuführenden Erlösabweichungen gesondert aus.

## Aufgabe 2.1.3.4: Kosten- und Erlösabweichungen mit Variator

Die Planbeschäftigung von 100 % wird in einer Kostenstelle üblicherweise mit x = 200 angesetzt. Dafür werden Ihnen folgende Plandaten an Gesamtkosten, jedoch bei einer 90 %-igen Beschäftigung für x = 180 sowie Fixkosten bzw. Variatoren genannt:

| Produktionsmenge | 90%<br>x = 180 | Fixkosten | Variator |
|---|---|---|---|
| Kostenart | | | |
| Material | 5.400,– | | 10 |
| Löhne | 100.000,– | | 9,091 |
| Gehälter | 20.000,– | 20.000,– | |
| Kalk. Absch.+Zinsen | 7.800,– | 6.000,– | |
| Instandhaltung | 38.000,– | | 5 |

Der Verkauf rechnet für die kommende Periode mit einer Absatzmenge von 240 Stück, die Produktion für diese Beschäftigung mit Istkosten von € 210.000,–. Bisher wurde ein Verkaufspreis von 900,– € je Stück angesetzt.

a) Ermitteln Sie die Fixkosten und die variablen Kosten bei Planbeschäftigung (x = 200) für jede dieser Kostenarten.

b) Wie lauten die Sollkostenfunktion und die Funktion der verrechneten Plankosten?

c) Wie hoch ist der geplante Gewinn für die erwartete Verkaufsmengen von x = 240? Auf welche verschiedenen Ursachen lässt er sich zurückführen (mit Rechnung)?

d) Folgen Sie der Preisempfehlung des Absatzes von 900,– € je Stück? Begründen Sie Ihre Auffassung. Bis zu welchem Preis könnte die Unternehmung kurzfristig maximal heruntergehen (absolute Preisuntergrenze)?

## 2.2 Prozesskostenrechnung

### Aufgabe 2.2.1: Prozesskostenrechnung

Eine Funktionsanalyse in der Kostenstelle Materialwirtschaft ergab, dass sich in dieser Stelle im wesentlichen drei Arten von leistungsmengeninduzierten (lmi) Prozessen unterscheiden lassen, die entweder von der Ausbringungsmenge oder der Anzahl von Produktvarianten abhängen. Dabei handelt es sich um die Prozesse: inhaltliches Prüfen von Rechnungen, Durchführen von Wareneingangskontrollen und Einlagern von Spezialmaterial.

Die jeweiligen Planprozessmengen und die geschätzten ausbringungs- und variantenabhängigen Anteile der Prozessmengen können Sie der nachfolgenden Tabelle entnehmen. In der Planung werden insgesamt 4.000 Einheiten der beiden Varianten A und B zugrunde gelegt, wovon 2.500 Einheiten auf die Variante A und 1.500 Einheiten auf die Variante B entfallen.

Ferner ist für die Kostenstellenleitung von Plankosten in Höhe von € 33.000,– für die Planperiode auszugehen, die weder von der Ausbringungsmenge noch von der Variantenanzahl abhängen und damit leistungsmengenneutral (lmn) sind.

| | Planprozessmenge | geplante Gesamtkosten der Planprozessmengen [€] | ausbringungsmengen abhängige Prozessmenge | variantenzahlabhängige Prozessmenge |
|---|---|---|---|---|
| Rechnungsprüfungen (lmi) | 1.000 | 20.000,– | 90 % | 10 % |
| Wareneingangskontrollen (lmi) | 3.000 | 6.000,– | 100 % | 0 % |
| Einlagerungen (lmi) | 200 | 40.000,– | 20 % | 80 % |
| Kostenstellenleitung (lmn) | | 33.000,– | | |

a) Berechnen Sie den leistungsmengeninduzierten Plan-Prozesskostensatz für jeden der drei Prozesse.

b) Wie hoch sind die Gesamtprozesskostensätze der drei Prozesse?

c) Berechnen Sie auf Basis der leistungsmengeninduzierten Prozesskostensätze die Kosten für eine Einheit jeder Variante, die in der Kostenstelle Materialwirtschaft entstehen.

## Aufgabe 2.2.2: Prozesskostenrechnung

Ein Unternehmen plant die Herstellung eines Produktes in den beiden Varianten A und B. Über die gesamten Lebenszyklen der Varianten hinweg wird für die Variante A mit einer Fertigungsmenge von insgesamt 2.000 Stück und für die Variante B mit einer Fertigungsmenge von 8.000 Stück gerechnet. Die geplanten Materialeinzelkosten pro Stück betragen für die Variante A € 100,– und für die Variante B € 350,–. Für das Produkt rechnet man über den gesamten Lebenszyklus hinweg mit Materialgemeinkosten von € 1.500.000,– und Fertigungsgemeinkosten von € 8.000.000,– sowie mit Verwaltungsgemeinkosten in Höhe von € 2.375.000,– und Vertriebsgemeinkosten in Höhe von € 1.187.500,–. Die Herstellung der beiden Varianten beansprucht die nachfolgend genannten Kostenstellen.

| Kostenstelle | Prozesse | in Anspruch genommene Prozesse je 100 Stück | | Planprozessmenge | Plan-Gemeinkosten [€] | |
|---|---|---|---|---|---|---|
| | | Variante A | Variante B | | lmi | lmn |
| Einkauf | Beschaffungsprozesse | 120 | 60 | 7.200 | 468.000,– | 360.000,– |
| Wareneingang | Wareneingangsprüfungen | 160 | 80 | 9.600 | 312.000,– | 360.000,– |
| Fertigung | Maschinenstunden | 200 | 200 | 20.000 | 7.200.000,– | 800.000,– |

Der Vertrieb geht davon aus, dass die geplanten Gesamt-Fertigungsmengen von Variante A und Variante B über die folgende Anzahl an Kundenaufträgen abgesetzt werden können.

| Kostenstelle | Prozesse | Kundenaufträge | | Plan-Gemeinkosten [€] | |
|---|---|---|---|---|---|
| | | Variante A | Variante B | lmi | lmn |
| Vertrieb | Auftragsbearbeitung | 120 | 80 | 797.500,– | 390.000,– |

a) Berechnen Sie mittels Zuschlagskalkulation die Plan-Selbstkosten je Variante für den gesamten Betrachtungszeitraum und pro Stück. Dabei sollen die Materialgemeinkosten als prozentualer Zuschlag auf die Materialeinzelkosten, die Fertigungsgemeinkosten entsprechend der von den Varianten beanspruchten Maschinenstunden und die Verwaltungsgemeinkosten auf Basis der Herstellkosten verrechnet werden.

Die Unternehmensleitung erwartet sich von der Anwendung einer Prozesskostenrechnung aussagefähige Informationen für die Programmpolitik. Dazu sollen die Plan-Material- und -Fertigungsgemeinkosten sowie die Plan-Vertriebsgemeinkosten auf die Varianten A und B auf der Basis eines prozessorientierten Ansatzes verrechnet werden. Die Zurechnung der Plan-Verwaltungsgemeinkosten erfolge mit einem prozentualen Zuschlag auf die Plan-Herstellkosten.

b) Berechnen Sie die leistungsmengeninduzierten, die leistungsmengenneutralen und die Gesamt-Planprozesskostensätze für die einzelnen Kostenstellen. Deren Plan-Prozessmengen sowie deren leistungsmengeninduzierte (lmi) und leistungsmengenneutrale (lmn) Plan-Gemeinkosten sind den obenstehenden Tabellen zu entnehmen.

c) Berechnen Sie die Plan-Selbstkosten für die beiden Varianten über den gesamten Betrachtungszeitraum und bestimmen Sie die Plan-Selbstkosten der Varianten pro Stück auf Basis der Gesamtprozesskostensätze. Die Verwaltungsgemeinkosten werden dabei weiterhin als prozentualer Zuschlag auf die Herstellkosten verrechnet.

d) Im Unterschied zu den Teilaufgaben b) und c) sei nunmehr unterstellt, dass die gesamten leistungsmengeninduzierten (lmi) Plan-Gemeinkosten der Fertigung zu 80 % von der Ausbringung und zu 20 % von der Variantenzahl abhängen. Berechnen Sie auf dieser Basis die ausbringungs- und variantenzahlabhängigen Plan-Stückkosten sowie die Gesamt-Plan-Stückkosten für die beiden Varianten in der Kostenstelle Fertigung.

## Aufgabe 2.2.3: Zuschlags- versus prozesskostenorientierte Kalkulation

Das Unternehmen Bikey produziert u. a. die beiden Fahrradmodelle City und Mountain. In jedem Monat werden durchschnittlich 100 Stück von jedem Typ hergestellt und verkauft. Zur Herstellung beider Fahrräder werden Leistungen der folgenden Kostenstellen beansprucht:

| Kostenstelle | Vorgänge je Monat | Stunden je Monat | Kosten pro Monat [€] |
|---|---|---|---|
| Einkauf | 40 | | 880,– |
| Wareneingang | 100 | | 2.000,– |
| Fertigung 1 | | 1.500 | 90.000,– |
| Fertigung 2 | | 2.500 | 350.000,– |

Bei der Herstellung von jeweils 100 Fahrrädern entsteht folgender bewerteter Materialverbrauch:

| Materialart | City | Mountain |
|---|---|---|
| 1 | 1.300 | |
| 2 | 1.300 | |
| 3 | 2.400 | |
| 4 | 2.000 | |
| 5 | 5.000 | |
| 6 | | 4.000 |
| 7 | | 8.000 |

Zur Produktion von 100 Fahrrädern fallen sowohl beim Typ City als auch beim Typ Mountain jeweils 50 Fertigungsstunden in der Fertigungsstelle 1 und 20 Fertigungsstunden in der Fertigungsstelle 2 an. Für 100 City-Fahrräder sind 30 Einkaufs- und 80 Wareneingangsvorgänge erforderlich, für 100 Mountain-Fahrräder sind jeweils nur 10 Einkaufs- und 20 Wareneingangsvorgänge notwendig.

a) Berechnen Sie die Herstellkosten je Stück für ein City-Fahrrad bzw. ein Mountain-Fahrrad nach der traditionellen Zuschlagskalkulation.

b) Berechnen Sie die Herstellkosten je Stück für ein City-Fahrrad bzw. ein Mountain-Fahrrad nach dem Schema der Prozesskostenkalkulation (Prozesskostenrechnung).

## Aufgabe 2.2.4: Prozesskosten- und Grenzplankostenrechnung

Am Tag Ihres Einstiegs als Jung-Controller/in in der Fiasko GmbH werden Sie Zeuge einer Diskussion zwischen dem Geschäftsführer Gerhard Grünspan und Ihrem Abteilungsleiter Kurt Knauser über die kurzfristige Annahme eines Zusatzauftrages von 20 Stück des Produktes Blechschere. Knauser vertritt die Meinung, der Auftrag solle abgelehnt werden, da dieses Produkt „sowieso nichts bringe". Dies ließe sich leicht anhand einer Deckungsbeitragsrechnung für die abgelaufene Periode nachweisen. Herr Knauser kann folgende Angaben über die abgelaufene Periode zur Verfügung stellen:

| | Kettensäge | Blechschere |
|---|---|---|
| Produktionsmenge [ME] | 100 | 100 |
| Verkaufspreis [€/ME] | 1.200,– | 1.000,– |
| Materialeinzelkosten [€] | 20.000,– | 40.000,– |
| Fertigungseinzelkosten [€] | 70.000,– | 50.000,– |

Zuschlagsbasis für die darüber hinaus anfallenden variablen Materialgemeinkosten in Höhe von € 6.000,– und variablen Fertigungsgemeinkosten in Höhe von € 24.000,– sind die jeweiligen Einzelkostenbeträge. Die fixen Vertriebs- und Verwaltungsgemeinkosten der betrachteten Periode betragen € 8.000,–. Lagerbestandsveränderungen sind nicht aufgetreten.

a) Führen Sie für die abgelaufene Periode eine Deckungsbeitragsrechnung je Produkt durch und ermitteln Sie den Nettogewinn.

Als Jung-Controller/in halten Sie dieses Vorgehen für recht altmodisch und beschließen stattdessen, prozessorientiert zu kalkulieren. Sie ermitteln folgende Haupt- und Teilprozesse:

| | Kostenstelle Material | Kostenstelle Fertigung |
|---|---|---|
| Hauptprozess „Auftragsabwicklung“ | Teilprozess „Bestellung“ (Kostentreiber: Anzahl Aufträge) | Teilprozess „Fertigungssteuerung“ (Kostentreiber: Anzahl Aufträge) |
| Hauptprozess „Produkterstellung“ | Teilprozess „Eingangslogistik“ (Kostentreiber: Anzahl Bauteile) | Teilprozess „Qualitätssicherung“ (Kostentreiber: Anzahl Bauteile) |

Die Zurechnung der Kosten auf die einzelnen Teilprozesse erfolgt entsprechend der jeweiligen Inanspruchnahme der Mitarbeiter in den Kostenstellen. In der Materialstelle entfallen 25 % der Mitarbeiterzeit auf die Bestellung, 50 % auf die Eingangslogistik und 25 % auf leistungsmengenneutrale Tätigkeiten. In der Fertigung betragen die Anteile 20 % der Mitarbeiterzeit für die Fertigungssteuerung, 60 % für die Qualitätssicherung und 20 % für leistungsmengenneutrale Tätigkeiten. Über die Produkte erhalten Sie ferner folgende Angaben:

| | **Kettensäge** | **Blechschere** |
|---|---|---|
| Auftragsgröße (Durchschnitt) [ME] | 5 | 20 |
| Bauteile je Produkt [ME] | 21 | 4 |

b) Ermitteln Sie die (Gesamt-) Prozesskostensätze der Teil- und Hauptprozesse. Unterstellen Sie dabei für die Berechnung der Gesamtprozesskostensätze, dass die leistungsmengenneutralen Kosten im gleichen Verhältnis wie die leistungsmengeninduzierten Kosten den Subprozessen zugerechnet werden können. Berechnen Sie unter Berücksichtigung der erhaltenen Ergebnisse den Deckungsbeitrag des Zusatzauftrages. Wie beurteilen Sie die Aussagefähigkeit der unter a) bzw. b) erhaltenen Ergebnisse?

## Aufgabe 2.2.5: Zuschlags- versus prozesskostenorientierte Kalkulation

Eine Unternehmung plant die Herstellung eines Produktes in drei Varianten. Insgesamt sollen in der Planperiode 700 Stück der Variante V1, 300 Stück der Variante V2 und 1.000 Stück der Variante V3 hergestellt werden. Die geplanten Material- und Fertigungseinzelkosten sind in nachfolgender Tabelle angegeben.

| Materialart | Einheit | V1 | V2 | V3 | Plankostensatz |
|---|---|---|---|---|---|
| M1 | g/Stück | 120 | 500 | 340 | 20,– €/kg |
| M2 | kg/Stück | 1 | 0,5 | 2 | 40,– €/kg |

| Kostenstellen | Einheit | V1 | V2 | V3 | Plankostensatz |
|---|---|---|---|---|---|
| FI | Ftg.min/Stück | 120 | 60 | 240 | 12,– €/Ftg.Std |
| FII | Masch.min/Stück | 80 | 120 | 160 | 240,– €/Tag |

Die Planbeschäftigung der Maschine in der Fertigungsstelle II beträgt 10 Stunden am Tag. Die Unternehmensleitung schätzt, dass in der Planperiode Materialgemeinkosten in Höhe von € 56.000,– und Fertigungsgemeinkosten in der Fertigungsstelle I in Höhe von € 20.000,– bzw. in der Fertigungsstelle II in Höhe von € 13.000,– anfallen. Ferner fallen für die Variante V3 € 32,– Sondereinzelkosten der Fertigung je Stück an. Man geht davon aus, dass die Verwaltungskosten der letzten Periode von € 30.000,– in der Planperiode um 2 % steigen. Die Vertriebsgemeinkosten sind entsprechend der nachfolgenden Tabelle veranschlagt.

| Prozess | Prozessbezugsgröße | Prozessmenge gesamt [Stück] | Prozesskostensatz [€] | produktionsmengenabhängige Prozessmenge [%] | variantenzahlabhängige Prozessmenge [%] |
|---|---|---|---|---|---|
| Rahmenverträge beliefern | Anzahl Rahmenverträge | 50 | 30,– | 80 | 20 |
| Einzelbestellungen beliefern | Anzahl Einzelbestellungen | 400 | 20,– | 60 | 40 |
| Warenausgangsprüfung | Anzahl Auslieferungen | 250 | 10,– | 30 | 70 |

a) Berechnen Sie auf Basis der Zuschlagskalkulation die Plan-Herstellkosten je Stück aller drei Varianten (Hinweis: Zuschlagsbasis der Gemeinkosten bilden die jeweiligen Einzelkosten).

b) Bestimmen Sie nun die Plan-Selbstkosten je Stück der einzelnen Varianten. Schlagen Sie die Verwaltungskosten nach der traditionellen Zuschlagskalkulation zu. Die Vertriebskosten sollen unter Verwendung der Prozesskostenkalkulation bestimmt und zugerechnet werden.

## Aufgabe 2.2.6: Prozess- versus Grenzplankostenrechnung

Eine Tätigkeitsanalyse im Zentralbereich Materialwirtschaft hat ergeben, dass sich in der Abteilung Rohstoffeinkauf vier verschiedene leistungsmengeninduzierte Prozesse sowie ein leistungsmengenneutraler Prozess identifizieren lassen. Bei den leistungsmengeninduzierten Prozessen handelt es sich um die Prozesse ‚Angebote einholen', ‚Bestellungen einholen', ‚Reklamationen bearbeiten' sowie ‚Rechnungen prüfen'. Der leistungsmengenneutrale Prozess ist auf die Tätigkeit des Abteilungsleiters zurückzuführen. Zu den Prozessen liegen folgende Informationen vor:

| Prozesse | | Maßgrößen der Kostenverursachung | Planprozessmenge | Plankosten |
|---|---|---|---|---|
| Angebote einholen | lmi | Anzahl der Angebote | 1.500 | 630.000,– |
| Bestellungen einholen | lmi | Anzahl der Bestellungen | 6.400 | 480.000,– |
| Reklamationen bearbeiten | lmi | Anzahl der Reklamationen | 100 | 50.000,– |
| Rechnungen prüfen | lmi | Anzahl der geprüften Rechn. | 6.000 | 1.110.000,– |
| Abteilungsleitung | lmn | – | – | 350.000,– |

a) Führen Sie eine Prozesskostenstellenrechnung durch, indem Sie den leistungsmengeninduzierten (lmi) Prozesskostensatz, den leistungsmengenneutralen (lmn) Prozesskostensatz sowie den Gesamtprozesskostensatz für die vier leistungsmengeninduzierten Prozesse bestimmen. Unterstellen Sie dabei, dass die Kosten des leistungsmengenneutralen Prozesses im Verhältnis der Kosten der leistungsmengeninduzierten Prozesse auf Letztere verteilt werden können.

b) Kennzeichnen Sie zwei Unterschiede zwischen der Prozesskostenstellenrechnung und der Kostenstellenrechnung im Rahmen der Grenzplankostenrechnung.

Man kann grundsätzlich 3 Rohstoffvarianten A, B und C unterschieden. Von diesen 3 Varianten wird die Beschaffung von insgesamt 50.000 Einheiten geplant, wobei sich diese Einheiten im Verhältnis 3 : 1,5 : 0,5 auf die einzelnen Varianten aufteilen. Die Schätzung der ausbringungsmengen- und variantenzahlabhängigen Anteile der jeweiligen Planprozessmengen hat folgendes ergeben:

| Prozesse | ausbringungsmengenabh. Prozessmenge | variantenzahlabh. Prozessmenge |
|---|---|---|
| Angebote einholen | 20 % | 80 % |
| Bestellungen einholen | 0 % | 100 % |
| Reklamationen bearbeiten | 100 % | 0 % |
| Rechnungen prüfen | 70 % | 30 % |

c) Bestimmen Sie die ausbringungsmengenabhängigen, die variantenzahlabhängigen sowie die gesamten Stückkosten der 3 Varianten in der Abteilung Rohstoffeinkauf auf Basis des leistungsmengeninduzierten Prozesskostensatzes (lmi).

d) Die Unternehmensleitung entscheidet sich, künftig nicht mehr Variante C zu beschaffen, sondern diese Menge zusätzlich von Variante A zu beschaffen. Bestimmen Sie nun die ausbringungsmengenabhängigen, die variantenzahlabhängigen sowie die gesamten Stückkosten der 2 Varianten in der Abteilung Rohstoffeinkauf auf Basis des leistungsmengeninduzierten Prozesskostensatzes (lmi). Wie ist der Unterschied zu c) zu erklären?

e) Nennen Sie zwei Unterschiede zwischen der Kalkulation der Prozesskostenrechnung und der Kalkulation im Rahmen der Grenzplankostenrechnung.

## Aufgabe 2.2.7: Prozesskostenrechnung

Eine Tätigkeitsanalyse im Zentralbereich Materialwirtschaft hat ergeben, dass sich in der Abteilung Rohstoffeinkauf vier verschiedene leistungsmengeninduzierte (lmi) Prozesse sowie ein leistungsmengenneutraler (lmn) Prozess identifizieren lassen. Bei den leistungsmengeninduzierten Prozessen handelt es sich um die Prozesse ‚Angebote einholen', ‚Bestellungen aufgeben', ‚Reklamationen bearbeiten' sowie ‚Rechnungen prüfen'. Der leistungsmengenneutrale Prozess ist auf die Tätigkeit des Abteilungsleiters zurückzuführen.

Die entsprechenden Maßgrößen der Kostenverursachung, die Planprozessmengen sowie die Plankosten für die nächste Periode sind der folgenden Tabelle zu entnehmen:

| Prozesse | | Maßgrößen | Planprozessmenge | Plankosten |
|---|---|---|---|---|
| Angebote einholen | lmi | Anzahl der Angebote | 3.000 | 315.000,– |
| Bestellungen aufgeben | lmi | Anzahl der Bestellungen | 12.800 | 240.000,– |
| Reklamationen bearbeiten | lmi | Anzahl der Reklamationen | 50 | 40.000,– |
| Rechnungen prüfen | lmi | Anzahl der geprüften Rechnungen | 6.000 | 1.110.000,– |
| Abteilungsleitung | lmn | – | – | 350.000,– |

a) Führen Sie eine Prozesskostenstellenrechnung durch, indem Sie jeweils den leistungsmengeninduzierten Prozesskostensatz, den leistungsmengenneutralen Prozesskostensatz sowie den Gesamtprozesskostensatz für die vier leistungsmengeninduzierten Prozesse bestimmen.

b) Es werden die beiden Rohstoffvarianten A und B beschafft. Von diesen beiden Varianten wird insgesamt die Beschaffung von 50.000 Einheiten geplant, wobei sich diese Einheiten im Verhältnis 3:2 auf die Varianten A und B aufteilen. Die Schätzung der prozentualen Anteile der beschaffungsmengen- und variantenzahlabhängigen Prozessmengen an der gesamten Prozessmenge des jeweiligen Prozesses hat folgende Tabelle ergeben:

| Prozesse | Beschaffungsmengen-abhängige Prozessmenge | Variantenzahl-abhängige Prozessmenge |
|---|---|---|
| Angebote einholen | 20 % | 80 % |
| Bestellungen aufgeben | 0 % | 100 % |
| Reklamationen bearbeiten | 100 % | 0 % |
| Rechnungen prüfen | 70 % | 30 % |

Bestimmen Sie die beschaffungsmengenabhängigen, die variantenzahlabhängigen sowie die gesamten Stückkosten der zwei Varianten A und B in der Abteilung Rohstoffeinkauf auf Basis der leistungsmengeninduzierten Prozesskostensätze.

c) Die Unternehmensleitung erwägt, in Zukunft zusätzlich 10.000 Einheiten der Rohstoffvariante C und dafür 10.000 Einheiten der Rohstoffvariante A weniger als bisher zu beschaffen. Bestimmen Sie für diesen alternativen Beschaffungsplan jeweils die beschaffungsmengenabhängigen, die variantenzahlabhängigen sowie die gesamten Stückkosten der drei Varianten A, B und C in der Abteilung Rohstoffeinkauf auf Basis der leistungsmengeninduzierten Prozesskostensätze.

## Aufgabe 2.2.8: Deckungsbeitrags- und Prozesskostenrechnung

Ein Unternehmen plant die Herstellung von Flachbildschirmen in den drei Varianten A, B und C. Für die Planperiode wird für die Variante A mit einer Fertigungsmenge von 200 Stück, für die Variante B mit einer Fertigungsmenge von 400 Stück und für die Variante C mit einer Fertigungsmenge von 730 Stück gerechnet. Die weiteren Plandaten entnehmen Sie nachfolgender Tabelle.

| | Variante A | Variante B | Variante C |
|---|---|---|---|
| Verkaufspreis [€/Stück] | 1.500,– | 1.900,– | 1.790,– |
| Materialeinzelkosten [€/Stück] | 530,– | 700,– | 800,– |
| Sondereinzelkosten der Fertigung [€] | 50.000,– | 50.000,– | |
| Variable Materialgemeinkosten [€] | 735.420,– | | |
| Variable Fertigungsgemeinkosten [€] | 141.050,– | | |
| Fixe Verwaltungs- und Vertriebsgemeinkosten [€] | 213.500,– | | |
| Unternehmensfixkosten [€] | 10.000,– | | |

Zuschlagsbasis für die variablen Materialgemeinkosten und variablen Fertigungsgemeinkosten sind die jeweiligen Einzelkostenbeträge (ohne Berücksichtigung der Sondereinzelkosten). Es ist nicht mit Lagerbestandsveränderungen zu rechnen.

Hinsichtlich der variablen Gemeinkosten stehen Ihnen zusätzliche, detailliertere Informationen zur Verfügung. So ersehen Sie aus der nachfolgenden Tabelle, welche Kostenstellen durch die Herstellung der drei Varianten beansprucht werden.

| Kostenstelle | Prozesse | In Anspruch genommene Prozesse je Stück | | | Planprozessmenge | Gesamte Plan-Gemeinkosten der Planprozessmenge [€] |
|---|---|---|---|---|---|---|
| | | Variante A | Variante B | Variante C | | |
| Einkauf | Bestellungen | 2 | 1 | 4 | 3.720 | 126.480,– |
| Wareneingang | Eingangsbuchungen | 3 | 5 | 5 | 6.250 | 287.500,– |
| | Vollständigkeitsprüfungen | 1 | 2 | 4 | 3.920 | 321.440,– |
| Fertigung | Maschinenstunden | 11 | 6 | 7,5 | 10.075 | 141.050,– |

Die Fertigungseinzelkosten lassen sich unter Berücksichtigung der angegebenen Fertigungsdauer je Stück in Maschinenstunden ermitteln. Der Plankostensatz in der Fertigung beträgt 20,– € je Maschinenstunde.

Im Rahmen einer prozessorientierten Betrachtung geht die zentrale Vertriebs- und Verwaltungskostenstelle davon aus, dass die geplanten Gesamt-Fertigungsmengen der drei Varianten über die folgende Anzahl an Kundenaufträgen abgesetzt werden können.

| **Kostenstelle** | **Prozesse** | **Kundenaufträge** | | | **Gesamte Plan-Gemeinkosten der Planprozessmenge [€]** |
|---|---|---|---|---|---|
| | | **Variante A** | **Variante B** | **Variante C** | |
| Vertrieb/ Verwaltung | Auftragsbearbeitung | 100 | 120 | 85 | 213.500,– |

a) Führen Sie eine Deckungsbeitragsrechnung für die gesamte Planperiode durch und ermitteln Sie den Nettogewinn.

Die Unternehmensleitung erwartet sich von der Anwendung einer Prozesskostenrechnung aussagefähigere Informationen für die Programmpolitik. Dazu sollen die geplanten variablen Material- und Fertigungsgemeinkosten sowie die geplanten fixen Vertriebs- und Verwaltungsgemeinkosten auf die Varianten A, B und C auf der Basis eines prozessorientierten Ansatzes verrechnet werden.

b) Berechnen Sie die Gesamt-Plan-Prozesskostensätze für die einzelnen Prozesse. Führen Sie anschließend eine Deckungsbeitragsrechnung unter Verwendung der Prozesskostensätze durch.

c) Erklären Sie die Unterschiede in den Informationen, welche die beiden Deckungsbeitragsrechnungen aus Teilaufgabe a) und b) liefern. Wie beurteilen Sie die Unterschiede? Welche Empfehlung geben Sie der Unternehmensleitung?

d) Erläutern Sie an diesem Beispiel wichtige Vorteile und Probleme der Prozesskostenrechnung.

## Aufgabe 2.2.9: Prozesskostenrechnung

Eine Tätigkeitsanalyse in der Abteilung Rohstoffeinkauf hat für die nächste Periode folgende Erkenntnisse bezüglich der leistungsmengeninduzierten (lmi) Prozesse ergeben:

| Prozesse | Art | Maßgrößen | Planprozessmenge | Plankosten |
|---|---|---|---|---|
| Angebote einholen | lmi | Anzahl Angebote | 3.000 | 360.000,– |
| Bestellungen aufgeben | lmi | Anzahl Bestellungen | 14.000 | 252.000,– |
| Rechnungen prüfen | lmi | Anzahl geprüfte Rechnungen | 6.000 | 1.080.000,– |

a) Bestimmen Sie die leistungsmengeninduzierten Prozesskostensätze für die drei Prozesse.

b) Durch die leistungsmengeninduzierten Prozesse werden ausschließlich die beiden Rohstoffvarianten A und B beschafft. Geplant wird die Beschaffung von 40.000 Einheiten von Variante A sowie von 20.000 Einheiten von Variante B. Es gelten folgende prozentualen Anteile der beschaffungsmengen- und variantenzahlabhängigen Prozessmengen an der gesamten Prozessmenge des jeweiligen Prozesses:

| Prozesse | Beschaffungsmengenabhängige Prozessmenge | Variantenzahlabhängige Prozessmenge |
|---|---|---|
| Angebote einholen | 30 % | 70 % |
| Bestellungen aufgeben | 0 % | 100 % |
| Rechnungen prüfen | 60 % | 40 % |

Bestimmen Sie die beschaffungsmengenabhängigen, die variantenzahlabhängigen sowie die gesamten Stückkosten der zwei Varianten A und B in der Abteilung Rohstoffeinkauf auf Basis der leistungsmengeninduzierten Prozesskostensätze.

c) Die Unternehmensleitung erwägt, in Zukunft zusätzlich 10.000 Einheiten der Rohstoffvariante C und dafür 10.000 Einheiten der Rohstoffvariante A weniger als bisher zu beschaffen. Bestimmen Sie für diesen alternativen Beschaffungsplan jeweils die beschaffungsmengenabhängigen, die variantenzahlabhängigen sowie die gesamten Stückkosten der drei Varianten A, B und C in der Abteilung Rohstoffeinkauf auf Basis der in a) ermittelten leistungsmengeninduzierten Prozesskostensätze.

## Aufgabe 2.2.10: Prozesskostenrechnung

Sie wurden als Leiter des Controllings bei der „ExtraClean GmbH" eingestellt. Dieses Unternehmen produziert Reinigungsgeräte und vertreibt diese an Reinigungsdienstleister, Baumärkte und Privatpersonen. Aktuell werden die folgenden drei Typen von Reinigungsgeräten hergestellt:

- Bodenreiniger „BR2.0"
- Außenreiniger „AR210"
- Dampfstrahler „Hochdruck"

In den letzten Jahren haben sich zwei Kunden gegenüber Ihrem Unternehmen besonders treu gezeigt und eine größere Anzahl an Reinigungsgeräten bestellt. Einer dieser Kunden, das Unternehmen „Sauber und Gut GmbH", ist ein größerer Dienstleister für Reinigungsarbeiten. Der andere Kunde, die „Baumarkt Clever GmbH", besitzt mehrere Baumärkte und verleiht die Reinigungsgeräte an Privatpersonen.

Der Geschäftsführer beauftragt Sie, eine Kundenerfolgsrechnung für diese beiden umsatzstärksten Kunden durchzuführen. Dafür liegen für das aktuelle Jahr folgende Ist-Daten vor:

| Reinigungsgerät | Verkaufspreis [€/Stück] | Variable Produktherstellkosten [€/Stück] |
|---|---|---|
| Bodenreiniger „BR2.0" | 600,00 | 320,00 |
| Außenreiniger „AR210" | 980,00 | 650,00 |
| Dampfstrahler „Hochdruck" | 250,00 | 140,00 |

Es konnten in Ihrem Unternehmen die folgenden Prozesse identifiziert werden:

| Teilprozess | Art | Kostentreiber | Prozesskosten [€] | Prozessmenge |
|---|---|---|---|---|
| Bestellung | lmi | Anzahl Bestellungen | 40.000,00 | 2500 |
| Auslieferung an Kunden | lmi | Anzahl Lieferungen | 60.000,00 | 2400 |
| Einweisung in die Produkte | lmi | Anzahl Kundenbesuche | 22.000,00 | 200 |
| Anpassung nach Auslieferung | lmi | Anzahl Technikerstunden | 90.000,00 | 900 |

Darüber hinaus liegen Ihnen aus der Vertriebsabteilung folgende Informationen bezüglich der beiden Kunden vor:

| | Kunde: Sauber und Gut GmbH | Kunde: Baumarkt Clever GmbH |
|---|---|---|
| Gekaufte Bodenreiniger „BR2.0" | 30 | 15 |
| Gekaufte Außenreiniger „AR210" | 15 | 35 |
| Gekaufte Dampfstrahler „Hochdruck" | 12 | 15 |
| Anzahl Bestellungen | 40 | 65 |
| Anzahl Lieferungen | 35 | 62 |
| Anzahl Kundenbesuche | 12 | 10 |
| Anzahl Technikerstunden | 20 | 32 |

a) Ermitteln Sie die Prozesskostensätze für die einzelnen Teilprozesse.

b) Führen Sie auf Basis der zuvor ermittelten Prozesskostensätze eine Kundenerfolgsrechnung in Form einer Deckungsbeitragsrechnung für beide Kunden durch und interpretieren Sie Ihr Ergebnis. Welcher Kunde trägt mehr zum Unternehmenserfolg der „ExtraClean GmbH" bei?

# 3 Planungsorientierte Systeme der Kostenrechnung auf Teilkostenbasis

## 3.1 Teilkostenrechnung auf der Basis variabler Kosten

### 3.1.1 Programmplanung

#### Aufgabe 3.1.1.1: Kurzfristige Erfolgsrechnung und Programmplanung

Auf einer Maschine werden 5 verschiedene Produkte hergestellt. Für die abgelaufene Periode liegen folgende Daten vor:

| Produkt | A | B | C | D | E |
|---|---|---|---|---|---|
| Absatzmenge [Stück] | 5.000 | 6.000 | 3.000 | 8.000 | 2.000 |
| Selbstkosten [€/Stück] | 8,– | 12,– | 12,– | 6,– | 20,– |
| Variable Stückkosten [€/Stück] | 6,– | 10,– | 9,– | 5,– | 13,– |
| Verkaufspreis [€/Stück] | 10,– | 9,– | 15,– | 7,– | 18,– |
| Maschinenbelegungs-zeit [h/Stück] | 0,02 | 0,018 | 0,06 | 0,004 | 0,0125 |

a) Ermitteln Sie den Betriebserfolg der Periode nach dem Umsatzkostenverfahren auf Vollkostenbasis.

b) Welche zusätzlichen Informationen müssten für eine kurzfristige Erfolgsrechnung nach dem Gesamtkostenverfahren bereitgestellt werden?

c) Ermitteln Sie das gewinnmaximale Produktionsprogramm und den zugehörigen Gewinn, wenn obige Daten als Prognosewerte für die nächste Periode gelten, die Absatzmengen Absatzhöchstmengen darstellen und kein Fertigungsengpass auftritt.

d) Ermitteln Sie das gewinnmaximale Produktionsprogramm und den zugehörigen Erfolg, wenn die Maschine eine Gesamtkapazität von 155 Stunden/Periode aufweist und die oben angegebenen Maschinenbelegungszeiten [h/Stück] für die einzelnen Produkte gelten.

e) Welche Maßnahmen schlagen Sie aufgrund der unter d) ermittelten Ergebnisse vor?

## Aufgabe 3.1.1.2: Programmplanung und Preisuntergrenze

Der Spartenleiter der Sparte „Mechanische Kleinteile", zu der die Produkte A, B, C und D gehören, ersucht Sie, für die kommende Planungsperiode das gewinnmaximale Produktionsprogramm zu erstellen.

Die Vertriebsabteilung geht von einem maximalen Absatz von 1.000 Stück je Produkt in der nächsten Periode aus. Hierbei erwarten Sie die folgenden Nettoerlöse [€/Stück]: für Produkt A € 90,–, Produkt C € 56,–, Produkt B € 42,– und Produkt D € 22,–. Die Kalkulationsabteilung ermittelt die Einzelkosten pro Stück: für Produkt A € 70,–, für Produkt B € 32,–, für Produkt C € 40,– und für D € 12,–. Innerhalb der Planungsperiode fallen für den Betrieb insgesamt fixe Kosten von € 40.000,– an.

Sämtliche Produkte durchlaufen drei Fertigungsstufen. Die Fertigungsstufe I (Dreherei) weist eine Periodenkapazität von 20.000 Stunden auf, die Fertigungsstufe II (Fräserei) eine Periodenkapazität von 21.000 Stunden und die Fertigungsstufe III (Montage) eine Periodenkapazität von 15.000 Stunden. Die Herstellung eines Stückes von Produktart A beansprucht Fertigungsstelle I mit 7 Stunden, Fertigungsstelle II mit 6 Stunden und Fertigungsstelle III mit 8 Stunden. Die Erzeugung eines Stückes der Produktart B belastet Stelle I mit 3 Stunden, Stelle II mit 3 Stunden, Stelle III mit 2 Stunden und die Produktion eines Stückes der Erzeugnisart C benötigt in Stelle I 5 Stunden, in Stelle II 6 Stunden sowie in Stelle III 4 Stunden. Bei der Herstellung eines Stückes von Produktart D werden Stelle I mit 4 Stunden, Stelle II mit 2 Stunden und Stelle III mit 5 Stunden in Anspruch genommen.

a) Veranschaulichen Sie die im Text angegebenen Daten in einer Tabelle.

b) Bestimmen Sie die absoluten Preisuntergrenzen.

c) Bestimmen Sie das gewinnmaximale Produktionsprogramm.

d) Errechnen Sie den Periodenerfolg, der bei Realisierung dieses optimalen Produktionsprogramms erzielt wird.

In der Dreherei und Fräserei fallen durch Umbauarbeiten mehrere Drehbänke und Fräsmaschinen aus. Dadurch sinken die Kapazitäten der Fertigungsstufe I um 5.000 Stunden und die Kapazität der Fertigungsstufe II um 6.000 Stunden.

e) Erstellen Sie ein lineares Planungsmodell, mit dem das optimale Produktionsprogramm ermittelt werden kann.

## Aufgabe 3.1.1.3: Programmplanung

Ihr Chef beauftragt Sie als Controller des Unternehmens, das gewinnmaximale Produktionsprogramm für die kommende Periode zu bestimmen, da in der vergangenen Periode ein Verlust erwirtschaftet wurde. Bisher werden vier Produkte am Markt angeboten, für die folgende Daten vorliegen:

| Produkt | maximale Nachfrage [Stück] | Gesamtkosten bei max. Absatz [€] | Fixkosten je Produktart [€] | Verkaufspreis [€/Stück] |
|---|---|---|---|---|
| A | 200 | 18.000,– | 1.800,– | 80,– |
| B | 400 | 25.000,– | 5.000,– | 70,– |
| C | 500 | 30.000,– | 7.500,– | 50,– |
| D | 100 | 10.000,– | 2.000,– | 120,– |

Hinweis: Die Fixkosten der Produkte sind abbaufähig, d. h., sie fallen bei Nichtproduktion des jeweiligen Produktes weg, weil Maschinen verkauft werden können.

Alle Erzeugnisse müssen bis zu ihrer Absatzreife in zwei Fertigungsabteilungen bearbeitet werden, in denen sie jeweils unterschiedliche Bearbeitungszeiten benötigen:

| Produkt | Bearbeitungszeiten [h/Stück] | |
|---|---|---|
| | Fertigungsabteilung I | Fertigungsabteilung II |
| A | 0,50 | 0,25 |
| B | 10,00 | 5,00 |
| C | 4,00 | 2,00 |
| D | 5,00 | 2,50 |
| Maximale Kapazität [h] | 4.750 | 2.400 |

a) Welches System der Kostenrechnung wenden Sie an? Begründen Sie Ihre Entscheidung.

b) Bestimmen Sie das gewinnmaximale Produktionsprogramm unter Beachtung der Kapazitätsbegrenzungen. Wie groß ist der geplante Gewinn?

## Aufgabe 3.1.1.4: Programmplanung

Sie wollen das gewinnmaximale Produktionsprogramm bestimmen. Ihre Unternehmung produziert zurzeit fünf verschiedene Produkte im „Baukastensystem". Aus der Kostenrechnung, der Produktion und der Verkaufsabteilung liegen folgende Informationen vor:

| Produkt | Variable HK [€/Stück] | variable Vw- u. VtK [€/Stück] | Fixkosten pro Produktgruppe [€] | Produktionszeiten auf Maschine [min/Stück] | | | Absatzprognosen der Verkaufsabteilung | |
|---|---|---|---|---|---|---|---|---|
| | | | | X | Y | Z | Preis [€/Stück] | Menge [Stück] |
| A | 150,– | 30,– | 80.000,– | – | 30 | – | 200,– | 3.000 |
| B | 200,– | 40,– | 60.000,– | 30 | 10 | – | 200,– | 1.000 |
| C | 140,– | 40,– | 130.000,– | – | – | 30 | 300,– | 4.000 |
| D | 300,– | 50,– | 70.000,– | 12 | 10 | 10 | 500,– | 3.000 |
| E | 80,– | 50,– | 63.280,– | – | – | 15 | 200,– | 2.000 |
| | | max. Kapazität [h] | | 700 | 1.000 | 1.500 | | |

Gehen Sie davon aus, dass jedes Produkt mindestens zu 1.000 Stück verfügbar sein muss, da anderenfalls beträchtliche Umsatzeinbußen bei den anderen Produkten zu erwarten sind.

a) Welches ist das gewinnmaximale Produktionsprogramm unter den Restriktionen der Produktion und des Verkaufs?

b) Bestimmen Sie den erzielten Gewinn.

## Aufgabe 3.1.1.5: Programmplanung

Eine Industrieunternehmung setzt in ihrer Produktion zwei Maschinen ein, für die folgende Kapazitäts- und Kostendaten gelten:

| | Periodenfixkosten [€] | Periodenkapazität [h] |
|---|---|---|
| Maschine I | 50.000,– | 1.000 |
| Maschine II | 80.000,– | 800 |

Auf diesen Maschinen können vier Produkte A, B, C und D in beliebig teilbaren Mengeneinheiten (ME) hergestellt werden. Die Fertigung erfolgt zweistufig, d. h., alle Produkte beanspruchen jeweils beide Maschinen.

Folgende produktbezogene Daten stehen zur Verfügung:

| Produkt | maximale Absatzmenge [ME] | Preis [€/ME] | variable Kosten [€/ME] | Kapazitätsbeanspruchung [h/ME] auf Maschine 1 | Maschine 2 |
|---|---|---|---|---|---|
| A | 200 | 200,– | 100,– | 2,0 | 1,0 |
| B | 200 | 400,– | 160,– | 3,0 | 0,5 |
| C | 500 | 330,– | 240,– | 0,7 | 0,2 |
| D | 300 | 500,– | 470,– | 0,3 | 0,8 |

a) Prüfen Sie, ob eine oder beide Maschinen einen Produktionsengpass bilden.

b) Ermitteln Sie das gewinnmaximale Produktionsprogramm. Wie hoch ist der Gewinn, der sich aus diesem Programm ergibt?

## Aufgabe 3.1.1.6: Programmplanung

Die Firma Harmès fertigt drei Arten exklusiver Ledertaschen: Handtaschen für Damen ($x_D$), Aktentaschen ($x_A$) sowie Sporttaschen ($x_S$). Folgende Daten sind Ihnen bekannt:

| | Stückerlös | Variable Stückkosten | Absatzhöchstmenge |
|---|---|---|---|
| | [€/Stück] | [€/Stück] | [Stück/Monat] |
| $x_D$ | 450 | 250 | 60 |
| $x_A$ | 290 | 130 | 140 |
| $x_S$ | 230 | 90 | 300 |

Alle Taschen werden auf speziellen Nähmaschinen produziert. Die monatliche Maschinenkapazität beträgt 750 Stunden. Außerdem kann die Firma maximal 1.200 m² Leder pro Monat beziehen. Die relevanten produktionstechnischen Daten können Sie der folgenden Tabelle entnehmen:

| | Fertigungszeit auf Nähmaschine | Verbrauch an Leder |
|---|---|---|
| | [Std./Stück] | [m²/Stück] |
| $x_D$ | 4 | 1 |
| $x_A$ | 2 | 1,5 |
| $x_S$ | 2 | 2,5 |

Die monatlichen Fixkosten betragen 25.000 €. Als Zielsetzung verfolgt Harmès Gewinnmaximierung.

a) Ermitteln Sie das optimale Produktionsprogramm. Wie hoch ist dabei der monatliche Gewinn?

b) Die Firma Harmès hat die Möglichkeit, die monatliche Kapazität der Nähmaschinen auf 1.500 Stunden zu verdoppeln. Aufgrund von Abschreibungen und gestiegenen Betriebskosten erhöhen sich jedoch die monatlichen Fixkosten auf 47.000 €. Bestimmen Sie, ob Harmès diese Investition tätigen sollte.

## Aufgabe 3.1.1.7: Programmplanung und langfristige Preisuntergrenze

Die Cool & In GmbH besteht aus zwei Sparten, die als Profit Center geführt sind. Sparte 1 produziert Turnschuhe in den Ausführungen A(llround), B(iegsam), C(lever) und D(ufte). Sparte 2 stellt unter anderem größenverstellbare Rollschuhe, die über die Turnschuhe angezogen werden können, her. Für Sparte 1 liegen folgende Daten vor:

| Produkt | max. Absatzmenge [Stück] | Gesamtkosten bei max. Absatzmenge [€] | Variable Kosten [€/Stück] | Verkaufspreis [€/Stück] |
|---|---|---|---|---|
| A | 200 | 20.000,– | 90,– | 80,– |
| B | 400 | 30.000,– | 75,– | 95,– |
| C | 500 | 40.000,– | 75,– | 90,– |
| D | 100 | 10.000,– | 95,– | 105,– |

Alle Erzeugnisse müssen in zwei Fertigungsabteilungen bearbeitet werden, in denen sie jeweils die nachfolgend abgebildeten Bearbeitungszeiten in Stunden (h) je Paar benötigen:

| Produkt | Fertigungsstelle 1 | Fertigungsstelle 2 |
|---|---|---|
| A | 0,50 | 25,00 |
| B | 5,00 | 20,00 |
| C | 1,00 | 0,50 |
| D | 10,00 | 5,00 |
| max. Kapazität [h] | 3.600,00 | 8.250,00 |

a) Planen Sie nach obenstehenden Angaben das gewinnmaximale Produktionsprogramm der nächsten Periode für Sparte 1 auf Grundlage der im Betrieb verwendeten Teilkostenrechnung und bestimmen Sie den Nettogewinn des optimalen Produktionsprogramms für Sparte 1.

b) Es wird bekannt, dass von Produkt B nunmehr maximal 350 Stück abgesetzt werden können. Gleichzeitig bietet ein Großabnehmer der Unternehmung kurzfristig einen Auftrag über (weitere) 500 Einheiten von Produkt C an. Er ist jedoch nur bereit, für die zusätzlichen 500 Stück € 78,– je Stück zu bezahlen. Die Spartenleitung steht vor der Entscheidung, ob der Zusatzauftrag in der jetzigen Situation angenommen werden soll. Wie ändern sich das gewinnmaximale Produktionsprogramm sowie das Periodenergebnis der Sparte 1 bei Annahme des Zusatzauftrages?

c) Die Sparte 2 stellt seit kurzem einen starken Preisverfall im Absatzsegment der Rollschuhe fest. Die Spartenleitung steht nun vor der Entscheidung, die Produktion der Rollschuhe für 4 Monate stillzulegen und die Preisentwicklung abzuwarten. Bislang konnte sie 3.600 Paar ($x_a$) der Rollschuhe pro Jahr zu einem Preis von 120,– € (e) je Paar verkaufen. Die variablen Kosten ($k_{var}$) betragen 100,– € je Paar. Bei laufender Fertigung fallen für Wartungs- und Justierungsarbeiten monatlich fixe Kosten in Höhe von 30.000,– € ($K_{fix}$) an. Bei einer Stilllegung rechnet die Spartenführung mit einmaligen Wiederanlaufkosten in Höhe von 90.000,– € (WAK) und mit stillstandsdauerabhängigen Wiederanlaufkosten (wak) in Höhe von 15.000,– € je Stillstandsmonat (Anzahl der Stillstandsmonate = m). Bei welcher langfristigen Preisuntergrenze sollte eine Stilllegung des Produktionsbetriebes für 4 Monate durchgeführt werden? (Lösungshinweis: Es bietet sich an, mit den angegebenen Symbolen zuerst eine Entscheidungsregel für die kritische Preisuntergrenze zu formulieren.)

d) Kundenbefragungen zufolge ist derzeit ein Preis (p) von € 70,– je Paar erzielbar. Wie lange dürfte dieser Preistiefstand maximal andauern (in Monaten), bevor eine Stilllegung für diesen Zeitraum sinnvoll wird?

## Aufgabe 3.1.1.8: Eigenfertigung/Fremdbezug

In einer Unternehmung wird neben anderen Produkten eine Salathäckselmaschine (Produkt S) produziert. Die Maschine soll in verbesserter Form angeboten werden. Dazu ist ein zusätzliches Teil nötig, das in der Dreherei hergestellt oder zugekauft werden könnte. Die Dreherei war bisher mit der Bearbeitung folgender anderer Produkte ausgelastet:

| **Produkt** | **A** | **B** | **C** | **D** |
|---|---|---|---|---|
| Maximale Menge [Stück] | 500 | 400 | 600 | 350 |
| Verkaufspreis [€/Stück] | 18,– | 25,– | 15,– | 20,– |
| Gesamte Kosten [€] | 30.000,– | | | |
| Gesamte variable Kosten [€] | 2.800,– | 5.200,– | 2.100,– | 2.450,– |
| Fertigungszeit [min/Stück] | 8 | 15 | 5 | 10 |
| Kapazität der Dreherei [min] | 16.500 | | | |

| **Daten des zusätzlichen Teils S** | |
|---|---|
| Bedarf [Stück] | 700 |
| Kaufpreis [€/Stück] | 23,– |
| Gesamte variable Kosten [€] | 6.300,– |
| Fertigungszeit [min/Stück] | 10 |

a) Soll das zusätzliche Teil eigengefertigt oder zugekauft werden? Wie würde bei Eigenfertigung das optimale Produktionsprogramm aussehen? Wie viel wird bei diesem Programm gegenüber dem ursprünglichen Programm mit Zukauf des Zusatzteiles eingespart?

b) Berechnen Sie, wie viel das Zusatzteil im Zukauf maximal kosten dürfte, damit sich eine Fertigung nicht lohnt.

## Aufgabe 3.1.1.9: Programmplanung und Abweichungsanalyse

Eine Unternehmung der produzierenden Möbelindustrie möchte für ihre Sparte „Stühle" das gewinnmaximale Produktionsprogramm für die kommende Planperiode bestimmen. Bisher sind die drei Stuhlvarianten „Antik", „Robust" und „Komfort" angeboten worden, für welche die folgenden Daten vorliegen:

| Stuhlvariante | maximale Absatzmenge [Stück/Periode] | Gesamtkosten je Produktart bei maximaler Absatzmenge [€/Periode] | variable Kosten [€/Stück] | Verkaufspreis [€/Stück] |
|---|---|---|---|---|
| Antik | 200 | 12.500,– | 54,– | 60,– |
| Robust | 200 | 7.000,– | 32,– | 36,– |
| Komfort | 300 | 22.200,– | 65,– | 85,– |

Alle Stuhlvarianten müssen bis zu ihrer Absatzreife in zwei Fertigungsabteilungen bearbeitet werden, in denen sie folgende Bearbeitungszeiten benötigen:

| Stuhlvariante | Bearbeitungszeiten [Stunden/Stück] | |
|---|---|---|
| | Fertigungsabteilung I | Fertigungsabteilung II |
| Antik | 2 | 3 |
| Robust | 1 | 0,5 |
| Komfort | 4 | 4 |
| maximale Kapazität [Stunden/Periode] | 2.000 | 2.000 |

Aufgrund von vertraglichen Lieferverpflichtungen müssen von der Variante „Antik" mindestens 90 Stück in der Planperiode hergestellt werden.

a) Wie setzt sich das gewinnmaximale Produktionsprogramm für die kommende Planperiode zusammen? Welcher Nettogewinn ergibt sich maximal? Kennzeichnen Sie das von Ihnen angewandte Lösungsverfahren.

b) Welches Problem ergibt sich, wenn sich die Periodenkapazität von Fertigungsabteilung II durch den Ausfall einer Maschine auf 1.450 Stunden reduziert? Mit welchem Verfahren könnte man dann das gewinnmaximale Produktionsprogramm bestimmen?

c) Die Unternehmung fertigt neben Stühlen auch Esstische, welche in Fertigungsabteilung III hergestellt werden. Für Fertigungsabteilung III liegen folgende Planwerte vor:

- Geplante Ausbringungsmenge (=Planbeschäftigung): 160 [Stück/Periode]
- Standardfertigungszeit je Stück: 7 [Stunden/Stück]
- Gesamte Plangemeinkosten bei Planbeschäftigung: 128.000,– [€/Periode]
- Variable Gemeinkosten je Fertigungsstunde (zu Planpreisen): 98,– [€/Stunde]

Bei einer tatsächlichen Ausbringung von lediglich 140 Stück der Esstische in der Periode und einer Istfertigungszeit von insgesamt 980 Stunden fallen Istkosten (zu Planpreisen) in Höhe von € 131.500,– an. Führen Sie eine Abweichungsanalyse durch, indem Sie die relevanten Abweichungsarten berechnen. Veranschaulichen Sie Ihre Ergebnisse in einer geeigneten Grafik.

d) Interpretieren Sie die in Teilaufgabe a) berechneten Abweichungsarten. Diskutieren Sie, welche der ermittelten Abweichungen der Leiter von Fertigungsabteilung III zu verantworten hat.

## Aufgabe 3.1.1.10: Programmplanung und Preispolitik

Die Laxoma AG stellt 4 standardisierte Industrieroboter her (Produkte A-D). Aufgrund einer Sanierung der eigenen Produktionsanlagen befindet sich Laxoma in einem Produktionsengpass. Es stehen nur noch 3.000 Fertigungsstunden für die Produktion im I. Quartal 2006 zur Verfügung. Alle bestehenden Lagerbestände wurden bereits veräußert. Laxoma plant derzeit das Produktionsprogramm für I/2006. Da es sich um einen kurzfristigen Lieferengpass handelt, möchte Laxoma seine etablierten Marktpreise nicht anpassen. Die entsprechenden Daten fasst die nachfolgende Tabelle zusammen:

| | A | B | C | D |
|---|---|---|---|---|
| Deckungsbeitrag [€/Stück] | 3.000 | 8.000 | 5.000 | 4.000 |
| Auftragslage [Stück] | 20 | 10 | 5 | 10 |
| Fertigungszeit je Stück [h/Stück] | 50 | 200 | 100 | 50 |

a) Bestimmen Sie das optimale Produktionsprogramm für I/2006.

b) Für die Ausstattung einer neuen Produktionslinie benötigt überraschend ein Automobilkonzern eine noch unbekannte Anzahl an Robotern (Produkt E). Auf Basis der übermittelten Anforderungen schätzen die Ingenieure, dass je Roboter Einzelkosten in Höhe von € 20.000 anfallen und die Herstellung 100 Fertigungsstunden je Stück in Anspruch nimmt. Bestimmen Sie die auftragsmengenabhängigen Preisuntergrenzen je Stück für den zusätzlichen Auftrag.

c) In den Verhandlungen erklärt der Automobilkonzern, dass er 20 Roboter des in b) genannten Typs benötigt. Als Preis werden € 24.900 je Stück geboten. Sollte Laxoma annehmen? Um welchen Betrag ändert sich der geplante Periodenerfolg in I/2006, wenn Laxoma den Auftrag annimmt?

d) Laxoma lehnt den Auftrag wegen persönlicher Differenzen ab. Der Vorstand der Laxoma AG erwägt nun allerdings eine Preisänderung für Produkt D. Die Marketing-Abteilung schätzt die Wirkungen von Preisänderungen bei Produkt D und berichtet über zwei Alternativen:

   A1: Preiserhöhung um € 2.000; neue Nachfrage insgesamt 6 Stück
   A2: Preissenkung um € 1.250; neue Nachfrage insgesamt 30 Stück

   Wie wirken sich die Alternativen auf den Periodengewinn aus? Was raten Sie Laxoma: A1, A2 oder keine Preisänderung? Begründen Sie Ihre Antworten sorgfältig auf Basis von Rechnungen.

## Aufgabe 3.1.1.11: Variatorrechnung und kurzfristige Erfolgsrechnung

Der Hersteller von Fußball-Schuhen O-Bein plant zu Beginn des Jahres 2006 die Herstellung des WM-Sondermodells Torgarantie. Für die Herstellung werden die drei Inputfaktoren Arbeit, Maschinenleistung und Rohstoffe benötigt. Für den Inputfaktor Arbeit fallen € 2.500 für Gehälter und € 0,20 Lohn je Fertigungsminute an.

Für den Inputfaktor Maschinenleistung wird eine Periodenabschreibung in Höhe von € 5.000 veranschlagt. Zudem fallen regelmäßige Instandhaltungsaufwendungen von 3.000 € pro Periode an. Die Kosten je Fertigungsminute belaufen sich auf € 0,10.

Der Bedarf für den Inputfaktor Rohstoffe wird von O-Bein mit 0,05 kg je Fertigungsminute geplant. Der Beschaffungspreis je Kilogramm Rohstoff beträgt $ 2. Der Wechselkurs liegt konstant bei 1,2 €/$.

a) Ermitteln Sie für jeden Inputfaktor eine beschäftigungsabhängige Kostenfunktion. Bestimmen Sie zudem für diese Kostenfunktionen jeweils den Variator. Gehen Sie hierzu von einer Planbeschäftigung von 72.000 Fertigungsminuten aus.

b) Geben Sie eine beschäftigungsabhängige Gesamtkostenfunktion an. Ermitteln Sie den Variator für eine Planbeschäftigung von 72.000 Fertigungsminuten. Erstellen Sie auf Basis der Gesamtkostenfunktion einen Stufenplan für 80 %, 90 %, 110 % und 125 % der Planbeschäftigung.

c) Der ambitionierte Kollege Schlaumeier nutzt die gleiche beschäftigungsabhängige Gesamtkostenfunktion. Jedoch ist er der Meinung, dass bei einer 90 %-igen Istbeschäftigung die Kosten im Vergleich zur Planbeschäftigung um 8 % sinken. Ist es möglich, dass die Aussage von Schlaumeier richtig ist? Begründen Sie Ihre Antwort.

d) Weiterhin hat O-Bein das Modell Chancentod im Sortiment. Für diesen Schuh liegen Ihnen folgende Informationen für das Geschäftsjahr 2005 vor:

| Stück-erlöse [€/Stück] | Fertigungs-material [€/Stück] | Fertigungs-löhne [€/Stück] | Maschinen-kosten [€/Stück] | Vertriebsge-meinkosten [€] | Fertigungs-menge [Stück] |
|---|---|---|---|---|---|
| 80,– | 25,– | 6,– | 12,– | 324.000 | 50.000 |

Bezüglich der zu verrechnenden Gemeinkosten teilt Ihnen O-Bein mit, dass folgende Zuschlagssätze auf Basis der jeweiligen variablen Stelleneinzelkosten heranzuziehen sind:

| Gemeinkosten | Fertigungsmaterial | Fertigungslöhne | Maschinenkosten |
|---|---|---|---|
| Zuschlagssatz | 20 % | 25 % | 30 % |

Wider Erwarten kann O-Bein nur ein Viertel der Fertigungsmenge des Modells Chancentod absetzen. Berechnen Sie die Stück-Selbstkosten. Verwenden Sie für die Schlüsselung der Vertriebsgemeinkosten die Herstellkosten der abgesetzten Menge als Zuschlagsbasis.

e) Führen Sie für das Modell Chancentod die kurzfristige Erfolgsrechnung nach dem Umsatzkostenverfahren und nach dem Gesamtkostenverfahren durch.

## Aufgabe 3.1.1.12: Produktionsprogrammplanung

Sie arbeiten als Mitarbeiter/in der Controllingabteilung des Koffer- und Reisetaschenherstellers „Weltreise". Sie erhalten folgende produktspezifischen Informationen für den Monat Mai 2006:

| Produkt | Max. Absatz-menge | Preis pro Stück [€] | Variable Kosten [€/Stück] |
|---|---|---|---|
| Koffer „Travel" | 1.000 | 160,– | 100,– |
| Koffer „Fly" | 2.000 | 90,– | 60,– |
| Tasche „Groß" | 800 | 250,– | 160,– |
| Tasche „Klein" | 3.100 | 50,– | 30,– |
| Tasche „Spezial" | 2.000 | 100,– | 120,– |

Außerdem fallen für den Bereich „Koffer", zu dem die Produkte "Travel" und „Fly" gehören, insgesamt € 50.000 Fixkosten an. Im Bereich „Reisetasche", zu dem die Produkte „Groß", „Klein" und „Spezial" gehören, entstehen insgesamt € 100.000 Fixkosten.

a) Ihr Chef fordert Sie auf, das Programm aus Kostensicht zu beurteilen und ggf. Programmänderungen vorzuschlagen. Berechnen Sie den höchstmöglichen Gewinn.

b) Der Leiter der Fertigung informiert Sie, dass die Reisetasche „Spezial" im Mai 2006 auf Grund technischer Probleme nicht produziert werden kann. Zusätzlich erhalten Sie folgende Informationen der Produktionsabteilung bezüglich der Maschinenkapazitäten und der benötigten Fertigungszeiten:

| Maschine | Tage pro Monat | Std. pro Tag |
|---|---|---|
| Maschine A | 31 | 24 |
| Maschine B | 20 | 10 |
| Maschine C | 20 | 8 |

| | Maschine A (Fertigungs-minuten) | Maschine B (Fertigungs-minuten) | Maschine C (Fertigungs-minuten) |
|---|---|---|---|
| Koffer "Travel" | 5 | 2 | 1 |
| Koffer „Fly" | 11 | 4 | 3 |
| Tasche „Groß" | 2 | 2 | 1,5 |
| Tasche „Klein" | 2 | 1 | 0,4 |

Ihr Kollege ist der Ansicht, dass der in Teilaufgabe a) berechnete Gewinn nicht erreicht werden kann. Begründen Sie an Hand der Daten zur Produktion und zum Absatzprogramm, ob Sie seine Meinung teilen.

c) Der Leiter der Fertigung möchte wissen, welche Produkte er in welchen Mengen produzieren soll. Ermitteln Sie unter Berücksichtigung der gegebenen Kapazitäten das gewinnmaximale Produktionsprogramm.

d) Der Fertigungsleiter möchte die Laufzeit der Maschine B pro Tag um 3 Stunden verlängern. Dadurch entstehen zusätzliche Fixkosten für den Bereich „Reisetasche". Er möchte von Ihnen als Mitarbeiter/in der Controllingabteilung wissen, wie hoch die zusätzlichen Fixkosten im Bereich „Reisetasche" maximal ausfallen dürfen, damit sich die Verlängerung aus kostenorientierter Sicht noch lohnt.

## Aufgabe 3.1.1.13: Produktionsprogrammplanung

Eine Unternehmung stellt vier Produktarten A, B, C und D her. Für die kommende Periode sind folgende Stückerlöse, Produktions- und Absatzmengen sowie Fertigungszeiten je Stück und variable Stückkosten geplant:

| Produkt-art | Stück-erlös (€/Stück) | Absatz-menge (Stück) | Ferti-gungs-menge (Stück) | Ferti-gungs-material (€/Stück) | Fertigungs-zeiten (Min/Stück) | SEK/Fert. (€/Stück) |
|---|---|---|---|---|---|---|
| A | 50,– | 100 | 80 | 10,– | 20 | 2,– |
| B | 40,– | 200 | 220 | 12,– | 10 | 4,– |
| C | 30,– | 150 | 200 | 8,– | 8 | 5,– |
| D | 50,– | 400 | 300 | 20,– | 12 | 0,– |

Der Lohnsatz beträgt 120,– € pro Stunde.

Ferner fallen fixe Fertigungsgemeinkosten in Höhe von € 1.800,– und fixe Verwaltungs- und Vertriebsgemeinkosten von € 425,– an. Fixe Kosten der Fertigung werden nach den Fertigungszeiten, fixe Verwaltungs- und Vertriebsgemeinkosten nach den Verkaufsmengen verteilt.

a) Wie hoch sind bei dieser Planung der Stückdeckungsbeitrag und der (volle) Stückgewinn für jedes der vier Produkte?

b) Empfehlen Sie die Umsetzung dieses Plans? Begründen Sie Ihre Empfehlung.

c) Welches Produktionsprogramm empfehlen Sie, wenn die verfügbare Kapazität 100 Stunden beträgt, die angegebenen Absatzmengen Absatzobergrenzen darstellen und von Produkt D 100 Stück im Lager sind?

d) Nennen Sie ein Argument, das für eine Berechnung des Periodenerfolgs auf Teilkostenbasis sprechen kann.

## Aufgabe 3.1.1.14: Produktionsprogrammplanung und Stückerfolg

Eine Unternehmung kann in der kommenden Periode folgende fünf Produktarten herstellen und absetzen, deren wichtigste Plandaten nachfolgend angegeben sind:

| | | A | B | C | D | E |
|---|---|---|---|---|---|---|
| Stückerlös (€) | je Stück | 60,– | 22,– | 50,– | 40,– | 120,– |
| Absatzmenge (Stk) | in Periode | 2.500 | 40.000 | 8.000 | 5.000 | 3.000 |
| Fertigungsmenge (Stk) | in Periode | 2.000 | 50.000 | 10.000 | 4.000 | 3.000 |
| Fertigungsmaterial (€) | in Periode | 20.000,– | 150.000,– | 50.000,– | 56.000,– | 75.000,– |

| | | A | B | C | D | E |
|---|---|---|---|---|---|---|
| SEK Fertigung (€) | je Stück | 3,– | 6,– | 4,– | 5,– | 12,– |
| SEK Vertrieb (€) | je Stück | 8,– | 5,– | 6,– | 8,– | 10,– |
| Fertigungszeit (min) | je Stück | 16 | 8 | 15 | 25 | 30 |

Die Fertigungslohnkosten betragen € 60,– pro Stunde. Ferner fallen fixe Fertigungsgemeinkosten in Höhe von € 193.000,– und fixe Verwaltungs- und Vertriebsgemeinkosten in Höhe von € 117.000,– an.

a) Berechnen Sie die variablen Kosten und die Deckungsbeiträge je Stück für alle Produktarten. Welche Produkte würden Sie in das Programm aufnehmen? Begründen Sie Ihre Empfehlung.

b) Kalkulieren Sie die Stückgewinne für alle Produktarten, indem Sie die fixen Fertigungskosten je Produktart nach Fertigungszeiten und die Verwaltungs- und Vertriebsgemeinkosten nach den Absatzmengen verteilen.

c) Zeigen Sie an diesem Beispiel und den Ergebnissen Ihrer Rechnung, inwiefern die Vollkosteninformationen von b) zu fehlerhaften Entscheidungen führen können. Unter welchen Voraussetzungen ist es besser, sich an den Teilkosteninformationen von a) zu orientieren?

### 3.1.2 Verfahren der Deckungsbeitragsrechnung

#### Aufgabe 3.1.2.1: Deckungsbeitragsrechnung

Die Geschäftsleitung der Jedermann KG, in der Sie mit frisch bestandenem Examen als Direktionsassistent tätig sind, bittet Sie um die Durchführung einiger Analysen und die Beurteilung der rechnerischen Ergebnisse. Die Jedermann KG fertigt die Produkte A, B und C.

| Produkte | A | B | C |
|---|---|---|---|
| Verkaufspreise [€/Stück] | 33,– | 32,– | 26,– |
| Produktions- und Absatzmengen [Stück] | 6.000 | 16.000 | 12.500 |
| Selbstkosten [€] | 156.000,– | 508.800,– | 285.000,– |

a) Wie hoch ist für das abgelaufene Geschäftsjahr das Ergebnis pro Stück, pro Sorte und das Gesamtergebnis, wenn alle produzierten Erzeugnisse auch abgesetzt werden konnten?

b) Für das kommende Jahr rechnet man bei unveränderten Absatzpreisen und gleicher Kostenstruktur mit einem mengenmäßigen Absatzrückgang um 10 % bei jeder Sorte. Wie ändert sich das Ergebnis pro Stück, pro Sorte und insgesamt, wenn sich die Selbstkosten auf € 143.640,-, € 478.080,– und € 261.000,– belaufen?

c) Worauf führen Sie die Veränderung des Gewinns zurück?

d) Die Geschäftsleitung schlägt vor, das Produkt B aus dem Produktionsprogramm zu streichen. Was halten Sie davon? (Zur Beurteilung berechnen Sie die Deckungsbeiträge pro Stück, je Sorte und den Gewinn der Periode für diesen Fall.)

e) Nach welchen Gesichtspunkten würden Sie eine solche Entscheidung treffen? Wie würde sie in dem vorliegenden Fall lauten?

## Aufgabe 3.1.2.2: Einfach und mehrfach gestufte Deckungsbeitragsrechnung

Eine Brauerei produziert vier Sorten Bier, „Export", „Pils", „Alt" und „Weizen". Die hergestellten Mengen, Kosten und Verkaufspreise sind in der untenstehenden Tabelle angegeben.

| Erzeugnis | Einheit | untergärig | | obergärig | |
|---|---|---|---|---|---|
| | | Export | Pils | Alt | Weizen |
| Hergestellte Menge | [hl] | 24.000 | 16.000 | 12.000 | 8.000 |
| Verkaufte Menge | [hl] | 20.000 | 18.000 | 10.000 | 9.000 |
| Fertigungslöhne | [€] | 180.000,– | 160.000,– | 102.000,– | 60.000,– |
| Rohstoffe | [€] | 120.000,– | 80.000,– | 72.000,– | 48.000,– |
| Fixe FGK u. MGK | [€] | 200.000,– | 150.000,– | 100.000,– | 80.000,– |
| Variable FGK u. MGK | [€] | 300.000,– | 240.000,– | 162.000,– | 124.000,– |
| Variable Vw- u. VtGK | [€] | 120.000,– | 126.000,– | 50.000,– | 54.000,– |
| SEKVt | [€] | 80.000,– | 54.000,– | 40.000,– | 45.000,– |
| Verkaufspreis | [€/hl] | 60,– | 90,– | 80,– | 70,– |

| Fixe Verwaltungs- und Vertriebskosten insgesamt [€] | | 360.000,– |
|---|---|---|
| Erzeugnisgruppenfixkosten [€] | untergärig | 160.000,– |
| | obergärig | 80.000,– |

a) Bestimmen Sie die variablen Kosten je hl (100 Liter) und die Deckungsbeiträge je hl für die vier Biersorten.

b) Führen Sie eine einfach und eine mehrfach gestufte Deckungsbeitragsrechnung durch.

## Aufgabe 3.1.2.3: Mehrfach gestufte Deckungsbeitragsrechnung

In einer Unternehmung besteht der Fertigungsbereich aus den beiden Kostenstellen I und II. In der Kostenstelle I arbeiten die Maschinen 1 und 2. Auf der Maschine 1 wird das Produkt A gefertigt, auf der Maschine 2 die Produkte B und C, in der Kostenstelle II das Produkt D. In der letzten Abrechnungsperiode sind folgende Kosten angefallen:

| Einzelkosten | Produkt A | Produkt B | Produkt C | Produkt D |
|---|---|---|---|---|
| Fertigungslöhne [€/Monat] | 4.000,– | 3.500,– | 3.350,– | 4.050,– |
| Fertigungsmaterial [€/Monat] | 8.000,– | 4.000,– | 4.000,– | 12.000,– |
| SEKVt [€/Monat] | 990,– | 437,– | 345,– | 826,– |
| Erzeugnisfixkosten [€/Monat] | 1.350,– | -- | 2.200,– | 1.350,– |

| Gemeinkosten | | variabel [€] | fix [€] |
|---|---|---|---|
| Kostenstelle I | Maschine 1 | 2.850,– | 1.700,– |
| | Maschine 2 | 3.000,– | 1.250,– |
| | Rest | | 16.500,– |
| Kostenstelle II | | 2.300,– | 11.000,– |
| Materialstelle | | 1.050,– | 1.050,– |
| Verwaltungs- und Vertriebsstelle | | 2.717,– | 16.000,– |

Aus den Aufzeichnungen über die Maschinenbelegung ergibt sich, dass die Maschine 2 doppelt so lange mit der Fertigung des Produkts C beschäftigt war wie mit der Fertigung des Produkts B. Die hergestellten bzw. verkauften Mengen sowie die Verkaufspreise betrugen:

| | Produkt A | Produkt B | Produkt C | Produkt D |
|---|---|---|---|---|
| Hergestellte Menge [Stück] | 400 | 200 | 175 | 300 |
| Abgesetzte Menge [Stück] | 480 | 160 | 175 | 315 |
| Verkaufspreis [€/Stück] | 80,– | 125,– | 120,– | 100,– |

a) Welche Zerlegungskriterien liegen der mehrstufigen Deckungsbeitragsrechnung zugrunde?

b) Führen Sie eine mehrstufige Deckungsbeitragsrechnung für die Abrechnungsperiode durch, und bestimmen Sie den Nettoerfolg.

c) Welche Vorschläge für die Sortimentspolitik würden Sie aus dem Ergebnis ableiten? Welche Anpassungsmöglichkeiten sehen Sie?

d) Wie beurteilen Sie generell die Aussagefähigkeit der mehrstufigen Deckungsbeitragsrechnung?

## Aufgabe 3.1.2.4: Deckungsbeitragsrechnung

Eine Möbelfirma stellt in Wien Schränke und Tische, in Linz Stühle her. Deren wichtigsten Plandaten für die kommende Periode sind aus folgender Tabelle ersichtlich:

| Produkte | Wien | | | | Linz | |
|---|---|---|---|---|---|---|
| | Schränke | | Tische | | Stühle | |
| | A | B | C | D | E | F |
| Stückerlöse (€/Stück) | 10,– | 15,– | 6,– | 8,– | 16,– | 20,– |
| Absatzmengen (Stück) | 100,– | 200,– | 500,– | 200,– | 50,– | 40,– |
| var. Stückkosten (€/Stück) | 11,– | 8,– | 5,– | 4,– | 12,– | 14,– |
| Produktfixkosten (€) | 150,– | 200,– | 300,– | 400,– | 100,– | 200,– |
| Gruppenfixkosten (€) | 400,– | | 650,– | | 100,– | |
| Werksfixkosten (€) | 100,– | | | | 100,– | |
| Unternehmensfixkosten (€) | 50,– | | | | | |

a) Führen Sie eine einstufige Deckungsbeitragsrechnung durch.

b) Würden Sie aufgrund Ihres Ergebnisses die Streichung einer Produktart empfehlen? Was könnte dagegensprechen?

c) Nennen Sie je einen Vorteil und einen Nachteil dieser Rechnung.

d) Führen mit den vorliegenden Daten eine aussagekräftigere Plan-Periodenerfolgsrechnung durch.

e) Welche Erkenntnisse ergeben sich aus der Rechnung in d)? Begründen Sie Ihre Antwort.

## Aufgabe 3.1.2.5: Mehrfach gestufte Deckungsbeitragsrechnung und Preisuntergrenze

Sie sind Mitarbeiter eines Unternehmens der Chemischen Industrie, das Seife und Waschmittel herstellt, und haben die Aufgabe, die Preisuntergrenze für die einzelnen Produkte sowie den Periodenerfolg zu ermitteln. Es stehen Ihnen die nachfolgenden Daten zur Verfügung:

| Erzeugnis | Einheit | Seife | | Waschmittel | |
|---|---|---|---|---|---|
| | | fein | extra fein | sauber | extra sauber |
| Hergestellte Menge | [Stück] | 2.000 | 1.600 | 3.000 | 2.000 |
| Verkaufte Menge | [Stück] | 1.600 | 1.600 | 2.600 | 1.500 |
| Fertigungslöhne | [€] | 2,50 | 2,50 | 0,75 | 0,75 |
| Fertigungsmaterial | [€] | 1,40 | 1,60 | 0,85 | 1,00 |
| Variable Gemeinkosten | [€] | 1,10 | 1,40 | 0,60 | 0,85 |
| Erzeugnisfixkosten | [€] | 1.200,– | 640,– | 3.600,– | 3.600,– |

Die Kosten für gezielte Werbemaßnahmen (Sondereinzelkosten des Vertriebs) und die realisierten Verkaufspreise sind nachstehend aufgeführt:

| Erzeugnis | | SEKVt [€] | Verkaufspreis [€/Stück] |
|---|---|---|---|
| Seife | fein | 4.000,– | 8,– |
| | extra fein | 8.000,– | 12,– |
| Waschmittel | sauber | 5.200,– | 6,– |
| | extra sauber | 3.000,– | 9,– |

Es wurden für die Erzeugnisgruppe Seife € 500,– und für die Erzeugnisgruppe Waschmittel € 1.200,– an Erzeugnisgruppenfixkosten ermittelt. Die Unternehmensfixkosten betragen € 2.000,–.

a) Bestimmen Sie für die vier Einzelerzeugnisse die absolute Preisuntergrenze je Einheit.

b) Führen Sie eine mehrfach gestufte Deckungsbeitragsrechnung durch und ermitteln Sie den Nettoerfolg der Periode.

## Aufgabe 3.1.2.6: Mehrfach gestufte Deckungsbeitragsrechnung und Preisuntergrenze

In einer Unternehmung werden die Produkte A, B, C und D hergestellt. Für die kommende Periode sind folgende Planwerte ermittelt worden:

| Produkt | A | B | C | D |
|---|---|---|---|---|
| Herstellungs-, Absatzmenge [Stück] | 10.000 | 20.000 | 5.000 | 30.000 |
| Stückpreis [€/Stück] | 5,– | 3,– | 6,– | 1,– |
| Variable HK der Periode [€] | 10.000,– | 20.000,– | 10.000,– | 10.000,– |
| Fixe HK der Periode [€] | 20.500,– | 15.000,– | 12.000,– | 2.200,– |
| Variable VtK der Periode [€] | 1.000,– | 500,– | 1.500,– | 800,– |

| Kostenstelle | Werkstatt 1 (Herstellung von A+B) | Werkstatt 2 (Herstellung von C+D) |
|---|---|---|
| Variable HK [€] | 18.000,– | 12.000,– |
| Fixe HK [€] | 20.000,– | 1.500,– |

Fixe Herstellkosten der Produktion: € 5.000,–
(Werkstatt 1 und 2 zusammen)
Variable Kosten der Unternehmensführung: € 5.000,–
Fixe Kosten der Unternehmensführung: € 10.000,–

Die variablen Herstellkosten der Werkstätten 1 und 2 werden im Verhältnis der den Produkten direkt zurechenbaren variablen HK auf die in jeder Werkstatt bearbeiteten Produkte verteilt. Die variablen Kosten der Unternehmensführung werden im Verhältnis der variablen Herstellkosten auf die Produkte verteilt.

a) Berechnen Sie den Periodengewinn über eine mehrstufige Deckungsbeitragsrechnung.

b) Bestimmen Sie für jedes Produkt die absolute Preisuntergrenze.

c) Welche Maßnahme schlagen Sie zur Verbesserung des Gewinns vor? Geben Sie an, wie sich diese Maßnahme auf den geplanten Periodengewinn auswirken würde.

d) Zeigen Sie an diesem Beispiel die erhöhte Aussagefähigkeit der mehrstufigen gegenüber der einstufigen Deckungsbeitragsrechnung.

e) Inwiefern erfüllen mehrstufige Deckungsbeitragsrechnungen trotz einer solchen Zerlegung die Bedingungen einer Teilkostenrechnung?

## Aufgabe 3.1.2.7: Mehrdimensionale Deckungsbeitragsrechnung

Die Firma Sport-Lich GmbH betreibt Versandhandel mit den zwei Skitypen Hölzl P 19 und Ästle RX. Beliefert werden die Absatzgebiete Nielsen I und Nielsen II. Sport-Lich differenziert zwischen den beiden Kundengruppen Damen und Herren. Sie sind als Trainee der Geschäftsführung damit beauftragt, die Kunden, Absatzgebiete sowie Skitypen hinsichtlich ihres Erfolgsbeitrages zu beurteilen. Folgendes Zahlenmaterial hat Ihnen die Abteilung „Internes Rechnungswesen" für den letzten Monat zur Verfügung gestellt: Die Fixkosten der Unternehmung betragen € 15.000,–.

| | **Fixkosten Montage-abteilung** | **Versand-einzelkosten je Paar [€]** | **Bezugspreise je Paar [€]** | **Verkaufs-preise je Paar [€]** |
|---|---|---|---|---|
| Hölzl P 19 | 7.800,– | 9,– | 370,– | 749,– |
| Ästle RX | 6.900,– | 19,– | 300,– | 599,– |

| | **Nielsen I [€]** | **Nielsen II [€]** |
|---|---|---|
| Kosten der Kundenberatung | | |
| Herren | 10.000,– | 10.000,– |
| Damen | 5.000,– | 12.000,– |
| Kosten der Versandagenturen | 10.000,– | 8.000,– |
| Gehalt Verkaufssachbearbeiter | | |
| Hölzl P 19 | 70.000,– | 20.000,– |
| Ästle RX | 40.000,– | 25.000,– |

| **Absatzzahlen Herren** | **Hölzl P 19 [Paar]** | **Ästle RX [Paar]** |
|---|---|---|
| Nielsen I | 200 | 100 |
| Nielsen II | 100 | 100 |
| **Absatzzahlen Damen** | | |
| Nielsen I | 100 | 40 |
| Nielsen II | 20 | 10 |

a) Welche Kombinationsmöglichkeiten zur Untersuchung der Erfolgsbeiträge sehen Sie, wenn Sie das Verfahren der mehrstufigen Deckungsbeitragsrechnung mehrdimensional anwenden? Veranschaulichen Sie Ihre Antwort an einem Würfel.

b) Besonders interessieren Sie zwei Betrachtungsweisen:
1. Hierarchie: Absatzgebiet-Kundengruppe-Produktgruppe
2. Hierarchie: Produktgruppe-Absatzgebiet-Kundengruppe

   Berechnen Sie jeweils das Betriebsergebnis, indem Sie es mehrdimensional mehrstufig zerlegen.

c) Welche Empfehlungen geben Sie der Geschäftsführung anhand der unter b) erarbeiteten Ergebnisse?

## Aufgabe 3.1.2.8: Mehrdimensionale Deckungsbeitragsrechnung

Eine Firma produziert und verkauft drei Produktgruppen A, B und C mit drei Produktarten in Gruppe A und zwei Arten in Gruppe C. Die Produktarten A1, A2 und C2 werden in der Region Nord, die Produktarten A3, B und C1 in der Region Süd verkauft. Die Produktions- (gleich Absatz-) Mengen sowie die Erlöse und variablen Kosten je Stück und die Fixkosten je Produktart für die kommende Periode sind wie folgt geplant:

| Produktart | A1 | A2 | A3 | B | C1 | C2 |
|---|---|---|---|---|---|---|
| Mengen (Stück) | 150 | 150 | 150 | 150 | 150 | 150 |
| Stückpreise (€) | 10,– | 20,– | 16,– | 30,– | 15,– | 5,– |
| Variable Stückkosten (€) | 6,– | 15,– | 14,– | 18,– | 10,– | 4,– |
| Fixe Kosten Je Produktart (€) | 100,– | 700,– | 170,– | 80,– | 60,– | 550,– |

Ferner fallen Fixkosten in Höhe von € 550,– für die Produktgruppe A, von z. B. € 1.500,– für Produktgruppe B und € 100,– für Produktgruppe C sowie € 300,– für die gesamte Unternehmung an.

Darüber hinaus teilt die Marketingabteilung mit, dass sie mit fixen Vertriebskosten von € 700,– in Region Nord und € 1.300,– in Region Süd rechnet.

a) Führen Sie eine einstufige Deckungsbeitragsrechnung durch. Welche Empfehlungen könnten Sie der Geschäftsführung aufgrund dieser Rechnung geben?

b) Führen Sie eine mehrstufige Deckungsbeitragsrechnung mit folgender Betrachtungsweise durch: Produktgruppen – Produktarten. Ändern sich Ihre Empfehlungen im Vergleich zu a)?

c) Führen Sie eine mehrstufige Deckungsbeitragsrechnung mit folgender Betrachtungsweise durch: Regionen – Produktarten. Ergeben sich hierbei zusätzliche Erkenntnisse?

d) Worauf ist die spezifische Aussagefähigkeit einer derartigen (mehrdimensionalen) Deckungsbeitragsrechnung zurückzuführen?

## Aufgabe 3.1.2.9: Mehrfach gestufte Deckungsbeitragsrechnung

Sie sind Unternehmensberater der Consult & Partner. Ihr Klient, ein Autozulieferer, beauftragt Sie herauszufinden, wie es zu einem Verlust in seinem Geschäft kommen konnte. Da Sie eine erstklassige Ausbildung im Controlling genossen haben, führen Sie eine mehrfach gestufte Deckungsbeitragsrechnung durch. Ihrer Rechnung liegen die folgenden Daten zugrunde:

| Einzelkosten [€/Stück] | Vergaser | Einspritzpumpe | Wasserpumpe |
|---|---|---|---|
| Material | 20,– | 40,– | 15,– |
| Löhne | 70,– | 110,– | 40,– |
| Vertrieb | 5,– | 12,– | 5,– |

| Kostenstellenkosten [€/Stück] | variabel | fix |
|---|---|---|
| Stelle I | 64.000,– | 60.000,– |
| Stelle II | 30.000,– | 40.000,– |

Die Vergaser und die Einspritzpumpen durchlaufen nur die Kostenstelle I. Ein Vergaser belastet die Stelle I mit zwei Fertigungsstunden je Stück, eine Einspritzpumpe mit einer Stunde. Die Wasserpumpen werden nur auf der Stelle II gefertigt.

Der Zulieferer beschränkt sich auf die Absatzgebiete Deutschland und Frankreich. Das Vertriebsnetz besteht aus selbständig arbeitenden Handelsvertretungen, für die man einen Fixkostenanteil übernimmt und zum anderen Provisionen zahlt. Die Fixkosten in Deutschland belaufen sich auf € 25.000,– und in Frankreich auf € 15.000,–.

| Provisionen auf den Umsatz in % | Vergaser | Einspritzpumpe | Wasserpumpe |
|---|---|---|---|
| Deutschland | 3 % | 12 % | – |
| Frankreich | 5 % | 12 % | 4 % |

Die Absatz- und Herstellmengen sowie die Absatzpreise betragen:

| Produkt | Gebiet | Menge in Stück | Preis in €/Stück |
|---|---|---|---|
| Vergaser | Deutschland<br>Frankreich | 3000<br>2000 | 110,–<br>120,– |
| Einspritzpumpe | Deutschland<br>Frankreich | 4000<br>2000 | 210,–<br>250,– |
| Wasserpumpe | Deutschland<br>Frankreich | 6000<br>4000 | 60,–<br>65,– |

Die Unternehmensfixkosten betragen einschließlich Ihres Beraterhonorars 83.840,– €.

a) Führen Sie eine mehrfach gestufte Deckungsbeitragsrechnung durch. Sie vermuten, dass ein Produkt in einem der beiden Absatzgebiete einen negativen Erfolgsbeitrag besitzt. Bauen Sie Ihre Deckungsbeitragsrechnung entsprechend auf.

b) Welche Maßnahmen schlagen Sie vor? Begründen Sie Ihre Empfehlungen.

## Aufgabe 3.1.2.10: Deckungsbeitragsrechnung

Nach erfolgreichem Abschluss Ihres Examens beginnen Sie eine Tätigkeit als Assistent der Geschäftsleitung. Das Unternehmen, für welches Sie arbeiten, produziert Personal Computer (PC) und Workstations (WS). Die PCs werden sowohl von Privat- als auch Firmenkunden nachgefragt. Die WS hingegen werden aufgrund ihrer besonderen Konfiguration primär von Firmenkunden gekauft. Im Zuge der Globalisierung wurden die Vertriebstätigkeiten von Deutschland auf China ausgeweitet, produziert wird aber bislang ausschließlich in Deutschland. Beim Verkauf der eigentlichen Hardware (PCs und WS) wird nach Möglichkeit ein Servicevertrag für jedes Gerät abgeschlossen. Aus dem Abschluss dieses Servicevertrages resultiert einerseits ein zusätzlicher Stückerlös, andererseits führt dies dazu, dass Kapazitäten für die Erbringung von Wartungs- und Serviceleistungen in den Absatzgebieten bereitgehalten werden müssen. Aus dem internen Rechnungswesen stehen Ihnen folgende Plandaten für die kommende Periode zur Verfügung.

Die geplanten Erlös- und Absatzmengeninformationen für Deutschland stellen sich folgendermaßen dar:

| Deutschland | Verkaufserlös [€/Stück] | Erlös aus Abschluss des Servicevertrages [€/Stück] | Absatzmenge [Stück/Periode] |
|---|---|---|---|
| PC | 1.200,– | 500,– | 3.500 |
| WS | 2.500,– | 800,– | 10.000 |

Aufgrund einer unvollständigen Datenübermittlung über das internetbasierte Informationssystem liegen Ihnen die Plandaten aus China in folgender Form vor:

| China | PC | WS |
|---|---|---|
| Verkaufserlöse [€/Periode] | 3.810.000,– | 4.500.000,– |
| Erlöse aus dem Abschluss von Serviceverträgen [€/Periode] | 1.750.000,– | 1.050.000,– |

Hinsichtlich der prognostizierten Kosten für die Fertigung der geplanten Produktionsmengen im deutschen Werk verfügen Sie über folgende Informationen:

| | PC | WS |
|---|---|---|
| Fertigungsmaterial [€/Stück] | 400,– | 600,– |
| Fertigungslöhne [€/Stück] | 500,– | 1.000,– |
| Werksfixkosten [€/Periode] | 5.000.000,– | |
| Produktionsmenge [Stück/Periode] | 8.500 | 11.500 |

Daneben entstehen geplante Sondereinzelkosten des Vertriebs. Außerdem fallen sowohl in China als auch in Deutschland fixe Vertriebsgemeinkosten an:

| Vertriebskosten | China | Deutschland |
|---|---|---|
| Sondereinzelkosten des PC-Vertriebs [€/Stück] | 210,– | 85,– |
| Sondereinzelkosten des WS-Vertriebs [€/Stück] | 925,– | 264,– |
| Fixe Vertriebsgemeinkosten [€/Periode] | 500.000,– | 6.000.000,– |

Schließlich sind für die kommende Periode Unternehmensfixkosten in Höhe von 3.500.000,– € sowie folgende fixe Gemeinkosten für die Bereithaltung der Kapazitäten zur Erbringung der vertraglich vereinbarten Wartungs- und Serviceleistungen geplant:

| | China | Deutschland |
|---|---|---|
| PC-Wartung & Service [€/Periode] | 225.000,– | 325.000,– |
| WS-Wartung & Service [€/Periode] | 400.000,– | 700.000,– |

Aufgrund der hohen Nachfrage nach PCs und WS ist für die Planperiode davon auszugehen, dass alle produzierten Einheiten auch abgesetzt werden, und dass für jeden PC und jede WS sowohl in China als auch in Deutschland ein Servicevertrag abgeschlossen werden wird.

a) Berechnen Sie die geplanten variablen Selbstkosten sowie die geplanten Stück-Deckungsbeiträge je PC und WS für beide Absatzgebiete.

b) Ermitteln Sie den geplanten kalkulatorischen Periodenerfolg mit Hilfe der mehrstufigen Deckungsbeitragsrechnung [Anmerkung: Die Geschäftsleitung möchte eine hierarchische Gliederung zunächst nach Absatzgebieten (China und Deutschland) und dann nach Produkten (PCs und WS)].

c) Interpretieren Sie Ihre Ergebnisse und diskutieren Sie mögliche Empfehlungen für die Geschäftsleitung.

d) Welche Möglichkeiten sehen Sie hinsichtlich des Ausbaus Ihrer Rechnung? Welche zusätzlichen Informationen lassen sich dadurch gewinnen und wofür könnten diese verwendbar sein? Wo liegen die Grenzen?

## Aufgabe 3.1.2.11: Deckungsbeitragsrechnung

Ein Konzern bietet vier verschiedene Produktgruppen an. Die Produktgruppen A und B werden von der Tochter in München, die Produktgruppen C und D von der Tochter in Augsburg gesteuert und vertrieben. Folgende Leistungsmengen für Bearbeitung und Vertrieb sind für das kommende Jahr geplant (Alternative 1):

| Produktgruppe | A | B | C | D |
|---|---|---|---|---|
| Mengen [Einheiten] | 10.000 | 8.000 | 5.000 | 25.000 |
| Preis je Einheit [€/Einheit] | 14,– | 10,– | 22,– | 9,– |
| Variable Kosten je Einheit [€/Einheit] | 11,– | 12,50 | 12,– | 5,– |
| Fixe Kosten je Produktart [€] | 10.000 | 5.000 | 20.000 | 30.000 |

| Gesellschaft | München (A und B) | Augsburg (C und D) |
|---|---|---|
| Fixe Kosten [€] | 15.000,– | 25.000,– |
| Konzernfixkosten [€] | 25.000,– | |

a) Führen Sie eine mehrstufige Deckungsbeitragsrechnung durch.

b) Die Konzernleitung will entscheiden, ob alle Produktgruppen weitergeführt werden. Deshalb werden Sie beauftragt, folgende weitere Alternativen zu prüfen:

   Alternative 2: Die Produktgruppen A und B nicht mehr anzubieten und die Tochter in München zu schließen.

   Alternative 3: Nur die Produktgruppe B einzusparen.

   Mit welcher Alternative würde der höchste Gewinn erzielt?

c) Empfehlen Sie diese gewinnmaximale Alternative der Konzernleitung uneingeschränkt? Sollten weitere Informationen eingeholt und Risiken bedacht werden?

## Aufgabe 3.1.2.12: Mehrdimensionale Deckungsbeitragsrechnung

Ein Skihändler vertreibt die Marken Fischer und Rossignol in Österreich an Profi- und Hobby-Skifahrer. Nachfolgend sind seine wichtigsten Daten zu diesen Produkten zusammengestellt.

| **Skimarke** | **Typ** | **Bezugspreise je Paar (€)** | **Verkaufspreise je Paar (€)** | **DB je Paar (€)** | **Absatzmengen** |
|---|---|---|---|---|---|
| Fischer | Profi | 500,– | 700,– | 200,– | 100 |
| | Hobby | 400,– | 700,– | 300,– | 2.000 |
| Rossignol | Profi | 600,– | 800,– | 200,– | 40 |
| | Hobby | 550,– | 750,– | 200,– | 1.000 |

Der Verkauf an Profi- und an Hobby-Skifahrer erfolgt über unterschiedliche Vertriebswege, die mit Fixkosten von € 12.000,– bzw. € 200.000,– verbunden sind. Zudem hat der Händler Spezialisten für beide Marken je Typ, für die folgende Fixkosten aufzubringen sind:

| **Fixkosten je Typ und Hersteller (€)** | | | |
|---|---|---|---|
| **Fischer** | | **Rossignol** | |
| **Profi** | **Hobby** | **Profi** | **Hobby** |
| 10.000,– | 200.000,– | 10.000,– | 20.000,– |

Darüber verursacht der Bezug der Marken Fischer und Rossignol unterschiedliche Fixkosten von € 10.000,– bzw. € 20.000,–. Ferner betragen die Unternehmensfixkosten € 100.000,–.

a) Erscheint Ihnen hier eine Periodenerfolgsrechnung nach dem Umsatz- oder der Gesamtkostenverfahren geeigneter zu sein? In welcher spezifischen Form ist sie durchzuführen?

b) Führen Sie diese als einstufige Rechnung durch.

c) Wie viele und welche Ausprägungen lassen sich als mehrstufige Rechnungen für eine umfassende genaue Analyse des Erfolgs in diesem Beispiel durchführen?

d) Führen Sie diese beiden mehrstufigen Rechnungen mit den angegebenen Zahlen durch.

e) Welche Empfehlungen können Sie aus diesen Rechnungen für Ihren Händler herleiten?

## Aufgabe 3.1.2.13: Deckungsbeitragsrechnung

Ein Skihändler vertreibt die Marken Atomic und Blizzard in Österreich an Profi- und Hobby-Skifahrer. Nachfolgend sind seine wichtigsten Daten zu diesen Produkten zusammengestellt.

| Skimarke | Typ | Bezugs- preise je Paar (€) | Verkaufs- preise je Paar (€) | DB je Paar (€) | Absatz- mengen |
|---|---|---|---|---|---|
| Atomic | Profi | 600,– | 900,– | 300,– | 200 |
| | Hobby | 500,– | 548,– | 48,– | 5.000 |
| Blizzard | Profi | 800,– | 1.100,– | 300,– | 60 |
| | Hobby | 600,– | 800,– | 200,– | 4.000 |

Beim Vertrieb von Atomic entstehen Fixkosten von € 30.000,–, bei Blizzard von € 50.000,–. Zudem beschäftigt der Skihändler Spezialisten für Profi- und für Hobbyskifahrer, für die folgende Fixkosten aufzubringen sind:

| Fixkosten je Marke und Typ (€) | | | |
|---|---|---|---|
| Atomic | | Blizzard | |
| Profi | Hobby | Profi | Hobby |
| 12.000,– | 240.000,– | 14.000,– | 18.000,– |

Darüber hinaus setzt der Händler für Profi- und Hobby-Ski unterschiedliche Berater ein. Diese verursachen Fixkosten von € 60.000,– für Profi- bzw. € 200.000,– für Hobbyskifahrer. Ferner betragen die Unternehmensfixkosten € 120.000,–.

a) Erscheint Ihnen hier eine Periodenerfolgsrechnung nach dem Umsatz- oder der Gesamtkostenverfahren geeigneter zu sein? Aus welchem Grund?

b) Führen Sie diese ohne Differenzierung der Fixkosten durch.

c) Wie viele und welche Formen lassen sich mit Differenzierung der Fixkosten für eine tiefer gehende Analyse durchführen?

d) Führen Sie diese (beiden) Rechnungen mit den angegebenen Zahlen durch.

e) Welchem System der Kosten- und Erlösrechnung ist Ihre Rechnung zuzurechnen? Worin liegt der spezifische Vorteil dieser Art einer Periodenerfolgsrechnung?

f) Welche Empfehlungen können Sie aus diesen Rechnungen für Ihren Händler herleiten?

## 3.2 Teilkostenrechnung auf der Basis relativer Einzelkosten

### Aufgabe 3.2.1: Relative Einzelkosten- und Deckungsbeitragsrechnung

a) Erarbeiten Sie die Grundprinzipien der relativen Einzelkosten- und Deckungsbeitragsrechnung nach Paul Riebel.

b) Definieren Sie Leistungskosten und Bereitschaftskosten. Halten Sie die Wahl dieser Bezeichnungen für zweckmäßig?

c) Kennzeichnen Sie die wesentlichen Unterschiede zwischen der Kilgerschen Grenzplankostenrechnung und der Riebelschen Einzelkosten- und Deckungsbeitragsrechnung anhand geeigneter Kriterien.

### Aufgabe 3.2.2: Relative Einzelkosten- und Deckungsbeitragsrechnung

Für die Erstellung einer Grundrechnung der Kosten im Rahmen der Einzelkosten- und Deckungsbeitragsrechnung seien folgende Daten (Preise und Kosten) für den Monat August 2003 gegeben.

| Produkt | Produktions- und Absatzmenge [Stück] | Produktpreise [€/Stück] | Verpackung und Fracht [€/Stück] | Lizenzgebühr [€/Stück] | Materialkosten [€/Stück] |
|---|---|---|---|---|---|
| 1 | 5.000 | 45,– | 2,– | | 15,– |
| 2 | 3.500 | 80,– | 3,– | | 20,– |
| 3 | 2.000 | 65,– | 1,50 | 0,50 | 32,50 |

| Zurechnungsobjekte | Hilfsstoffkosten [€] | Energiekosten [€] | | Überstundenlöhne [€] |
|---|---|---|---|---|
| | | erzeugnisabhängig | erzeugnisunabhängig | |
| Fertigungsstelle 1 | 7.600,– | 2.000,– | | 3.000,– |
| Fertigungsstelle 2 | 3.500,– | 1.000,– | | 1.800,– |
| Fertigungsstelle 3 | 3.800,– | 2.000,– | 1.000,– | |
| Verwaltungsstelle | | | 3.000,– | |
| Vertriebsstelle | | | 2.000,– | |

| Zurechnungs-objekte | Personalkosten [€] | |
|---|---|---|
| | monatliche Kündigung | vierteljährliche Kündigung |
| Fertigungsstelle 1 | 15.000,– | 10.000,– |
| Fertigungsstelle 2 | 10.000,– | 5.000,– |
| Fertigungsstelle 3 | 7.500,– | 7.500,– |
| Verwaltungsstelle | | 12.000,– |
| Vertriebsstelle | | 16.500,– |

Der Provisionssatz beträgt jeweils 10% des Umsatzes (Verkaufserlös) für die Produkte 1 und 2 und 12% des Umsatzes für das Produkt 3.

Die für das Geschäftsjahr zu entrichtende Vermögensteuer wurde mit € 8.250,– festgelegt, die Miete für das Gebäude, in dem die Kostenstellen 2 und 3 untergebracht sind (bei halbjährlicher Kündigungsfrist), beträgt € 16.000,– monatlich. Des Weiteren befinden sich selbsterstellte Anlagen in Fertigungsstelle 3 im Wert von € 25.000 und in der Verwaltungsstelle im Wert von € 20.000.

a) Erstellen Sie auf der Basis der angeführten Daten eine Grundrechnung der Kosten nach den Prinzipien der Einzelkosten- und Deckungsbeitragsrechnung. Benutzen Sie den nachfolgenden Kostensammelbogen.

b) Nennen Sie die Unterschiede zwischen einer Grundrechnung der Kosten im Rahmen der Einzelkosten- und Deckungsbeitragsrechnung (Kostensammelbogen) und dem traditionellen Betriebsabrechnungsbogen.

c) Erstellen Sie auf Grundlage des Kostensammelbogens eine Deckungsbeitragsrechnung unter Beachtung der Riebelschen Prinzipien. Beachten Sie, dass Sie eine geeignete Hierarchie der Bezugsgrößen entwickeln. Unterstellen Sie, dass Produkt 1 auf Fertigungsstelle 1, Produkt 2 auf Fertigungsstelle 2 und Produkt 3 auf Fertigungsstelle 3 gefertigt wird.

d) Erläutern Sie anhand einer exemplarischen Berechnung für Fertigungsstelle 1 den Inhalt des Deckungsbudgets, das Riebel für Zwecke der Praxis einführt. Nehmen Sie dabei für die selbsterstellten Anlagen eine Nutzungsdauer von 5 Jahren an.

| Kostenkategorie | | Zurechnungs-objekte | Produkt | | | Fertigungs-stelle | | | | Verwal-tungsstelle | Vertriebs-stelle | Unter-nehmen |
|---|---|---|---|---|---|---|---|---|---|---|---|---|
| | | | 1 | 2 | 3 | 1 | 2 | 3 | 2/3 | | | |
| absatzab-hängig | umsatzwertabhängig | | | | | | | | | | | |
| | auftragsabhängig | | | | | | | | | | | |
| erzeugnisabhängig | | | | | | | | | | | | |
| geschlossene Periode | ohne zeitliche Bindung | | | | | | | | | | | |
| | monatliche Bindung | | | | | | | | | | | |
| | 1/4 jährliche Bindung | | | | | | | | | | | |
| | 1/2 jährliche Bindung | | | | | | | | | | | |
| | jährliche Bindung | | | | | | | | | | | |
| offene Periode | aktivierungspflichtig | | | | | | | | | | | |
| | nicht aktivierungspflichtig | | | | | | | | | | | |

## Aufgabe 3.2.3: Deckungsbeitragsrechnung in der Grenzplankostenrechnung und relative Einzelkosten- und Deckungsbeitragsrechnung

Ein kleines Unternehmen produziert und vertreibt die drei Produkte A, B und C. Die Produkte A und B werden in Fertigungsstelle I, Produkt C in Fertigungsstelle II hergestellt. Eigene Räume und Maschinen besitzt das Unternehmen nicht, sondern es hat die erforderlichen Anlagen und Räume gemietet. Die Mietverträge haben eine monatliche Kündigungsfrist. Allen im Unternehmen angestellten Mitarbeitern kann nur unter Beachtung einer vierteljährlichen Kündigungsfrist gekündigt werden. Für den Monat Januar liegen Ihnen folgende Plandaten vor:

| Produkt | Produktions-/ Absatzmenge [Stück] | Produktpreise [€/Stück] | Material-einzelkosten [€/Stück] | Fertigungs-dauer [Min./Stück] |
|---|---|---|---|---|
| A | 10.000 | 20,– | 14,– | 1,8 |
| B | 8.000 | 12,50 | 10,– | 1,5 |
| C | 6.000 | 30,– | 16,– | 2,0 |

Für alle drei Produkte fällt eine Verkaufsprovision von jeweils 10 % des Umsatzes an. Die folgenden Gemeinkosten planen Sie für den Monat Januar:

| Gemeinkostenart | Fertigungsstelle I | Fertigungsstelle II | Verwaltung- und Vertrieb |
|---|---|---|---|
| Energie | | 5.000,– | |
| Fertigungslöhne | 40.000,– | 30.000,– | |
| Mieten | 30.000,– | 20.000,– | 20.000,– |
| Gehälter | | | 5.000,– |

a) Erstellen Sie eine Deckungsbeitragsrechnung für den Monat Januar nach den Prinzipien der Grenzplankostenrechnung. Verteilen Sie – wenn notwendig – die Fertigungslöhne und die Energiekosten als variable Gemeinkosten auf Basis der in Anspruch genommenen Fertigungsdauer auf die Produkte. Die Gehälter und Mieten sind als fix anzusehen.

b) Welche Vorschläge bezüglich des Produktionsprogramms im Januar würden Sie auf Basis Ihrer Ergebnisse unterbreiten?

c) Erstellen Sie nun eine Deckungsbeitragsrechnung streng nach den Prinzipien der Relativen Einzelkostenrechnung nach Riebel. Die Energiekosten sind erzeugnisabhängig. Nehmen Sie zusätzlich an, dass in den Folgemonaten die gleichen Plandaten vorliegen.

d) Würden Sie auf Basis der Relativen Einzelkostenrechnung einen anderen Vorschlag bezüglich der kurzfristigen Sortimentspolitik im Januar machen? Warum? Welche der beiden Rechnungen liefert Ihrer Meinung nach im gegebenen Fall eine bessere Entscheidungsgrundlage? Begründen Sie Ihre Ansicht.

## 3.3 Betriebsplankosten- und -erlösrechnung

### Aufgabe 3.3.1: Betriebsplankosten- und -erlösrechnung

a) Welches Verfahren der Kostenplanung legen Laßmann/Wartmann bei ihrer Betriebsplankosten- und -erlösrechnung zugrunde?

b) Welches ist die zentrale Ziel- und Steuerungsgröße im System der Betriebsplankosten- und -erlösrechnung?

c) Verwenden Sie folgenden Merkmalskatalog zur Beurteilung der Betriebsplankosten- und -erlösrechnung:
- Basisgrößen
- Rechnungsziele
- zugrundeliegende Kostenfunktion
- Grundprinzipien der Kostenrechnung
- Kostenverteilung

d) Erläutern Sie das System der von Laßmann verwendeten Funktionen zur Erfassung des Betriebsgeschehens.

e) Erläutern Sie kurz die wesentlichen Gemeinsamkeiten sowie Unterschiede zur Kilgerschen Grenzplankostenrechnung.

f) Wie beurteilen Sie die Anwendbarkeit der Betriebsplankosten- und -erlösrechnung in der Praxis?

### Aufgabe 3.3.2: Betriebsplankosten- und -erlösrechnung mit Abweichungsanalyse

Führen Sie für den Monat Februar eine Periodenerfolgsplanung durch. Ihrer Planung liegen folgende Einsatzgüter und Einflussgrößen zugrunde:

| | Kostengüter r | | Einflussgrößen e |
|---|---|---|---|
| $r_1$ | Arbeitsstunden | 1 | Rechenwert |
| $r_2$ | Koksofengas | $e_1$ | Schmelzzeit |
| $r_3$ | Heizöl | $e_2$ | Kochzeit |
| $r_4$ | Instandhaltungsstunden | $e_3$ | Anzahl Schmelzen |
| $r_5$ | Kalkulatorische Kosten | $e_4$ | Monatsfaktor |

Weiterhin wurden Ihnen für den Monat Februar folgende Planzahlen zur Verfügung gestellt:

Von den Arbeitsstunden werden 1.000 Stunden als fix abgerechnet. Weiterhin fallen 4,3 Arbeitsstunden je Stunde Schmelze an. Koksofengas wird je Monat mit 10.000 m$^3$ fix und je Schmelzstunde mit 2,3 m$^3$ sowie je Kochstunde mit 1,0 m$^3$ veranschlagt. Der Heizölverbrauch je Monat beträgt 25.000 l für die Verwaltungs- und Fabrikbeheizung sowie 25 l je Schmelzstunde und 10 l je

Kochstunde. Zusätzlich entstehen 750 l Heizölverbrauch je Arbeitstag (Monatsfaktor). Instandhaltungsstunden fallen monatlich kalenderzeitabhängig 60 für Inspektion sowie abhängig von der Schmelzzeit 0,05 je Schmelzstunde an. Die Instandhaltungsstunden verringern sich jedoch, wenn die Anzahl der Schmelzen je Monat steigt: Faktor -0,2. Kalkulatorische Kosten sind als Recheneinheiten mit € 5.000,– fix und € 20,– je Schmelzstunde zu berücksichtigen.

Folgendes Erzeugnisprogramm ist für den Februar geplant: Produkt $x_1$ 1.000 Tonnen, Produkt $x_2$ 2.000 Tonnen und Produkt $x_3$ 1.500 Tonnen. Der Monat Februar hat 20 Arbeitstage (als Monatsfaktor zu wählen), die Anzahl der Schmelzen wird voraussichtlich 40 betragen. Folgende Erzeugnisprogrammkoeffizienten werden Ihnen von der Abteilung „Betriebsabrechnung" genannt:

| | $x_1$ | $x_2$ | $x_3$ |
|---|---|---|---|
| Schmelzzeit [h/t] | 2 | 5 | 1 |
| Kochzeit [h/t] | 3 | 10 | 7 |

Folgende Kosten legen Sie Ihrer Planung zugrunde:

| | | |
|---|---|---|
| Arbeitsstunden | [€/h] | **48,00** |
| Koksofengas | [€/m³] | 23,00 |
| Heizöl | [€/l] | 0,68 |
| Reparaturkosten | [€/h] | 49,00 |
| Kalkulatorische Kosten | [€/RE] | 1,50 |

Die Planung der Erlöse wurde von Ihrem Kollegen übernommen und mit € 5.900.000,– veranschlagt.

a) Erstellen Sie eine Planungsrechnung für den Monat Februar. Gehen Sie dabei nach dem Verfahren der Betriebsplankosten- und -erlösrechnung in der folgenden Reihenfolge vor:
   1. Kostengüter-Einflussgrößen-Funktion (1)
   2. Einflussgrößen-Erzeugnisprogramm-Funktion (2)
   3. (2) in (1) einsetzen
   4. Kostenfunktion
   5. Erlösfunktion (hier vereinfacht als Absolutbetrag vorgegeben)
   6. Periodenerfolg (Plan)

b) Am 2. März erhalten Sie folgende Ist-Daten: Die Produktion von $x_1$ beträgt 1.020 Tonnen (entscheidungsbedingt). Die Schmelzzeit für eine Tonne $x_1$ betrug entgegen der Planung 2,5 Stunden. Der Heizölpreis erhöhte sich auf € 0,70, die Erlöse betrugen € 6.001.143,83. Ansonsten sei der Einfachheit halber unterstellt, daß die Istdaten den Planzahlen entsprachen.

   Führen Sie eine entsprechende Abweichungsanalyse durch, bei der Sie die Erzeugnisprogrammabweichung, die Preisabweichung 1. Grades, die Abweichung 2. Grades und die Leistungsabweichung bestimmen. Anschließend ist der Ist-Periodenerfolg zu ermitteln.

## Aufgabe 3.3.3: Betriebsplankosten- und -erlösrechnung mit Abweichungsanalyse

In einem Aluminiumwarmwalzwerk führen Sie eine Periodenerfolgsplanung für den Monat Juli durch. Dabei berücksichtigen Sie folgende Kostengüter und Einflussgrößen:

| | Kostengüter r | | Einflussgrößen e |
|---|---|---|---|
| $r_1$ | Arbeitsstunden | 1 | Rechenwert |
| $r_2$ | Strom | $e_1$ | Aufwärmzeit |
| $r_3$ | Erdgas | $e_2$ | Anzahl Walzvorgänge |
| $r_4$ | Kalkulatorische Kosten | $e_3$ | Monatsfaktor |

Ferner haben sie folgende Informationen:

500 Arbeitstunden werden als fix betrachtet. Je Stunde der Aufwärmzeit fallen zusätzlich 3 Arbeitsstunden an, jeder Walzvorgang erfordert 7 Arbeitsstunden. Der Stromverbrauch lässt sich aufschlüsseln in eine fixe Komponente von 1.000 kWh und einflussgrößenabhängige Komponenten im Umfang von 2 kWh je Aufwärmstunde, 25 kWh je Walzvorgang und 30 kWh je Arbeitstag (Monatsfaktor). Der Erdgasverbrauch beträgt für jede Aufwärmstunde 2 $m^3$ und 16 $m^3$ für jeden Arbeitstag. Kalkulatorische Kosten sind mit 5.000 fixen Recheneinheiten [RE] und 260 RE je Walzvorgang zu berücksichtigen.

Im Monat Juli sollen zwei verschiedene Aluminiumsorten gewalzt werden, die geplante Bearbeitungsmenge der Sorte $x_1$ beträgt 1.000 t, die der Sorte $x_2$ 800 t. Je Tonne von $x_1$ ist eine Aufwärmzeit von 0,5 Stunden, je Tonne von $x_2$ von 0,8 Stunden erforderlich. Der Monat Juli hat 21 Arbeitstage (als Monatsfaktor zu wählen), an denen insgesamt voraussichtlich 210 Walzvorgänge anfallen werden.

Der Planung werden folgende Kosten zugrunde gelegt:

| | | |
|---|---|---|
| Arbeitsstunden | [€/h] | 34,00 |
| Strom | [€/kWh] | 0,08 |
| Erdgas | [€/$m^3$] | 1,20 |
| Kalkulatorische Kosten | [€/RE] | 1,00 |

Die geplanten Periodenerlöse betragen € 280.000,–.

a) Erstellen Sie eine Planungsrechnung für den Monat Juli nach dem Verfahren der Betriebsplankosten- und -erlösrechnung von Laßmann.

b) Nach Ablauf des Monats wird festgestellt, daß im Juli tatsächlich 850 t Aluminium der Sorte $x_2$ gewalzt worden sind. Gleichzeitig sind aufgrund eines Standortsicherungsprogramms die Kosten je Arbeitsstunde um 10 % gesunken. Alle anderen Planangaben waren zutreffend. Berechnen Sie die Erzeugnisprogrammabweichung, die Preisabweichung, die Abweichung 2. Grades sowie die Gesamtkostenabweichung.

## Aufgabe 3.3.4: Periodische Planerfolgsrechnung mit Abweichungsanalyse

In einem Stahlgusswerk zur Herstellung von Pressen hat Ihr Assistent eine Periodenerfolgsplanung für den Monat Februar durchgeführt. Nach Abschluss seiner Planungsrechnung sind jedoch Daten abhanden gekommen. Sie versuchen nun, seine Rechnung zu rekonstruieren. Dabei gehen Sie von folgenden Einflussgrößen, Kostengütern (KG) sowie geplanten gesamten Einsatzmengen dieser Kostengüter aus:

| Kostengüter | geplante gesamte Einsatzmengen $r_i$ der Kostengüter |
|---|---|
| KG 1: Arbeitsstunden | $r_1$ = 23.900 Stunden |
| KG 2: Strom | |
| KG 3: Erdöl | $r_3$ = 9.470 Liter |
| KG 4: Kalkulatorische Kosten | $r_4$ = 530.000 Recheneinheiten |

| Einflussgrößen |
|---|
| 1: Rechenwert |
| $e_1$: Aufwärmstunden |
| $e_2$: Anzahl Gießvorgänge |
| $e_3$: Monatsfaktor |

Ferner haben Sie folgende Informationen: 300 Arbeitsstunden werden als fix betrachtet. Des Weiteren fallen je Aufwärmstunde 4 Arbeitsstunden an, und jeder Gießvorgang erfordert 9 Arbeitsstunden. Der Stromverbrauch lässt sich aufschlüsseln in eine fixe Komponente von 800 Kilowattstunden (kWh) und einflussgrößenabhängige Komponenten im Umfang von 10 kWh je Aufwärmstunde, 5 kWh je Gießvorgang und 30 kWh je Arbeitstag (Monatsfaktor). Vom Erdölverbrauch werden 20 Liter (l) als fix abgerechnet. Weiterhin beträgt der Erdölverbrauch für jede Aufwärmstunde 2 l und 50 l für jeden Arbeitstag. Kalkulatorische Kosten sind mit 100 Recheneinheiten (RE) je Aufwärmstunde und 150 RE je Gießvorgang zu berücksichtigen.

Im Monat Februar sollen zwei verschiedene Gusssorten erzeugt werden. Die geplante Produktionsmenge der Sorte $x_1$ beträgt 2.000 Tonnen, die der Sorte $x_2$ 1.700 Tonnen. Es wird geplant, im Februar an 25 Tagen zu produzieren (als Monatsfaktor zu wählen), an denen insgesamt voraussichtlich 800 Gießvorgänge anfallen werden. Ferner wissen Sie lediglich, dass je Tonne der Sorte $x_1$ 1,2-mal so viele Aufwärmstunden wie für eine Tonne der Sorte $x_2$ benötigt werden.

Der Planung werden folgende Kosten zugrunde gelegt:

| | | |
|---|---|---|
| Arbeitsstunden | [€/h] | 42,00 |
| Strom | [€/kWh] | 0,12 |
| Erdöl | [€/l] | 1,75 |
| Kalkulatorische Kosten | [€/RE] | 1,20 |

Die geplanten Verkaufsmengen entsprechen den Herstellungsmengen der beiden Sorten, Lagerbestände liegen nicht vor. Der Verkaufspreis wird mit € 390,– je Tonne für die Sorte $x_1$ und € 360,– je Tonne für die Sorte $x_2$ veranschlagt. Das geplante Periodenergebnis, das Ihr Assistent errechnete, beläuft sich auf einen Verlust von € 269.958,50.

a) Ermitteln Sie entsprechend dem Verfahren der periodischen Planerfolgs- bzw. Betriebsplankosten- und -erlösrechnung nach Laßmann, ausgehend vom geplanten Periodenergebnis, die Gesamtkosten und stellen Sie dann die Kosten-, Produktions- sowie Einflussgrößen-Erzeugnisprogramm-Funktion mit den vollständigen Plandaten für Februar auf.

b) Nach Ablauf des Monats stellen Sie fest, dass im Februar entscheidungsbedingt nur 1.900 Tonnen Stahl der Sorte $x_1$ und 1.500 Tonnen der Sorte $x_2$ produziert worden sind. Zugleich stiegen die Kosten je Liter Erdöl auf 1,82 € an, während der kalkulatorische Kostensatz auf 1,05 € je Recheneinheit korrigiert werden musste. Alle übrigen Planangaben waren zutreffend. Berechnen Sie die Erzeugnisprogrammabweichung, die Preisabweichung, die Abweichung 2. Grades sowie die Gesamtkostenabweichung.

# 4 Steuerungsorientierte Systeme der Kostenrechnung

## 4.1 Standardkostenrechnung

### Aufgabe 4.1.1: Standardkostenrechnung

Bei Zugrundelegung minimaler Güterverbräuche lässt sich die Gesamtkostenfunktion K einer Kostenstelle wie folgt darstellen. Die Variable x steht für die Ausbringungsmenge.

$$K = \begin{cases} 4{,}51 \cdot x + 2.650 & 0 \leq x \leq 500 \\ \frac{1}{80} \cdot (x - 320)^2 + 4.500 & x > 500 \end{cases}$$

a) Berechnen Sie die Gesamtkosten und die Stückkosten für die Ausbringungsmengen 0, 100, 200, …, 900 und 1.000 Einheiten.

b) Stellen Sie die Funktionen der Gesamt- und Stückkosten grafisch dar.

c) Bestimmen Sie auf der Basis der Optimalbeschäftigung den Kostenbetrag, der dieser Kostenstelle als Plankosten vorgegeben werden soll.

### Aufgabe 4.1.2: Standard- und Prognosekostenrechnung

Ausgehend von den jeweils minimalen Güterverbräuchen wurden durch eine technische Analyse für eine Kostenstelle folgende Kostenfunktionen in Abhängigkeit von der Ausbringungsmenge x ermittelt.

$$K = 2 \cdot x + 700 \quad \text{für} \quad 0 \leq x \leq 300$$

$$K = \frac{1}{300} \cdot x^2 + 1.000 \quad \text{für} \quad x > 300$$

Die Maximalkapazität der Kostenstelle beträgt 700 Einheiten.

a) Ermitteln Sie den dieser Kostenstelle vorzugebenden Sollkostenbetrag bei Optimalbeschäftigung.

b) Errechnen Sie die Plankosten auf der Basis der Optimalbeschäftigung unter der Annahme, dass die Kapazität der betrachteten Kostenstelle auf nicht absehbare Zeit nur zu 60 % ausgelastet werden kann.

c) Kennzeichnen Sie die Unterschiede zwischen Standard- und Prognosekostenrechnung anhand dieses Beispiels.

## Aufgabe 4.1.3: Kostenplanung in der Standard- und Prognosekostenrechnung

Nachstehend ist ein Auszug aus einem Kostenstellenplan wiedergegeben:

| Kostenarten | Plankosten [€] | Variator |
|---|---|---|
| Hilfslöhne | 95.000,– | 10 |
| Soziale Aufwendungen | 48.000,– | 3 |
| Instandhaltungsmaterial | 14.000,– | 7 |
| Abschreibungen | 60.000,– | 6 |
| Zinsen | 19.000,– | 0 |

a) Um welche Form einer Plankostenrechnung handelt es sich?

b) Ermitteln Sie die Planansätze für die genannten Gemeinkostenarten für eine Beschäftigung von 80 % und 90 %.

c) Geben Sie an, welche Unterschiede zwischen einer Standardkostenrechnung und einer Prognosekostenrechnung hinsichtlich der Merkmale Rechnungsziel, Bewertung der Güterverbräuche und Zwecksetzung der Kostenkontrolle bestehen.

## Aufgabe 4.1.4: Kostenplanung in der Standard- und Prognosekostenrechnung

Für die Gemeinkosten einer Kostenstelle gelte die Funktion $K = 6.000 + 30 \cdot x$. Die Kapazitätsgrenze liege bei $x = 300$. Es wird eine Beschäftigung von $x = 250$ erwartet.

a) Welche Höhe besitzen die Plankosten in einer Standardkostenrechnung auf der Basis der Optimalbeschäftigung?

b) Welche Plankosten gehen in eine Prognosekostenrechnung ein?

c) Welchen Wert besitzt der Variator in Standard- und Prognosekostenrechnung?

d) Untersuchen Sie die Eignung von Vollkosteninformationen für die Entscheidung über die Annahme oder Ablehnung eines Zusatzauftrags.

## 4.2 Target-Costing

### Aufgabe 4.2.1: Target-Costing

Sie haben vor, ein Fast-Food-Restaurant zu eröffnen. Als Student der Betriebswirtschaftslehre haben Sie gelernt, dass man Produkte, die man entwickeln und fertigen will, auf den Markt auszurichten hat. Da Sie Fachmann im Target-Costing sind, stellen Sie die folgenden Überlegungen an.

Ihr innovatives Produkt, das Sie am Markt einführen wollen, ist der Hamburger Queen FL (fleischlos). Eine Kundenbefragung und Ihre eigenen Vorstellungen über den einzigartigen neuen Hamburger ergaben die Gewichtung der einzelnen Produktfunktionen:

| Produktfunktion | Teilgewichte in % |
|---|---|
| Geschmack | 15 |
| Auslaufschutz und Esskomfort | 10 |
| Design | 5 |
| Sättigung | 30 |
| Recyclingfähigkeit nicht verkaufter Hamburger | 20 |
| Stapelbarkeit im Verkaufstresen | 20 |
| | Σ 100 % |

Die Erfüllbarkeit der Produktfunktionen durch die einzelnen Produktkomponenten (Semmel, Bratling, Salatblatt, Ketchup) zeigt die folgende Matrix:

| in % | Geschmack | Auslaufschutz | Design | Sättigung | Recycling | Stapelbarkeit |
|---|---|---|---|---|---|---|
| Semmel | 15 | 90 | 90 | 70 | 5 | 80 |
| Bratling | 60 | 5 | – | 30 | 60 | 20 |
| Salatblatt | 10 | 5 | 10 | – | 20 | – |
| Ketchup | 15 | – | – | – | 15 | – |
| Σ | 100 % | 100 % | 100 % | 100 % | 100 % | 100 % |

Nach einer ausgiebigen Marktanalyse über den erzielbaren Preis Ihres Hamburger Queen FL leiten Sie die Zielkosten ab. Sie teilen jeder einzelnen Produktkomponente den folgenden Zielkostenanteil zu:

| | |
|---|---|
| Semmel | 30 % |
| Bratling | 50 % |
| Salatblatt | 15 % |
| Ketchup | 5 % |
| Σ | 100 % |

a) Ermitteln Sie die Teilgewichte der Produktkomponenten, die sich aus der Erfüllung der Funktionen ergeben. Sie sollen die Bedeutung der Produktkomponenten für Ihr Endprodukt widerspiegeln.

b) Ermitteln Sie den Zielkostenindex jeder einzelnen Produktkomponente.

c) Interpretieren Sie die einzelnen Zielkostenindizes.

## Aufgabe 4.2.2: Target-Costing

Das Unternehmen Philodorm produziert Schlafcouches. In einer Marktanalyse wurde die relative Bedeutung der Funktionen dieses Produkts aus Sicht der Kunden erhoben.

| Funktion | Teilgewichte in % |
|---|---|
| F1 Schlafkomfort | 20 |
| F2 Pflegeleichtigkeit | 15 |
| F3 Bedienungskomfort | 35 |
| F4 Mechanische Haltbarkeit | 15 |
| F5 Design | 10 |
| F6 Transportabilität | 5 |
| | Σ 100 % |

Die neuentwickelte Schlafcouch Nastassija besteht aus vier Produktkomponenten, deren Beiträge zur Erfüllung der von den Kunden gewünschten Produktfunktionen folgendermaßen geschätzt werden:

| | Funktion | | | | | |
|---|---|---|---|---|---|---|
| **Komponente** | **F1** | **F2** | **F3** | **F4** | **F5** | **F6** |
| K1 Matratze | 50 | 50 | 40 | 30 | 50 | 30 |
| K2 Gestell | 35 | 15 | 45 | 40 | 15 | 35 |
| K3 Bezug | 5 | 30 | 10 | 20 | 20 | 30 |
| K4 Bettkasten | 10 | 5 | 5 | 10 | 15 | 5 |
| | 100 % | 100 % | 100 % | 100 % | 100 % | 100 % |

Aufgrund jahrelanger Branchenkenntnis werden die Anteile der Komponenten an den Gesamtkosten einer Schlafcouch ermittelt:

| K1 | K2 | K3 | K4 |
|---|---|---|---|
| 40 % | 25 % | 25 % | 10 % |

a) Berechnen Sie für jede Produktkomponente ihr Teilgewicht. Dieses soll durch Berücksichtigung der Beiträge zur Funktionserfüllung die Bedeutung der einzelnen Produktkomponenten für das Endprodukt zum Ausdruck bringen.

b) Ermitteln Sie für jede Produktkomponente den zugehörigen Zielkostenindex.

c) Interpretieren Sie die in b) ermittelten Zielkostenindizes für jede Produktkomponente und veranschaulichen Sie Ihre Aussagen anhand einer Grafik.

## Aufgabe 4.2.3: Target-Costing

Ein Unternehmen der Sportindustrie produziert unter anderem Skianzüge. In einer Marktanalyse wurden die folgenden relativen Bedeutungen der Funktionen dieses Produkts aus Sicht der Kunden erhoben.

| Funktion | Teilgewichte in % |
|---|---|
| F1 Atmungsaktivität | 20 |
| F2 Kälteschutz | 35 |
| F3 Bewegungsfreiheit | 25 |
| F4 Design | 15 |
| F5 Sicherheit | 5 |
| | Σ 100 % |

Der neu entwickelte Herrenskianzug „Pistenstar" für Herren von durchschnittlicher Statur besteht aus fünf Produktkomponenten (Obermaterial, Innenfutter, Reißverschlüsse, Gummizüge und Lawinensender). Deren Beiträge zur Erfüllung der von den Kunden gewünschten Produktfunktionen werden folgendermaßen geschätzt:

| | Funktion | | | | |
|---|---|---|---|---|---|
| **Komponente** | **F1** | **F2** | **F3** | **F4** | **F5** |
| K1 Obermaterial | 40 | 35 | 25 | 45 | 30 |
| K2 Innenfutter | 55 | 35 | 25 | 30 | 5 |
| K3 Reißverschlüsse | 0 | 15 | 15 | 15 | 0 |
| K4 Gummizüge | 5 | 15 | 30 | 10 | 0 |
| K5 Lawinensender | 0 | 0 | 5 | 0 | 65 |
| | Σ 100 % | Σ 100 % | Σ 100 % | Σ 100 % | Σ 100 % |

In Abstimmung mit den Entwicklern des Skianzuges „Pistenstar" und der Produktion legen die Kostencontroller für die einzelnen Produktkomponenten des Skianzuges „Pistenstar" folgende Zielkosten fest:

| Komponente | K1 | K2 | K3 | K4 | K5 |
|---|---|---|---|---|---|
| Zielkosten der Komponente (in Euro) | 265,– | 230,– | 80,– | 45,– | 110,– |

a) Ermitteln und interpretieren Sie für jede Komponente des Skianzuges „Pistenstar" den zugehörigen Zielkostenindex.

b) Gehen Sie nun davon aus, dass die Kostencontroller eine neu veröffentlichte Branchenstudie erhalten, aus welcher hervorgeht, dass ein Herrenskianzug, bestehend aus den oben aufgeführten Komponenten, im Durchschnitt nur Kosten in Höhe von 670,– Euro verursacht. In Abstimmung mit der Geschäftsleitung wird daraufhin von den Kostencontrollern vorgegeben, dass unter Verwendung einer preisgünstigeren Technologie der in den Skianzug einzubauende Lawinensender nur Zielkosten in Höhe von 50,– Euro verursachen darf. Die anderen Zielkostenbeträge ändern sich nicht. Wie hoch sind nun die Zielkostenindices für jede Komponente des Skianzuges „Pistenstar"? Interpretieren Sie Ihre Ergebnisse im Vergleich zu jenen aus Teilaufgabe a). Zeigen Sie daran, welches Problem aus einer isolierten Betrachtung der Produktkomponenten entstehen kann.

## Aufgabe 4.2.4: Target-Costing

Das Unternehmen „Italia" produziert Tiefkühlpizzen und hat letztes Jahr eine neue Pizzasorte auf den Markt gebracht, deren aktuelle Verkaufszahlen jedoch unter den prognostizierten Werten liegen. Die unzureichende Erfüllung der Kundenwünsche durch die neue Pizzasorte wird dabei von der Vertriebsabteilung als eine der Hauptursachen angeführt. Als Mitarbeiter der Controllingabteilung werden Sie deshalb damit beauftragt, das bei der Markteinführung der neuen Pizzasorte vor einem Jahr durchgeführte Target Costing-Projekt zu überprüfen.

Die Kostenanteile der drei Produktkomponenten (K1 Belag, K2 Teig und K3 Verpackung) wurden vor einem Jahr folgendermaßen geschätzt.

| K1 Belag | K2 Teig | K3 Verpackung |
|---|---|---|
| 40 % | 35 % | 25 % |

Die Erfüllung der Produktfunktionen (F1 Geschmack, F2 Nährwert, F3 Aussehen) durch die einzelnen Produktkomponenten sowie die Teilgewichte der Produktkomponenten (Bedeutung der Produktkomponenten für das Endprodukt), können Sie folgender Tabelle entnehmen, die Sie in den alten Projektunterlagen finden:

| | Produktfunktionen | | | |
|---|---|---|---|---|
| in % | F1 Geschmack | F2 Nährwert | F3 Aussehen | Teilgewichte der Produktkomponenten |
| K1 Belag | 70 | 40 | 20 | 47 |
| K2 Teig | 30 | 60 | 10 | 35,5 |
| K3 Verpackung | 0 | 0 | 70 | 17,5 |
| Σ | 100 | 100 | 100 | 100 |

a) Zur Gewichtung der einzelnen Produktfunktionen aus Kundensicht liegen Ihnen leider keine Angaben mehr vor. Berechnen Sie aus den angegebenen Daten die vor einem Jahr im Rahmen einer Marktstudie erhobenen und im Target Costing-Projekt zugrunde gelegten relativen Bedeutungen der einzelnen Produktfunktionen aus Kundensicht.

b) Ermitteln und interpretieren Sie für jede Produktkomponente den zugehörigen Zielkostenindex.

## Aufgabe 4.2.5: Target-Costing

Sie sind im Controlling der Trevlig AG, einem schwedischen Möbelhersteller, tätig. Dort möchten Sie mit Hilfe des Target Costing die Zielkosten des etablierten Schrankes „Lagom" neu bestimmen.

Der Schrank „Lagom" besteht aus den Komponenten Korpus, Türen und Inneneinrichtung. Die Drifting Costs betragen momentan pro Schrank „Lagom" 300,– €. Die neu ermittelten Zielkosten betragen 250,– €. Die Kostenanteile auf Basis der Drifting Costs und die aus Marktbefragungen ermittelten Ziel-Komponentengewichte entnehmen Sie aus folgender Tabelle:

| Komponenten des Schrankes „Lagom" | Korpus | Türen | Inneneinrichtung | Summe |
|---|---|---|---|---|
| Kostenanteil (IST) | 30 % | 50 % | 20 % | 100 % |
| Komponentengewicht (SOLL) aus Marktdaten | 20 % | 45 % | 35 % | 100 % |

Ermitteln Sie pro Komponente die Drifting Costs, die Zielkosten und den Kostenanpassungsbedarf (KAB), letzteren sowohl in absoluten Werten als auch in % der Drifting Costs.

## Aufgabe 4.2.6: Target-Costing

Sie sind in dem Unternehmen FitDrink AG angestellt, welches Profimixer herstellt. Mithilfe einer groß angelegten Marktforschungsinitiative konnten Sie die relative Bedeutung der einzelnen Funktionen des neuen Mixers für die Kundenzielgruppe identifizieren. Diese sind in der folgenden Tabelle dargestellt.

| Funktion | Bezeichnung | Teilgewicht |
|---|---|---|
| F1 | Design | 20 % |
| F2 | Größe | 5 % |
| F3 | Umdrehungszahl | 40 % |
| F4 | Benutzerfreundlichkeit | 35 % |

Der neu entwickelte Mixer besteht aus vier Produktkomponenten, deren Beitrag zur Erfüllung der Funktionen wie folgt geschätzt wird:

| Komponente \ Funktion | F1 | F2 | F3 | F4 |
|---|---|---|---|---|
| Gehäuse | 50 % | 35 % | 15 % | 20 % |
| Motor | 5 % | 40 % | 50 % | 20 % |
| Bedienelemente | 35 % | 15 % | 5 % | 45 % |
| Mixer-Messer | 10 % | 10 % | 30 % | 15 % |

Aktuell werden Drifting Costs des Mixers in Höhe von 550,– € ermittelt. Diese teilen sich wie folgt auf die vier Komponenten auf:

| Komponente | Kostenanteil je Stück |
|---|---|
| Gehäuse | 140,00 € |
| Motor | 220,00 € |
| Bedienelemente | 60,00 € |
| Mixer-Messer | 130,00 € |

a) Ermitteln Sie die Gesamtgewichte der einzelnen Komponenten.

b) Ermitteln Sie für jede Produktkomponente den Zielkostenindex und interpretieren Sie kurz dessen Bedeutung für die jeweilige Komponente.

c) Die Geschäftsführung legt die Zielkosten für den Mixer auf 500,– € fest. Die Zielkosten je Komponente sollen anhand der Komponentengewichte festgelegt werden. Ermitteln Sie die Zielkosten pro Komponente sowie den Kostenanpassungsbedarf absolut und in Prozent der Drifting Costs.

# 5 Vergleich der Kostenrechnungssysteme

## 5.1 Kurzfristige Erfolgsrechnung auf Voll- und Teilkostenbasis

### Aufgabe 5.1.1: Erfolgsrechnung auf Voll- und Teilkostenbasis (UKV)

Nach Ablauf der ersten Hälfte des Geschäftsjahres möchte die Geschäftsleitung die monatlichen Erfolge, die dem Produkt „XY" zurechenbar sind, wissen. Ermitteln Sie aus Vergleichsgründen den monatlichen Wert des Lagers sowie die monatlichen Erfolge auf der Grundlage des Umsatzkostenverfahrens in der Voll- und in der Teilkostenrechnung.

Angefallene Kosten:

| | | |
|---|---|---|
| Fixe Fertigungslohn-Gemeinkosten | [€/Monat] | 12.500,– |
| Fixe Material-Gemeinkosten | [€/Monat] | 7.500,– |
| Variable Fertigungslohnkosten | [€/Stück] | 12,– |
| Variable Materialkosten | [€/Stück] | 8,– |
| Fixe Verwaltungs- u. Vertriebs-Gemeinkosten | [€/Monat] | 3.750,– |

Der Verkaufspreis beträgt 50,– €/Stück.

Angaben aus der Produktion und der Lagerverwaltung:

| Monat | Produzierte Einheiten [Stück] | Abgesetzte Einheiten [Stück] | Lagerbestands-veränderung [Stück] | Lagerbestand [Stück] |
|---|---|---|---|---|
| 1 | 2.500 | 750 | 1.750 | 1.750 |
| 2 | 2.500 | 1.750 | 750 | 2.500 |
| 3 | 2.500 | 4.700 | –2.200 | 300 |
| 4 | 2.500 | 2.800 | –300 | – |
| 5 | 2.500 | 1.300 | 1.200 | 1.200 |
| 6 | 2.500 | 700 | 1.800 | 3.000 |

## Aufgabe 5.1.2: Erfolgsrechnung auf Voll- und Teilkostenbasis (UKV und GKV)

Aus einer Periode liegen die untenstehenden Daten vor.

| | | | |
|---|---|---|---|
| Herstellkosten | € | 600.000,– | (davon fix € 100.000,–) |
| VwGK | € | 80.000,– | (fix) |
| VtGK | € | 160.000,– | (davon fix € 90.000,–) |
| Herstellmenge | Stück | 10.000 | |
| Stückpreis | €/Stück | 100,– | |

a) Ermitteln Sie den Periodenerfolg nach dem Umsatz- und dem Gesamtkostenverfahren mit einer Vollkosten- und einer Teilkostenrechnung (einfach gestuftes Direct Costing), wenn alle hergestellten Produkte abgesetzt wurden.

b) Welche Periodenerfolge ergeben sich nach diesen Verfahren, wenn nur 8.000 Stück der hergestellten Menge abgesetzt wurden?

## Aufgabe 5.1.3: Erfolgsrechnung auf Voll- und Teilkostenbasis

Für den vergangenen Monat liegen folgende Zahlen vor (die Kostenangaben gelten auch für die Bestandsminderung):

| | **Produkt A** | **Produkt B** |
|---|---|---|
| Abgesetzte Menge durch die laufende Produktion gedeckt [Stück] | 235.670 | 172.863 |
| Abgesetzte Menge durch Bestandsminderung gedeckt [Stück] | – | 6.157 |
| Herstellkosten [€/Stück] | 1,66 | 2,63 |
| davon variabel: | 1,24 | 1,96 |
| Verwaltungs- und Vertriebsgemeinkosten pro Stück des Absatzes [€] | 0,51 | 0,83 |
| davon variabel: | 0,25 | 0,40 |
| Nettoverkaufspreis [€/Stück] | 2,70 | 3,50 |

Im Rahmen der kurzfristigen Erfolgsrechnung soll der Betriebserfolg je Produktart ermittelt werden.

a) Welches Verfahren der kurzfristigen Erfolgsrechnung verwenden Sie? Begründen Sie Ihre Entscheidung.

b) Ermitteln Sie den Betriebserfolg im System der Vollkostenrechnung.

c) Ermitteln Sie den Betriebserfolg im System der Teilkostenrechnung.

d) Worin liegt der Unterschied der Betriebserfolge bei Voll- und bei Teilkostenrechnung begründet?

## Aufgabe 5.1.4: Erfolgsrechnung auf Voll- und Teilkostenbasis (UKV)

Sie sind Trainee der Geschäftsführung der Panni-Gemüseklöße GmbH. Aus den folgenden unvollständigen Angaben der Abteilung „Betriebsabrechnung" sollen Sie die Gewinn- und Verlustrechnung für das Jahr 2016 nach dem Umsatzkostenverfahren erstellen.

2015 Gesamtkosten für die Herstellung von 2 Millionen Klößen Typ A und 1 Million Klößen Typ B € 3.500.000,–

2016 Gesamtkosten für die Herstellung von 2,5 Millionen Klößen Typ A und 1 Million Klößen Typ B € 3.900.000,–

Der Variator v der Gesamtkosten betrug 2015 v = 7. Die Verkaufspreise waren 2015 und 2016 für Typ A 1,10 €/Stück und für Typ B 1,20 €/Stück. Im Jahr 2016 wurden 2,2 Millionen Stück vom Typ A und 1 Million Stück vom Typ B verkauft. Dagegen wurde 2015 die gesamte Produktion abgesetzt. Gehen Sie von der Konstanz der Beschaffungspreise aller Produktionsfaktoren in den zwei Jahren aus.

a) Erstellen Sie die Gewinn- und Verlustrechnung 2016 nach dem Umsatzkostenverfahren auf Vollkostenbasis. Die Fixkosten sind dabei proportional nach den hergestellten Mengen zu verteilen.

b) Erstellen Sie die Gewinn- und Verlustrechnung 2016 nach dem Umsatzkostenverfahren auf Teilkostenbasis.

c) Wie hoch ist der Gewinn bzw. der Verlust 2016 nach Voll- bzw. Teilkostenrechnung. Ergibt sich ein Unterschied? Begründen Sie Ihre Antwort und zeigen Sie gegebenenfalls, worauf der Unterschied rechnerisch zurückzuführen ist.

## Aufgabe 5.1.5: Erfolgsrechnung auf Voll- und Teilkostenbasis (UKV)

Die Meier Garten AG produziert drei verschiedene Arten von Blumentöpfen, die sich in Größe und Farbe unterscheiden, deren Herstellungsprozess aber sehr ähnlich ist. Für die Herstellung fielen fixe Herstellkosten in Höhe von € 2.272,– an sowie variable Herstell- und Vertriebskosten:

Es sind folgende Daten bekannt:

| Produkt | Produzierte Menge [Stück] | Verkaufte Menge [Stück] | Erlös [€/Stück] | Variable Herstellkosten [€/Stück] | Variable Vertriebskosten [€/Stück] |
|---|---|---|---|---|---|
| B1 | 100 | 80 | 31,50 | 10,– | 3,40 |
| B2 | 80 | 100 | 26,50 | 14,– | 2,60 |
| B3 | 60 | 40 | 24,80 | 20,– | 2,– |

a) Errechnen Sie die vollen Selbstkosten je Stück der abgesetzten Produkte. Die angefallenen fixen Herstellkosten sollen unter Verwendung folgender Äquivalenzziffern den Produkten zugerechnet werden.

| | Äquivalenzziffern |
|---|---|
| B1 | 1,2 |
| B2 | 1,0 |
| B3 | 1,4 |

b) Ermitteln Sie den Periodenerfolg auf Vollkostenbasis unter Anwendung des Umsatzkostenverfahrens.

c) Aus welchem Grund kann sich beim Umsatzkostenverfahren mit Vollkostenrechnung ein anderes Ergebnis als beim Umsatzkostenverfahren mit Teilkostenrechnung ergeben? Ist der Gewinn bei Teil- oder bei Vollkostenrechnung höher?

## Aufgabe 5.1.6: Erfolgsrechnung auf Voll- und Teilkostenbasis (GKV)

Sie sind Mitarbeiter im Controlling der Knips-Regenschirm GmbH und sollen aus den folgenden unvollständigen Angaben der Abteilung „Betriebsabrechnung" die Gewinn- und Verlustrechnung für das Jahr 2016 nach dem Gesamtkostenverfahren erstellen.

| Schirm | | Typ A | Typ B |
|---|---|---|---|
| Hergestellte Menge | 2015<br>2016 | 200.000<br>250.000 | 100.000<br>100.000 |
| Gesamtkosten der Herstellung [€] | 2015<br>2016 | 6.000.000,–<br>7.500.000,– | |

In den Gesamtkosten sind fixe Kosten für den am 1.1.2016 neu eingestellten Geschäftsführer in Höhe von € 650.000,– enthalten. Der Variator v der Gesamtkosten betrug 2015: v = 7. Die Verkaufspreise waren 2015 und 2016 für Typ A 25,– €/Stück und für Typ B 15,– €/Stück. Im Jahr 2016 wurden 230.000 Stück vom Typ A und 100.000 Stück vom Typ B verkauft. 2015 wurde die gesamte Produktion abgesetzt. Gehen Sie von der Konstanz der Beschaffungspreise aller Produktionsfaktoren (außer für die Geschäftsführung) in den zwei Jahren aus.

a) Erstellen Sie die Gewinn- und Verlustrechnung 2016 nach dem Gesamtkostenverfahren auf Basis von Vollkosten. Die Fixkosten sind proportional auf die hergestellten Mengen zu verteilen.

b) Erstellen Sie die Gewinn- und Verlustrechnung 2016 nach dem Gesamtkostenverfahren auf Basis von Teilkosten.

c) Ergeben sich Differenzen im Gewinn/Verlust 2016 nach Voll- bzw. Teilkostenrechnung? Worauf sind diese zurückzuführen?

## Aufgabe 5.1.7: Erfolgsrechnung auf Voll- und Teilkostenbasis (UKV), Preisuntergrenze und Break-Even-Analyse

Die Firma Herbert Newcomer produziert und verkauft Elvis-Gedenkplaketten. Das Produktprogramm besteht aus 3 verschiedenen Produkten, Memphis, King und Vegas. Die folgende Tabelle zeigt Mengen, Kosten und Erlöse:

| Erzeugnis | Memphis | King | Vegas |
|---|---|---|---|
| Gelagerte Menge [Stück] | 4.000 | 2.000 | 1.500 |
| Verkaufte Menge [Stück] | 10.000 | 3.600 | 4.000 |
| Hergestellte Menge [Stück] | 8.000 | 2.000 | 3.000 |
| Fertigungslöhne [€] | 3.200,– | 1.200,– | 600,– |
| Fertigungsmaterial [€] | 2.400,– | 2.400,– | 900,– |
| Fixe FGK und MGK [€] | 4.000,– | 3.000,– | 2.100,– |
| Variable FGK und MGK [€] | 6.400,– | 2.400,– | 1.500,– |
| Variable Vw- u. VtGK [€] | 3.000,– | 1.440,– | 800,– |
| SEKVt [€] | 2.000,– | 1.080,– | 400,– |
| Fixe Vw- u. VtGK [€] | | 5.100,– | |
| Verkaufspreise [€] | 4,– | 6,– | 2,– |

a) Bestimmen Sie für die drei Produkte die absolute Preisuntergrenze pro Stück. Die fixen Vw- und VtGK werden zu gleichen Teilen auf die drei Produkte verteilt.

b) Errechnen Sie das Periodenergebnis nach dem Umsatzkostenverfahren zu Voll- und zu Teilkosten (keine Kostenänderung im Vergleich zur Vorperiode). Interpretieren Sie Ihre Ergebnisse. Worauf lassen sich die Unterschiede zurückführen?

c) Zeigen Sie den Break-Even-Point für die Gesamtproduktion unter der Annahme, dass quartalsweise folgende Absatzmengen realisiert werden:

| Produkt | 1. Quartal [Stück] | 2. Quartal [Stück] | 3. Quartal [Stück] | 4. Quartal [Stück] |
|---|---|---|---|---|
| Memphis | 2.000 | 1.000 | 3.000 | 4.000 |
| King | 600 | 600 | 400 | 2.000 |
| Vegas | 1.000 | 1.000 | 1.000 | 1.000 |

Das Lager sei zu Teilkosten bewertet. Stellen Sie die Lösung grafisch dar.

## Aufgabe 5.1.8: Kostenträgerrechnung und kurzfristige Erfolgsrechnung

Eine Unternehmung fertigt in einstufigen Produktionsprozessen zwei Produktarten A und B. Für die beiden Produkte liegen folgende Angaben vor:

| Produkt | Stückerlöse [€/Stück] | Fertigungsmaterial [€/Stück] | Fertigungslöhne [€/Stück] | Fertigungszeiten [h/Stück] | Fertigungsmengen [Stück] | Absatzmenge [Stück] |
|---|---|---|---|---|---|---|
| A | 90,– | 22,– | 19,– | 0,25 | 4.000 | 4.000 |
| B | 130,– | 18,– | 26,– | 0,40 | 3.000 | 2.500 |

a) Berechnen Sie die Kosten des Fertigungsmaterials, der Fertigungslöhne und die für die Fertigung benötigte Zeit je Produktart sowie insgesamt.

b) Bestimmen Sie unter Verwendung des nachfolgenden Ausschnitts aus dem Betriebsabrechnungsbogen die Zuschlagssätze für die Endkostenstellen.

| Kosten | Materialstelle | Fertigungsstelle | Vw- u.Vertriebsstelle | Betrag [€] |
|---|---|---|---|---|
| Summe [€] | 24.140,– | 187.000,– | 186.644,– | 397.784,– |
| Zuschlagsbasis | Fertigungsmaterial | Fertigungszeit | Herstellkosten der abgesetzten Produkte: € 466.610,– | – |

c) Berechnen Sie unter Verwendung der Zuschlagssätze die Selbstkosten der beiden Produktarten.

d) Führen Sie unter Verwendung der obigen Ergebnisse die kurzfristige Erfolgsrechnung nach dem Gesamtkostenverfahren und nach dem Umsatzkostenverfahren durch.

## Aufgabe 5.1.9: Kurzfristige Periodenerfolgsrechnung

Ein Betrieb fertigt ein einziges Produkt. In zwei nacheinander liegenden Quartalen wurden je 1.000 Einheiten des Produktes hergestellt. Im ersten Quartal wurden 800 Einheiten und im zweiten Quartal 1.200 Einheiten des Produktes verkauft. Dabei wurde ein Stückverkaufspreis von 180 Euro erzielt.

In beiden Quartalen liegt dieselbe Kostensituation vor:

| | Kosten [€] |
|---|---|
| Variable Kosten: | |
| Material | 20.000,– |
| Fertigungslöhne | 20.000,– |
| Fixe Kosten: | |
| Fertigungskosten | 80.000,– |
| Verwaltungskosten | 20.000,– |
| Vertriebskosten | 20.000,– |

a) Welche Quartalsergebnisse liefert die Periodenerfolgsrechnung nach dem Vollkosten- und nach dem Teilkostenprinzip auf der Grundlage des Umsatzkostenverfahrens? Stellen Sie die Ergebnisse in Kontenform dar.

b) Wie erklären Sie die Unterschiede in den Quartalsergebnissen zwischen der Voll- und der Teilkostenrechnung?

## Aufgabe 5.1.10: Kurzfristige Periodenerfolgsrechnung

Ein Betrieb fertigt die Produkte A und B. In der letzten Periode wurden die folgenden Mengen hergestellt und zum angegebenen Stückerlös verkauft:

| | A | B |
|---|---|---|
| Stückerlös [€] | 50,– | 40,– |
| Hergestellte Menge | 5.000 | 5.000 |
| Abgesetzte Menge | 4.000 | 5.500 |

Bei der Fertigung nehmen die Produkte jeweils die folgende Fertigungszeit in Anspruch:

| | A | B |
|---|---|---|
| Fertigungszeit [Min./Stück] | 30 | 20 |

Für die Herstellung der Produkte entstehen Materialeinzelkosten pro Stück von 6,– € für Produkt A und 10,– € für Produkt B. Die Fertigung beider Produkte erfolgt an einer Maschine. Die Maschine mit einem Anschaffungswert von 1.000.000,– € verliert ausschließlich durch den Zeitablauf an Wert und wird daher über 5 Perioden linear abgeschrieben. Es fallen in der Periode variable Fertigungslöhne in Höhe von 100.000,– € an. Des Weiteren fallen in der Periode Verwaltungs- und Vertriebsgemeinkosten in Höhe von 60.000,– € an.

a) Bestimmen Sie den Periodenerfolg nach dem Gesamtkostenverfahren auf Vollkostenbasis. Verteilen Sie dabei die Fertigungskosten – soweit notwendig – im Verhältnis der beanspruchten Fertigungszeit auf die beiden Produkte. Stellen Sie das Ergebnis in Kontenform dar.

b) Wie hoch ist der Periodenerfolg auf Teilkostenbasis?

## Aufgabe 5.1.11: Deckungsbeitragsrechnung, Periodenerfolgsrechnung und Break-Even-Analyse

Ein Unternehmen stellt das Produkt A und die beiden Produktvarianten B1 und B2 her. Für die kommende Periode gibt es die folgenden Plandaten:

| | A | B1 | B2 |
|---|---|---|---|
| Herstellmenge [Stück] | 12.000 | 16.000 | 15.000 |
| Absatzmenge [Stück] | 10.000 | 16.000 | 15.000 |

Basierend auf den Plandaten ist folgende mehrstufige Deckungsbeitragsrechnung für die kommende Periode entstanden:

<table>
<tr><th></th><th>A</th><th>B1</th><th>B2</th></tr>
<tr><td>Erlöse [€ pro Stück]</td><td>12,00</td><td>20,00</td><td>18,00</td></tr>
<tr><td>variable Herstellkosten [€ pro Stück]</td><td>8,40</td><td>15,00</td><td>17,00</td></tr>
<tr><td>variable Vertriebskosten [€ pro Stück]</td><td>2,00</td><td>1,00</td><td>1,50</td></tr>
<tr><td>Stückdeckungsbeitrag [€]</td><td>1,60</td><td>4,00</td><td>-0,50</td></tr>
<tr><td>Gesamtdeckungsbeitrag I</td><td>16.000,00</td><td>64.000,00</td><td>-7.500,00</td></tr>
<tr><td>Erzeugnisfixkosten (Herstellkosten)</td><td>0,00</td><td>14.000,00</td><td>0,00</td></tr>
<tr><td>Gesamtdeckungsbeitrag II</td><td>16.000,00</td><td>50.000,00</td><td>-7.500,00</td></tr>
<tr><td>Kostenstellenfixkosten (Herstellkosten)</td><td>18.000,00</td><td colspan="2">20.000,00</td></tr>
<tr><td>Gesamtdeckungsbeitrag III</td><td>–2.000,00</td><td colspan="2">22.500,00</td></tr>
<tr><td>Unternehmensfixkosten (Verwaltung)</td><td colspan="3">10.000,00</td></tr>
<tr><td>Plangewinn</td><td colspan="3">10.500,00</td></tr>
</table>

a) Beurteilen Sie als Mitarbeiter der Controlling-Abteilung die folgenden Maßnahmenvorschläge zur Produktprogrammplanung. Berechnen Sie außerdem die jeweiligen Auswirkungen auf den Plangewinn der Periode.
   - Vorschlag 1: Die Produktion von Produktvariante B2 sollte kurzfristig eingestellt werden.
   - Vorschlag 2: Die Produktion von Produkt A sollte kurzfristig eingestellt werden.
   - Vorschlag 3: Eine einmalige kurzfristige Werbekampagne (zusätzliche Fixkosten in Höhe von 2.000 Euro) verspricht eine einmalige Erhöhung der Absatzmenge von Produkt A um 2.000 Stück.

b) Ab welcher zusätzlichen Mindestabsatzmenge von Produkt A würde sich die Werbekampagne aus Vorschlag 3 zumindest kurzfristig lohnen?

c) Berechnen Sie den Gewinn des Unternehmens in der kommenden Periode nach dem Gesamtkostenverfahren zu Vollkosten. Begründen Sie Ihre Vorgehensweise der Berechnung.

## Aufgabe 5.1.12: Deckungsbeitragsrechnung und Gesamtkostenverfahren

Eine Unternehmung stellt die drei Produktarten A, B und C her und verkauft sie in den Regionen Süd und Nord. Für die Planperiode liegen folgende Daten vor:

| Produktart | A | B | C |
|---|---|---|---|
| Absatzmengen | 100 | 200 | 50 |
| Fertigungsmengen | 120 | 180 | 50 |
| Stückpreise [€] | 10,– | 6,– | 15,– |
| Variable Herstellkosten [€] | 7,– | 2,– | 7,– |
| SEK Vertrieb [€] | 1,– | 1,– | 1,– |
| Variable Stückkosten [€] | 8,– | 3,– | 8,– |
| Stück-DB [€] | 2,– | 3,– | 7,– |
| Fixkosten je Produktart [€] | 120,– | 90,– | 200,– |

Die Produkte A und B werden in demselben Fertigungsbereich erstellt, für den fixe Fertigungskosten von € 300,– anfallen, während der Bereich, in dem C hergestellt wird fixe Fertigungskosten von € 170,– verursacht.

Produkt A wird nur in der Region Süd verkauft, wofür fixe Vertriebskosten von € 100,– aufzuwenden sind, während den Vertrieb von und C in der Region Nord fixe Vertriebskosten von € 120,– anfallen.

Zudem entstehen fixe Unternehmenskosten für Verwaltung und Vertrieb von € 50,–.

a) Nennen Sie zwei Vorzüge mehrstufiger Deckungsbeitragsrechnungen.

b) Führen Sie die aufgrund dieser Planwerte möglichen beiden Deckungsbeitragsrechnungen durch.

c) Welche Erkenntnisse lassen sich aus diesen Rechnungen ableiten?

d) Berechnen Sie nun den geplanten Periodenerfolg auf Vollkostenbasis nach dem Gesamtkostgenverfahren. In dieser Vollkostenrechnung sind die fixen Fertigungskosten je Produktart und je Bereich proportional zu den jeweiligen Fertigungsmengen zu schlüsseln.

e) Worauf lässt sich hier die Differenz im Periodenerfolg zwischen Voll- und Teilkostenrechnung verbal und rechnerisch zurückführen?

## Aufgabe 5.1.13: Vergleich Umsatz- und Gesamtkostenverfahren mit Deckungsbeitragsrechnung

Für die abgelaufene Periode einer Unternehmung sind folgende Daten ermittelt worden:

| Produkte | Produktionsmengen | Absatzmengen | Stückerlös (€) | var. Herstellkosten je Stück (€) | SEK Vertrieb je Stück (€) | Volle Selbstkosten je Stück (€) |
|---|---|---|---|---|---|---|
| A | 100 | 120 | 20,– | 12,– | 2,– | 18,– |
| B | 80 | 60 | 12,– | 6,– | 2,– | 10,– |
| C | 20 | 20 | 30,– | 20,– | 4,– | 28,– |

a) Bestimmen Sie anhand dieser Daten den Periodenerfolg nach dem Umsatzkostenverfahren auf Vollkostenbasis.

b) Berechnen Sie aus diesen Daten die in dieser Periode angefallenen Fixkosten.

c) Führen Sie eine Periodenerfolgsrechnung mit dem Gesamtkostenverfahren auf Teilkostenbasis durch.

d) Erläutern Sie den Unterschied zwischen dem Periodenerfolg auf Voll- und Teilkostenbasis sowohl verbal als auch an diesem Zahlenbeispiel.

e) Zeigen Sie die Bestimmung des Periodenerfolgs mithilfe einer Deckungsbeitragsrechnung. Worin sehen Sie einen Vorteil dieser Form?

## Aufgabe 5.1.14: Vergleich Deckungsbeitragsrechnung und Vollkostenrechnung

Eine Firma will in der kommenden Periode fünf Produkte produzieren und verkaufen. Deren wichtigste Plandaten sind aus folgender Tabelle ersichtlich:

| Produktart | Stückerlöse | Absatzmengen | Fertigungsmengen | Variable Fertigungskosten (€/Stück) | Variable Vertriebskosten (€/Stück) | Fixe Fertigungskosten je Produktart (€) |
|---|---|---|---|---|---|---|
| A | 24,– | 1.000 | 1.200 | 10,– | 5,– | 600,– |
| B | 15,– | 2.300 | 2.500 | 11,– | 6,– | 625,– |
| C | 20,– | 2.800 | 2.500 | 5,– | 3,– | 500,– |
| D | 30,– | 1.200 | 1.200 | 20,– | 3,– | 1.200,– |
| E | 25,– | 1.500 | 1.200 | 18,– | 6,– | 1.500,– |

Die Produktarten werden an unterschiedliche Kundengruppen verkauft, und zwar A und B in Europa, C und D in Amerika sowie E in Israel. In diesen Regionen fallen fixe Vertriebskosten von € 3.000,–, € 20.000,– bzw. € 4.500,– an.

Zusätzlich rechnet man mit Unternehmensfixkosten von € 6.500,–.

a) Welche Form einer Periodenerfolgsrechnung auf Teilkostenbasis lässt sich mit diesen Angaben (aus Ihrer Sicht) am einfachsten vornehmen? Begründen Sie Ihre Empfehlung.

b) Führen Sie diese Rechnung durch. Welche Empfehlung(en) können Sie der Geschäftsführung aufgrund dieser Rechnung geben?

c) Was könnte gegen die Befolgung Ihrer Empfehlung(en) sprechen?

d) Ergeben sich aus einer Periodenerfolgsrechnung, in der die fixen Vertriebskosten der Regionen getrennt berücksichtigt werden, zusätzliche Erkenntnisse?

e) Welcher Periodenerfolg ergibt sich unter Ausführung der Empfehlung von a) für eine Vollkostenrechnung, wenn die Fixkosten je Produktart nach Fertigungsmengen, die Fixkosten des Vertriebs sowie der Unternehmung nach Absatzmengen verteilt werden? Worauf sind die Unterschiede der Gewinnermittlung zurückzuführen (keine Berechnung erforderlich)?

### Aufgabe 5.1.15: Deckungsbeitragsrechnung und Umsatzkostenverfahren

Eine Firma stellt von einem Produkttyp die Sorten A, B und C her. Für die kommende Periode sind folgende Plandaten ermittelt worden:

| Sorte | Produzierte Menge (Stück) | Lagerbestandsänderung (Stück) | Erlös (Euro/Stück) | Variable Herstellkosten (Euro/Stück) | Variable Vertriebskosten (Euro/Stück) |
|---|---|---|---|---|---|
| A | 400 | 100 | 90,– | 40,– | 4,– |
| B | 200 | –40 | 50,– | 20,– | 2,– |
| C | 300 | –100 | 84,– | 82,– | 2,– |

Ferner wird mit fixen Fertigungskosten von € 5.200,– und fixen Verwaltungs- und Vertriebskosten von € 11.052,– gerechnet.

a) Bestimmen sie die Stückerfolge für alle drei Sorten. Die fixen Fertigungskosten sind dabei mit den Äquivalenzziffern A:B:C = 1 : 0,8 : 1,6 auf die drei Sorten zu verteilen. Die fixen Verwaltungs- und Vertriebskosten sind im üblichen Verfahren den Sorten zuzurechnen.

b) Würden Sie alle Sorten herstellen? Nennen Sie zwei Argumente, die hierfür sprechen.

c) Berechnen Sie den geplanten Periodenerfolg nach dem Umsatzkostenverfahren auf Vollkostenbasis.

d) Ermitteln Sie den geplanten Periodenerfolg mit Hilfe einer Deckungsbeitragsrechnung.

e) Zeigen Sie verbal und rechnerisch, worauf der Unterschied zwischen den Periodenerfolgen in c) und d) zurückzuführen ist.

## 5.2 Programmplanung auf Voll- und Teilkostenbasis

### Aufgabe 5.2.1: Erfolgsrechnung auf Voll- und Teilkostenbasis (UKV) und Programmplanung

Von einem Produkt A sind im Monat Mai insgesamt 5.000 Stück hergestellt und abgesetzt worden. Die gesamten Herstellkosten betrugen in diesem Monat € 60.000,–, die gesamten Selbstkosten € 75.000,–. Im Monat Juni plant man für Produkt A eine Herstellungsmenge von 6.000 Stück und eine Absatzmenge von 7.000 Stück. Die geplanten gesamten Herstellkosten für diesen Monat betragen € 66.000,–, die geplanten gesamten Selbstkosten € 83.500,–.

Beim zweiten Produkt B plant die Unternehmung im Monat Juni eine Herstellungsmenge von 8.000 Stück, eine Absatzmenge von 7.000 Stück. Die Plankalkulation für dieses Produkt B ergibt folgende Werte:

| | Herstellkosten [€/Stück] | Selbstkosten [€/Stück] |
|---|---|---|
| Vollkosten<br>Variable Kosten | 7,–<br>5,– | 8,50<br>6,– |
| Fixkosten [€] | 19.500,– | |

Die Stückerlöse betragen in beiden Monaten bei Produkt A € 15,– und bei Produkt B € 8,–.

a) Bestimmen Sie den geplanten Gewinn des Monats Juni nach Vollkostenrechnung mit Hilfe des Umsatzkostenverfahrens (Hinweis: Hierzu sind aus den angegebenen Daten für A die Herstell- und die Selbstkosten zu berechnen).

b) Lässt sich der Gewinn durch die Streichung von Produkt B im Monat Juni verbessern? Begründen Sie Ihre Meinung.

c) Berechnen Sie den geplanten Gewinn des Monats Juni nach der Teilkostenrechnung mit Hilfe des Umsatzkostenverfahrens.

d) Zeigen Sie an Ihren Zahlenergebnissen, worauf die Gewinndifferenz zwischen Voll- und Teilkostenrechnung zurückzuführen ist.

## Aufgabe 5.2.2: Erfolgsrechnung auf Voll- und Teilkostenbasis und Programmplanung

Ein Hersteller von Wintersportartikeln produziert drei verschiedene Arten von Langlaufskiern, die sich in Größe und Form unterscheiden, deren Herstellungsprozess aber sehr ähnlich ist. Zur rechentechnischen Vereinfachung werden deshalb die angefallenen Kosten unter Verwendung folgender Äquivalenzziffern den Produkten zugerechnet.

| Produkt | Herstellkosten | | Vertriebskosten |
|---|---|---|---|
| | fix | variabel | |
| A<br>B<br>C | 1,2<br>1,0<br>1,4 | 1,0<br>1,4<br>2,0 | 1,7<br>1,3<br>1,0 |

Für die Herstellung fielen € 25.560,– fixe Kosten und € 29.880,– variable Kosten an. Die Vertriebskosten betrugen € 12.240,–, wovon die Hälfte als fix anzusehen ist. Darüber hinaus sind folgende Mengen- und Erlösdaten bekannt:

| Produkt | Produzierte Menge [Stück] | Verkaufte Menge [Stück] | Erlös [€/Stück] |
|---|---|---|---|
| A | 50 | 40 | 645,– |
| B | 40 | 50 | 595,– |
| C | 30 | 20 | 618,– |

a) Errechnen Sie die variablen und die vollen Selbstkosten je Stück der abgesetzten Produkte.

b) Ermitteln Sie den Periodenerfolg auf Vollkostenbasis unter Anwendung eines geeigneten Verfahrens der kurzfristigen Erfolgsrechnung, so dass auch das Ergebnis der einzelnen Produktarten sichtbar wird. Empfehlen Sie die Herstellung aller Produktarten? Begründen Sie Ihre Meinung.

c) Bei Teilkostenrechnung beträgt der Periodenerfolg € 3.110,–. Zeigen und berechnen Sie, worauf die Differenz zum Periodenerfolg bei Vollkostenrechnung zurückzuführen ist.

## Aufgabe 5.2.3: Programmplanung bei Voll- und Teilkostenrechnung

Der Unternehmer „Franz Trübe" möchte seine Produktpalette mit den Produkten A, B und C auf die Ertragsstärke hin untersuchen. Er führt mit folgenden Zahlen eine Vollkostenrechnung durch, wobei er die Gesamtkosten nach den Fertigungszeiten schlüsselt.

| Produkt | A | B | C |
|---|---|---|---|
| Verkaufszahlen [Stück] | 500 | 500 | 2.000 |
| Stückerlös [€] | 14,00 | 28,00 | 15,00 |
| Stückfertigungszeiten [h] | 2,00 | 4,00 | 3,50 |

Gesamtkosten: € 50.000,–; Fixkosten: € 20.000,–

a) Ermitteln Sie die Gesamt- und Stückgewinne der einzelnen Produkte sowie die Gewinnsumme.

b) Franz Trübe will das Verlustprodukt aus seiner Produktpalette streichen. Ermitteln Sie den Stück- und Gesamtdeckungsbeitrag sowie die Gewinnsumme mit und ohne „Verlustprodukt". Die Schlüsselung der variablen Kosten erfolgt dabei wie oben.

c) Erklären Sie das Zustandekommen der unterschiedlichen Ergebnisse. Wie entscheiden Sie?

## Aufgabe 5.2.4: Programmplanung bei Voll- und Teilkostenrechnung

Als Controller müssen Sie für die Geschäftsleitung verschiedene Analysen durchführen. Ihre Unternehmung fertigt die Produkte A, B und C, für welche die nachfolgenden Angaben vorliegen.

| Produkte | A | B | C |
|---|---|---|---|
| Verkaufspreise [€/Stück] | 33,– | 32,– | 26,– |
| Produktionsmengen [Stück] | 6.000 | 16.000 | 12.500 |
| Volle Selbstkosten [€] | 156.000,– | 508.800,– | 285.000,– |

a) Wie hoch ist der Periodengewinn insgesamt, pro Sorte und pro Stück?

b) Für das kommende Jahr rechnet man bei unveränderten Absatzpreisen und gleicher Kostenstruktur mit einem mengenmäßigen Absatz- und gleichzeitig Produktionsmengenrückgang um 10 % bei jeder Sorte. Wie ändert sich der Gewinn pro Stück, pro Sorte und insgesamt, wenn sich die Selbstkosten bei Produkt A auf € 143.640,–, bei Produkt B auf € 478.080,– und bei Produkt C auf € 261.000,– belaufen werden?

c) Worauf führen Sie die Veränderung des Gewinns zurück?

d) Die Geschäftsleitung schlägt vor, das Produkt B aus dem Programm zu streichen. Wie beurteilen Sie diesen Vorschlag?

e) Welche Entscheidung schlagen Sie vor? Begründen Sie diese.

## Aufgabe 5.2.5: Programmplanung bei Voll- und Teilkostenrechnung mit Engpass

Die Firma Moneymaker GmbH stellt vier verschiedene Kugelschreiber her.

| | Erlös/Stück (ohne MWSt) [€/Stück] | Gesamtkosten [€] | Variator | Herstellmenge [Stück] | Herstellzeit [min/Stück] | verwendeter Maschinentyp | benötigte Kapazität der Maschine [min] |
|---|---|---|---|---|---|---|---|
| A | 6,90 | 250,– | 6 | 50 | 3 | AC | 150 |
| B | 8,00 | 480,– | 7 | 80 | 4 | BD | 320 |
| C | 12,00 | 300,– | 7 | 30 | 4 | AC | 120 |
| D | 13,50 | 600,– | 5 | 50 | 5 | BD | 250 |

Maximalkapazitäten: Maschine AC: 270 min Maschine BD: 570 min

a) Wie hoch sind die fixen Kosten und der zu erwartende Gewinn nach Vollkostenrechnung?

b) Die Kostenrechnungsabteilung macht den Vorschlag, unter Ausnutzung der bisherigen Kapazität nur noch das gewinngünstigste Produktionsprogramm herzustellen (beachten Sie, dass auf Typ AC nur Produkt A und/oder C und auf Typ BD nur Produkt B und/oder D hergestellt werden können). Wie sieht das neue Produktionsprogramm aus und wie hoch ist der Gewinn?

c) Die Verkaufsabteilung erhebt den Einwand: „Wenn schon Verkleinerung der Produktpalette, dann besser nur einen Kugelschreiber anbieten". Allerdings kostet eine mögliche Umrüstung der Maschinen (bei gleicher Kapazität) AC auf Produktion von D € 200,– (fix) und BD auf Produktion von C € 50,– (fix). Wie hoch ist der zu erwartende Erfolg bei ausschließlicher Herstellung des Kugelschreibers D bzw. C, sofern die oben aufgeführten Stückzeiten auch für die umgerüsteten Maschinen gelten? Wie hoch ist der Erfolg, wenn D auf der Maschine BD hergestellt und die Maschine AC stillgelegt wird?

## Aufgabe 5.2.6: Programmplanung bei Voll- und Teilkostenrechnung mit Engpass

Die Gesellschaft „Peter, Paul & Mary" will das gewinnmaximale Produktionsprogramm für die kommende Planperiode bestimmen. Bisher sind vier Erzeugnisse am Markt angeboten worden, für die die folgenden Daten vorliegen:

| Produkt | maximale Absatzmenge [Stück] | Gesamtkosten je Produktart bei max. Absatz [€] | variable Kosten [€/Stück] | Verkaufspreis [€/Stück] |
|---|---|---|---|---|
| A | 200 | 18.000,– | 85,– | 80,– |
| B | 400 | 24.000,– | 50,– | 70,– |
| C | 500 | 26.000,– | 45,– | 50,– |
| D | 100 | 9.500,– | 80,– | 120,– |

Alle Erzeugnisse müssen bis zu ihrer Absatzreife in zwei Fertigungsabteilungen bearbeitet werden, in denen sie jeweils unterschiedliche Bearbeitungszeiten benötigen:

| Produkt | Bearbeitungszeiten [h] | |
|---|---|---|
| | Fertigungsabteilung I | Fertigungsabteilung II |
| A | 0,50 | 0,25 |
| B | 10,00 | 2,00 |
| C | 1,00 | 0,50 |
| D | 5,00 | 8,00 |
| maximale Kapazität [h] | 10.000 | 2.000 |

a) Planen Sie nach untenstehenden Angaben das gewinnmaximale Produktionsprogramm für die nächste Periode nach der Vollkosten- sowie der Deckungsbeitragsrechnung und errechnen Sie für beide Methoden den Nettogewinn. Welche Empfehlung sprechen Sie aus?

b) Führen Sie für beide Berechnungsarten eine Kapazitätsprüfung durch.

c) Die maximale Kapazität der Fertigungsabteilung 2 möge jetzt 1.650 Stunden (statt 2000 Stunden) betragen. Alle anderen Angaben bleiben unverändert. Wie setzt sich das gewinnmaximale Produktionsprogramm für die folgende Periode zusammen und welcher Nettogewinn ergibt sich, wenn die Vollkosten- bzw. die Deckungsbeitragsrechnung angewendet wird?

## Aufgabe 5.2.7: Eigenfertigung oder Fremdbezug

Zu dem Produkt, das in Ihrer Unternehmung gefertigt wird, gehört ein Kleinteil, das selbst gefertigt oder zugekauft werden kann. Mit untenstehenden Daten soll eine Entscheidung getroffen werden:

| | | |
|---|---|---|
| Fertigungsmenge/Monat | [Stück] | 50.000 |
| Gesamtfertigungskosten/Monat | [€] | 420.000,– |
| Variable Fertigungskosten/Monat | [€] | 300.000,– |
| Gesamtfertigungszeit/Stück | [min] | 60 |
| Kleinteilfertigungszeit/Stück | [min] | 10 |
| Preis des Kleinteils bei Zukauf | [€/Stück] | 1,01 |

(Der Anteil des Kleinteils an den Kosten ist gleich dem Anteil an der Fertigungszeit, sowohl bei Voll- als auch bei Teilkosten).

a) Kalkulieren Sie das Kleinteil mit Vollkosten und entscheiden Sie, ob es besser zugekauft oder selbst gefertigt wird.

b) Überprüfen Sie die obige Entscheidung anhand einer Nachkalkulation mit Teilkosten. Welche Entscheidung wäre jetzt mit den neugewonnenen Informationen zu treffen? Wie groß ist die Einsparung gegenüber der ersten Möglichkeit?

Nachdem Sie die obige Entscheidung getroffen haben, kommt der Leiter der Finanzabteilung zu Ihnen und rechnet Ihnen vor: Wenn das Kleinteil selbst gefertigt wird, muss als zusätzlicher Sicherheitsbestand für Produktionsausfälle ständig ein vollständiger Monatsbedarf auf Lager gehalten werden. Dagegen garantiert der Lieferant vertraglich (mit Konventionalstrafe) monatlich pünktliche Lieferung, wodurch ein Sicherheitsbestand für das Kleinteil unnötig wird.

c) Wie viel Kapital wird dadurch zusätzlich gebunden?

d) Wenn durch günstige anderweitige Anlage eine Verzinsung von 13 % erreicht werden kann, ist dann die jährliche Einsparung durch Eigenfertigung oder ein anderweitiges Anlegen des Kapitals günstiger?

## 5.3 Voll- und Teilkostenrechnung unter unsicheren Erwartungen

### Aufgabe 5.3.1: Kostenrechnung unter unsicheren Erwartungen

Ihnen bieten sich die folgenden Alternativen A1 und A2 in den Umweltzuständen S1 und S2.

Umweltzustände: S1, S2 zu je 50 % wahrscheinlich
Fixe Kosten: 400,– € alternativenunabhängig
Variable Kosten: 0,– € für beide Alternativen.

Umsätze aus den Alternativen:

| | S1 | S2 |
|---|---|---|
| A1 | 1.000,– | 1.000,– |
| A2 | 400,– | 2.500,– |

Um eine Entscheidung zwischen den beiden Alternativen treffen zu können, wenden Sie eine Bernoulli-Nutzenfunktion auf die Ergebnisse an.

a) Stellen Sie die von D. Schneider vorgebrachte Argumentation zur ökonomischen Rechtfertigung der Vollkostenrechnung unter Unsicherheit eines risikoscheuen Entscheiders mit Hilfe des Beispiels dar. Unterstellen sie die Nutzenfunktion U(Z) zur Nutzenbewertung der Zielgröße Z.

$$U(Z) = \sqrt{Z}$$

Verwenden Sie für Z einerseits den Deckungsbeitrag (DB) und andererseits den Gewinn (G).

b) Diskutieren Sie die Rechtfertigung für eine Vollkostenrechnung an diesem Beispiel. Gehen Sie dabei insbesondere auf die Eignung des Deckungsbeitrags oder Gewinns als Zielgröße für die Nutzenbewertung ein.

c) Wenden Sie auf das oben angeführte Beispiel die folgende Risikonutzenfunktion an:

$$U(Z) = 1 - e^{\frac{-Z}{500}}$$

Hierbei steht Z alternativ für Deckungsbeitrag (DB) bzw. Gewinn (G) und e für die e-Funktion. Welche Alternative zeigt sich nun als vorteilhaft entsprechend der Zielgröße DB bzw. G? Interpretieren Sie Ihr Ergebnis.

## Aufgabe 5.3.2: Kostenrechnung unter unsicheren Erwartungen

Einem Winzer aus Reims, Frankreich, stellen sich die Alternativen, entweder Champagner der Sorte Brût oder der Sorte Extra-Brût am Markt anzubieten. Es ist von folgenden Einzelkosten je Flasche auszugehen:

| | Brût | Extra-Brût |
|---|---|---|
| Rohstoffe [€/Flasche] | 3,– | 2,– |
| Löhne [€/Flasche] | 4,– | 5,– |

Die variablen Fertigungsgemeinkosten für z. B. Energie betragen je Monat bei Brût 10.000,– € für je 800 Flaschen und bei Extra-Brût 10.000,– € für je 1.000 Flaschen. Die jährlichen Fixkosten betragen für Abschreibungen, Kostensteuern und leitende Angestellte € 948.000,–. Nach einer gesicherten Markterhebung werden pro Monat 10.000 Flaschen Brût oder 7.000 Flaschen Extra-Brût absetzbar sein. Nicht gesichert ist dagegen der jeweils erzielbare Absatzpreis. Hier kommen zwei Umweltzustände, S1 und S2, in Frage. Die Absatzpreise je Flasche in Abhängigkeit vom Umweltzustand sind:

| | S1 | S2 |
|---|---|---|
| Brût [€/Flasche] | 27,50 | 36,– |
| Extra-Brût [€/Flasche] | 30,– | 38,– |

a) Berechnen Sie die Deckungsbeiträge pro Monat für die zwei Champagnersorten in jedem Umweltzustand.

b) Berechnen Sie durch zeitliche Verteilung der Fixkosten den jeweiligen Gewinn pro Monat für jeden Umweltzustand.

c) Der Winzer geht davon aus, dass der Umweltzustand S1 mit der Wahrscheinlichkeit von 40 %, S2 mit einer Wahrscheinlichkeit von 60 % eintreten kann. Berechnen Sie den Erwartungswert E(Z) des Deckungsbeitrags einerseits und des Gewinns andererseits für die zwei Produkte. Für welche Champagnersorte wird sich der Winzer entscheiden?

d) Es gelten wiederum die Wahrscheinlichkeiten aus Aufgabenteil c) für die Umweltzustände Si. Zu unterstellen ist nun eine Bernoulli-Nutzenfunktion vom Typ $U(Z) = \sqrt{Z}$. Welche der Alternativen, Brût oder Extra-Brût, ist nun optimal, wenn für x entweder der Deckungsbeitrag oder der Gewinn in die Berechnung des Erwartungswertes des Nutzens $E(U(Z)) = \sum p_i \cdot \sqrt{Z_i}$ eingehen? (pi ist die Wahrscheinlichkeit im Zustand Si).

e) Begründen Sie die Entstehung des Ergebnisses unter d). Gehen Sie insbesondere auf den speziellen Funktionstyp der Nutzenfunktion ein und kennzeichnen Sie mindestens einen anderen Funktionstyp, bei dem unabhängig davon, ob Gewinn oder Deckungsbeitrag Zielgröße der Nutzenbestimmung sind, dieselbe Alternative optimal ist.

## Aufgabe 5.3.3: Kostenrechnung unter unsicheren Erwartungen

Am Münchner Stachus soll das neue Fast-Food-Restaurant McDagobert eröffnet werden. Der designierte Geschäftsführer I.K. ist äußerst risikoscheu und beurteilt seine Alternativen generell anhand einer Bernoulli-Nutzenfunktion vom Typ $U(Z) = \sqrt{Z}$. Aus Kapazitätsgründen ist es ihm lediglich möglich, eine der beiden Produktlinien anzubieten: Beef oder Fleischlos. I.K. geht von zwei möglichen Umweltzuständen aus. Die Wahrscheinlichkeit für den Eintritt des Umweltzustands S1 schätzt er auf 60 %. Die Absatzzahlen pro Tag werden für die beiden Produktlinien in den beiden Umweltzuständen wie folgt prognostiziert:

| | S1 | S2 |
|---|---|---|
| Beef | 5.000 | 1.100 |
| Fleischlos | 3.000 | 2.500 |

Die Deckungsbeiträge für die Produktlinien seien unabhängig vom Umweltzustand für Beef € 3,30 und für Fleischlos € 3,50. Die Fixkosten für das Lokal und die Mitarbeiter werden mit € 3.300,– pro Tag veranschlagt.

a) Für welche Produktlinie wird sich I.K. entscheiden, wenn er nach der oben unterstellten Nutzenfunktion handelt? Er meint, dass er als Zielgröße Z den Deckungsbeitrag verwenden muss.

b) Da sich ein Kollege mit Problemen der Kostenrechnung unter Unsicherheit befasst hat, empfiehlt er die gleiche Rechnung einmal mit dem Gewinn als Zielgröße Z durchzuführen. Welche Alternative ist nun besser?

c) Halten Sie es für gerechtfertigt, zwei verschiedene Zielgrößen Z in dieselbe Nutzenfunktion $U(Z) = \sqrt{Z}$ einzusetzen?

## Aufgabe 5.3.4: Kostenrechnung unter unsicheren Erwartungen

Eine Großbäckerei kann entweder die Backware Apfelbissen oder Kirschtasche auf dem Markt anbieten. Eine fundierte Markterhebung zeigt, dass monatlich 90.000 Stück Apfelbissen oder 53.500 Stück Kirschtaschen absetzbar sind. Die Einzelkosten betragen € 2,– je Apfelbissen bzw. € 1,– je Kirschtasche. Die jährlichen Fixkosten betragen € 204.000,– für Abschreibungen und leitende Angestellte.

Die Markterhebung zeigt, dass die Absatzpreise unsicher sind. Für die Absatzpreise können zwei Umweltzustände $S_1$ und $S_2$ unterschieden werden. Der Umweltzustand $S_1$ kann mit einer Wahrscheinlichkeit von 70 %, der Umweltzustand $S_2$ mit einer Wahrscheinlichkeit von 30 % eintreten. Die Absatzpreise je Stück Backware in Abhängigkeit vom Umweltzustand betragen:

| [€] | $S_1$ (70 %) | $S_2$ (30 %) |
|---|---|---|
| Apfelbissen | 2,90 | 2,60 |
| Kirschtasche | 2,– | 1,80 |

Weiter zeigt die Marktstudie, dass auch die Vertriebseinzelkosten unsicher sind. Für diese kommen zwei weitere Umweltzustände $S_3$ und $S_4$ in Betracht. Die Eintrittswahrscheinlichkeit beider Zustände beträgt 50 %. Die Vertriebseinzelkosten je Stück Backware in Abhängigkeit vom Umweltzustand sind:

| [€] | $S_3$ (50 %) | $S_4$ (50 %) |
|---|---|---|
| Apfelbissen | 0,40 | 0,30 |
| Kirschtasche | 0,30 | 0,10 |

a) Berechnen Sie die Deckungsbeiträge und Gewinne pro Monat der beiden Backwaren für jede mögliche Kombination von Umweltzuständen. Nehmen Sie zur Ermittlung der Gewinne eine zeitliche Verteilung der Fixkosten vor. Ermitteln Sie die Eintrittswahrscheinlichkeiten der möglichen Umweltzustände und bestimmen Sie mit diesen die Erwartungswerte für die monatlichen Deckungsbeiträge und Gewinne.

b) Für die Großbäckerei wird eine Bernoulli-Nutzenfunktion vom Typ $U_Z = \sqrt{Z}$ unterstellt. Welcher der beiden Alternativen Apfelbissen oder Kirschtasche ist nun optimal, wenn als Zielgröße Z entweder der Deckungsbeitrag oder der Gewinn in die Berechnung des Erwartungswertes des Nutzens E(U(Z)) $= \sum_i p_i \cdot \sqrt{Z_i}$ eingehen? ($p_i$ sei die Wahrscheinlichkeit des kombinierten Umweltzustandes mit dem Deckungsbeitrag bzw. Gewinn $Z_i$).

c) Untersuchen Sie anhand des in b) verwendeten Typs einer Nutzenfunktion, welche Gesichtspunkte trotz der Ergebnisse von b) bei unvollkommener Information gegen die Notwendigkeit einer Berücksichtigung von Fixkosten in der operativen Planung sprechen.

## 5.4 Systemvergleich

### Aufgabe 5.4.1: Prozess- versus Grenzplankostenrechnung

Arbeiten Sie systematisch die Gemeinsamkeiten und die Unterschiede von Grenzplankosten- und Prozesskostenrechnung heraus. Belegen Sie die Aspekte an Beispielen. Handelt es sich nach Ihrem Urteil um verschiedene Kostenrechnungs"systeme"?

### Aufgabe 5.4.2: Vergleich von Kostenrechnungssystemen

a) Nennen Sie vier Kriterien zur Analyse von Systemen der Kostenrechnung. Reihen Sie diese Kriterien nach ihrer Bedeutung für die Beurteilung der Kostenrechnungssysteme und begründen Sie Ihre Rangfolge.

b) Kennzeichnen Sie, welche Produktions- und Kostenfunktionen in folgenden Kostenrechnungssystemen zugrunde gelegt und welche Verfahren zu ihrer Bestimmung angewandt werden:
- Vollkostenrechnung
- Grenzplankostenrechnung nach Kilger
- Periodische Planerfolgsrechnung nach Laßmann
- Relative Einzelkostenrechnung nach Riebel.

c) Arbeiten Sie drei wichtige Unterschiede zwischen den produktions- und kostentheoretischen Ansätzen dieser vier Kostenrechnungssysteme heraus.

### Aufgabe 5.4.3: Bezugsgrößen

a) Kennzeichnen Sie die Bedeutung von Bezugsgrößen für die Kostenplanung in dem System von Kilger. Welche unterschiedlichen Kostenzusammenhänge lassen sich dabei unterscheiden?

b) Wo liegen die Gemeinsamkeiten, wo die Unterschiede der Bezugsgrößen in der Grenzplankostenrechnung zu den entsprechenden Größen in der
- Relativen Einzelkostenrechnung
- Periodischen Planerfolgsrechnung
- Prozesskostenrechnung?

### Aufgabe 5.4.4: Systeme der Teilkostenrechnung

a) Arbeiten Sie die aus Ihrer Sicht wichtigsten konzeptionellen Unterschiede zwischen der Grenzplankostenrechnung und der relativen Einzelkostenrechnung heraus.

b) Wie beurteilen Sie diese Unterschiede im Hinblick auf den Planungs- und den Steuerungszweck der Kostenrechnung?

# 6 Verknüpfung von Kosten- und Investitionsrechnung

## 6.1 Lücke-Theorem

### Aufgabe 6.1.1: Abschreibungen, Lücke-Theorem

Ein Leistungsbereich im Unternehmen soll die Zielsetzung der Kapitalwertmaximierung verfolgen und periodisch kontrolliert werden. Für den Leistungsbereich seien die nachfolgend angeführten Zahlungsströme, bewerteten Vorräte am Periodenende sowie ein Zugang im abnutzbaren Anlagevermögen zu Beginn der ersten Periode gegeben.

| Periode t | Leistungs-einzahlungen [€] | Leistungs-auszahlungen [€] | Leistungssaldo [€] | Vorräte am Periodenende | Anlagenbe-stand am Periodenende |
|---|---|---|---|---|---|
| 0 | – | 100,– | –100,– | 40 | 60 |
| 1 | 140,– | 100,– | 40,– | 50 | – |
| 2 | 180,– | 120,– | 60,– | 50 | – |
| 3 | 160,– | 140,– | 20,– | 0 | – |
| | | | KW = 4,35 | | |

a) Zeigen Sie am Beispiel der linearen und der digitalen Abschreibung, dass die Wahl der Abschreibungsmethode ohne Auswirkungen auf den Kapitalwert der Periodenerfolge bleibt. (Zinssatz = 8 %)

b) Ermitteln Sie den Kapitalwert der Periodenerfolge, wenn in den Perioden 1 bis 3 jeweils eine kalkulatorische Abschreibung auf die Anlagen in Höhe von € 30,– vorgenommen wird.

c) Wie beurteilen Sie die Aussagefähigkeit der ausgewiesenen Periodenerfolge? Wie sind die Auswirkungen der gewählten Abschreibungsmethoden aus dem Blickwinkel des Lücke-Theorems zu beurteilen?

## Aufgabe 6.1.2: Abschreibungen, Lücke-Theorem

Die Produktion eines Sonderauftrages erstreckt sich entsprechend nachfolgender Abbildung von der Materialbeschaffung bis zum letzten Zahlungseingang über 5 Perioden. Die Fertigungsdauer zur Erzeugung eines Halbfertigfabrikates aus dem Rohstoff sowie des Fertigfabrikates aus dem Halbfertigfabrikat beträgt jeweils eine Periode. Pro Periode werden jeweils 70 Halb- bzw. Fertigfabrikate bearbeitet. Die Materialkosten pro Stück betragen € 10,–. Lohn- und andere Kosten werden nicht berücksichtigt. Das Material wird für jeweils zwei nachfolgende Teilperioden beschafft. Der Stückerlös eines Fertigfabrikates beträgt € 18,–. Für die Materialbeschaffung ist ebenso wie für den Fertigfabrikateverkauf ein Zahlungsziel von je einer Periode vereinbart. Bei Betrachtung der mit dem Absatz der Fertigfabrikate zusammenhängenden Zahlungen und Bestände ergeben sich folgende Daten:

| Zeitpunkt | 0 | 1 | 2 | 3 | 4 | 5 |
|---|---|---|---|---|---|---|
| Bestände an<br>Material<br>Halbfertigerzeugnissen<br>Fertigerzeugnissen | <br>1.400 | <br>700<br>700 | <br><br>700<br>700 | <br><br><br>700 | | |
| Umsatz | | | | 1.260 | 1.260 | |
| Debitorenbestand | | | | 1.260 | 1.260 | |
| Auszahlungen für Material | | 1.400 | | | | |
| Einzahlungen für Produktverkauf | | | | | 1.260 | 1.260 |

a) Beschreiben Sie verbal oder mit Formeln die zentrale These des Lücke-Theorems sowie seine zugrunde liegenden Prämissen.

b) Zeigen Sie für die Werte der oben dargestellten Produktion des Sonderauftrages die Gültigkeit des Lücke-Theorems. Unterstellen Sie dabei einen konstanten Zinssatz von 10 %.

c) Ändert sich die Gültigkeit des Lücke-Theorems, wenn anstelle des konstanten ein variabler Zinssatz unterstellt wird? Wie würden Sie in diesem Fall die Berechnung von Teilaufgabe b) vornehmen (eine Berechnung ist nicht erforderlich)? Begründen Sie Ihre Aussagen.

## 6.2 Investitionstheoretischer Ansatz

### Aufgabe 6.2.1: Traditionelle versus Investitionstheoretische Kostenrechnung

Analysieren Sie die unterschiedlichen Sichtweisen und die Überleitungsmöglichkeiten zwischen dem traditionellen kostenrechnerischen Vorgehen und dem investitionstheoretischen Ansatz am Beispiel der Bestellmengenplanung. (Eine Untermauerung anhand von Formeln ist dabei möglich, aber nicht notwendig.)

### Aufgabe 6.2.2: Investitionstheoretische Kostenrechnung, Abschreibung

Die Geschäftsleitung der Brauerei Benediktiner erwägt den Kauf eines neuen Sudkessels. Aus der Investitionsrechnung sowie der Kosten- und Erlösrechnung liegen folgende Daten des präferierten Modells vor: Die Anschaffungskosten des Sudkessels betragen A = 50 T€, der Liquidationserlös L = 75/(T+1) T€. Es ist von einer konstanten Periodenbeschäftigung $y_t = \overline{y} = 6$ auszugehen. Ferner kann unterstellt werden, dass sich die laufenden Betriebs- und Instandhaltungskosten nach der Funktion $C = 0{,}3 \cdot t + 3 \cdot y_t + 0{,}12 \cdot Y_t$ verhalten (mit $Y_t$ = kumulierte Beschäftigung in t). Aus der Investitionsrechnung ist bekannt, dass die optimale Nutzungsdauer $T^* = 10{,}3$ Jahre und der Kapitalwert des Anlageneinsatzes $K(T^*) = 297{,}74$ T€ beträgt.

Jeweils nach Ablauf der Nutzungsdauer wird (unendlich lange) ein neuer Sudkessel mit denselben Kosten- und Zahlungswirkungen gekauft. Der Diskontierungssatz betrage i = 0,10. Um die Entscheidung über beide Rechensysteme zu fundieren, soll die Abschreibung des Sudkessels nach der traditionellen Kostenrechnung und nach dem investitonstheoretischen Ansatz der Kostenrechnung ermittelt werden.

a) Beschreiben Sie verbal das Vorgehen bei der Bestimmung von Anlagenabschreibungen nach dem investitionstheoretischen Ansatz der Kostenrechnung. Nennen Sie vier Annahmen, die bei ihrer Berechnung zugrunde gelegt werden.

b) Bestimmen Sie die investitionstheoretische Abschreibung des Sudkessels in der ersten Periode; Hinweis: der Anlagenwert in t = 0 beträgt $W_0$ = 50 T€.

c) Vergleichen Sie die investitionstheoretische Abschreibung mit der linearen Abschreibung nach der traditionellen Kostenrechnung. Untersuchen Sie dabei, ob und ggf. inwieweit der investitionstheoretische Ansatz enger oder weiter als der traditionelle Ansatz der Abschreibungsbestimmung ist.

Hinweis: Zur Lösung der Aufgaben können folgende Formeln nützlich sein:

$$K = \frac{\int_0^T C(t, y_t, Y_t) \cdot e^{-it} dt + A - L(T) \cdot e^{-iT}}{1 - e^{-iT}}$$

$$K_t = \left[ \int_t^T C(s, y_s, Y_s) \cdot e^{-is} ds - L(T) \cdot e^{-iT} + K \cdot e^{-iT} \right] \cdot e^{it}$$

$$C(T, y_T, Y_T) - \frac{dL}{dT} + i \cdot L(T) = i \cdot K$$

## Aufgabe 6.2.3: Bestimmung von Preisuntergrenzen

Drei BWL-Studierende möchten ein Unternehmen gründen. Der Businessplan besteht aus einer zweiperiodigen Investitions- und einer ebenfalls zweiperiodigen Verkaufsphase. Folgende Auszahlungen sind vorgesehen: Im Zeitpunkt 0 muss ein leistungsfähiger Web-Server zum Preis von € 10.000,– angeschafft werden. Während der gesamten Investitionsphase zwischen dem Zeitpunkt 0 und dem Zeitpunkt 2 fällt darüber hinaus ein kontinuierlicher Auszahlungsstrom in Höhe von € 2.000,– je Periode an. Im Zeitpunkt 2 muss eine Auszahlung von € 12.000,– für die Vermarktung veranschlagt werden. Während der Verkaufsphase zwischen dem Zeitpunkt 2 und dem Zeitpunkt 4 fällt ein kontinuierlicher variabler Auszahlungsstrom in Höhe von € 1,– je verkaufter Einheit an. In der Verkaufsphase werden 1.000 Einheiten je Periode verkauft.

a) Gehen Sie zunächst von einem kalkulatorischen Zinssatz von 0% aus. Wie hoch ist die Preisuntergrenze für eine verkaufte Einheit in einer Voll- und in einer Teilkostenrechnung der traditionellen Kostenrechnung?

b) Unterstellen Sie nun eine kontinuierliche Verzinsung in Höhe von 10%. Bestimmen Sie die Preisuntergrenze nach dem investitionstheoretischen Ansatz der Kostenrechnung zu folgenden Zeitpunkten:
   - vor dem Kauf des Web-Servers zum Zeitpunkt 0
   - zum Zeitpunkt 1
   - vor der Auszahlung für die Vermarktung zum Zeitpunkt 2
   - zum Zeitpunkt 3.

c) Wie beurteilen Sie die Anwendbarkeit des investitionstheoretischen Ansatzes der Kostenrechnung zur Bestimmung von Preisuntergrenzen im vorliegenden Fall eines Internet-Startups?

d) Welcher Zusammenhang zwischen der Fristigkeit des Entscheidungsproblems, entscheidungsrelevanten Informationen und dem Rechnungssystem lässt sich hieran aufzeigen?

## Aufgabe 6.2.4: Preisuntergrenze

Für eine Einproduktfertigung wird angenommen, dass vor Beginn der Erzeugung eines Produktes Forschungs-, Entwicklungs- und Anlageinvestitionen getätigt werden müssen. Es sei weiter angenommen, dass die Zahlungen für Forschung AF = 800 vor Beginn der ersten Periode, für Entwicklung AE = 1.000 vor Beginn der zweiten Periode und für Anlagen AA = 3.000 vor Beginn der dritten Periode anfallen. Nach zwei Perioden Vorlauf wird das Produkt TP = 6 Perioden lang hergestellt und abgesetzt. Dabei sind zu Beginn jeder Fertigungsperiode fixe Zahlungen von F = 200 zu leisten. Während der Fertigung fallen kontinuierlich variable Zahlungen pro Stück von $k_v$ = 10 an. In jeder Periode werden x = 200 Stück gefertigt.

a) Berechnen Sie die Preisuntergrenze nach dem investitionstheoretischen Ansatz der Kostenrechnung (i = 0,10).

b) Beurteilen Sie anhand Ihres Ergebnisses die Preisuntergrenzen nach Voll- und Teilkostenrechnung der traditionellen Kostenrechnung.

## Aufgabe 6.2.5: Preisuntergrenze

Ihr Unternehmen stellt als einziges Produkt den Laufschuh „Race" her. Vor der Erzeugung des Produktes müssen Forschungs- und Entwicklungs- sowie Anlageinvestitionen getätigt werden. Es sei angenommen, dass die Zahlungen für Forschung und Entwicklung $A_{FE}$ = 4.000 zu Beginn der ersten Periode und für Anlagen $A_A$ = 1.500 zu Beginn der zweiten Periode anfallen. Nach einer Periode Vorlauf ab Beginn des Betrachtungszeitraums wird das Produkt $T_P$ = 3 Perioden lang hergestellt und abgesetzt. Dabei sind zu Beginn jeder Fertigungsperiode fixe Zahlungen von $F$ = 500 zu leisten. Während der Fertigung fallen kontinuierlich variable Zahlungen pro Stück von $k_v$ = 80 an. In jeder Periode werden $x$ = 100 Stück gefertigt.

a) Zu Beginn des Betrachtungszeitraums möchte Ihr Großkunde „Barefoot Sport" mit Ihnen den Preis der Laufschuhe aushandeln. Berechnen Sie die Preisuntergrenze zum Verhandlungszeitpunkt nach dem investitionstheoretischen Ansatz der Kostenrechnung ($i$ = 0,05).

   Folgende Formel kann dabei hilfreich sein:

   $$DB = (p - k_v) \cdot x = \frac{\alpha}{100} \cdot k_v \cdot x$$

   (mit $\alpha$ = prozentualer Zuschlagssatz auf $k_v$)

b) Welche Preisuntergrenze ergibt sich gemäß investitionstheoretischer Kostenrechnung, wenn der Preis unmittelbar vor Beginn der letzen Produktionsperiode nachverhandelt wird?

c) Vergleichen Sie die Ergebnisse aus a) und b) mit den Preisuntergrenzen nach Voll- und Teilkostenrechnung der traditionellen Kostenrechnung. Interpretieren Sie Ihre Ergebnisse. Erläutern Sie dabei insbesondere, durch welche Eigenschaften der Vorgehensweise nach der investitionstheoretischen Kostenrechnung die Unterschiede verursacht werden.

# 7 Single und Multiple Choice Aufgaben

## 7.1 Single Choice Aufgaben

Zu den folgenden Fragen sind jeweils entweder drei oder vier Antwortmöglichkeiten vorgegeben. Genau eine der vorgegebenen Antwortmöglichkeiten ist jeweils richtig.

a) Zu Beginn des Jahres 2014 kauft die Firma Asterix AG eine neue Schweißanlage, deren Kaufpreis 1.000.000 Euro beträgt. Die Anlage soll 5 Jahre lang genutzt werden und wird anschließend zum Restwert von 100.000 Euro verkauft. Welcher der folgenden Werte ist in diesem Beispiel unabhängig vom Abschreibungsverfahren (linear, geometrisch-degressiv, arithmetisch-degressiv) immer gleich hoch?

   (1) Buchwert zu Beginn des letzten Jahres der Nutzungsdauer
   (2) Abschreibungsbetrag im letzten Jahr der Nutzungsdauer
   (3) Buchwert am Ende des letzten Jahres der Nutzungsdauer
   (4) Abschreibungsbetrag im ersten Jahr der Nutzungsdauer

b) Bei welcher Abschreibungsmethode wird jedes Jahr stets ein konstanter Betrag abgeschrieben?

   (1) Lineare Abschreibung
   (2) Geometrisch-degressive Abschreibung
   (3) Arithmetisch-degressive Abschreibung
   (4) Progressive Abschreibung

c) Wann führt die lineare Abschreibung dazu, dass im Zeitverlauf steigende Anteile des Restbuchwerts abgeschrieben werden, wenn der Restbuchwert am Ende des Abschreibungszeitraums nicht negativ ist?

   (1) Immer
   (2) Nie
   (3) Nur in der ersten Hälfte des Abschreibungszeitraums

d) Welche der folgenden Aussagen ist richtig, wenn der Anschaffungswert einer Maschine größer als deren Restwert und positiv ist?

   (1) Wird eine Maschine über 10 Jahre arithmetisch-degressiv abgeschrieben, fallen die Abschreibungsbeträge und somit auch die Buchwerte am Ende des Jahres jährlich um einen konstanten Betrag.
   (2) Bei der arithmetisch-degressiven Abschreibung ist der Abschreibungsbetrag im letzten Jahr gleich dem Betrag, um den die Abschreibungsbeträge jährlich konstant fallen.

(3) Wird eine Maschine nur über 2 Jahre abgeschrieben, stimmt die geometrisch-degressive Abschreibung mit der arithmetisch-degressiven Abschreibung immer überein.

e) Welche der folgenden Aussagen ist richtig?

(1) Bei fallenden Einstandspreisen führt die Materialbewertung mit nachträglichen Durchschnittspreisen immer zu höheren oder gleichen kalkulatorischen Zinsen wie die Materialbewertung nach dem LIFO- und dem FIFO-Verfahren.
(2) Bei fallenden Einstandspreisen führt die Materialbewertung nach dem FIFO-Verfahren immer zu höheren oder gleichen kalkulatorischen Zinsen wie die Materialbewertung nach dem LIFO-Verfahren.
(3) Bei fallenden Einstandspreisen führt die Materialbewertung nach dem LIFO-Verfahren immer zu höheren oder gleichen kalkulatorischen Zinsen wie die Materialbewertung nach dem FIFO-Verfahren.
(4) Der Unterschied, der sich durch die Wahl des Materialbewertungsverfahrens auf die kalkulatorischen Zinsen ergibt, kann bei einem Zinssatz von 10 % betragsmäßig größer sein als der entsprechende Unterschied auf die Materialkosten.

f) Wie werden Kosten bezeichnet, die einem Kalkulationsobjekt (z. B. Produkt oder Auftrag) direkt zurechenbar sind?

(1) Einzelkosten
(2) Gemeinkosten
(3) Fixkosten
(4) Opportunitätskosten

g) Ein Unternehmen verbraucht Wasser, um daraus per Elektrolyse Wasserstoff und Sauerstoff zu gewinnen und verkauft anschließend beide Produkte am Markt. Bei den Kosten für das Wasser handelt es sich um…

(1) …variable Einzelkosten.
(2) …fixe Einzelkosten.
(3) …variable Gemeinkosten.
(4) …fixe Gemeinkosten.

h) Welches ist kein Verfahren der innerbetrieblichen Leistungsverrechnung?

(1) Gesamtkostenverfahren
(2) Gutschrift-Lastschrift-Verfahren
(3) Blockumlageverfahren
(4) Kostenträgerverfahren

i) Welche der folgenden Aussagen ist falsch?

(1) Das Blockumlageverfahren und das Treppenumlageverfahren können zwar abhängig von den Leistungsbeziehungen jeweils einzeln zum exakten Ergebnis der innerbetrieblichen Leistungsverrechnung führen, aber niemals beide im selben Fall.

(2) Wenn es keine wechselseitigen Leistungsströme zwischen Kostenstellen gibt, führt das Treppenumlageverfahren bei mindestens einer Reihenfolge der Vorkostenstellen zum exakten Ergebnis der innerbetrieblichen Leistungsverrechnung.
(3) Das Blockumlageverfahren kann zum gleichen Ergebnis der innerbetrieblichen Leistungsverrechnung führen wie die Anwendung des Gleichungsverfahrens.
(4) Die Anwendung des Blockumlageverfahrens kann abhängig von den Leistungsströmen für eine bestimmte Endkostenstelle zu höheren aber auch niedrigeren sekundären Gemeinkosten führen als die Anwendung des Treppenumlageverfahrens.

j) Welche der folgenden Aussagen ist richtig?

(1) Das Ergebnis der innerbetrieblichen Leistungsverrechnung mit dem Gleichungsverfahren ist unabhängig von einem möglichen Eigenverbrauch.
(2) Das Ergebnis im Treppenumlageverfahren ist unabhängig von der Reihenfolge, in der die Umlage der Gemeinkosten durchgeführt wird.
(3) Das Ergebnis im Gutschrift-Lastschrift-Verfahren ändert sich nie, wenn die vorher festgelegten Verrechnungspreise der Kostenstellen alle mit dem gleichen Faktor multipliziert werden.
(4) Das Blockumlageverfahren kann nie zu einem exakten Ergebnis der innerbetrieblichen Leistungsverrechnung führen, wenn das Treppenumlageverfahren nicht zu einem exakten Ergebnis der innerbetrieblichen Leistungsverrechnung führt.

k) Wie heißen die Gemeinkosten einer Endkostenstelle, die durch die innerbetriebliche Leistungsverrechnung von einer Vorkostenstelle auf eine Endkostenstelle umgelegt wurden?

(1) Primäre Gemeinkosten
(2) Sekundäre Gemeinkosten
(3) Unechte Gemeinkosten

l) Welche der folgenden Aussagen ist falsch?

(1) Bei der Maschinensatzrechnung erfolgt die Schlüsselung der maschinenabhängigen Gemeinkosten auf die Kostenträger anhand der Maschinennutzung.
(2) Hintergrund des Einsatzes der Maschinensatzrechnung kann sein, dass Fertigungslöhne als Bezugsgröße weniger geeignet werden, seitdem der Anteil der Fertigungslöhne an Gesamtkosten aufgrund zunehmender Automatisierung der Produktionsprozesse sinkt.
(3) Eine Maschinensatzkalkulation eignet sich insbesondere bei Sorten- und Massenfertigung.
(4) Bei der Maschinensatzrechnung handelt es sich um eine spezifische Form der Zuschlagskalkulation.

m) Welche der folgenden Aussagen ist richtig?

(1) Bei einer einstufigen Divisionsrechnung ergeben sich die Selbstkosten aus den Periodenkosten geteilt durch die Absatzmenge.
(2) Eine Äquivalenzziffernrechnung eignet sich vor allem bei Serienfertigung.
(3) Die Maschinensatzrechnung ist eine spezifische Form der Äquivalenzziffernrechnung.
(4) Bei der Verteilungsrechnung nach Marktwerten zur Kalkulation von Kuppelprodukten findet das Tragfähigkeitsprinzip zur Kostenverteilung Anwendung.

n) Wonach werden die Kosten im Gesamtkostenverfahren auf Vollkostenbasis gegliedert?

(1) Nach Kostenarten
(2) Nach Produkten
(3) Absteigend nach der Höhe
(4) Nach der Entscheidungsrelevanz der Kosten

o) Welches der beiden Verfahren, Umsatzkostenverfahren auf Teilkostenbasis bzw. Gesamtkostenverfahren auf Teilkostenbasis, liefert bei einer Bestandserhöhung das höhere Unternehmensergebnis?

(1) Umsatzkostenverfahren auf Teilkostenbasis
(2) Gesamtkostenverfahren auf Teilkostenbasis
(3) Beide Verfahren liefern dasselbe Ergebnis.
(4) Das hängt von der Höhe der Fixkosten und der variablen Herstellkosten ab.

p) Welche der folgenden Aussagen ist richtig?

(1) Bei einer Bestandsverringerung ist das Betriebsergebnis in einer Vollkostenrechnung niedriger als in einer Teilkostenrechnung.
(2) Wenn in einer Vollkostenrechnung ein Gewinn ermittelt wird, kann in einer entsprechenden Teilkostenrechnung kein Verlust ausgewiesen werden.
(3) Der Deckungsbeitrag ist definiert als Erlöse minus variable Herstellkosten.
(4) Wenn die Deckungsbeitragsrechnung einen Gewinn ermittelt, kann sich bei einem Gesamtkostenverfahren auf Vollkostenbasis kein Verlust ergeben.

q) Welche der folgenden Aussagen ist richtig?

(1) Der Umsatz, der sich bei einem Zielgewinn von 100.000 € ergibt, ist immer doppelt so hoch wie der Umsatz, der sich bei einem Zielgewinn von 50.000 € ergibt.
(2) Bei gleichbleibenden Kosten führt eine Erhöhung der Gewinnsteuer nicht zu einer Änderung des kritischen Preises, der nötig ist, um bei festgelegter Verkaufsmenge einen Zielgewinn nach Steuern von 100.000 € zu erzielen.

(3) Bei einer Erhöhung der Fixkosten um 10 % bei gleichbleibendem Stückdeckungsbeitrag erhöht sich die Break-Even Menge ebenfalls um 10 %.
(4) Bei einem Variator von 10 ist die Break-Even Menge immer höher als bei einem Variator von 0.

r) Wie ändert sich die Break-Even-Menge, wenn zusätzlich eine Gewinnsteuer eingeführt wird verglichen mit dem Fall ohne Gewinnsteuer?

(1) Sie steigt.
(2) Sie fällt.
(3) Sie bleibt unverändert.
(4) Es hängt von dem Steuersatz ab, ob die Break-Even-Menge fällt oder steigt.

s) Bei einer kumulativen Abweichungsanalyse mit einer Preis- sowie Mengenabweichung...

(1) ...wird die Abweichung 2. Grades der Mengenabweichung zugeordnet.
(2) ...wird die Abweichung 2. Grades der Mengen- oder der Preisabweichung zugeordnet.
(3) ...wird die Abweichung 2. Grades separat ausgewiesen.

t) Bei der alternativen Abweichungsanalyse...

(1) ...stimmt die Summe der Einzelabweichungen mit der Gesamtabweichung überein.
(2) ...weicht die Summe der Einzelabweichungen von der Gesamtabweichung ab.
(3) ...wird die Abweichung 2. Grades separat ausgewiesen.

u) Nach dem Verfahren zur Aufspaltung von Erlösen nach Albers ergibt sich das wertmäßige Marktvolumen aus...

(1) ...dem Produkt aus Marktanteil und Marktvolumen.
(2) ...dem Produkt aus relativem Preis und Marktanteil.
(3) ...dem Produkt aus Branchenpreis und Marktvolumen.

v) Welche der folgenden Prämissen trifft nicht auf die Grenzplankostenrechnung zu?

(1) In der Kostenplanung wird mit variablen Verrechnungspreisen gerechnet.
(2) Die Beschäftigung des Unternehmens ist variabel und stellt die maßgebliche Einflussgröße dar.
(3) Kosten werden deterministisch geplant.

w) Welche der folgenden Aussagen ist falsch?
Wenn die variablen Kosten größer sind als die Erlöse, dann...

(1) ...sollte man die Produktion kurzfristig einstellen.
(2) ...ist der Deckungsbeitrag negativ.
(3) ...sollte man die Absatzmenge erhöhen.
(4) ...ist der Verlust höher als die Fixkosten.

x) Welche der folgenden Aussage ist richtig?

(1) Bei genau zwei wirksamen Mehrproduktrestriktionen sind die relativen Deckungsbeiträge der Produkte ein geeignetes Entscheidungskriterium über die Leistungserstellung.
(2) Auch bei keiner wirksamen Mehrproduktrestriktion sollte man Verbundeffekte des Absatzes berücksichtigen, d.h. das Ausmaß des Einflusses des Absatzes eines Produktes auf den Absatz anderer Produkte.
(3) Der relative Deckungsbeitrag eines Produkts ergibt sich aus seinem Stück-Deckungsbeitrag relativ zum Stück-Deckungsbeitrag des rentabelsten Produkts.
(4) Opportunitätskosten sind durch vergangene Entscheidungen unwiderruflich festgelegt und daher entscheidungsirrelevant.

y) Nach welchem Prinzip werden in der relativen Einzelkosten- und Deckungsbeitragsrechnung nach Riebel die Kosten zugerechnet?

(1) Nach dem Durchschnittsprinzip.
(2) Nach dem Identitätsprinzip.
(3) Nach dem Verursachungsprinzip.

z) Welche der folgenden Aussagen trifft auf das Zielkostenkontrolldiagramm im Target Costing zu?

(1) Das Zielkostenkontrolldiagramm stellt den Zusammenhang zwischen Kostenanteil und Drifting Costs dar.
(2) Ein Zielkostenindex <1 gibt Hinweise darauf, dass die Komponente zu teuer ist.
(3) Das Zielkostenkontrolldiagramm gibt Aufschluss über die absolute Höhe der Kosten je Komponente.

Ein Unternehmen produziert die Produkte A, B und C. Die Produkte A und B werden in Werk 1 und das Produkt C in Werk 2 produziert. Folgende Informationen über Produktionsmengen, Preise und Kosten liegen Ihnen für den Monat Februar 2016 vor:

| **Produkt** | **A** | **B** | **C** |
|---|---|---|---|
| Hergestellte Menge | 2.000 | 1.600 | 2.400 |
| Abgesetzte Menge | 2.000 | 2.000 | 2.000 |
| Preis [Euro/Stück] | 50 | 60 | 65 |

| **Einzelkosten [Euro/Stück]** | **A** | **B** | **C** |
|---|---|---|---|
| Fertigungsmaterial | 10 | 15 | 30 |
| Fertigungslohn | 20 | 25 | 30 |

| Gemeinkosten | variabel | fix | Zuschlagsbasis |
|---|---|---|---|
| Fertigungskosten Werk 1 | 0 | 18.000 | Äquivalenzziffernrechnung (Produktgewicht) |
| Fertigungskosten Werk 2 | 6.000 | 6.000 | Fertigungszeit |
| Material | 34.800 | 0 | Fertigungsmaterial |
| Verwaltungs- und Vertriebskosten | 0 | 32.400 | Herstellkosten |

Zusätzlich hat Ihnen Ihr Junior-Controller bereits folgende Daten berechnet:

| Alle Zahlen in Euro | A | B | C | Summe |
|---|---|---|---|---|
| Erlöse | 100.000 | 120.000 | 130.000 | 350.000 |
| Var. Selbstkosten, abgesetzte Menge | 66.000 | 89.000 | 143.000 | 298.000 |
| Var. Selbstkosten, produzierte Menge | 66.000 | 71.200 | 171.600 | 308.800 |
| Volle Herstellkosten, abgesetzte Menge | | | | 324.000 |
| Volle Herstellkosten, produzierte Menge | | | | 332.800 |

Die Summe der Fixkosten beträgt 56.400 Euro.

Aufgrund fertigungstechnischer Ähnlichkeit können die Fertigungskosten in Werk 1 als proportional zum Gewicht der in Werk 1 gefertigten Produkte angenommen werden. Demzufolge sollen die Fertigungsgemeinkosten in Werk 1 mithilfe einer Äquivalenzziffernrechnung verrechnet werden.

| Produkt | A | B |
|---|---|---|
| Gewicht [kg] | 2 | 5 |

aa) Was wäre die Äquivalenzziffer für das Produkt B, wenn die Äquivalenzziffer für Produkt A mit 1 festgelegt würde?

(1) 1,00
(2) 1,25
(3) 2,50
(4) 5,00

ab) Wie hoch sind die Fertigungskosten in Werk 1 für Produkt A pro Stück nach der Äquivalenzziffernrechnung?

(1) 3,00 Euro
(2) 5,00 Euro
(3) 7,50 Euro
(4) 6,00 Euro

ac) Wie hoch sind die Fertigungskosten in Werk 1 für Produkt B für die produzierte Menge nach der Äquivalenzziffernrechnung?

(1) 6.000 Euro
(2) 20.000 Euro
(3) 10.000 Euro
(4) 12.000 Euro

ad) Wie hoch sind die variablen Herstellkosten von Produkt A?

(1) 36,00 Euro
(2) 33,00 Euro
(3) 31,20 Euro
(4) 30,00 Euro

ae) Wie hoch sind die Einzelkosten von Produkt C für die hergestellte Menge?

(1) 120.000 Euro
(2) 144.000 Euro
(3) 72.000 Euro
(4) 171.600 Euro

af) Wie hoch Sie die vollen Selbstkosten pro Stück von Produkt C?

(1) 74,00 Euro
(2) 81,40 Euro
(3) 81,20 Euro
(4) 73,80 Euro

ag) Wie hoch ist der Periodenerfolg des Unternehmens nach dem Umsatzkostenverfahren auf Teilkostenbasis?

(1) –4.400 Euro
(2) 52.000 Euro
(3) –6.400 Euro
(4) –15.200 Euro

ah) Wie hoch ist der Deckungsbeitrag (DB II) von Werk 1?

(1) 28.000 Euro
(2) 47.000 Euro
(3) 64.800 Euro
(4) 65.000 Euro

ai) Wie hoch ist der Stückdeckungsbeitrag von Produkt B?

(1) 2,80 Euro
(2) 15,50 Euro
(3) 20,00 Euro
(4) 0,00 Euro

aj) Welche der folgenden Empfehlungen sollten Sie dem Unternehmen nicht geben?

(1) Produkt C sollte sobald wie möglich eingestellt werden, falls keine Verbundeffekte vorliegen.
(2) Die Produktions- und Absatzzahlen für Produkt A sollten, wenn möglich, erhöht werden.
(3) Wenn die Fixkosten in Werk 1 um 50 % steigen, sollten die Produkte A und B trotzdem kurzfristig weiterproduziert werden.
(4) Produkt C sollte frühestens eingestellt werden, wenn die Fixkosten in Werk 2 abbaubar sind.

ak) Welche der folgenden Kostenkategorien unterscheidet nicht nach der Art der Einsatzgüter?

(1) Materialkosten
(2) Beschaffungskosten
(3) Maschinenkosten
(4) Personalkosten

al) Eine Kostenfunktion ist konvex, wenn…

(1) … die Kosten trotz eines Anstiegs der Beschäftigung sinken.
(2) … die Kosten im gleichen Verhältnis wie die Beschäftigung steigen.
(3) … die Kosten in einem geringeren Verhältnis zum Anstieg der Beschäftigung steigen.
(4) … die Kosten im Vergleich zum Anstieg der Beschäftigung überproportional steigen.

am) Ein Unternehmen vertreibt nur ein Produkt. Welche der folgenden Aussagen ist falsch?

(1) Wenn das erwartete Umsatzvolumen um den Sicherheitskoeffizienten abnimmt, ist der Gewinn gleich Null.
(2) Wenn das erwartete Umsatzvolumen um den Sicherheitskoeffizienten sinkt, verkauft das Unternehmen die Break-Even-Menge.
(3) Wenn das erwartete Umsatzvolumen um den Sicherheitskoeffizienten steigt, macht das Unternehmen einen Gewinn.
(4) Wenn das erwartete Umsatzvolumen um den Sicherheitskoeffizienten steigt, ist der Deckungsbeitrag niedriger als die Fixkosten.

an) Ein Unternehmen produziert und verkauft ein Produkt. Das Unternehmen hat fixe Herstellkosten von € 100.000,–. Welche der folgenden Aussagen ist falsch?

(1) Wenn das Unternehmen die Break-Even-Menge produziert und mehr Einheiten verkauft als es produziert, ist der Gewinn auf Teilkostenbasis positiv.
(2) Bei der Vollkostenrechnung verändert sich der Gewinn mit der produzierten Menge, wenn die verkaufte Menge unverändert bleibt.

(3) Wenn die verkaufte Menge um 20 Prozent steigt, erhöht sich die Umsatzrendite um mehr als 20 Prozent.
(4) Wenn das Unternehmen einen möglichst niedrigen Gewinn ausweisen möchte und mehr Einheiten produziert als verkauft werden, sollte das Unternehmen die Vollkostenrechnung anwenden.

ao) Welches Verfahren der innerbetrieblichen Leistungsverrechnung gehört nicht zu den Kostenstellenausgleichsverfahren?

(1) Treppenumlageverfahren
(2) Iteratives Verfahren
(3) Gleichungsverfahren
(4) Gutschrift-Lastschrift-Verfahren

ap) Welches Entscheidungskriterium sollte zur Bestimmung des optimalen Produktionsprogramms angewendet werden, wenn eine wirksame Mehrproduktrestriktion vorliegt?

(1) Relativer Deckungsbeitrag der Produkte
(2) Stückerlös
(3) Deckungsbeitrag der Produkte
(4) Gesamtdeckungsbeitrag

aq) Wie lässt sich im Gesamtkostenverfahren die Differenz zwischen dem Ergebnis bei Voll- und Teilkostenbetrachtung berechnen?

(1) Bestandsänderung x variable Herstellkosten je Stück
(2) Bestandsänderung x Fixe Herstellkosten je Stück
(3) Bestandsänderung x Opportunitätskosten
(4) Bestandsänderung x Sunk Costs

ar) Welchem Kostenrechnungsprinzip folgt die Marktwertmethode zur Kalkulation bei Kuppelproduktionen?

(1) Verursachungsprinzip
(2) Tragfähigkeitsprinzip
(3) Proportionalprinzip
(4) Durchschnittsprinzip

## Aufgabenstellung für as) bis aw)

Die Hubbel Deutschland AG produziert Handbälle und Fußbälle und vertreibt diese über ausgewählte Einzelhändler. Ihnen liegen die folgenden Informationen vor.

| Produkt | Handball | Fußball |
|---|---|---|
| Jährliche Fixkosten [Euro] | 40.000,– | 70.000,– |
| Variable Materialkosten [Euro/Stück] | 7,– | 9,– |
| Variable Fertigungskosten [Euro/Stück] | 5,– | 6,– |
| Stückerlös [Euro] | 20,– | 30,– |

as) Wie hoch ist die Break-Even-Menge für Fußbälle?

(1) 4.665 Stück
(2) 4.666 Stück
(3) 4.667 Stück
(4) 4.668 Stück

at) Wie hoch ist der Break-Even-Umsatz für Handbälle?

(1) 93.349 Euro
(2) 100.000 Euro
(3) 104.860 Euro
(4) 120.000 Euro

au) Der Gewinnsteuersatz beträgt 20 %. Wie viele Fußbälle muss das Unternehmen produzieren und verkaufen, um einen jährlichen Gewinn nach Steuern von € 250.000,– mit Fußbällen zu erwirtschaften? Gehen Sie davon aus, dass das Produkt Handball einen positiven Gewinn ausweist.

(1) 18.000 Stück
(2) 21.334 Stück
(3) 23.450 Stück
(4) 25.500 Stück

av) Wie viele Handbälle muss das Unternehmen produzieren und verkaufen, damit bei einem Gewinnsteuersatz von 20 % eine Umsatzrendite nach Steuern von 30 % pro Jahr mit Handbällen erwirtschaftet wird? Gehen Sie davon aus, dass das Produkt Fußball einen positiven Gewinn ausweist.

(1) 20.000 Stück
(2) 82.000 Stück
(3) 80.000 Stück
(4) 86.000 Stück

aw) In einem gewöhnlichen Jahr verkauft das Unternehmen 15.000 Handbälle und 20.000 Fußbälle. Um wie viel Prozent müsste die Hubbel Deutschland AG die Fixkosten bei der Produktion von Handbällen senken, damit bei diesen Absatzmengen Handbälle und Fußbälle identische Umsatzrenditen erzielen?

(1) 12,50 %
(2) 23,60 %
(3) 37,20 %
(4) 87,50 %

## Aufgabenstellung für ax) bis bf)

Globe Ltd. produziert und verkauft drei Modelle von Fahrrädern: *City*, *Mountain* und *Race*. Das Modell *City* wird im Fertigungszentrum I hergestellt. *Mountain* und *Race* werden im Fertigungszentrum II produziert.

Ihnen liegen die folgenden Daten zu Produktions- und Verkaufsmengen, Preisen, Materialeinzelkosten und Fertigungszeiten für August vor. Die Einzelkosten der Fertigung betragen 50 € pro Produktionsstunde.

| | City | Mountain | Race |
|---|---|---|---|
| Preis [€ pro Stück] | 250,– | 450,– | 550,– |
| Produzierte Menge [Stück] | 2.000 | 3.000 | 1.000 |
| Verkaufte Menge [Stück] | 3.000 | 3.000 | 1.000 |
| Materialeinzelkosten [€ pro Stück] | 50,– | 75,– | 125,– |
| Fertigungszeit [h pro Stück] | 2 | 4 | 4 |

Außerdem liegen Ihnen die folgenden Daten zu den Gemeinkosten vor. Alle Einzelkosten sind variabel und alle Gemeinkosten sind fix.

| Kostenstelle | Gemeinkosten [€] | Zuschlagsbasis |
|---|---|---|
| Material | 90.000,– | Materialeinzelkosten |
| Fertigungszentrum I | 100.000,– | Fertigungseinzelkosten |
| Fertigungszentrum II | 240.000,– | Fertigungseinzelkosten |
| Verwaltung und Vertrieb | 418.000,– | Herstellkosten in € |

Die folgenden Informationen sind bereits berechnet worden.

| | City | Mountain | Race | Summe |
|---|---|---|---|---|
| Umsatzerlöse [€] | 750.000,– | 1.350.000,– | 550.000,– | 2.650.000,– |
| Herstellkosten pro Stück [€] | 210,– | 350,– | 410,– | |

ax) Wie hoch sind die Fertigungseinzelkosten pro Stück von *City*?

(1) 50 Euro
(2) 100 Euro
(3) 150 Euro
(4) 200 Euro

ay) Wie hoch sind die Materialgemeinkosten pro Stück von *City*?

(1) 2,00 Euro
(2) 9,00 Euro
(3) 10,00 Euro
(4) 20,00 Euro

az) Wie hoch ist der Gemeinkostenzuschlagssatz des *Fertigungszentrums II*?

(1) 10 %
(2) 20 %
(3) 25 %
(4) 30 %

ba) Wie hoch sind die Selbstkosten pro Stück von *Race*?

(1) 501,16 Euro
(2) 492,00 Euro
(3) 429,19 Euro
(4) 451,00 Euro

bb) Wie hoch ist der Deckungsbeitrag pro Stück von *Mountain*?

(1) 150 Euro
(2) 375 Euro
(3) 30 Euro
(4) 175 Euro

bc) Wie hoch ist der Gewinn der Globe Ltd. nach dem Gesamtkostenverfahren auf Vollkostenbasis?

(1) 142.000 Euro
(2) 202.000 Euro
(3) 82.000 Euro
(4) 560.000 Euro

bd) Wie würde sich der Gewinn im Vergleich zur letzten Frage ändern, wenn das Unternehmen nach dem Umsatzkostenverfahren auf Teilkostenbasis arbeiten würde?

(1) Er wäre um 60.000 Euro höher
(2) Er wäre um 60.000 Euro niedriger
(3) Er wäre um 150.000 Euro höher
(4) Er wäre um 150.000 Euro niedriger

be) Wie würde sich der Gewinn im Vergleich zur vorletzten Frage ändern, wenn das Unternehmen das Umsatzkostenverfahren auf Vollkostenbasis anwenden würde?

(1) Er wäre um 60.000 Euro höher
(2) Er wäre um 150.000 Euro höher
(3) Er wäre niedriger
(4) Keine der oben genannten Antworten

Für das nächste Jahr haben sich die Preise, die variablen und die fixen Kosten geändert. Der Controller hat die folgende geplante mehrstufige Deckungsbeitragsrechnung für das nächste Jahr erstellt. Die Fixkosten des Fertigungszentrums und die unternehmensweiten Fixkosten können erst nach zwei Jahren abgebaut werden.

<table>
<tr><th>Alle Zahlen in [€]</th><th>City</th><th>Mountain</th><th>Race</th><th>Summe</th></tr>
<tr><td>Umsatzerlöse</td><td>375.000,–</td><td>900.000,–</td><td>400.000,–</td><td>1.675.000,–</td></tr>
<tr><td>– Variable Kosten</td><td>450.000,–</td><td>825.000,–</td><td>325.000,–</td><td>1.600.000,–</td></tr>
<tr><td>= Deckungsbeitrag I</td><td>–75.000,–</td><td>75.000,–</td><td>75.000,–</td><td>75.000,–</td></tr>
<tr><td>– Fixkosten im Fertigungszentrum</td><td>150.000,–</td><td colspan="2">360.000,–</td><td></td></tr>
<tr><td>= Deckungsbeitrag II</td><td>–225.000,–</td><td colspan="2">–210.000,–</td><td>–435.000,–</td></tr>
<tr><td>– Unternehmensweite Fixkosten</td><td colspan="3">500.000,–</td><td></td></tr>
<tr><td>= Gewinn</td><td colspan="3">–935.000,–</td><td></td></tr>
</table>

bf) Das Unternehmen kann Preise, Kosten und Mengen nicht beeinflussen. Welcher der folgenden Vorschläge würde den Gewinn des Unternehmens ceteris paribus **nicht** erhöhen?

(1) Die Produktion von *City* sofort einstellen
(2) Die Produktion von *Mountain* und *Race* sofort einstellen
(3) Die Produktion von *Mountain* und *Race* einstellen, sobald die Fixkosten im Fertigungszentrum II abgebaut werden können
(4) Die Produktion aller Produkte einzustellen, sobald alle Fixkosten abgebaut werden können.

## Aufgabenstellung für bg) bis bn)

Sie arbeiten als Controller für die Alter AG, die Torwarthandschuhe und Torwarttrikots produziert und absetzt. In der folgenden Tabelle finden Sie Produktions- und Absatzzahlen sowie Preise und Fertigungszeiten.

| | Handschuhe | Trikots |
|---|---|---|
| Produktionsmenge [Stück] | 2.500 | 1.000 |
| Absatzmenge [Stück] | 2.000 | 1.000 |
| Preis [Euro] | 20,– | 40,– |
| Fertigungszeit pro Stück [min] | 5 | 12,5 |

Zusätzlich liegen Ihnen folgende Angaben über Einzel- und Gemeinkosten vor:

| Einzelkosten pro Stück [€] | Handschuhe | Trikots |
|---|---|---|
| Fertigungsmaterial | 5,– | 15,– |
| Fertigungslohn | 5,– | 30,– |

| Gemeinkosten [€] | variabel | fix | Bezugsgröße |
|---|---|---|---|
| Materialkostenstelle | 0,– | 5.500,– | Fertigungsmaterial |
| Fertigungskostenstelle | 0,– | 8.500,– | Fertigungslöhne |
| Vertriebsstelle | 6.500,– | 0,– | Herstellkosten |

Folgende Größen hat Ihr Junior-Controller bereits korrekt berechnet:

| | |
|---|---|
| Gesamte Erlöse [€] | 80.000,– |
| Gesamte variable Herstellkosten, produzierte Menge [€] | 70.000,– |
| Gesamte variable Herstellkosten, abgesetzte Menge [€] | 65.000,– |
| Gesamte Herstellkosten, produzierte Menge [€] | 84.000,– |
| Gesamte Herstellkosten, abgesetzte Menge [€] | 78.000,– |
| Volle Herstellkosten, Handschuhe [€] | 12,– |

bg) Wie hoch sind die Einzelkosten pro Stück der *Handschuhe*?

(1) 15 Euro
(2) 12 Euro
(3) 10 Euro
(4) 5 Euro

bh) Wie hoch sind die variablen Selbstkosten pro Stück der *Trikots*?

(1) 50,26 Euro
(2) 49,50 Euro
(3) 49,18 Euro
(4) 45,00 Euro

bi) Wie hoch ist der Periodengewinn im Umsatzkostenverfahren in einer Teilkostenrechnung?

(1) 8.500 Euro
(2) –4.500 Euro
(3) –5.500 Euro
(4) –10.500 Euro

bj) Wie unterscheidet sich der Gewinn im Umsatzkostenverfahren in einer Vollkostenrechnung vom Gewinn im Umsatzkostenverfahren in der Teilkostenrechnung (Ergebnis aus der letzten Frage)?

(1) Er ist um weniger als 14.000 Euro niedriger oder gleich
(2) Er ist um weniger als 14.000 Euro höher
(3) Er ist um mehr als 14.000 Euro niedriger
(4) Er ist um mehr als 14.000 Euro höher

bk) Wie hoch sind die vollen Herstellkosten pro Stück der *Trikots?*

(1) 58,50 Euro
(2) 58,18 Euro
(3) 54,00 Euro
(4) 52,25 Euro

bl) Wie hoch sind die vollen Selbstkosten pro Stück der *Handschuhe?*

(1) 13,10 Euro
(2) 13,00 Euro
(3) 12,80 Euro
(4) 12,00 Euro

bm) Ihr Praktikant hat Ihnen bereits den Periodenerfolg in einer Vollkostenrechnung ausgerechnet. Er hat dazu ein Gesamtkostenverfahren und ein Umsatzkostenverfahren durchgeführt (siehe Tabelle). Welche der beiden Verfahren hat Ihr Junior-Controller vollständig korrekt durchgeführt?

| **Gesamtkostenverfahren** | | | |
|---|---|---|---|
| Fertigungsmaterial | 27.500,– | Erlös A | 40.000,– |
| Fertigungslöhne | 42.500,– | Erlös B | 40.000,– |
| Materialgemeinkosten | 5.000,– | | |
| Fertigungsgemeinkosten | 15.000,– | Verlust | 16.500,– |
| Vertriebsgemeinkosten | 6.500,– | | |

| **Umsatzkostenverfahren** | | | |
|---|---|---|---|
| Volle Herstellkosten Handschuhe (abgesetzte Menge) | 22.000,– | Erlös A | 40.000,– |
| Volle Herstellkosten Trikots (abgesetzte Menge) | 55.000,– | Erlös B | 40.000,– |
| | | Verlust | 3.000,– |

(1) Keines von beiden
(2) Das Umsatzkostenverfahren
(3) Das Gesamtkostenverfahren
(4) Beide

bn) Experten in Ihrer Marketing-Abteilung haben festgestellt, dass die Handschuhe und Trikots stets in einem festen Verhältnis von 2:1 (d.h. für ein Trikot zwei Handschuhe) verkauft werden. Welchen der folgenden Ratschläge sollten Sie mit diesem Wissen Ihrem Management nicht geben?

(1) Wenn die Fixkosten abbaubar sind und sich die Absatzzahlen nicht weiter erhöhen lassen, sollte man die gesamte Produktion einstellen
(2) Die Produktion kurzfristig einstellen, auch wenn man die Absatzzahlen stark erhöhen könnte
(3) Die Absatzzahlen beider Produkte gemeinsam stark erhöhen
(4) Auch wenn sich die Fixkosten nicht abbauen lassen, sollte man kurzfristig weiterproduzieren

## Aufgabenstellung für bo) bis br)

Der Münchner Fußballverein FC Obergiesing stellt T-Shirts für Fans her. Im vergangenen Jahr hat das Unternehmen die unten aufgeführten Bewegungen in der Materialrechnung des wichtigsten Rohstoffs, Baumwolle, verzeichnet. Der Bestand an Baumwolle zum 1. Januar betrug 1.200 kg (7,50 Euro/kg).

| Datum | Vorgang | Menge [kg] | Preis [Euro/kg] |
|---|---|---|---|
| 27. Januar | Abgang | 900 | |
| 30. März | Zugang | 600 | 7,20 |
| 6. Juni | Abgang | 700 | |
| 7. Juli | Zugang | 800 | 7,50 |
| 24. August | Abgang | 400 | |
| 4. Oktober | Abgang | 100 | |
| 9. November | Zugang | 200 | 6,30 |

bo) Wie hoch ist der Endbestand an Baumwolle im Geschäftsjahr?

(1) 300 kg
(2) 500 kg
(3) 700 kg
(4) 900 kg

bp) Wie hoch ist der bewertete Rohstoffverbrauch vom 6. Juni bei Anwendung des FIFO-Verfahrens?

(1) 5.070 Euro
(2) 5.130 Euro
(3) 5.145 Euro
(4) 5.250 Euro

bq) Wie hoch ist der bewertete Rohstoffverbrauch vom 6. Juni bei Anwendung des LIFO-Verfahrens?

(1) 5.070 Euro
(2) 5.130 Euro
(3) 5.145 Euro
(4) 5.250 Euro

br) Wie hoch ist der bewertete Rohstoffverbrauch vom 24. August zu nachträglichen Durchschnittspreisen?

(1) 2.800 Euro
(2) 2.850 Euro
(3) 2.895 Euro
(4) 2.940 Euro

## Aufgabenstellung für bs) bis bz)

Ein Möbelhersteller hat zwei Vorkostenstellen, *Energie* und *Gebäude,* und zwei Endkostenstellen, *Material* und *Fertigung*. Sie haben die folgenden Informationen über die primären Gemeinkosten der vier Kostenstellen.

| **Kostenstellen** | **Vorkostenstellen** | | **Endkostenstellen** | |
|---|---|---|---|---|
| | I1 | I2 | D1 | D2 |
| | Energie | Gebäude | Material | Fertigung |
| **Primäre Gemeinkosten [€]** | 300,– | 3.000,– | 10.000,– | 40.000,– |

Die folgende Tabelle zeigt den Austausch von Leistungen zwischen den Kostenstellen.

| **Von** \ **An** | **I1** | **I2** | **D1** | **D2** | **Summe** |
|---|---|---|---|---|---|
| **I1 – Energie [MWh]** | 0 | 400 | 200 | 600 | 1.200 |
| **I2 – Gebäude [Quadratmeter]** | 50 | 0 | 50 | 200 | 300 |
| **Summe** | 50 | 400 | 250 | 800 | 1.500 |

bs) Wie hoch ist der Verrechnungspreis für die Kostenstelle *Gebäude* nach dem Blockumlageverfahren?

(1) 10,00 Euro pro Quadratmeter
(2) 12,00 Euro pro Quadratmeter
(3) 15,00 Euro pro Quadratmeter
(4) 60,00 Euro pro Quadratmeter

bt) Welche Kosten werden von der Kostenstelle *Energie* auf *Material* umgelegt, wenn das Unternehmen das Blockumlageverfahren anwendet?

(1) 75 Euro
(2) 100 Euro
(3) 150 Euro
(4) 240 Euro

bu) Welche Kosten werden von der Kostenstelle *Gebäude* auf die *Fertigung* verrechnet, wenn das Unternehmen das Treppenumlageverfahren mit der Reihenfolge Energie-Gebäude anwendet?

(1) 2.100 Euro
(2) 2.400 Euro
(3) 2.480 Euro
(4) 2.520 Euro

bv) Wie hoch ist der Verrechnungspreis für die Kostenstelle *Energie* nach dem Treppenumlageverfahren, wenn das Unternehmen die Reihenfolge Gebäude-Energie verwendet?

(1) 0,25 Euro pro kWh
(2) 0,375 Euro pro kWh
(3) 0,667 Euro pro kWh
(4) 1,00 Euro pro kWh

bw) Wie hoch sind die gesamten sekundären Gemeinkosten für alle Einzelkostenstellen (Material und Fertigung) nach Anwendung des Gleichungsverfahrens?

(1) 3.000 Euro
(2) 3.300 Euro
(3) 50.000 Euro
(4) 53.300 Euro

bx) Wie hoch ist der Verrechnungspreis für die Kostenstelle *Gebäude* nach dem Gleichungsverfahren, wenn der Verrechnungspreis für die Kostenstelle Energie 0,71 € pro MWh beträgt?

(1) 10,00 Euro pro Quadratmeter
(2) 10,11 Euro pro Quadratmeter
(3) 10,33 Euro pro Quadratmeter
(4) 10,95 Euro pro Quadratmeter

by) Angenommen für das Gutschrift-Lastschrift-Verfahren werden die Verrechnungspreise in der Kostenstelle *Energie* auf 1,20 € pro kWh und in der Kostenstelle *Gebäude* auf 20 € pro Quadratmeter festgelegt. Welcher Betrag wird von der Kostenstelle *Energie* auf die Kostenstelle *Gebäude* umgelegt (vor einer Deckungsumlage)?

(1) 300 Euro
(2) 400 Euro

(3) 480 Euro
(4) 540 Euro

bz) Welche der folgenden Aussagen ist richtig?

(1) Das Blockumlageverfahren und das Treppenumlageverfahren können beide exakte Verrechnungspreise liefern, aber nie im gleichen Fall
(2) Das Gleichungsverfahren berücksichtigt alle internen Leistungsbeziehungen wobei die Genauigkeit von der Anzahl der Gleichungen im System abhängt
(3) Beim Treppenumlageverfahren wird der Austausch von Leistungen nur in eine Richtung berücksichtigt, während beim Gutschrift-Lastschrift-Verfahren der gesamte Austausch von Leistungen berücksichtigt wird
(4) Die Genauigkeit der Näherung des iterativen Verfahrens nimmt mit der Anzahl der Iterationen ab

## Aufgabenstellung für ca) bis cj)

Die GreenLovers AG stellt verschiedene Blumentöpfe her. Sie hat zwei Endkostenstellen, die Fertigung (D1) und die Verwaltung (D2). Beide Endkostenstellen, D1 und D2, erhalten Leistungen von drei Vorkostenstellen, Elektrizität (I1), Gebäude (I2) und IT (I3). Sie verfügen über die folgenden Informationen zu den primären Gemeinkosten nach Kostenstellen.

| Kostenstellen | Vorkostenstellen | | | Endkostenstellen | |
|---|---|---|---|---|---|
| | Elektrizität (I1) | Gebäude (I2) | IT (I3) | Fertigung (D1) | Verwaltung (D2) |
| **Primäre Gemeinkosten [€]** | 14.000,– | 24.000,– | 10.000,– | 300.000,– | 150.000,– |

In der folgenden Tabelle sind die Leistungsbeziehungen zwischen den verschiedenen Abteilungen dargestellt.

| von \ an | I1 | I2 | I3 | D1 | D2 |
|---|---|---|---|---|---|
| **Elektrizität (I1), [kWh]** | 2.000 | 18.000 | 2.000 | 20.000 | 30.000 |
| **Gebäude (I2), [m²]** | 0 | 100 | 180 | 400 | 800 |
| **IT (I3), [Stunden]** | 0 | 100 | 0 | 200 | 200 |

Für das Gutschrift-Lastschrift-Verfahren werden die Verrechnungspreise der vorangegangenen Periode verwendet. Diese sind:

| | |
|---|---|
| *Elektrizität:* | 0,30 € pro kWh |
| *Gebäude*: | 20,00 € pro m² |
| *IT*: | 35,00 € pro Stunde |

ca) Welche Kosten werden nach dem Blockumlageverfahren von Gebäude (I2) auf Verwaltung (D2) umgelegt?

(1) Treppenumlageverfahren
(2) Iteratives Verfahren
(3) Gleichungsverfahren
(4) Gutschrift-Lastschrift-Verfahren

cb) Welche Kosten werden nach dem Treppenumlageverfahren (Reihenfolge: IT – Gebäude – Elektrizität) von der Kostenstelle *Gebäude* (I2) auf die Kostenstelle *Fertigung* (D1) umgelegt?

(1) 6.486,49 Euro
(2) 6.956,52 Euro
(3) 7.675,68 Euro
(4) 8.666,67 Euro

cc) Wie hoch ist der Verrechnungspreis für die Kostenstelle Elektrizität (I1) bei Anwendung des Treppenumlageverfahrens (Reihenfolge: IT – Gebäude – Elektrizität)?

(1) 0,19 Euro pro kWh
(2) 0,20 Euro pro kWh
(3) 0,28 Euro pro kWh
(4) 0,30 Euro pro kWh

cd) Die Kosten welcher Vorkostenstelle sollten nach dem Treppenumlageverfahren zuerst verrechnet werden, um möglichst wenig Leistungsbeziehungen zu ignorieren?

(1) Die Kosten der Kostenstelle *Elektrizität*
(2) Die Kosten der Kostenstelle *IT*
(3) Die Kosten der Kostenstelle *Gebäude*
(4) Es spielt keine Rolle, welche Kosten zuerst verrechnet werden

ce) Welche der folgenden Gleichungen gibt die Leistungen und Kosten der Vorkostenstelle IT im Gleichungsverfahren wieder?

($c_I$: Verrechnungspreis, Elektrizität; $c_{II}$: Verrechnungspreis, Gebäude; $c_{III}$: Verrechnungspreis, IT)

(1) $500 \cdot c_{III} = 10.000 + 2.000 \cdot c_I + 180 \cdot c_{II}$
(2) $400 \cdot c_{III} = 10.000 + 2.000 \cdot c_I + 180 \cdot c_{II}$
(3) $400 \cdot c_{III} = 10.000 + 100 \cdot c_{II}$
(4) $500 \cdot c_{III} = 10.000 + 100 \cdot c_{II}$

cf) Der Leiter der IT-Kostenstelle behauptet, er sei „absolut sicher, dass die IT-Kostenstelle auch die Mitarbeiter der IT-Kostenstelle selbst unterstützt.“ Wie würde sich der Verrechnungspreis aus dem Gleichungsverfahren der Kostenstelle *IT* ändern, wenn die Kostenstelle *IT* die eigene Kostenstelle mit 100 Stunden unterstützen würde?

(1) Er würde sich nicht ändern
(2) Er würde um mehr als 1/5 steigen
(3) Er würde um weniger als 1/5 steigen
(4) Er würde abnehmen

cg) Mit welchem Betrag wird die Vorkostenstelle *Gebäude* (I2) von der Vorkostenstelle *Elektrizität* (I1) belastet, wenn das Gutschrift-Lastschrift-Verfahren angewendet wird?

(1) 0 Euro
(2) 5.400 Euro
(3) 18.000 Euro
(4) 360.000 Euro

ch) Nehmen Sie an, das Unternehmen verwendet das Gutschrift-Lastschrift-Verfahren. Wie hoch ist der Gesamtbetrag, mit dem die Endkostenstellen D1 und D2 durch die Vorkostenstellen nach einer möglichen Deckungsumlage belastet werden?

(1) 48.000 Euro
(2) 53.000 Euro
(3) 498.000 Euro
(4) 503.000 Euro

ci) Angenommen das Unternehmen wendet das Gutschrift-Lastschrift-Verfahren an und eine etwaige Deckungsumlage soll auf die Endkostenstellen im Verhältnis zu den primären Gemeinkosten umgelegt werden. Die Summe der Salden nach den drei Verrechnungsschritten und vor der Umlage zur Kostendeckung beträgt € –5.000,–. Mit welchem Betrag wird D1 im Rahmen der Deckungsumlage belastet?

(1) –1.809,15 Euro
(2) –3.190,86 Euro
(3) –3.333,33 Euro
(4) –5.000,00 Euro

cj) Welche der folgenden Aussagen ist richtig?

(1) Sowohl die Blockumlage als auch die Treppenumlage können exakte Verrechnungspreise liefern, allerdings nie im gleichen Fall
(2) Das Gleichungsverfahren berücksichtigt alle internen Leistungsbeziehungen wobei die Genauigkeit von der Anzahl der Gleichungen im Gleichungssystem abhängt

(3) Die Treppenumlage berücksichtigt Leistungsbeziehungen nur in einer Richtung, während das Gutschrift-Lastschrift-Verfahren alle Leistungsbeziehungen berücksichtigt
(4) Die Genauigkeit der Näherungslösung des iterativen Verfahrens nimmt mit der Anzahl der Iterationen ab

## 7.2 Multiple Choice Aufgaben

Zu den folgenden Fragen sind jeweils fünf Antwortmöglichkeiten vorgegeben. Es können beliebig viele Antwortmöglichkeiten richtig sein. Alle Kombinationen zwischen „keine Antwortmöglichkeit ist richtig" bis „alle Antwortmöglichkeiten sind richtig" sind möglich.

a) Welche der folgenden Aussagen sind richtig?

(1) Das Lifo-Verfahren führt bei steigenden Preisen dazu, dass der Endbestand möglichst niedrig bewertet wird.
(2) Die Bildung einer Kostenstelle sollte so erfolgen, dass die Kostenverursachung innerhalb einer Kostenstelle möglichst homogen ist.
(3) Versunkene Kosten zählen zu den entscheidungsrelevanten Kosten.
(4) Gemeinkosten sind alle Kosten, die einem Kalkulationsobjekt direkt zugeordnet werden können.
(5) Die Methode des nachträglichen Durchschnittspreises ist nicht geeignet, um unterperiodisch Lagerabgänge zu bewerten.

b) Welche der folgenden Aussagen sind richtig?

(1) Relevante Kosten eines Entscheidungsproblems sind geeignet, die Rangfolge der betrachteten Entscheidungsalternativen zu verändern.
(2) Die arithmetisch-degressive Abschreibung ermöglicht eine Abschreibung auf einen Restwert von Null.
(3) Gemeinkosten stellen immer fixe Kosten dar.
(4) Wenn keine Leistungsbeziehungen zwischen Vorkostenstellen bestehen, dann führen Blockumlage und Treppenumlage zu demselben Ergebnis.
(5) Kalkulatorische Zinsen werden auf das so genannte Abzugskapital berechnet.

c) Welche der folgenden Aussagen sind richtig?

(1) In die kurzfristige Preisuntergrenze gehen in einer Engpasssituation auch Opportunitätskosten ein.
(2) Die kalkulatorischen Wagniskosten decken unter anderem das allgemeine Unternehmerrisiko ab.
(3) Opportunitätskosten sind nicht entscheidungsrelevant.
(4) Bei der Abweichungsanalyse im Rahmen der Grenzplankostenrechnung wird keine Beschäftigungsabweichung betrachtet.
(5) Bei der Kuppelproduktion ermöglicht die Verteilungsrechnung eine verursachungsgerechte Kostenzuordnung auf die einzelnen Produkte.

d) Welche der folgenden Aussagen sind richtig?

(1) Für das Ergebnis der Äquivalenzziffernkalkulation ist es relevant, welche Sorte als Einheitssorte festgelegt wird.
(2) In einer Vollkostenrechnung lassen sich Verbrauchs- und Beschäftigungsabweichung nicht trennen.
(3) Für die Durchführung des Gutschrift-Lastschrift-Verfahrens der innerbetrieblichen Leistungsverrechnung müssen die Verrechnungspreise gegeben sein.
(4) Zusatzkosten sind ein Teil des neutralen Aufwands.
(5) Der pagatorische Kostenbegriff umfasst Tilgungszahlungen.

e) Welche der folgenden Aussagen sind richtig?

(1) Nach der Verrechnung der Kosten von den Endkostenstellen auf die Kostenträger sind die Endkostenstellen in der Grenzplankostenrechnung vollständig entlastet.
(2) Im Break-Even-Punkt entsprechen die Kosten den Erlösen und die Deckungsbeiträge den Fixkosten.
(3) Eine Bestandsminderung führt per se dazu, dass der Gewinn bei der Teilkostenrechnung höher ist als bei der Vollkostenrechnung.
(4) Abschreibungen stellen immer Fixkosten dar.
(5) Unechte Gemeinkosten können einem Kalkulationsobjekt nicht direkt zugerechnet werden.

f) Die „X-Edge GmbH" hat sich auf die Fertigung von exklusiven und hochpreisigen Snowboards spezialisiert. Das Unternehmen ist in zwei verschiedene Bereiche gegliedert:

| Bereich | Arbeitsstunden gesamt | Lohnkosten gesamt | Gemeinkosten |
|---|---|---|---|
| Material | 120 h | 2.400,– € | 5.200,– € |
| Fertigung | 800 h | 28.000,– € | 17.600,– € |

Das Holz für die Snowboards wird im Bereich „Material" vorbereitet. Der Prozess benötigt 1,5 Arbeitsstunden. Im Bereich „Material" entstehen Materialeinzelkosten von € 12,– und weitere Einzelkosten von € 30,– (Löhne). Im Bereich „Fertigung" werden die Lauffläche, die Kanten und das Finish hinzugefügt. Für ein Snowboard fallen dabei Fertigungseinzelkosten von € 75,– (Löhne) an. Der Vertrieb ist ausgelagert und wird über unabhängige Handelsvertreter organisiert. Die Gemeinkosten sollen im Bereich Material über die geleisteten Arbeitsstunden und im Bereich Fertigung über die Lohnkosten im Rahmen einer Zuschlagskalkulation zugeschlüsselt werden.

Welche der folgenden Aussagen sind richtig?

(1) Die Zuschlagskalkulation findet insbesondere in der Sortenfertigung von ähnlichen Produkten Anwendung, die sich oft nur in Größe bzw. Materialverbrauch unterscheiden.

(2) Der Gemeinkostenzuschlagssatz für den Bereich Fertigung beträgt 159,09 % (gerundet).
(3) Die Herstellkosten eines Snowboards liegen bei € 229,14 (gerundet).

Das Konkurrenzunternehmen „ProgPowder AG" plant, im kommenden Jahr neben der bisher gefertigten Grundsorte Erwachsenenboards (160 cm Länge, Produktionsmenge 5000 Stück) auch Snowboards für Kinder (100 cm Länge, Produktionsmenge 1000 Stück) und Jugendliche (140 cm Länge, Produktionsmenge 2000 Stück) einzuführen. Vorher möchte der Geschäftsführer S. White die Kosten der einzelnen Produkte überschlagen. Er rechnet mit Gesamtkosten von € 1.480.000,–. Da die Kosten in einem engen Verhältnis zur Länge der Boards stehen, entscheidet sich S. White für eine Kalkulation mittels Äquivalenzziffernrechnung.

Welche der folgenden Aussagen sind richtig?

(4) Die Äquivalenzziffer für Kindersnowboards lautet 0,625.
(5) Die Stückkosten für ein Snowboard für Jugendliche betragen € 175,59 (gerundet).

g) Die Sandmännchen OHG (S) produziert hochwertige Holzspielgeräte für Kinderspielplätze. Für zwei neue Produkte, die Federwippe Pittiplatsch und die Korbschaukel Schnatterinchen, sollen die Selbstkosten je Stück kalkuliert werden.

Dazu liegen folgende Informationen vor:

| **Einzelkosten [€/Stück]** | **Pittiplatsch** | **Schnatterinchen** |
|---|---|---|
| Materialeinzelkosten | 1.200,– | 1.800,– |
| Fertigungslöhne | 1.450,– | 2.460,– |
| Sondereinzelkosten der Fertigung | 0,– | 420,– |

| **Zuschläge [%]** | **Pittiplatsch** |
|---|---|
| Materialgemeinkostenzuschlagssatz | 85,0 |
| Fertigungsgemeinkostenzuschlagssatz | 176,0 |
| Verwaltungs- und Vertriebsgemeinkostenzuschlagssatz | 30,0 |

Welche der folgenden Aussagen sind richtig?

(1) Bei der Zuschlagskalkulation können den Kostenträgern alle Kosten (d. h. sowohl Einzel- als auch Gemeinkosten) direkt und unmittelbar zugerechnet werden.
(2) Bei der Auswahl der Bezugsgrößen wird das Ziel verfolgt, diejenigen Faktoren zu ermitteln, die die Höhe der jeweiligen Gemeinkosten maßgeblich beeinflussen.

(3) Die Herstellkosten für die Federwippe Pittiplatsch betragen € 6.222,– pro Wippe.
(4) Die Fertigungskosten für die Federwippe Pittiplatsch betragen € 4.002,– pro Wippe.
(5) Die Selbstkosten für die Korbschaukel Schnatterinchen betragen € 13.701,48 pro Korbschaukel.

h) Welche der folgenden Aussagen sind richtig?

(1) Der Deckungsbeitrag gibt den Betrag an, den die einzelnen Produkte zur Deckung der fixen Kosten des Unternehmens leisten.
(2) Opportunitätskosten sind Kosten, bei denen keine Zahlungen fließen.
(3) Versunkene Kosten sind nicht entscheidungsrelevant, da sie unabhängig von der verfolgten Entscheidungsalternative anfallen.
(4) Das Treppenumlageverfahren berücksichtigt innerbetriebliche Leistungsströme lediglich an die Endkostenstellen.
(5) Die geometrisch-degressive Abschreibung ermöglicht eine Abschreibung auf einen Restwert von Null.

i) Welche der folgenden Aussagen sind richtig?

(1) Bei der Äquivalenzziffernkalkulation wird ein festes Verhältnis zwischen den Kosten artverwandter Produkte unterstellt.
(2) Beim Gesamtkostenverfahren dient die Absatzmenge als Basis für die Erfolgsrechnung.
(3) Das Fifo-Verfahren führt bei steigenden Preisen dazu, dass der Endbestand möglichst niedrig bewertet wird.
(4) Die Methode des nachträglichen Durchschnittspreises ist geeignet, um unterperiodisch Lagerabgänge zu bewerten.
(5) Die Auswahl eines geeigneten Verfahrens für die innerbetriebliche Leistungsverrechnung ist u.a. abhängig von Richtung und Umfang der vorhandenen Leistungsströme.

j) Für die Abgrenzung von externer und interner Unternehmensrechnung gilt:

(1) Der zeitliche Rhythmus der externen Unternehmensrechnung ist variabel.
(2) Die interne Unternehmensrechnung zielt auf Unternehmensinterne und -externe.
(3) Die externe Unternehmensrechnung unterliegt standardisierten Vorschriften, die interne hingegen nicht.
(4) Die interne Unternehmensrechnung ist vergangenheits- und zukunftsorientiert.
(5) Interne und externe Unternehmensrechnung verfolgen das Ziel Informationsasymmetrien zu reduzieren.

k) Für die Abgrenzung von externer und interner Unternehmensrechnung gilt:

(1) Der zeitliche Rhythmus der externen Unternehmensrechnung ist variabel.

(2) Die interne Unternehmensrechnung zielt auf unternehmensinterne Adressaten.
(3) Die externe Unternehmensrechnung unterliegt internationalen Vorschriften, die interne hingegen nicht.
(4) Die interne Unternehmensrechnung ist vergangenheitsorientiert.
(5) Interne und externe Unternehmensrechnung verfolgen das Ziel Informationsasymmetrien zu reduzieren.

l) Für die Abgrenzung von externer und interner Unternehmensrechnung gilt:

(1) Grundlage für interne und externe Unternehmensrechnung ist die Erfassung von Geschäftsvorfällen in der Finanzbuchhaltung.
(2) Die interne Unternehmensrechnung stellt Informationen für die Planung, Steuerung und Kontrolle bereit.
(3) Für interne sowie externe Unternehmensrechnung besteht eine Regulierungsnotwendigkeit.
(4) Ziel der externen Unternehmensrechnung ist es, den Gewinn einzelner Produkte zu bestimmen.
(5) Die Informationen der externen Unternehmensrechnung sollen zuverlässig, konsistent und überprüfbar sein.

m) Für die Periodenerfolgsrechnung gilt:

(1) Beim Gesamtkostenverfahren stellt man die Gesamtkosten den Gesamterlösen einer Periode gegenüber.
(2) Bestandsänderungen werden sowohl im Gesamtkostenverfahren wie auch im Umsatzkostenverfahren berücksichtigt.
(3) Das Gesamtkostenverfahren liefert einen Hinweis auf den Erfolg einzelner Produkte.
(4) Das Umsatzkostenverfahren gliedert Kosten nach Produktarten.
(5) Im Umsatzkostenverfahren werden keine Verwaltungs- und Betriebskosten berücksichtigt.

n) Ein Unternehmen produziert ein Produkt. Es sind folgende Daten vorhanden:

- Preis [€/Stück]: 15
- variable Kosten [€/Stück]: 11
- maximale Absatzmenge [Stück]: 7.000

Die Fixkosten des Unternehmens betragen € 25.000,–. Der Bruttogewinn wird mit einem Steuersatz in Höhe von 15 % versteuert. Sie sollen eine Break-Even-Analyse durchführen. Es gilt:

(1) Die Break-Even-Menge liegt bei 6.500 Stück.
(2) Würden sich die variablen Stückkosten um € 1,– erhöhen, kann die Break-Even-Menge nicht erreicht werden.
(3) Bei einem Absatz von 6.800 Stück wird ein Bruttogewinn in Höhe von € 2.000,– erzielt.
(4) Bei einem Nettozielgewinn nach Steuern von € 1.700,– müssen 6.750 Stück verkauft werden.

(5) Eine Erhöhung der maximalen Absatzmenge um 1.000 Stück würde einen maximalen Bruttogewinn in Höhe von € 8.000,– ermöglichen.

o) Die X-AG verkauft das Produkt A zum Preis von € 25,– je Stück. Die variablen Stückkosten betragen € 17,– und die Fixkosten pro Periode € 10.000,–. Es soll zudem ein Gewinn von € 2.000,– erzielt werden:

(1) Die Break-Even-Menge beträgt 1.250 Stück.
(2) Der kritische Umsatzerlös liegt bei € 37.500,–.
(3) Bei einer Erhöhung der Fixkosten um € 200,–, steigt die kritische Menge um 25 Stück an.
(4) Der Sicherheitskoeffizient liegt bei 34 %.
(5) Der Operating Leverage ist gleich dem quadrierten Sicherheitskoeffizienten.

p) Ein Unternehmen produziert die Produkte A und B. Es sind folgende Daten vorhanden:

| | A | B |
|---|---|---|
| Stückdeckungsbeitrag [€/Stück] | 4,00 | 2,50 |
| Maximale Absatzmenge [Stück] | 1.000 | 2.000 |
| Inputfaktor X [Einheit/Stück] | 5 | 3 |
| Inputfaktor Y [Einheit/Stück] | 4 | 7 |

Von Inputfaktor X sind 10.000 Einheiten verfügbar, von Inputfaktor Y 20.000 Einheiten. Sie sollen ein optimales Produktionsprogramm planen. Für die Produktionsprogrammplanung gilt:

(1) Inputfaktor Y ist die knappe Ressource.
(2) Es gibt genau eine wirksame Mehrproduktrestriktion.
(3) Produkt A wird Produkt B im Produktionsprogramm vorgezogen.
(4) Der relative Deckungsbeitrag von Produkt A für die knappe Ressource ist € 0,80 je Einheit.
(5) Der Deckungsbeitrag (DB I) von Produkt A im optimalen Programm beträgt € 3.200,–.

q) Für operative Entscheidungen gilt:

(1) Im Falle eines Engpasses in der Produktionsprogrammplanung liegt immer eine Einproduktrestriktion vor.
(2) Die Teilkostenrechnung stellt relevante Informationen für operative Entscheidungen zur Verfügung.
(3) In der Vergangenheit angefallene und unveränderbare Kosten müssen bei operativen Entscheidungen berücksichtigt werden.
(4) Bei der graphischen Bestimmung des optimalen Produktionsprogramms liegt die optimale Menge stets an einer Ecke des zulässigen Lösungsraumes.

(5) Bei der Kuppelproduktion können Entscheidungen über die einzelnen Produkte nur unabhängig voneinander getroffen werden.

r) Die Z-GmbH stellt die Produkte A, B und C her. Die Produkte A und B sind Teil des gleichen Produktsegments AB. Die Z-GmbH erhält folgende Informationen über das vergangene Geschäftsjahr:

| | Produkt A | Produkt B | Produkt C |
|---|---|---|---|
| Absatzmenge [Stk.] | 1.000 | 1.500 | 2.000 |
| Preis [€/Stk.] | 15,– | 22,– | 5,– |
| Variable Kosten [€/Stk.] | 10,– | 24,– | 4,– |
| Produkt-Fixkosten [€] | 2.000,– | 500,– | 750,– |
| Segment-Fixkosten [€] | 500,– | | – |
| Unternehmensfixkosten [€] | 250,– | | |

Für die Ergebnisse einer mehrstufigen Deckungsbeitragsrechnung gilt:

(1) Produkt B sollte aus dem Produktprogramm genommen werden.
(2) Bei Produktion und Vertrieb aller drei Produkte beträgt der Periodenerfolg € 0.
(3) Die Fixkosten für Produkt C übersteigen dessen Deckungsbeitrag I.
(4) Ohne Produkt B wäre der Deckungsbeitrag III des Produktsegments AB negativ.
(5) Bei einer Preiserhöhung von Produkt B um € 1,– je Stk. würde den Deckungsbeitrag III des Produktsegments AB € 500,– betragen.

s) Für die Abweichungsanalyse gilt:

(1) Die Beschäftigungsabweichung ist ein Maß für die Auslastung eines Bereichs.
(2) Die Effizienzabweichung stellt die Differenz von den Ist-Einzelkosten und den verrechneten Einzelkosten dar.
(3) Die budgetbezogene Plan-Ist-Abweichung bezieht sich auf die Abweichung der Ausbringungsmenge.
(4) Bei der Soll-Ist-Abweichung wird immer mit der geplanten Ausbringungsmenge gerechnet.
(5) Abweichungen höherer Ordnung lassen sich eindeutig einer verantwortlichen Person zuordnen.

t) Für die Grenzplankostenrechnung (GPKR) gilt:

(1) Die GPKR ist eine Vollkostenrechnung.
(2) Einzelkosten werden als variabel angesehen.
(3) Ein linearer Zusammenhang zwischen Bezugsgröße und Beschäftigung der Gemeinkosten wird angenommen.
(4) Jede Kostenstelle hat genau eine Kosteneinflussgröße.

(5) Einzel- und Gemeinkosten werden aufgespalten und auf Kostenstellen verteilt.

# 8 Lösungsteil

## Aufgabe 1.1.1.1: Abschreibung in Bilanz und Kostenrechnung

- Abschreibungen in der bilanziellen Rechnung (pagatorisch) sind an Beständen orientiert und erfolgen auf den Buchwert von Wirtschaftsgütern.

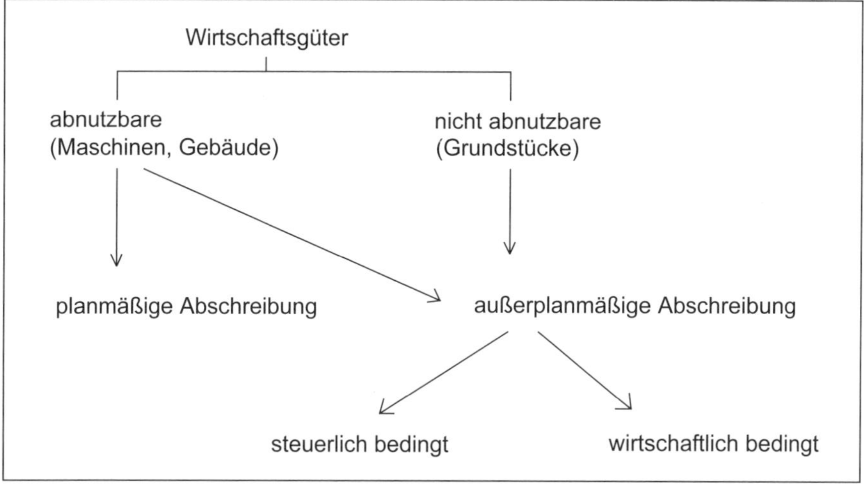


- Abschreibungen in der Kostenrechnung (kalkulatorisch) sind nicht an Beständen und nicht am Buchwert, sondern an den Wiederbeschaffungskosten orientiert.
- Nur planmäßige Abschreibungen, außerplanmäßige Abschreibungen allenfalls indirekt über die Wagniskosten.

**Gemeinsamkeiten:**

- planmäßige Abschreibung
- auf das Anlagevermögen
- Erfassen von Wertminderungen
- teilweise gleiche Abschreibungsverfahren

**Unterschiede:**

- verschiedene Rechnungsziele
- Kostenrechnung nur planmäßige Abschreibung
- Bilanz: maximal Anschaffungs- bzw. Herstellkosten abschreibbar; Abschreibung in der Kostenrechnung kann an den Wiederbeschaffungskosten orientiert sein.

- Bilanz: nur Ist-Werte und periodengebunden; in der Kostenrechnung sind kalkulatorische Abschreibungen vor allem für die Planungsrechnung wichtig.

## Aufgabe 1.1.1.2: Abschreibung in Bilanz und Kostenrechnung

**zu a)**

$$p = 100 \cdot \left(1 - \sqrt[n]{\frac{RW_n}{AW}}\right)$$

p = Abschreibungsprozentsatz
AW = Anschaffungswert
$RW_n$ = Restwert am Ende der Nutzungsdauer
n = Nutzungsdauer

Abschreibungsquote: **24,67 %**
Steuerlich maximal zulässiger Prozentsatz: **20 %**

**zu b)**

- **Lineare kalkulatorische Abschreibung:**
  Anschaffungswert – Restwert = 850.000 – 50.000,– = **800.000,– €**.

  Davon die Hälfte mit Zeitabschreibung:

  $$\frac{1}{2} \cdot \left(\frac{800.000}{10}\right) = 40.000,\text{-}\ €/\text{Jahr}$$

  $$\text{Abschreibungsquote} = \frac{40.000\ €}{800.000\ €} \cdot 100 = \mathbf{5\,\%}$$

- **Leistungsabschreibung:**

$$= \frac{\frac{1}{2}\ \text{Abschreibungssumme}}{\text{Gesamtleistung}} \cdot \text{erbrachte Leistung}$$

$$= \frac{\frac{1}{2} \cdot 800.000}{20.000} \cdot \text{erbrachte Leistung} = \mathbf{20,–\ €/h \cdot geleistete\ Stunden}$$

**zu c)**

| | Bilanzielle Abschreibung [€] | Kalkulatorische Abschreibung [€] |
|---|---|---|
| Anschaffungsausgaben | 850.000,– | 850.000,– |
| – Abschreibungen im 1. Jahr | 170.000,– | 70.000,– |
| Buchwert zu Beginn 2. Jahr | 680.000,– | 780.000,– |
| – Abschreibungen im 2. Jahr | 136.000,– | 78.000,– |
| Buchwert zu Beginn 3. Jahr | 544.000,– | 702.000,– |
| – Abschreibungen im 3. Jahr | 108.800,– | 84.000,– |

| | Bilanzielle Abschreibung [€] | Kalkulatorische Abschreibung [€] |
|---|---|---|
| Buchwert zu Beginn 4. Jahr<br>– Abschreibungen im 4. Jahr | 435.200,–<br>87.040,– | 618.000,–<br>81.200,– |
| Buchwert zu Beginn 5. Jahr | 348.160,– | 536.800,– |

## Aufgabe 1.1.1.3: Abschreibungsverfahren

**Überblick:**

- **Zeitabschreibung:**
  - linear
  - degressiv → geometrisch
    → arithmetisch
  - progressiv
- **Leistungsabschreibung**
- **Kombinationen aus Zeit- und Leistungsabschreibung**
  - Abschreibung nach Bain/Kilger
  - Investitionstheoretische Abschreibung

**Zeitabschreibung:**

- *lineare Abschreibung:* $\frac{10.000\text{ €}}{5\ Jahre} = 2.000,-\text{ €}\ p.a.$
- *geometrisch-degressive Abschreibung:*

| Jahr | Abschreibungsquote [€] | Restwert [€] |
|---|---|---|
| 1 | 2.000,– | 8.000,– |
| 2 | 1.600,– | 6.400,– |
| 3 | 1.280,– | 5.120,– |
| 4 | 1.024,– | 4.096,– |
| 5 | 819,20 | 3.276,80 |

- *arithmetisch-degressive Abschreibung:*

| Jahr | Abschreibungsquote [€] | Restwert [€] |
|---|---|---|
| 1 | 3.333,– | 6.667,– |
| 2 | 2.667,– | 4.000,– |
| 3 | 2.000,– | 2.000,– |
| 4 | 1.333,– | 667,– |
| 5 | 667,– | 0 |

- *leistungsabhängige Abschreibung:*

| Jahr | Abschreibungsquote [€] | Restwert [€] |
|---|---|---|
| 1 | 4.000,– | 6.000,– |
| 2 | 2.000,– | 4.000,– |
| 3 | 2.000,– | 2.000,– |
| 4 | 1.000,– | 1.000,– |
| 5 | 1.000,– | 0 |

## Aufgabe 1.1.1.4: Abschreibungsverfahren

**zu a1)** *lineare Abschreibung:* $a_t$ = 40.000,– €/Jahr

| Periode | $BW_{t-1}$ [€] | $a_t$ [€] | $RW_{t-1}$ [€] |
|---|---|---|---|
| 1 | 180.000,– | 40.000,– | 140.000,– |
| 2 | 140.000,– | 40.000,– | 100.000,– |
| 3 | 100.000,– | 40.000,– | 60.000,– |
| 4 | 60.000,– | 40.000,– | 20.000,– |

**zu a2)** *geometrisch-degressive Abschreibung:* Prozentsatz: 42,27 %

| Periode | $BW_{t-1}$ [€] | $a_t$ [€] | $RW_{t-1}$ [€] |
|---|---|---|---|
| 1 | 180.000,– | 76.086,– | 103.914,– |
| 2 | 103.914,– | 43.924,– | 59.990,– |
| 3 | 59.990,– | 25.358,– | 34.632,– |
| 4 | 34.632,– | 14.639,– | 19.993,– |

**zu a3)** *digitale Abschreibung:* Degressionsbetrag: d = 16.000,– €

| Periode | $BW_{t-1}$ [€] | $a_t$ [€] | $RW_{t-1}$ [€] |
|---|---|---|---|
| 1 | 180.000,– | 16.000 · 4 = 64.000,– | 116.000,– |
| 2 | 116.000,– | 16.000 · 3 = 48.000,– | 68.000,– |
| 3 | 68.000,– | 16.000 · 2 = 32.000,– | 36.000,– |
| 4 | 36.000,– | 16.000 · 1 = 16.000,– | 20.000,– |

**zu a4)** *leistungsabhängige Abschreibung:*

| Periode | $BW_{t-1}$ [€] | $a_t$ [€] | $RW_{t-1}$ [€] |
|---|---|---|---|
| 1 | 180.000,– | 50.000,– | 130.000,– |
| 2 | 130.000,– | 30.000,– | 100.000,– |
| 3 | 100.000,– | 45.000,– | 55.000,– |
| 4 | 55.000,– | 35.000,– | 20.000,– |

**zu b)**

- **Abschreibungsursachen:**
  - Zeitablauf;
  - Gebrauch: Maschineneinsatz, Verschleiß;
  - Korrosion;
  - wirtschaftliche Veralterung z. B. wegen technischen Fortschritts.
- **Abschreibungsmethoden:**
  - leistungsabhängige Abschreibung: Gebrauch, Maschineneinsatz, Verschleiß;
  - zeitabhängige Abschreibung: Zeitablauf, Korrosion, wirtschaftliche Veralterung.

## Aufgabe 1.1.1.5: Abschreibung nach Bain/Kilger

- Näherungsweise Auflösung in fixe und variable Abschreibungen.
- *Gebrauchsverschleiß:* hängt von den geleisteten Betriebsstunden ab und ist daher beschäftigungsabhängig
- *Zeitverschleiß:* beschäftigungsunabhängig
- **Nutzungsdauer bei reinem Zeitverschleiß:**
  ND (Z) = 10 Jahre
- **Nutzungsdauer bei reinem Gebrauchsverschleiß:**

$$ND\,(G) = \frac{180.000\,[km]}{x_p\,[km] \cdot 12\,[Monat]} \quad \text{mit: } (x_p = \text{Planbeschäftigung/Monat})$$

$x_p = 1.500$ km → ND (G) = 10 Jahre
$x_p = 2.500$ km → ND (G) = 6 Jahre
$x_p = 4.000$ km → ND (G) = 3,75 Jahre

- **Abschreibung (KA) =**

$$\underbrace{\frac{W}{12\,\text{Monate} \cdot ND\,(Z)}}_{\text{Zeitverschleiß}} + \left[\frac{W}{12\,\text{Monate} \cdot ND\,(G)} - \frac{W}{12\,\text{Monate} \cdot ND\,(Z)}\right] \cdot \frac{x_i}{x_p}$$

mit
$x_i$ = Istbeschäftigung
$x_p$ = Planbeschäftigung
W = Wiederbeschaffungskosten

- **Bei Planbeschäftigung $x_p$ = 1.500 km**

$$K_A = \frac{240.000}{12 \cdot 10} + \left[\frac{240.000}{12 \cdot 10} - \frac{240.000}{12 \cdot 10}\right] \cdot \frac{x_i}{x_p}$$

$$K_{A1} = 2.000 + 0 \cdot \frac{1.500}{1.500} = \mathbf{2.000} \frac{\text{€}}{\textbf{Monat}}$$

$$K_{A2} = 2.000 + 0 \cdot \frac{2.500}{1.500} = \mathbf{2.000} \frac{\text{€}}{\textbf{Monat}}$$

$$K_{A3} = 2.000 + 0 \cdot \frac{4.000}{1.500} = \mathbf{2.000} \frac{\text{€}}{\textbf{Monat}}$$

- **Bei Planbeschäftigung $x_p$ = 2.500 km**

$$K_A = \frac{240.000}{12 \cdot 10} + \left[\frac{240.000}{12 \cdot 6} - \frac{240.000}{12 \cdot 10}\right] \cdot \frac{x_i}{x_p}$$

$$K_{A1} = 2.000 + 1.333,33 \cdot \frac{1.500}{2.500} = \mathbf{2.800} \frac{\text{€}}{\textbf{Monat}}$$

$$K_{A2} = 2.000 + 1.333,33 \cdot \frac{2.500}{2.500} = \mathbf{3.333,33} \frac{\text{€}}{\textbf{Monat}}$$

$$K_{A3} = 2.000 + 1.333,33 \cdot \frac{4.000}{2.500} = \mathbf{4.133,33} \frac{\text{€}}{\textbf{Monat}}$$

- **Bei Planbeschäftigung $x_p$ = 4.000 km**

$$K_A = 2.000 + \left[\frac{240.000}{12 \cdot 3,75} - 2.000\right] \cdot \frac{x_i}{x_p}$$

$$K_{A1} = 2.000 + 3.333,33 \cdot \frac{1.500}{4.000} = \mathbf{3.250} \frac{\text{€}}{\textbf{Monat}}$$

$$K_{A2} = 2.000 + 3.333,33 \cdot \frac{2.500}{4.000} = \mathbf{4.083,33} \frac{\text{€}}{\textbf{Monat}}$$

$$K_{A3} = 2.000 + 3.333,33 \cdot \frac{4.000}{4.000} = \mathbf{5.333,33} \frac{\text{€}}{\textbf{Monat}}$$

**Beurteilung:**

- Einbindung der Beschäftigung als Einflussgröße der kalkulatorischen Abschreibung durch eine Kombination aus zeit- und nutzungsabhängiger Abschreibung.
- Zusammenhang zwischen Abschreibung und Ersatz wird abgebildet.
- Es ist jeweils die stärkere Abschreibungsursache für die Abschreibung verantwortlich → Näherung.
- Für die Praxis kaum anwendbar, da zu komplex.

## Aufgabe 1.1.1.6: Abschreibungsverfahren nach Bain

**zu a)**

Zweck: Aufteilung in fix und variabel → zeit- vs. nutzungsabhängige Abschreibung;
Grund für Näherungsverfahren: Man unterstellt in der GPKR lineare Kostenverläufe

**zu b)**

Nutzungsdauer bei reinem Gebrauchsverschleiß:
Maschine 1: 1.000.000/160.000 = 6.25 Jahre
Maschine 2: 200.000/20.000 = 10 Jahre

Kritische Beschäftigung:

Maschine 1: $x_c = \frac{1.000.000}{8\,\text{Jahre}} = 125.000$ Stück

Maschine 2: $x_c = \frac{200.000}{6\,\text{Jahre}} = 33.333{,}33$ Stück

Abschreibungen nach Bain:
Maschine 1: $x_c < x_p$

$$K_A = \frac{4.000.000}{8} + \left[\frac{4.000.000}{6{,}25} - \frac{4.000.000}{8}\right] \cdot \frac{200.000}{160.000}$$
$$= 500.000 + 175.000 = 675.000$$

Maschine 2: $x_c > x_p$

$$K_A = \frac{6.000.000}{6} = 1.000.000$$

**zu c)**

Nutzungsdauer bei reinem Gebrauchsverschleiß:
Maschine 1: 1.000.000/200.000 = 5 Jahre

$$K_A = \frac{4.000.000}{8} + \left[\frac{4.000.000}{5} - \frac{4.000.000}{8}\right] \cdot \frac{200.000}{200.000}$$
$$= 500.000 + 300.000 = 800.000$$

**zu d)**

Grafik

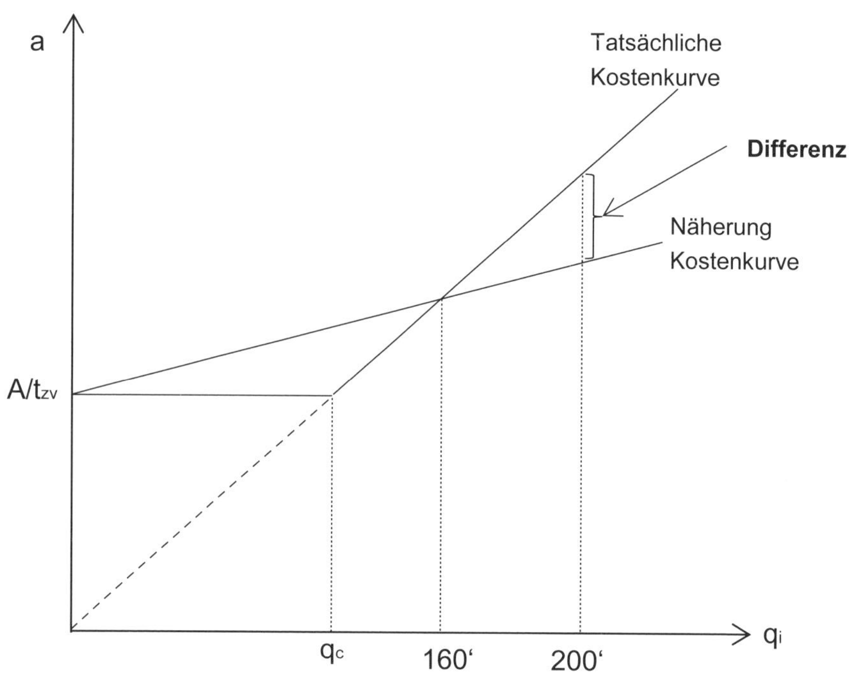


Berechnung für Maschine 1:

Tatsächlicher Wertverlust: 4.000.000 € / 5 Jahre = 800.000 €

Die 5 Jahre sind die Abschreibung bei einer Beschäftigung von 200.000 Stück. [Dieser Wert ist bereits in Aufgabe c) berechnet.]

Abschreibung nach Bain: 675.000 € [bereits in b) berechnet]

Differenz: 125.000 €

Berechnung für Maschine 2:

Differenz ist Null, wenn $x_p = x_i$

## Aufgabe 1.1.2.1: Lohn- und Gehaltsabrechnung

**zu a)**

Grundlohn: $18 + 4 \text{ Tage} \cdot 8 \frac{\text{h}}{\text{Tag}} \cdot 9{,}42 \frac{€}{\text{h}} = \mathbf{1.657{,}92\ €}$

**zu b)**

- vorzugebende Rüstzeit: 195 min + 123 min = 318 min = **5 h 18 min**

- vorzugebende Stückstandardzeit:

  $$\text{Anzahl der Werkstücke} \cdot \left(\frac{\text{Fräszeit}}{\text{Stück}}\right) + \left(\frac{\text{Schleifzeit}}{\text{Stück}}\right) + \text{vorzugeb. Rüstzeit}$$

  $$= 795 \text{ Stück} \cdot (7{,}6 \frac{\text{min}}{\text{Stück}} + 3 \frac{\text{min}}{\text{Stück}}) + 318 \text{ min} = \mathbf{8.745\ min}$$

**zu c)**

- tatsächliche Arbeitszeit:

  $$\left(18 \text{ Tage} \cdot 8 \frac{\text{h}}{\text{Tag}} - 4 \text{ h}\right) \cdot 60 \frac{\text{min}}{\text{h}} = \mathbf{8.400\ min}$$

- Zeitersparnisprämie:
  vorzugebende Stückstandardzeit – tatsächliche Arbeitszeit
  = 8.745 min – 8.400 min = **345 min**

**zu d)**

Prämie:

$$345 \text{ min} \cdot 0{,}12 \frac{€}{\text{min}} = \mathbf{41{,}40\ €}$$

Bruttolohnbetrag:
Grundlohn + Prämie = 1.657,92 + 41,40 = **1.699,32 €**

## Aufgabe 1.1.3.1: Bestandsbewertung

**zu a)**

mengenmäßiger Endbestand = Anfangsbestand + Zugänge – Abgänge
= 9.780 kg + 3.720 kg – 3.260 kg = 10.240 kg

**zu b)**

nach Lifo-Methode [€]

| | | | |
|---|---|---|---|
| AB | 69.438,00 | Abgang | 7.519,00 |
| Zugang | 11.096,00 | Abgang | 5.068,00 |
| Zugang | 6.090,00 | Abgang | 4.437,00 |
| Zugang | 10.404,00 | Abgang | 7.199,50 |
| | | EB | 72.804,50 |
| | 97.028,00 | | 97.028,00 |

nach Fifo-Methode [€]

| | | | |
|---|---|---|---|
| AB | 69.438,00 | Abgang | 7.313,00 |
| Zugang | 11.096,00 | Abgang | 4.970,00 |
| Zugang | 6.090,00 | Abgang | 4.118,00 |
| Zugang | 10.404,00 | Abgang | 6.745,00 |
| | | EB | 73.882,00 |
| | 97.028,00 | | 97.028,00 |

nach Hifo-Methode [€]

| | | | |
|---|---|---|---|
| AB | 69.438,00 | Abgang | 7.519,50 |
| Zugang | 11.096,00 | Abgang | 5.068,00 |
| Zugang | 6.090,00 | Abgang | 4.437,00 |
| Zugang | 10.404,00 | Abgang | 7.208,00 |
| | | EB | 72.796,00 |
| | 97.028,00 | | 97.028,00 |

nach gleitendem Durchschnitt [€]

| | | | |
|---|---|---|---|
| AB | 69.438,00 | Abgang | 7.340,71 |
| Zugang | 11.096,00 | Abgang | 4.988,83 |
| Zugang | 6.090,00 | Abgang | 4.173,76 |
| Zugang | 10.404,00 | Abgang | 6.836,32 |
| | | EB | 73.688,38 |
| | 97.028,00 | | 97.028,00 |

## Aufgabe 1.1.3.2: Kalkulatorische Zinsen

zu a)

| | Bebaute betriebsnotwendige Grundstücke (ohne Mietshaus) | Maschinenpark | Betriebs- und Geschäftsausstattung | Fuhrpark |
|---|---|---|---|---|
| Kalkulatorischer Buchwert zu Periodenbeginn [€] | 720.000 | 2.700.000 | 820.000 | 375.000 |
| – Kalkulatorische Abschreibung [€] | 36.000 | 405.000 | 82.000 | 75.000 |
| Kalkulatorischer Buchwert zu Periodenende [€] | 684.000 | 2.295.000 | 738.000 | 300.000 |
| Durchschnittlicher Buchwert [€] | $\frac{720.000 + 684.000}{2}$ **= 702.000** | $\frac{2.700.000 + 2.295.000}{2}$ **= 2.497.500** | $\frac{820.000 + 738.000}{2}$ **= 779.000** | $\frac{375.000 + 300.000}{2}$ **= 337.500** |

- **Betriebsnotwendiges Kapital:**
  702.000 + 2.497.500 + 779.000 + 337.500 + 350.000 +
  + 1.030.000 + 710.000 + 266.000 = **6.672.000,– €**

zu b)

- **Abzugskapital:**
  zinslose Lieferantenkredite + Anzahlungen von Kunden =
  = 509.000 + 63.000 = **572.000,– €**

- **Zinsberechtigtes betriebsnotwendiges Kapital:**
  betriebsnotwendiges Kapital – Abzugskapital =
  = 6.672.000 – 572.000 = **6.100.000,– €**

zu c)

- **Kalkulatorische Zinsen:**
  6.100.000 € · 0,08 = **488.000,– €**

## Aufgabe 1.1.3.3: Kalkulatorische Zinsen

zu a)

- **Durchschnittlich gebundenes betriebsnotwendiges Vermögen:**

$$\frac{1.330.000 + 1.360.000}{2} - \frac{80.000 + 70.000}{2} - \frac{50.000 + 60.000}{2}$$

$= \mathbf{1.215.000,- €}$

- **Durchschnittliches Abzugskapital:**

$$110.000 + \frac{320.000 + 340.000}{2} + \frac{65.000 + 75.000}{2} = \mathbf{510.000,\text{-}\ €}$$

- **Kalkulatorische Zinsen:**

$$\frac{(1.215.000 - 510.000) \cdot 10}{100} = \mathbf{70.500,\text{-}\ €}$$

**zu b)**

- Auch für das eingesetzte Eigenkapital sollen Zinsen angesetzt werden, wobei mit dem kalkulatorischen Zinssatz eine Mindestverzinsung zum Ausdruck gebracht wird.
- Die Kosten- und Erlösrechnung soll von kurzfristigen Zinsschwankungen freigehalten werden.
- Die Zinsen haben den Charakter von Opportunitätskosten, die den Gewinn einer anderweitigen Verwendung des Kapitals angeben.

**zu c)**

Es stellt das der Unternehmung zinslos zur Verfügung stehende Kapital dar. Seine Bestimmung ist insbesondere im Hinblick auf Verbindlichkeiten aus Lieferungen und Leistungen nicht unproblematisch, weil die Kosten für Lieferantenkredite möglicherweise in den Preisen enthalten sind und/oder die Kosten für nicht genutzte Skonti zu berücksichtigen sind.

## Aufgabe 1.1.3.4: Kalkulatorische Zinsen

**zu a)**

- **Endwert ohne Zinsen:**
  $C_7 = -1.800 + 800 + 800 + 800 = 600,– €$
  Zinsen = 0

- **ohne Zinseszinsen:**
  $-1.800 \cdot 6 \cdot 0{,}01 + 800 \cdot 2 \cdot 0{,}01 + 800 \cdot 1 \cdot 0{,}01 + 800 \cdot 0 \cdot 0{,}01 = -84,– €$
  $C_7 = -1.800 + 2.400 - 84 = 516,– €$

- **mit Zinseszinsen:**
  $C_7 = -1.800 \cdot 1{,}01^6 + 800 \cdot 1{,}01^2 + 800 \cdot 1{,}01^1 + 800 = 513{,}34\ €$
  Zinsen = 600 – 513.34 = 86,66 €

**zu b)**

Bestimmung der Zinskosten über die Bestände von Anlage- und Umlaufvermögen.

**zu c)**

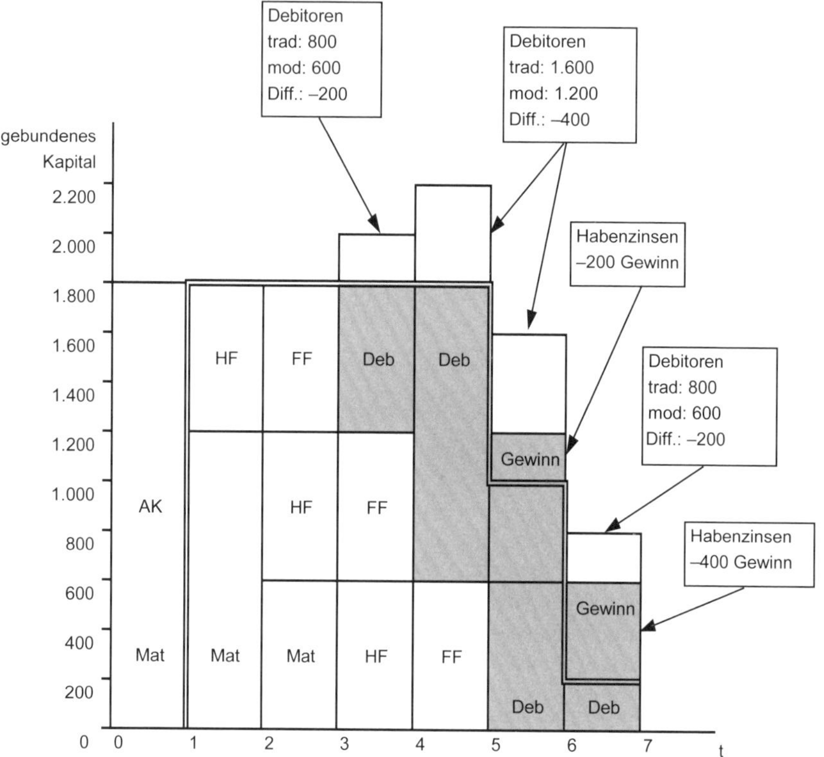


| | **Traditionelles Verfahren [€]** | **Modifiziertes Verfahren [€]** |
|---|---|---|
| Bestandsart:<br>– Material<br>– Halbfertigerzeugnisse<br>– Fertigerzeugnisse<br>– Debitoren<br>– Abzugskapital<br>– Gewinne | <br>1.200 · 3 · 0,01 = 36<br>600 · 3 · 0,01 = 18<br>600 · 3 · 0,01 = 18<br>800 · 3 · 2 · 0,01 = 48<br>1.800 · 1 · 0,01 = –18 | <br>36<br>18<br>18<br>600 · 3 · 2 · 0,01 = 36<br>–18<br>–(200) · (2 + 1) · 0,01 = – 6 |
| **Summe [€]** | **102** | **84** |

## Aufgabe 1.1.3.5: Kalkulatorische Zinsen

**zu a)**

| Zeitpunkt | 0 | 1 | 2 | 3 | 4 | 5 | 6 | 7 | 8 |
|---|---|---|---|---|---|---|---|---|---|
| Bestände an: [€] | | | | | | | | | |
| Material | 3.200 | 2.400 | 1.600 | 800 | | | | | |
| Halbfertigprodukte | | 800 | 800 | 800 | 800 | | | | |
| Fertigprodukte | | | 800 | 800 | 800 | 800 | | | |
| Umsatz | | | | 1.000 | 1.000 | 1.000 | 1.000 | | |
| Debitorenbestand | | | | 1.000 | 2.000 | 2.000 | 2.000 | 1.000 | |
| Auszahlung für Material | | 3.200 | | | | | | | |
| Einzahlungen für Produktverkauf | | | | | | 1.000 | 1.000 | 1.000 | 1.000 |

**zu b)**

| | Traditionelles Verfahren [€] |
|---|---|
| Bestandsart: | |
| – Material | 2.000 · 4 · 0,01 = 80 |
| – Halbfertigprodukte | 800 · 4 · 0,01 = 32 |
| – Fertigprodukte | 800 · 4 · 0,01 = 32 |
| – Debitoren | 1.000 · 4 · 2 · 0,01 = 80 |
| – Abzugskapital | 3.200 · 1 · 0,01 = –32 |
| **Summe [€]** | **192** |

**zu c)**

**Endwert ohne Zinsen:**

$C_7 = -3.200 + 1.000 + 1.000 + 1.000 + 1.000 = 800,–$ €
Zinsen = 0

**Endwert mit Zinseszinsen:**

$C_7 = -3.200 \cdot 1{,}01^7 + 1.000 \cdot 1{,}01^3 + 1.000 \cdot 1{,}01^2 + 1.000 \cdot 1{,}01^1 + 1.000 = 629{,}57$ €
Zinsen = 800 – 629.57 = 170,43 €

**zu d)**

| | **Modifiziertes Verfahren [€]** |
|---|---|
| Bestandsart: | |
| – Material | 2.000 · 4 · 0,01 = 80 |
| – Halbfertigprodukte | 800 · 4 · 0,01 = 32 |
| – Fertigprodukte | 800 · 4 · 0,01 = 32 |
| – Debitoren | 800 · 4 · 2 · 0,01 = 64 |
| – Abzugskapital | 3.200 · 1 · 0,01 = –32 |
| – Gewinne | –(200) · (3 + 2 + 1) · 0,01 = –12 |
| **Summe [€]** | **164** |

- Vgl. zu b): Debitoren zu Herstellkosten bewertet, Gewinn berücksichtigt
- Vgl. zu c): Nichtberücksichtigung der Zinseszinsen

**zu e)**

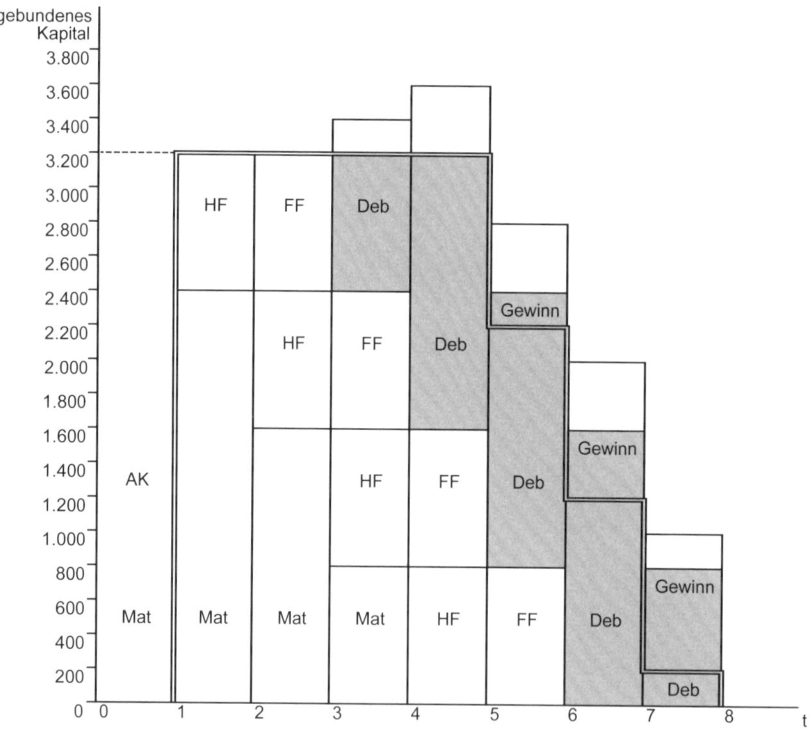

## Aufgabe 1.1.3.6: Kalkulatorische Zinsen

**zu a)**

| Material | 3200 · 3 · 0,01 | 96 |
|---|---|---|
| HFE | 1600 · 3 · 0,01 | 48 |
| FE | 2400 · 4 · 0,01 | 96 |
| Debitoren | 2000 · 2 · 3 · 0,01 | 120 |
| (Deb.alternativ) | 3000 · 4 · 0,01 | 120 |
| Abzugskapital | –3800 · 0,01 · 2 | –76 |
| Gesamt | | 284 |

**zu b)**

Zinszahlungen:

$-1000 \cdot (1{,}01^8 - 1) - 3800 \cdot (1{,}01^6 - 1) + 2000 \cdot (1{,}01^2 - 1) + 2000 \cdot (1{,}01 - 1) + 2000$
$= -256{,}43$

**zu c)**

| Material | 3200 · 3 · 0,01 | 96 |
|---|---|---|
| HFE | 1600 · 3 · 0,01 | 48 |
| FE | 2400 · 4 · 0,01 | 96 |
| Debitoren | 1600 · 2 · 3 · 0,01 | 96 |
| Abzugskapital | –3800 · 0,01 · 2 | –76 |
| Gewinne | –400 · 0,01 · (2+1) | –12 |
| Gesamt | | 248 |

Beim traditionellen bestandsorientierten Verfahren in a) erfolgt die Verzinsung nur auf die Selbstkosten, nicht jedoch auf dem Umsatzwert. Das modifizierte bestandsorientierte Verfahren berücksichtigt neben den Sollzinsen auch anfallende Habenzinsen. Im Gegensatz zum zahlungsstromorientierten Verfahren in b) werden keine Zinseszinsen berücksichtigt.

## Aufgabe 1.1.3.7: Kalkulatorische Zinsen

**zu a)**

Abschreibungsbetrag Lieferwagen in 2013:

a = (80.000 – 20.000) / 3 = 20.000

**zu b)**

| | BW 1.1. | Abschreibung | BW 31.12. | Durchschnitt |
|---|---|---|---|---|
| Maschinen | 1.600.000 | 25 % | 1.200.000 | 1.400.000 |
| Ausstattung | 2.000.000 | 10 % | 1.800.000 | 1.900.000 |
| Lieferwagen | 80.000 | 20.000 | 60.000 | 70.000 |
| RHB | | | | 150.000 |
| Forderungen | | | | 80.000 |
| Kasse | | | | 100.000 |
| Betriebsnotwendiges Vermögen | | | | 3.700.000 |

**zu c)**

| | |
|---|---|
| Betriebsnotwendiges Vermögen | 3.700.000 |
| – Kundenanzahlungen | 40.000 |
| = Zinsberechtigtes betriebsn. Kapital | 3.660.000 |

**zu d)**

$3.660.000 \cdot 0{,}08 = 292.800$

**zu e)**

Der Abschreibungsbetrag steigt:
Die degressive Abschreibung sorgt für fallende Abschreibungsbeträge im Zeitverlauf. Da die Summe aller Abschreibungsbeträge aber identisch zur linearen Abschreibung sein muss, sorgt die degressive Abschreibung für höhere Abschreibungsbeträge in frühen Perioden (wie hier im ersten Jahr) und für geringere in späteren Perioden im Vergleich zur linearen Abschreibung.

Die Zinskosten fallen:
Der höhere Abschreibungsbetrag in 2013 führt zu einem geringeren Buchwert am Ende des Jahres und somit auch zu einem geringeren durchschnittlich gebundenen Vermögen und Kapital in 2013, welches die Bemessungsgrundlage für die Zinskosten darstellt.

## Aufgabe 1.2.1.1: Primärkostenverteilung

**zu a)**

| | Vorkostenstellen | | | Endkostenstellen | | | |
|---|---|---|---|---|---|---|---|
| | Allgemeine Kostenstelle | Arbeits-vorbereitung | Werkstatt | Fertigungs-hauptstelle 1 | Fertigungs-hauptstelle 2 | Materialstelle | Vw- u. Vt-Stelle |
| Kostenarten: | | | | | | | |
| Fertigungslöhne | | | | 70.000 | 30.000 | | |
| Fertigungsmaterial | | | | 30.000 | 20.000 | | |
| Hilfslöhne [€] | 8.000 | 6.000 | 10.000 | 2.000 | 2.000 | 2.000 | – |
| Gehälter [€] | 2.000 | 4.000 | 1.000 | 3.000 | 4.000 | 2.000 | 4.000 |
| Sozialkosten [€] | 3.000 | 3.000 | 3.300 | 1.500 | 1.800 | 1.200 | 1.200 |
| Hilfs- u. Betriebsstoffe [€] | – | – | 3.000 | 500 | 500 | 1.000 | – |
| Abschreibungen [€] | 2.000 | 4.000 | 6.000 | 15.000 | 10.000 | 3.000 | – |
| Sonstige Kosten [€] | 8.000 | 6.000 | 10.000 | 12.000 | 14.000 | 4.000 | 6.000 |
| **Summe GK [€]** | **23.000** | **23.000** | **33.300** | **34.000** | **32.300** | **13.200** | **11.200** |

**zu b)**

- *Mengenschlüssel:*
  Stückzahlen,
  Gewichtsgrößen,
  Raumgrößen,
  technische Maßgrößen
- *Wertschlüssel:*
  Fertigungslöhne
  Materialkosten,
  Herstellkosten,
  Warenumsatz,
  Anlagenbestandswert
- *Zeitschlüssel:*
  Kalenderzeit,
  Fertigungszeit,
  Maschinenstunden,
  Rüstzeit

## Aufgabe 1.2.1.2: Primärkostenverteilung

**zu a) und b)**

| | | Vorkostenstellen | | Endkostenstellen | | | |
|---|---|---|---|---|---|---|---|
| **Kostenarten** | **Betrag [€]** | **Allgemeine Kostenstelle** | **Fertigungs-hilfsstelle** | **Fertigungs-hauptstelle** | **Materialstelle** | **Verwaltungs-stelle** | **Vertriebs-stelle** |
| Gehälter | 320.000 | 12.000 | 97.000 | 24.000 | – | 124.000 | 63.000 |
| Hilfslöhne | 280.000 | 23.000 | 65.000 | 132.000 | 10.000 | 25.000 | 25.000 |
| Soziale Aufwendungen | 225.000 | 13.125 | 60.750 | 58.500 | 3.750 | 55.875 | 33.000 |
| Betriebsstoffe | 32.000 | – | 8.000 | 24.000 | – | – | – |
| Abschreibungen | 470.000 | 38.000 | 41.000 | 177.000 | 26.000 | 106.000 | 82.000 |
| Zinsen | 114.000 | 9.000 | 10.000 | 48.000 | 7.000 | 22.000 | 18.000 |
| Sonstige Gemeinkosten | 260.000 | 13.000 | 32.500 | 104.000 | 6.500 | 58.500 | 45.500 |
| **Summe primäre Gemeinkosten [€]** | | **108.125** | **314.250** | **567.500** | **53.250** | **391.375** | **266.500** |

**zu c)**

- *Lohnscheine für Gehälter:*
  Genaue Schlüsselung, da die realen Lohnausgaben erfasst werden.
- *Maschinenzahl für Betriebsstoffe:*
  Ungenauer, da der Betriebsstoffverbrauch der Maschinen unterschiedlich sein kann.
- *Umbaute Fläche für Abschreibungen:*
  Sehr ungenau; Wertverlust von Gebäuden kann sehr unterschiedlich sein.
- *Investierte Werte für Zinsen:*
  Willkürlich.

## Aufgabe 1.2.2.1: Blockumlageverfahren

| | | Vorkostenstellen | | | Endkostenstellen | | | |
|---|---|---|---|---|---|---|---|---|
| | | I | II | III | A | B | M | VV |
| Kostenarten | Gesamt | | | | | | | |
| FL [€] | 90.000 | | | | 50.000 | 40.000 | | |
| FM [€] | 50.000 | | | | | | 50.000 | |
| Sonstige Gemein-kosten [€] | 307.000 | 50.000 | 30.000 | 20.000 | 81.000 | 76.000 | 10.000 | 40.000 |
| Kalk. Aus-schusskosten [€] | 20.000 | 4.000 | 4.000 | 2.000 | 6.000 | 4.000 | – | – |
| Summe der primären Gemein-kosten [€] | | 54.000 | 34.000 | 22.000 | 87.000 | 80.000 | 10.000 | 40.000 |
| | | → | | | 16.200 | 21.600 | 10.800 | 5.400 |
| | | | → | | 10.200 | 13.600 | 6.800 | 3.400 |
| | | | | → | 6.600 | 8.800 | 4.400 | 2.200 |
| | | S Gemeinkosten | | | 120.000 | 124.000 | 32.000 | 51.000 |
| | | Zuschlagssätze | | | 240 % | 310 % | 64 % | 12,3 % |

Herstellkosten = **416.000,– €**

$$12{,}3\% = \frac{51.000}{416.000} \cdot 100$$

## Aufgabe 1.2.2.2: Block- und Treppenumlageverfahren

- **Blockumlage:**

| | Allgemeine Kostenstellen | | | Fertigungsbereich | | | | Materialbereich | | Vw- u. Vt | |
|---|---|---|---|---|---|---|---|---|---|---|---|
| | Hausverwaltung | Reparaturen | Fert.-hilfsstelle | Sägerei | Beschichten u. Pressen | Bohrerei | Montage | Einkauf | Lager | Verwaltung | Vertrieb |
| FL [€] | – | – | – | 10.000 | 12.000 | 7.000 | 16.000 | – | – | – | – |
| FM [€] | – | – | – | – | – | – | – | 15.000 | 5.000 | – | – |
| GK [€] | 12.480 | 4.860 | 8.500 | 6.250 | 7.400 | 5.500 | 7.340 | 8.460 | 9.340 | 20.730 | 16.140 |
| Umlage Hausverwaltung | | | | 2.202 | 1.835 | 1.101 | 1.835 | 734 | 2.569 | 1.468 | 734 |
| Umlage Reparaturen | | | | – | 2.121 | 1.414 | – | – | 884 | 442 | – |
| Umlage Fertigungshilfsstelle | | | | 1.889 | 2.267 | 1.322 | 3.022 | – | – | – | – |
| Σ Umlage | | | | 4.091 | 6.223 | 3.837 | 4.857 | 734 | 3.453 | 1.910 | 734 |
| Σ Gemeinkosten | | | | 10.341 | 13.623 | 9.337 | 12.197 | 9.194 | 12.793 | 22.640 | 16.874 |
| | | | | | | | | Σ 21.987 | | | |

**zu b)**

| Kostenstellen | Berechnung des Gemeinkostenzuschlagssatzes |
|---|---|
| Sägerei | $\frac{10.341}{10.000} \cdot 100 = 103{,}41\,\%$ |
| Beschichtung | $\frac{13.623}{12.000} \cdot 100 = 113{,}53\,\%$ |
| Bohrerei | $\frac{9.337}{7.000} \cdot 100 = 133{,}39\,\%$ |
| Montage | $\frac{12.197}{16.000} \cdot 100 = 76{,}23\,\%$ |
| Material | $\frac{21.987}{20.000} \cdot 100 = 109{,}94\,\%$ |
| Verwaltung | $\frac{22.640}{132.485} \cdot 100 = 17{,}09\,\%$ |
| Vertrieb | $\frac{16.874}{132.485} \cdot 100 = 12{,}74\,\%$ |

- **Treppenumlage:**

| | Allgemeine Kostenstellen | | | Fertigungsbereich | | | | Materialbereich | | Vw- u. Vt | |
|---|---|---|---|---|---|---|---|---|---|---|---|
| | Hausverwaltung | Reparaturen | Fert. hilfsstelle | Sägerei | Beschichten u. Pressen | Bohrerei | Montage | Einkauf | Lager | Verwaltung | Vertrieb |
| FL [€] | – | – | – | 10.000 | 12.000 | 7.000 | 16.000 | – | – | – | – |
| FM [€] | – | – | – | – | – | – | – | 15.000 | 5.000 | – | – |
| GK [€] | 12.480 | 4.860 | 8.500 | 6.250 | 7.400 | 5.500 | 7.340 | 8.460 | 9.340 | 20.730 | 16.140 |
| Umlage Hausverwaltung | | 640 | 960 | 1.920 | 1.600 | 960 | 1.600 | 640 | 2.240 | 1.280 | 640 |
| Umlage Reparaturen | | – | – | – | 2.400 | 1.600 | – | – | 1.000 | 500 | – |
| Umlage Fertigungshilfsstelle | | – | – | 2.102,2 | 2.522,7 | 1.471,6 | 3.363,6 | – | – | – | – |
| Σ Gemeinkosten | | | | 10.272,2 | 13.922,7 | 9.531,6 | 12.303,6 | 9.100 | 12.580 | 22.510 | 16.780 |

**zu b)**

| **Kostenstellen** | **Berechnung des Gemeinkosten-zuschlagssatzes** |
|---|---|
| Sägerei | $\frac{10.272{,}2}{10.000} \cdot 100 = 102{,}72\,\%$ |
| Beschichtung | $\frac{13.922{,}7}{12.000} \cdot 100 = 116{,}02\,\%$ |
| Bohrerei | $\frac{9.531{,}6}{7.000} \cdot 100 = 136{,}17\,\%$ |
| Montage | $\frac{12.303{,}6}{16.000} \cdot 100 = 76{,}90\,\%$ |
| Material | $\frac{21.680}{20.000} \cdot 100 = 108{,}40\,\%$ |
| Verwaltung | $\frac{22.510}{132.710{,}10} \cdot 100 = 16{,}96\,\%$ |
| Vertrieb | $\frac{16.780}{132.710{,}10} \cdot 100 = 12{,}64\,\%$ |

## Aufgabe 1.2.2.3: Block- und Treppenumlageverfahren

**zu a)**

**Treppenumlageverfahren:**

Zunächst muss eine Reihenfolge der Vorkostenstellen für die Umlage festgelegt werden, so dass die unterdrückten bewerteten Leistungsströme minimiert werden. Hier kann man durch geschickte Anordnung sogar alle Leistungsströme berücksichtigen.

| KS 4 [€] | KS 1 [€] | KS 3 [€] | KS 5 [€] | KS 2 [€] | KS 6 [€] | KS 7 [€] | KS 8 [€] |
|---|---|---|---|---|---|---|---|
| 35.000 | 80.000 | 65.000 | 60.000 | 150.000 | 1.000.000 | 500.000 | 800.000 |
| ↳ | 167 | 667 | 500 | 334 | 6.667 | 8.334 | 18.334 |
| | Σ80.167→ | 1.458 | 2.187 | 3.644 | 36.440 | 7.288 | 29.152 |
| | | Σ67.125→ | 672 | 672 | 33.563 | 6.713 | 25.508 |
| | | | Σ63.359→ | 6.336 | 12.672 | 12.672 | 31.680 |
| | | | | Σ160.986→ | 48.296 | 40.247 | 72.444 |
| | | | | Σ | 1.137.638 | 575.254 | 977.118 |

**zu b)**

**Blockumlage:**

| KS 1 [€] | KS 2 [€] | KS 3 [€] | KS 4 [€] | KS 5 [€] | KS 6 [€] | KS 7 [€] | KS 8 [€] |
|---|---|---|---|---|---|---|---|
| 80.000 | 150.000 | 65.000 | 35.000 | 60.000 | 1.000.000 | 500.000 | 800.000 |
| ↳ | | | | | 40.000 | 8.000 | 32.000 |
| | ↳ | | | | 45.000 | 37.500 | 67.500 |
| | | ↳ | | | 33.164 | 6.633 | 25.205 |
| | | | ↳ | | 7.000 | 8.750 | 19.250 |
| | | | | ↳ | 13.334 | 13.334 | 33.334 |
| | | | | Σ | 1.138.498 | 574.217 | 977.289 |

## Aufgabe 1.2.2.4: Primärkostenverteilung und Deckungsumlageverfahren

| Kostenarten | Betrag [€] | A [€] | B [€] | C [€] | I [€] | II [€] | III [€] | Material [€] | Vw [€] | Vt [€] |
|---|---|---|---|---|---|---|---|---|---|---|
| Gehälter | 75.000 | – | – | 7.500 | 15.000 | – | – | – | 30.000 | 22.500 |
| Hilfslöhne | 90.000 | 22.500 | 22.500 | 7.500 | 7.500 | 15.000 | – | 15.000 | – | – |
| HuB-Stoffe | 45.000 | 4.500 | 11.250 | – | 2.250 | 9.000 | 6.750 | 4.500 | 2.250 | 4.500 |
| Instandhaltung | 30.000 | – | – | – | 12.000 | 18.000 | – | – | – | – |
| Kalk. Kosten | 120.000 | 6.000 | 5.250 | 3.000 | 14.250 | 45.000 | 23.250 | 4.500 | 9.750 | 9.000 |
| Vw- u. Vt-Kosten | | | | | | | | | 105.000 | 135.000 |
| primäre Stellenkosten | | 33.000 | 39.000 | 18.000 | 51.000 | 87.000 | 30.000 | 24.000 | 147.000 | 171.000 |
| Umlage A | | – 36.000 | 2.250 | 1.500 | 9.000 | 4.500 | 6.000 | 3.900 | 3.750 | 5.100 |
| Umlage C | | 1.500 | 3.750 | – 15.000 | 3.000 | 3.000 | 3.000 | 600 | 150 | – |
| Umlage B | | 3.000 | – 45.000 | 3.000 | 12.000 | 9.000 | 15.000 | 1.500 | 600 | 900 |
| Saldo [€] | | + 1.500 | 0 | + 7.500 | | | | | | |
| Deckungsumlage | | – 1.500 | – | – 7.500 | + 6.000 | + 1.500 | + 1.500 | – | – | – |
| Σ GK | | | | | 81.000 | 105.000 | 55.500 | 30.000 | 151.500 | 177.000 |
| Bezugsbasis | | | | | 120.000 | 210.000 | 150.000 | 420.000 | 1.171.500 | |
| GK-Zuschlagssatz [%] | | | | | 67,50 | 50,00 | 37,00 | 7,14 | 12,93 | 15,11 |

## Aufgabe 1.2.2.5: Deckungsumlageverfahren

**zu a)**

| | Wasser | Strom | Reparatur | Fertigung | Material | Vw- u. Vt-Stelle |
|---|---|---|---|---|---|---|
| Primärkosten [€] | 1.600,– | 5.300,– | 2.900,– | 22.000,– | 3.100,– | 2.100,– |
| Wasserumlage [€] | (–1.700,–) | 100,– | 200,– | 1.000,– | 300,– | 100,– |
| Stromumlage [€] | 100,– | (–6.700,–) | 600,– | 5.000,– | 300,– | 700,– |
| Reparaturumlage [€] | 100,– | 1.000,– | (–4.000,–) | 2.000,– | 800,– | 100,– |
| Saldo [€] | + 100,– | – 300,– | – 300,– | 30.000,– | 4.500.- | 3.000,– |
| Deckungsumlage [€] | – 100,– | + 300,– | + 300,– | – 400 | – 60 | – 40 |
| Σ GK | – | – | – | 29.600,– | 4.440,– | 2.960,– |
| GK-Zuschlagssätze [%] | | | | 40 | 20 | 2,27 |

| Endkostenstelle | Berechnung des Gemeinkostenzuschlagssatzes |
|---|---|
| Fertigung | $\frac{29.600}{74.000} \cdot 100 = 40\,\%$ |
| Material | $\frac{4.440}{22.200} \cdot 100 = 20\,\%$ |
| Vw- u. Vt-Stelle | $\frac{2.960}{130.240} \cdot 100 = 2{,}27\,\%$ |

**zu b)**

Die willkürliche Verteilung der Kostenreste der Vorkostenstellen auf die Endkostenstellen (Deckungsumlage).

## Aufgabe 1.2.2.6: Gleichungsverfahren

**zu a)**

Anwendung des Gleichungsverfahrens, da zwischen den Vorkostenstellen wechselseitige Leistungsbeziehungen vorliegen.

**zu b)**

(1) $100\ k_1 = 20.000 + 400\ k_2$
(2) $1.000\ k_2 = 14.000 + 50\ k_1$

(3) $FGK_{Sp} = 10.000 + 30\ k_1 + 200\ k_2$
(4) $FGK_{Dr} = 12.000 + 20\ k_1 + 400\ k_2$

(1′) $k_1 = 200 + 4\ k_2$
(1′) in (2) $1.000\ k_2 = 14.000 + 10.000 + 200\ k_2$
$800\ k_2 = 24.000$

$$k_2 = \mathbf{30\ \frac{€}{Stück}}$$

$$k_1 = 200 + 120 = \mathbf{320\ \frac{€}{h}}$$

**zu c)**

$FGK_{Sp} = 10.000 + \mathbf{30}\ k_1 + \mathbf{200}\ k_2$
$FGK_{Dr} = 12.000 + \mathbf{20}\ k_1 + \mathbf{400}\ k_2$

**zu d)**

**sekundäre Kosten:**

$30\ k_1 + 200\ k_2 = 15.600 = K_{sek\ Sp}$
$20\ k_1 + 400\ k_2 = 18.400 = K_{sek\ Dr}$

$FGK_{Sp} = 25.600$,– $FGK_{Dr} =$ **30.400,– €**

**zu e)**

**Zuschlagssätze:**

Spritzguss: $\frac{25.600}{64.000} = \mathbf{40\%}$

Druckguss: $\frac{30.400}{152.000} = \mathbf{20\%}$

## Aufgabe 1.2.2.7: Gleichungsverfahren

**zu a)**

$4.750\ k_1 = 11.700 + 50\ k_2 + 150\ k_3 + 180\ k_4 + 105\ k_5$
$17.900\ k_2 = 1.300 + 30\ k_1 + 30\ k_3 + 30\ k_5$
$6.510\ k_3 = 32.600 + 450\ k_1 + 900\ k_2 + 540\ k_4 + 330\ k_5$
$7.440\ k_4 = 32.700 + 240\ k_1 + 1.440\ k_2 + 390\ k_3 + 180\ k_5$
$3.720\ k_5 = 17.800 + 960\ k_1 + 1.860\ k_2 + 270\ k_3 + 690\ k_4$

**zu b)**

*Die Leistung der 2. Hilfskostenstelle:*
**17.900** $k_2 = 1.300 + 30\ k_1 + 30\ k_3 + 30\ k_5$

*Leistungsfluss von der 3. zur 4. Hilfskostenstelle:*
$7.440\ k_4 = 32.700 + 240\ k_1 + 1.440\ k_2 + \mathbf{390}\ k_3 + 180\ k_5$

*Primärkosten der 5. Hilfskostenstelle:*
$3.720\ k_5 = \mathbf{17.800} + 960\ k_1 + 1.860\ k_2 + 270\ k_3 + 690\ k_4$

**zu c)**

*Kosten der Hauptkostenstelle:*
$K = 3.070\ k_1 + 13.650\ k_2 + 5.670\ k_3 + 6.030\ k_4 + 3.075\ k_5$

## Aufgabe 1.2.2.8: Iteratives Verfahren

| | $V_1$ | $V_2$ | $V_3$ | $E_1$ | $E_2$ |
|---|---|---|---|---|---|
| primäre Kosten [€] | 12.480,– | 8.400,– | 22.000,– | 7.800,– | 36.500,– |
| 1. Umlage | ↳<br><br>1.136,–<br><br>494,– | 686,–<br>Σ 9.086,–<br>↔<br><br>741,– | 1.560,–<br><br>1.136,–<br>Σ 24.696,–<br>↔ | 1.529,–<br><br>2.272,–<br><br>3.458,– | 8.705,–<br><br>4.544,–<br><br>20.004,– |
| 2. Umlage | S1.630,–<br>↳<br><br>104,–<br><br>6,– | 741,–<br>90,–<br>Σ 831,–<br>↔<br><br>9,– | <br>204,–<br><br>104,–<br>Σ 308,–<br>↔ | 15.059<br>200,–<br><br>208,–<br><br>43,– | 69.753,–<br>1.137,–<br><br>415,–<br><br>249,– |
| 3. Umlage | Σ 110,–<br>↳<br><br>2,–<br><br> | 9,–<br>6,–<br>Σ 15,–<br>↔<br><br>1,– | <br>14,–<br><br>2,–<br>Σ 17,–<br>↔ | 15.510,–<br>13,–<br><br>4,–<br><br>2,– | 71.554,–<br>77,–<br><br>7,–<br><br>13,– |
| | 2,– | 1,– | 0,– | Σ 15.529,– | Σ 71.651,– |

## Aufgabe 1.2.2.9: Iteratives Verfahren

**zu a)**

Gleichungsverfahren, Gutschrift-Lastschrift- und Iteratives Verfahren. Begründung: Sie berücksichtigen einen gegenseitigen Leistungsaustausch.

**zu b)**

| Kosten-stelle | Press-luft | Strom | Werk-zeuge | Repara-tur | Schwei-ßerei | Drehe-rei |
|---|---|---|---|---|---|---|
| primäre Kosten [€] | 2.000,– | 5.000,– | 1.000,– | 10.000,– | 10.000,– | 20.000,– |
| 1. Umlage | <br>500,– | 400,– | 200,–<br>1.000,–<br><br>1.000,– | 200,–<br>500,–<br>200,– | 400,–<br>1.000,–<br>400,–<br>4.000,– | 800,–<br>2.000,–<br>400,–<br>5.000,– |
| Saldo 1. Umlage | 500,– | 400,– | 2.200,– | 900,– | 5.800,– | 8.200,– |
| 2. Umlage | <br>40,– | 100,– | 50,–<br>80,–<br><br>90,– | 50,–<br>40,–<br>440,– | 100,–<br>80,–<br>880,–<br>360,– | 200,–<br>160,–<br>880,–<br>450,– |
| Saldo 2. Umlage | 40,– | 100,– | 220,– | 530,– | 1.420,– | 1.690,– |
| 3. Umlage | <br>10,– | 8,– | 4,–<br>20,–<br><br>53,– | 4,–<br>10,–<br>44,– | 8,–<br>20,–<br>88,–<br>212,– | 16,–<br>40,–<br>88,–<br>265,– |
| Saldo 3. Umlage | 10,– | 8,– | 77,– | 58,– | 328,– | 409,– |
| 4. Umlage | <br>1,– | 2,– | 1,–<br>2,–<br><br>6,– | 1,–<br>1,–<br>15,– | 2,–<br>2,–<br>31,–<br>23,– | 4,–<br>2,–<br>31,–<br>29,– |
| Saldo 4. Umlage | 1,– | 2,– | 9,– | 17,– | 58,– | 66,– |
| 5. Umlage | | | <br><br><br>2,– | <br><br>2,– | <br>1,–<br>4,–<br>7,– | 1,–<br>1,–<br>3,–<br>8,– |
| Saldo 5. Umlage | | | 2,– | 2,– | 12,– | 13,– |
| 6. Umlage | | | | | 1,–<br>1,– | 1,–<br>1,– |
| Saldo 6. Umlage | | | | | 2,– | 2,– |
| primäre Kosten<br>sekundäre Kosten aus den Umlagen | | | | | 10.000,–<br>5.800,–<br>1.420,–<br>328,–<br>58,–<br>12,–<br>2,– | 20.000,–<br>8.200,–<br>1.690,–<br>409,–<br>66,–<br>13,–<br>2,– |
| Gesamtkosten [€] | | | | | 17.620,– | 30.380,– |

## Aufgabe 1.2.2.10: Treppenumlage- und Gleichungsverfahren

**zu a)**

Im Rahmen des Treppenumlageverfahrens wird nur ein einseitiger Leistungsstrom berücksichtigt. Deshalb müssen die Vorkostenstellen in ihrer Reihenfolge derart angeordnet werden, dass die wertmäßig geringsten Leistungsströme unterdrückt werden und der Verrechnungsfehler somit möglichst klein gehalten wird.

**zu b)**

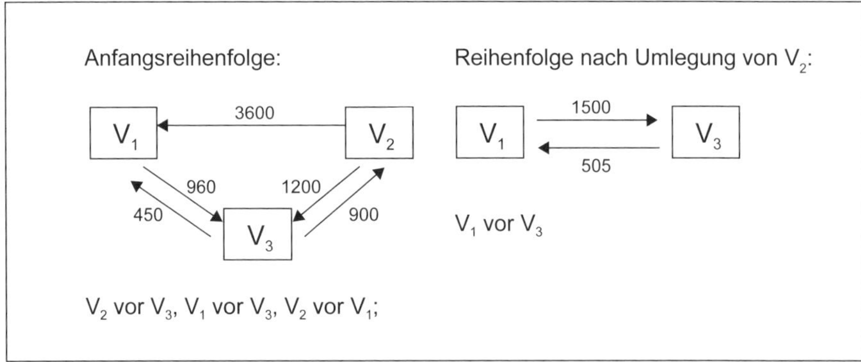


| $V_2$ [€] | $V_1$ [€] | $V_3$ [€] | $E_4$ [€] | $E_5$ [€] | $E_6$ [€] |
|---|---|---|---|---|---|
| 14.400,– | 6.400,– | 18.000,– | 30.000,– | 5.400,– | 6.800,– |
| → | 3.600,– | 1.200,– | 8.400,– | 720,– | 480,– |
| | → | 1.500,– | 6.000,– | 2.000,– | 500,– |
| | | → | 16.783,78 | 2.797,30 | 1.118,92 |
| | | | **61.183,78** | **10.917,30** | **8.898,92** |

Ungenau, da gegenseitiger Leistungsaustausch vernachlässigt wird, aber einfach in der Durchführung.

**zu c)**

(1) $K_1 = 6.400 + \mathbf{1/4}\ K_2 + \mathbf{1/40}\ K_3$
(2) $K_2 = 14.400 + \mathbf{1/20}\ K_3$
(3) $K_3 = 18.000 + \mathbf{3/20}\ K_1 + \mathbf{1/12}\ K_2$

Die Koeffizienten, die bei den innerbetrieblichen Leistungen die Gemeinkosten ausmachen, sind durch Fettdruck gekennzeichnet.

**zu d)**

(1) $K_1 = 6.400 + \frac{1}{4}K_2 + \frac{1}{40}K_3$

(2) $K_2 = 14.400 + \frac{1}{20}K_3$

(3) $K_3 = 18.000 + \frac{3}{20}K_1 + \frac{1}{12}K_2$

(4) (2) in (1):

$$K_1 = 6.400 + \frac{14.400}{4} + \frac{1}{80}K_3 + \frac{1}{40}K_3 = 10.000 + \frac{3}{80}K_3$$

(5) (2) in (3):

$$K_3 = 18.000 + 1.200 + \frac{1}{240}K_3 + \frac{3}{20}K_1$$

$\rightarrow$ $\frac{239}{240}K_3 = 19.200 + \frac{3}{20}K_1$

in (5) $\frac{239}{240}K_3 = 19.200 + 1.500 + \frac{9}{1.600}K_3$

$\mathbf{K_3 = 20.904,69}$ $\mathbf{K_1 = 10.783,93}$ $\mathbf{K_2 = 15.445,23}$

**zu e)**

**V 1**

| | | | |
|---|---|---|---|
| primäre Kosten | 6.400 | an V 3 | 1.617,59 |
| von V 2 | 3.861,31 | an E 4 | 6.470,36 |
| von V 3 | 522,62 | an E 5 | 2.156,79 |
| | | an E 6 | 539,20 |
| | 10.783,93 | | 10.783,93 |

**E 4**

| | | | |
|---|---|---|---|
| primäre Kosten | 30.000 | | |
| von V 1 | 6.470,36 | | |
| von V 2 | 9.009,72 | | |
| von V 3 | 15.678,52 | an Kostenträger: | 61.158,60 |
| | 61.158,60 | | 61.158,60 |

**V 2**

| | | | |
|---|---|---|---|
| primäre Kosten | 14.400 | an V 1 | 3.861,31 |
| von V 3 | 1.045,23 | an V 3 | 1.287,10 |
| | | an E 4 | 9.009,72 |
| | | an E 5 | 772,26 |
| | | an E 6 | 514, 84 |
| | 15.445,23 | | 15.445,23 |

**E 5**

| | | | |
|---|---|---|---|
| primäre Kosten | 5.400 | | |
| von V 1 | 2.156,79 | | |
| von V 2 | 772,26 | | |
| von V 3 | 2.613,09 | an Kostenträger: | 10.942,14 |
| | 10.942,14 | | 10.942,14 |

**V 3**

| | | | |
|---|---|---|---|
| primäre Kosten | 18.000 | an V 1 | 522,62 |
| von V 1 | 1.617,59 | an V 2 | 1.045,23 |
| von V 2 | 1.287,10 | an E 4 | 15.678,52 |
| | | an E 5 | 2.613,09 |
| | | an E 6 | 1.045,23 |
| | 20.904,69 | | 20.904,69 |

**E 6**

| | | | |
|---|---|---|---|
| primäre Kosten | 6.800 | | |
| von V 1 | 539,20 | | |
| von V 2 | 514,84 | | |
| von V 3 | 1.045,23 | an Kostenträger: | 8.899,27 |
| | 8.899,27 | | 8.899,27 |

## Aufgabe 1.2.2.11: Deckungsumlage- und Gleichungsverfahren

**zu a)**

| Kostenstellen | $A_1$ | $A_2$ | $A_3$ | $A_4$ | F | M | Vw- u. Vt |
|---|---|---|---|---|---|---|---|
| primäre Stellenkosten [€] | 21.960,– | 28.040,– | 11.760,– | 5.920,– | 144.900,– | 25.430,– | 21.990,– |
| Umlage: [€] | | | | | | | |
| $A_1$ | – 30.000,– | 2.520,– | 3.120,– | 1.680,– | 12.000,– | 7.200,– | 1.800,– |
| | 1.680,– | | | | | | |
| $A_2$ | 3.200,– | – 40.000,– | 4.800,– | 9.600,– | 14.400,– | 6.400,– | 1.600,– |
| $A_4$ | 1.200,– | 240,– | 2.640,– | – 16.800,– | 9.600,– | 720,– | 480,– |
| | | | | 1.920,– | | | |
| $A_3$ | 4.000,– | 5.520,– | – 22.320,– | 160,– | 12.000,– | 400,– | 240,– |
| Saldo [€] | + 2.040,– | – 3.680,– | 0 | + 2.480,– | 192.900,– | 40.150,– | 26.110,– |
| Deckungsumlage [€] | – 2.040,– | + 3.680,– | - | – 2.480,– | + 420,– | + 210,– | + 210,– |
| Σ GK | | | | | 193.320,– | 40.360,– | 26.320,– |

**zu b)**

| | | |
|---|---|---|
| $A_1$: | $2.500\ k_1$ | $= 21.960 + 140\ k_1 + 320\ k_2 + 50\ k_3 + 10.000\ k_4$ |
| $A_2$: | $4.000\ k_2$ | $= 28.040 + 210\ k_1 + 69\ k_3 + 2.000\ k_4$ |
| $A_3$: | $279\ k_3$ | $= 11.760 + 260\ k_1 + 480\ k_2 + 22.000\ k_4$ |
| $A_4$: | $140.000\ k_4$ | $= 5.920 + 140\ k_1 + 960\ k_2 + 2\ k_3 + 16.000\ k_4$ |
| F: | FGK | $= 144.900 + 1.000\ k_1 + 1.440\ k_2 + 150\ k_3 + 80.000\ k_4$ |
| M: | MGK | $= 25.430 + 600\ k_1 + 640\ k_2 + 5\ k_3 + 6.000\ k_4$ |
| Vw- u. Vt: | Vw- u. VtGK | $= 21.990 + 150\ k_1 + 160\ k_2 + 3\ k_3 + 4.000\ k_4$ |

## Aufgabe 1.2.2.12: Deckungsumlage-, Treppenumlage- und Gleichungsverfahren

**zu a) und b)**

| | Hilfskostenstellen | | | | | Hauptkostenstellen | | |
|---|---|---|---|---|---|---|---|---|
| | 1 | 2 | 3 | 4 | 5 | I | II | III |
| Primäre Stellenkosten | 2.500,– | 4.000,– | 12.000,– | 3.400,– | 29.400,– | | | 5.000,– |
| Umlage | | | | | | | | |
| 1 | -10.500,– | 300,– | – | – | – | 6.750,– | 1.950,– | 1.500,– |
| 2 | 1.200,– | -8.000,– | 3.000,– | 700,– | 400,– | 1.700,– | 800,– | 200,– |
| 3 | 1.500,– | – | -15.000,– | – | – | 9.000,– | 1.500,– | 3.000,– |
| 4 | 1.000,– | 200,– | – | – 8.000,– | – | 2.400,– | 2.800,– | 1.600,– |
| 5 | 4.800,– | 3.600,– | – | 3.600,– | 30.000,– | 6.000,– | 8.400,– | 3.600,– |
| Saldo | + 500,– | + 100,– | 0,– | – 300,– | – 200,– | 25.850,– | 15.450,– | 14.900,– |
| Deckungsumlage 1:1:0 | – 500,– | – 100,– | 0,– | + 300,– | + 200,– | + 50,– | + 50,– | 0,– |
| Σ GK | | | | | | 25.900,– | 15.500,– | 14.900,– |
| GK-Zuschlagssatz | | | | | | 172,67 % | 221,43 % | 23,50 % |

**zu c)**

Abschätzung für die optimale Reihenfolge beim Treppenverfahren: Näherung durch Umlage lediglich der primären Gemeinkosten.

Ziel: Unterdrückung der wertmäßig geringsten Leistungsströme.

| an<br>von [€] | 1 | 2 | 3 | 4 | 5 |
|---|---|---|---|---|---|
| 1 | – | 71,43 | – | – | – |
| 2 | 600,– | – | 1.500,– | 350,– | 200,– |
| 3 | 1.200,– | – | – | – | – |
| 4 | 425,– | 85,– | – | – | – |
| 5 | 4.704,– | 3.528,– | – | 3.528,– | – |

**Optimale Reihenfolge nach heuristischen Kriterien:**

- Stelle mit größter Abgabe zuerst: V → II → III → IV → I
- Stelle mit kleinstem Empfang zuerst: V → III → II oder IV → I

**zu d)**

$$K_1 = 2.500 + \frac{3}{20}K_2 + \frac{1}{10}K_3 + \frac{1}{8}K_4 + \frac{4}{25}K_5$$

$$K_2 = 4.000 + \frac{1}{35}K_1 + \frac{1}{40}K_4 + \frac{3}{25}K_5$$

$$K_3 = 12.000 + \frac{3}{8}K_2$$

$$K_4 = 3.400 + \frac{7}{80}K_2 + \frac{3}{25}K_5$$

$$K_5 = 29.400 + \frac{4}{80}K_2$$

$$K_I = 15.000 + \frac{9}{14}K_1 + \frac{17}{80}K_2 + \frac{3}{5}K_3 + \frac{3}{10}K_4 + \frac{1}{5}K_5$$

$$K_{II} = 7.000 + \frac{13}{70}K_1 + \frac{1}{10}K_2 + \frac{1}{10}K_3 + \frac{7}{20}K_4 + \frac{7}{25}K_5$$

$$K_{III} = 5.000 + \frac{1}{7}K_1 + \frac{1}{40}K_2 + \frac{1}{5}K_3 + \frac{1}{5}K_4 + \frac{3}{25}K_5$$

## Aufgabe 1.2.2.13: Iteratives und Gleichungsverfahren

**zu a)**

| Kostenstellen | Allgemein | HKSt 1 | HKSt 2 | FKSt 1 | FKSt 2 |
|---|---|---|---|---|---|
| Primäre Gemeinkosten [€] | 3.000,– | 5.000,– | 6.000,– | 25.500,– | 27.000,– |
| 1. Umlage | –<br>–<br>300,– | 900,–<br>–<br>900,– | 100,–<br>–<br>– | 750,–<br>2.000,–<br>2.400,– | 1.250,–<br>3.000,–<br>2.400,– |
| Σ 1. Umlage | 300,– | 1.800,– | 100,– | 5.150,– | 6.650,– |
| 2. Umlage | –<br>–<br>5,– | 90,–<br>–<br>15,– | 10,–<br>–<br>– | 75,–<br>720,–<br>40,– | 125,–<br>1.080,–<br>40,– |
| Σ 2. Umlage | 5,– | 105,– | 10,– | 835,– | 1.245,– |
| 3. Umlage | –<br>–<br>– | 2,–<br>–<br>2,– | –<br>–<br>– | 1,–<br>42,–<br>4,– | 2,–<br>63,–<br>4,– |
| Σ 3. Umlage | – | 4,– | – | 47,– | 69,– |
| 4. Umlage | – | – | – | 2,– | 2,– |

**Verteilung auf die Endkostenstellen:**

| Kostenstellen | FKSt 1 | FKSt 2 |
|---|---|---|
| 1. Umlage<br>2. Umlage<br>3. Umlage<br>4. Umlage<br>primäre Kosten [€] | 5.150,–<br>835,–<br>47,–<br>2,–<br>25.500,– | 6.650,–<br>1.245,–<br>69,–<br>2,–<br>27.000,– |
| Gesamtkosten [€] | 31.534,– | 34.966,– |

**zu b)**

**Gleichungssystem auf Basis der Kostenanteile:**

$$K_I = 3.000 + \frac{1}{20} \cdot K_{III}$$

$$K_{II} = 5.000 + \frac{18}{60} \cdot K_I + \frac{3}{20} \cdot K_{III}$$

$$K_{III} = 6.000 + \frac{2}{60} \cdot K_I$$

**Gleichungssystem auf Basis der Stückkosten:**

$K_I = 60 \cdot k_I$
$K_{II} = 10 \cdot k_{II}$
$K_{III} = 20 \cdot k_{III}$

$60 \cdot k_I = 3.000 + 1 \cdot k_{III}$
$10 \cdot kI_{II} = 5.000 + 18 \cdot k_I + 3 \cdot k_{III}$
$20 \cdot k_{III} = 6.000 + 2 \cdot k_I$

**Übereinstimmung der beiden Vorgehensweisen:**

$$K_{II} = 5.000 + \frac{3}{10} \cdot K_I + \frac{3}{20} \cdot K_{III}$$

$$10 \cdot k_{II} = 5.000 + \frac{3}{10} \cdot 60 \cdot k_I + \frac{3}{20} \cdot 20 \cdot k_{III}$$

$$10 \cdot k_{II} = 5.000 + 18 \cdot k_I + 3 \cdot k_{III}$$

## Aufgabe 1.2.2.14: Iteratives und Gleichungsverfahren

**zu a)**

Gleichungsverfahren

**zu b)**

$K_1 = 100 + 0{,}2 \cdot K_2 = 100 + 0{,}2 \cdot (160 + 0{,}6 \cdot K_1)$
$K_1 = 132/0{,}88 = 150$
$K_2 = 160 + 0{,}6 \cdot 150 = 160 + 90 = 250$
$K_3 = 160 + 30 \cdot K_1/100 + 500 \cdot K_2/1.000 = 330$
$K_4 = 240 + 10 \cdot K_1/100 + 300 \cdot K_2/1.000 = 330$

**zu c)**

**Iteratives Verfahren**

| Kostenstellen | $V_1$ | $V_2$ | $E_3$ | $E_4$ | Summen |
|---|---|---|---|---|---|
| Primäre Kosten | 100 | 160 | 160 | 240 | (zur Probe) |
| | 44<br>5,28<br>0,6336<br>0,076032 | 60<br>220<br>26,4<br>3,168<br>0,38016 | 30<br>110<br>13,2<br>13,2<br>1,584<br>1,584<br>0,19008<br>0,19008 | 10<br>66<br>4,4<br>7,92<br>0,528<br>0,9504<br>0,06336<br>0,114048 | 100<br>220<br>44<br>26,4<br>5,28<br>3,168<br>0,6336<br>0,38016 |
| Summen | 150 | 250 | | | |

**zu d)**

$k_1 = K_1/100 = 150/100 = 1{,}50$
$k_2 = K_2/1.000 = 250/1.000 = 0{,}25$

## Aufgabe 1.2.2.15: Iteratives und Gleichungsverfahren

**zu a)**

Es gibt zwei Rückflüsse und damit Zirkel. Als einseitige Verfahren führen daher Block- und Treppenumlage zu fehlerhaften Ergebnissen.

**zu b)**

**Gleichungsverfahren:**

$K_1 = 10 + 0{,}1 \cdot K_2$
$K_2 = 120 + 0{,}2 \cdot K_1$
$K_1 = 124{,}490$
$K_2 = 22{,}449$

**zu c)**

Iteratives Verfahren

**zu d)**

| Kostenstellen | $V_1$ | $V_2$ | $V_3$ | $V_4$ | $E_5$ | $E_6$ | Summen |
|---|---|---|---|---|---|---|---|
| Primäre Kosten | 10 | 120 | 50 | 200 | 3.000 | 4.000 | 7.380 |
| $V_1$ | | 2,0 | 1,0 | 2,0 | 2,5 | 2,5 | 10 |
| | | 122 | | | | | |
| $V_2$ | 12,2 | | | 24,4 | 42,7 | 42,7 | 122 |
| | | 0 | 51 | | | | |
| $V_3$ | | | | 10,2 | 20,4 | 20,4 | 51 |
| | | | | 236,6 | | | |
| $V_4$ | | | 47,32 | | 94,64 | 94,64 | 236,6 |
| $V_1$ | | 2,44 | 1,22 | 2,44 | 3,05 | 3,05 | |
| $V_2$ | 0,244 | | | 0,488 | 0,854 | 0,854 | 2,44 |
| | | | 48,54 | | | | |
| $V_3$ | | | | 9,708 | 19,416 | 19,416 | 48,54 |
| | | | | 12,636 | | | |
| $V_4$ | | | 2,5272 | | 5,0544 | 5,0544 | 12,636 |
| (Summe) | 22,44 | 124,44 | 102,07 | 249,24 | 3.188,61 | 4.188,61 | |

$K_1 = 22{,}449$
$K_2 = 124{,}49$
$K_3 = 102{,}211$
$K_4 = 249{,}829$

**zu e)**

Sie sind schon nahe an den exakten Werten. Noch genauer wird es durch weitere Verteilungsrunden.

## Aufgabe 1.2.2.16: Blockumlage- und Gleichungsverfahren

**zu a)**

**Blockumlageverfahren:**

| | $KS_1$ | $KS_2$ | $KS_3$ | $KS_4$ | $KS_5$ | $KS_6$ | $KS_7$ |
|---|---|---|---|---|---|---|---|
| Primäre Gemeinkosten | 60.000 | 80.000 | 75.000 | 40.000 | 35.000 | 70.000 | 20.000 |
| Umlage | –60.000 | –80.000 | –75.000 | –40.000 | | | |
| Belastung | | | | | 30.000 | 30.000 | |
| | | | | | | 80.000 | |
| | | | | | | 37.500 | 37.500 |
| | | | | | | | 40.000 |
| Endkosten | 0 | 0 | 0 | 0 | 65.000 | 217.500 | 97.500 |
| Stückkosten | | | | | 650 €/St. | 1.087,50 €/St. | 650 €/St. |

Das Treppenumlageverfahren zu keiner verursachungsgerechteren Verteilung der Gemeinkosten.

**Treppenumlageverfahren:**

| | $KS_1$ | $KS_2$ | $KS_3$ | $KS_4$ | $KS_5$ | $KS_6$ | $KS_7$ |
|---|---|---|---|---|---|---|---|
| Primäre Gemeinkosten | 60.000 | 80.000 | 75.000 | 40.000 | 35.000 | 70.000 | 20.000 |
| Umlagen | | | | | | | |
| $KS_1$ | –60.000 | | | | 30.000 | 30.000 | |
| $KS_2$ | | –80.000 | | | | 80.000 | |
| $KS_3$ | | | –75.000 | | | 37.500 | 37.500 |
| $KS_4$ | | | | –40.000 | | | 40.000 |
| Endkosten | 0 | 0 | 0 | 0 | 65.000 | 217.500 | 97.500 |
| Stückkosten | | | | | 650 €/St. | 1.087,50 €/St. | 650 €/St. |

**zu b)**

| | $KS_1$ | $KS_2$ | $KS_3$ | $KS_4$ | $KS_5$ | $KS_6$ | $KS_7$ | $KS_8$ |
|---|---|---|---|---|---|---|---|---|
| $KS_1$ | | | | | 400 | 400 | | |
| $KS_2$ | | | | | | 200 | | |
| $KS_3$ | | | | | | 200 | 300 | 100 |
| $KS_4$ | | | | | | | 100 | |
| $KS_6$ | | | | | | | | 100 |

| | $KS_1$ | $KS_2$ | $KS_3$ | $KS_4$ | $KS_5$ | $KS_6$ | $KS_7$ | $KS_8$ |
|---|---|---|---|---|---|---|---|---|
| Primäre Gemein-kosten | 60.000 | 80.000 | 75.000 | 40.000 | 35.000 | 70.000 | 20.000 | 30.000 |
| Umlagen | | | | | | | | |
| $KS_1$ | –60.000 | | | | 30.000 | 30.000 | | |
| $KS_2$ | | –80.000 | | | | 80.000 | | |
| $KS_3$ | | | –75.000 | | | 25.000 | 37.500 | 12.500 |
| $KS_4$ | | | | –40.000 | | | 40.000 | |
| $KS_6$ | | | | | | –102.500 | | 102.500 |
| Endkosten | 0 | 0 | 0 | 0 | 65.000 | 102.500 | 97.500 | 145.500 |
| Stück-kosten | | | | | 650 €/St. | 1.025 €/St. | 650 €/St. | 1.450 €/St. |

Begründung: Keine Rückkopplung, deshalb Leistungsverrechnung korrekt

**zu c)**

**Gleichungsverfahren:**

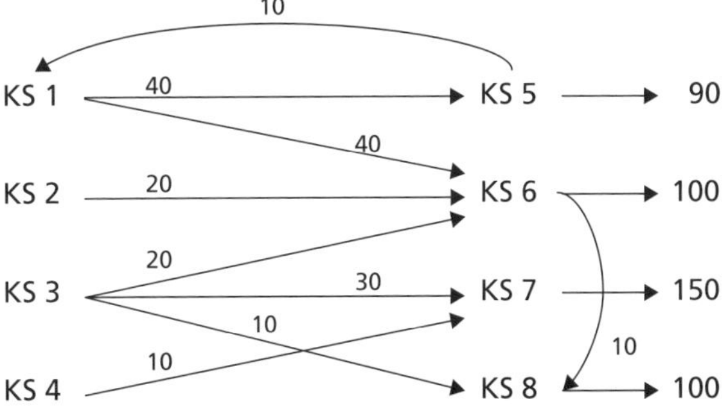

(1) $GK_1 = 60.000 + 0,1 \cdot GK_5$

(2) $GK_2 = 80.000$

(3) $GK_3 = 75.000$

(4) $GK_4 = 40.000$

(5) $GK_5 = 35.000 + 0,5 \cdot GK_1$

(6) $GK_6 = 70.000 + 0,5 \cdot GK_1 + GK_2 + 1/3 \cdot GK_3$

(7) $GK_7 = 20.000 + 0,5 \cdot GK_3 + GK_4$

(8) $GK_8 = 30.000 + 1/6 \cdot GK_3 + 0,5 \cdot GK_6$

**Gleichung (1) in Gleichung (5) :**

$GK_5 = 35.000 + 0,5\ (60.000 + 0,1 \cdot GK_5)$

$\rightarrow GK_5 = 68.421,05$

$\rightarrow GK_1 = 60.000 + 0,1 \cdot 68.421,05 = 66.842,11$

$\rightarrow GK_6 = 70.000 + 0,5 \cdot 66.842,11 + 80.000 + 1/3 \cdot 75.000 = 208.421,055$

$\rightarrow GK_7 = 20.000 + 0,5 \cdot 75.000 + 40.000 = 97.500$

$\rightarrow GK_8 = 30.000 + 1/6 \cdot 75.000 + 0,5 \cdot 208.421,055 = 146.710,53$

**Gemeinkosten je Kostenstelle nach durchgeführter Leistungsverrechnung:**

$KS_1 = 0$ $KS_2 = 0$ $KS_3 = 0$ $KS_4 = 0$

$KS_5 = 68.421,05 \cdot (1 - 0,1) = 61.578,95$

$KS_6 = 0,5 \cdot 208.421,055 = 104.210,53$

$KS_7 = 97.500$

$KS_8 = 146.710,53$

---

$\Sigma = 410.000$

**Gemeinkosten je Stück für die vier Endprodukte:**

$KS_5 = 61.578,95/90 = 684,21$

$KS_6 = 104.210,53/100 = 1.042,11$

$KS_7 = 97.500/150 = 650$

$KS_8 = 146.710,53/100 = 1.467,11$

## Aufgabe 1.2.2.17: Gleichungs- und Gutschrift-Lastschrift-Verfahren

**zu a)**

Da es den Zyklus nicht berücksichtigt.
Das Gleichungsverfahren.

**zu b)**

$K_1 = 200 + 0{,}1 \cdot K_2 = 200 + 0.1 \cdot (850 + 0{,}5 \cdot K_1)$
$K_1 = 285 + 0{,}05 \cdot K_1$
$K_1 = 285/0{,}95 = \mathbf{300}$
$K_2 = 850 + 0{,}5 \cdot 300 = \mathbf{1.000}$
$K_3 = 690 + 60/200 \cdot K_1 + 600/1.000 \cdot K_2 = \mathbf{1.380}$
$K_4 = 640 + 40/200 \cdot K_1 + 300/1.000 \cdot 1.000 = \mathbf{1.000}$

**zu c)**

| Kostenstellen | | $V_1$ | $V_2$ | $E_3$ | $E_4$ | Summe |
|---|---|---|---|---|---|---|
| Primäre Kosten | | 200 | 850 | 690 | 640 | 2.380 |
| | Verrechnungspreis | | | | | |
| $V_1$ zu an | 1,6 | -320 | 160 | 96 | 64 | 200 |
| $K_2$ (Stück) an | 0,8 | 80 | -800 | 480 | 240 | 1.000 |
| Summen | | -40 | 210 | 1.266 | 944 | |
| Deckungsumlage | | 40 | -210 | 113,3 | 56,7 | |
| | | | | 1.379 | 1.001 | |

**zu d)**

Am besten orientiert man sich an den Leistungsströmen von $V_1$ und $V_2$ nach $E_3$ und $E_4$.
Das Verhältnis 2:1 führt zu recht guten Ergebnissen.

## Aufgabe 1.2.2.18: Gutschrift-Lastschrift-, Gleichungs- und iteratives Verfahren

**zu a)**

| Kostenstellen | $V_1$ | $V_2$ | $V_3$ | $E_4$ | $E_5$ |
|---|---|---|---|---|---|
| Primäre Kosten | 240 | 360 | 400 | 900 | 1.500 |
| Leistungen von | | | | | |
| $V_1$ (Stunden) an | -240 | 24 | 24 | 96 | 96 |
| $V_2$ (Stück) an | 180 | -360 | | 72 | 108 |
| $V_3$ (kg) an | 200 | 40 | -400 | 90 | 70 |
| Summen | 380 | 64 | 24 | 1.158 | 1.774 |
| Deckungsumlage | -380 | -64 | -24 | 234 | 234 |
| Summen je Spalte | 0 | 0 | 0 | **1.392** | **2.008** |

**zu b)**

Ganz exakt: Gleichungsverfahren
Zumindest näherungsweise exakt: Iteratives Verfahren.

**zu c)**

$K_1 = 240 + 1/2 \cdot K_2 + 1/2 \cdot K_3$
$K_2 = 360 + 1/10 \cdot K_1 + 1/10 \cdot K_2$
$K_3 = 400 + 1/10 \cdot K_1$
$K_2 = 360 + 1/10 \cdot K_1 + 1/10\ (400 + 1/10 \cdot K_1)$
$K_2 = 360 + 1/10 \cdot K_1 + 40 + 1/10 \cdot K_1 = 400 + 0{,}11 \cdot K_1$
$K_1 = 715{,}083799$
$K_2 = 478{,}6592179$
$K_3 = 471{,}5083799$
$K_4 =$ **1.388 (1387,854749)**
$K_5 =$ **2012 (2012,145251)**

**Iteratives Verfahren:**

| Kostenstellen | $V_1$ | $V_2$ | $V_3$ | $E_4$ | $E_5$ | Summen |
|---|---|---|---|---|---|---|
| **Primäre Kosten** | 240 | 360 | 400 | 900 | 1.500 | 3.400 |
| **Umlage $V_1$** | | 24 | 24 | 96 | 96 | 240,0 |
| | | 384 | | | | |
| **Umlage $V_2$** | 192 | | 0 | 76,8 | 115,2 | 384,0 |
| | | | 424 | | | |
| **Umlage $V_3$** | 212,0 | 42,4 | | 95,4 | 74,2 | 424,0 |
| | 404,0 | | | | | |
| **Umlage $V_1$** | | 40,4 | 40,4 | 161,6 | 161,6 | 404,0 |
| | | 82,8 | | | | |
| **Umlage $V_2$** | 41,4 | | 0 | 16,56 | 24,84 | 82,8 |
| | | | 40,4 | | | |
| **Umlage $V_3$** | 20,2 | 4,04 | | 9,09 | 7,07 | 40,4 |
| | 61,6 | | | | | |
| **Umlage $V_1$** | | 6,16 | 6,16 | 24,64 | 24,64 | 61,6 |
| | | 10,2 | | | | |
| **Umlage $V_2$** | 5,1 | | 0 | 2,04 | 3,06 | 10,2 |
| | | | 6,16 | | | |
| **Umlage $V_3$** | 3,08 | 0,616 | | 1,386 | 1,078 | 6,2 |
| **Summen** | **713,780** | **477,616** | **470,560** | **1.384** | **2.008** | **3.391,2** |

**zu d)**

**Vergleich:** a) schon sehr nahe an exakter Lösung.

**Empfehlung:** Wenn Preise irgendwie (schon) vorgegeben: Gutschrift-Lastschrift

Sonst iteratives Verfahren, da sehr schnell mit PC rechenbar, auch bei vielen Zyklen und Kostenstellen.

## Aufgabe 1.3.1.1: Mehrstufige Divisionskalkulation

| Stufe | Einsatzmenge [t] | Kosten des Einsatzgutes [€] | Stufenkosten [€] | Ausbringungsmenge [t] | Lagerveränderung [t] | Kosten [€/t] |
|---|---|---|---|---|---|---|
| I | – | – | 60.000,– | 500 | + 50 | 120,– |
| II | 450 | 54.000,– | 21.000,– | 300 | + 50 | 250,– |
| Absatz | 250 | 62.500,– | 7.500,– | 250 | – | 280,– |

## Aufgabe 1.3.1.2: Mehrstufige Divisionskalkulation

| Stufe | Wiedereinsatzmenge x Einheitskosten [€] | Stufenkosten [€] | Kosten der Stufe insgesamt [€] | Ausbringungsmenge [Stück] | Kosten [€/kg] |
|---|---|---|---|---|---|
| 1 | 120.000,– | 180.000,– | 300.000,– | 150.000 | 2,– |
| 2 | 280.000,– | 350.000,– | 630.000,– | 140.000 | 4,50 |
| 3 | 697.500,– | 326.500,– | 1.024.000,– | 128.000 | 8,– |
| 4 | 864.000,– | 129.600,– | 993.600,– | 108.000 | 9,20 |

## Aufgabe 1.3.1.3: Mehrstufige Divisionskalkulation

**zu a)** mit: EMK = Einsatzmengenkosten, StK = Stufenkosten

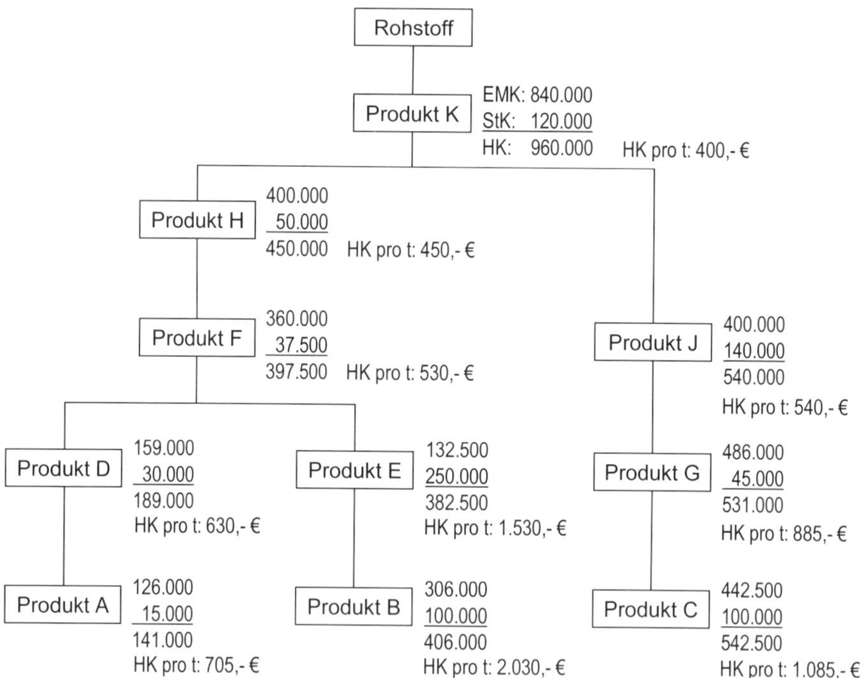

**zu b)**

| Produkt | Bestandsveränderung [€] |
|---|---|
| Rohstoff | 60.000,– |
| K | 160.000,– |
| H | 90.000,– |
| F | 106.000,– |
| D | 63.000,– |
| A | 14.100,– |
| E | 76.500,– |
| B | 60.900,– |
| J | 54.000,– |
| G | 88.500,– |
| C | 108.500,– |

## Aufgabe 1.3.1.4: Mehrstufige Divisionskalkulation

Stufe 1: $\text{Kosten je Stück} = \frac{49.000,-}{28.000} = 1{,}75$

$\text{Wert d. Lagerbestandsänderung} = 5.000 \cdot 1{,}75 = 8.750,-$

Stufe 2: $\text{Kosten des Einsatzgutes} = 23.000 \cdot 1{,}75 = 40.250,-$

$\text{Kosten der Stufe insg.} = 40.250,- + 29.500,- = 69.750,-$

$\text{Kosten je Stück} = \frac{69.750,-}{22.500} = 3{,}10$ (Herstellkosten je Stück)

$\text{Wert d. Lagerbestandsänderung} = 2.500 \cdot 3{,}10 = 7.750,-$

Vertrieb: $\text{Kosten des Einsatzgutes} = 20.000 \cdot 3{,}10 = 62.000,-$

$\text{Kosten der Stufe insg.} = 62.000,- + 15.000,- = 77.000,-$

$\text{Kosten je Stück} = \frac{77.000,-}{20.000} = 3{,}85$ (Selbstkosten je Stück)

**zu a)** Richtig

**zu b)** Richtig

**zu c)** Falsch, die Herstellkosten betragen 3,10.

**zu d)** Richtig

Stufe 2: Kosten des Einsatzgutes $= 20.000 \cdot 3{,}10 = 62.000,-$

Kosten der Stufe insg.$= 62.000,- + 32.050,- = 94.050,-$

Kosten je Stück $= \frac{94.050,-}{19.000} = 4{,}95$ (neue Herstellkosten je Stück)

Vertrieb: Kosten d. Stufe insg.$= 94.050,- + 15.000,- = 109.050,-$ (Selbstk.)

**zu e)** Richtig

**zu f)** Falsch, es sind 109.050,–.

## Aufgabe 1.3.2.1: Äquivalenzziffernrechnung

| Produktart | Menge | Äquivalenzziffer | Schlüsselzahl [RE] | Materialkosten/Kerze [€] | Materialkosten/Sorte [€] |
|---|---|---|---|---|---|
| klein | 200.000 | 1 | 200.000 | 2,30 | 460.000,– |
| mittel | 225.000 | 2 | 450.000 | 4,60 | 1.035.000,– |
| groß | 100.000 | 8 | 800.000 | 18,40 | 1.840.000,– |
| Σ | | | 1.450.000 | | |

$$\frac{3.335.000\text{ €}}{1.450.000\text{ RE}} = \mathbf{2{,}30\frac{€}{RE}}$$

## Aufgabe 1.3.2.2: Äquivalenzziffernrechnung

**zu a)**

**Äquivalenzziffernrechnung:**

Es liegt eine Sortenfertigung vor. Die Kosten der verschiedenen Produktarten stehen aufgrund fertigungstechnischer Ähnlichkeiten in einem Verhältnis, das die Kostenverursachung widerspiegelt.

**zu b)**

| Stärke | Menge [Stück] | Äquivalenz-ziffer | Rechnungs-einheit [RE] | Stückkosten [€/Stück] | Gesamt-kosten [€] |
|---|---|---|---|---|---|
| 0,4 | 500 | 1,5 | 750 | 450,– | 225.000,– |
| 0,5 | 400 | 1,3 | 520 | 390,– | 156.000,– |
| 1,0 | 700 | 1 | 700 | 300,– | 210.000,– |
| 1,25 | 600 | 1,05 | 630 | 315,– | 189.000,– |
| 2,5 | 300 | 1,1 | 330 | 330,– | 99.000,– |
| | | | Σ 2.930 | Σ 879.000,– | |

$$\frac{879.000\ €}{2.930\ RE} = \mathbf{300,-}\ \frac{\mathbf{€}}{\mathbf{RE}}$$

## Aufgabe 1.3.2.3: Äquivalenzziffernrechnung

| Sorte | Durchmesser x Länge | Äquivalenzziffer | Stückzahl | Schlüsselzahl [RE] | Stückkosten [€/Stück] | Erlöse [€] | Gewinn [€] |
|---|---|---|---|---|---|---|---|
| 1 | 100 · 100 | 1,0 | 10.000 | 10.000 | 8,– | 10,– | 2,– |
| 2 | 100 · 50 | 0,5 | 2.000 | 1.000 | 4,– | 3,– | –1,– |
| 3 | 100 · 30 | 0,3 | 200 | 60 | 2,40 | 2,– | –0,40 |
| 4 | 150 · 100 | 1,5 | 30.000 | 45.000 | 12,– | 15,– | 3,– |
| 5 | 150 · 50 | 0,75 | 3.000 | 2.250 | 6,– | 8,– | 2,– |
| 6 | 150 · 30 | 0,45 | 1.000 | 450 | 3,60 | 6,– | 2,40 |
| Σ | | | | 58.760 | | | |

$$\frac{470.080\ €}{58.760\ RE} = \mathbf{8,-}\ \frac{\mathbf{€}}{\mathbf{RE}}$$

## Aufgabe 1.3.2.4: Äquivalenzziffernrechnung

| Sorte | Schlüsselzahl Konfitüre [RE] | Schlüsselzahl Verpackung [RE] | Schlüsselzahl sonstige HK [RE] | Konfitürekosten [€/St] | Verpackungskosten je Stück [€] | sonstige HK je Stück [€] | gesamte Kosten je Glas [€/St] | gesamte Kosten je Sorte [€] |
|---|---|---|---|---|---|---|---|---|
| 1 | 93.500 | 51.000 | 68.000 | 1,54 | 0,24 | 1,20 | 2,98 | 50.660,– |
| 2 | 36.000 | 36.000 | 54.000 | 0,84 | 0,24 | 1,35 | 2,43 | 29.160,– |
| 3 | 325.000 | 150.000 | 100.000 | 1,82 | 0,24 | 0,60 | 2,66 | 133.000,– |
| 4 | 244.000 | 183.000 | 366.000 | 1,12 | 0,24 | 1,80 | 3,16 | 192.760,– |
| 5 | 192.000 | 120.000 | 216.000 | 2,24 | 0,40 | 2,70 | 5,34 | 128.160,– |
| 6 | 250.000 | 125.000 | 200.000 | 2,80 | 0,40 | 2,40 | 5,60 | 140.000,– |
| Σ | 1.140.500 | 665.000 | 1.004.000 | | | | | |

**Kosten pro Einheit der Schlüsselzahl für:**

Konfitüre: $\frac{319.340\text{ €}}{1.140.500\text{ RE}} = \mathbf{0{,}28}\ \frac{\mathbf{€}}{\mathbf{RE}}$

Verpackung: $\frac{53.200\text{ €}}{665.000\text{ RE}} = \mathbf{0{,}08}\ \frac{\mathbf{€}}{\mathbf{RE}}$

sonstige Herstellkosten: $\frac{301.200\text{ €}}{1.004.000\text{ RE}} = \mathbf{0{,}3}\ \frac{\mathbf{€}}{\mathbf{RE}}$

## Aufgabe 1.3.2.5: Äquivalenzziffernrechnung

**zu a)**

**Vollkosten:**

| Erzeugnisart | hergestellte Menge [1.000 Stück] | Äquivalenzziffer fixe Kosten | Schlüsselzahl fixe Kosten [RE] | fixe Kosten je 1.000 Stück [€] | Äquivalenzziffer variable Kosten | Schlüsselzahl variable Kosten [RE] |
|---|---|---|---|---|---|---|
| Bauziegel A | 120 | 1,0 | 120 | 40,– | 1,0 | 120 |
| Bauziegel B | 75 | 2,0 | 150 | 80,– | 1,6 | 120 |
| Dachziegel I | 60 | 3,0 | 180 | 120,– | 2,0 | 120 |
| Dachziegel II | 150 | 1,5 | 225 | 60,– | 3,0 | 450 |
| Σ | | | 675 | | | 810 |

| Erzeugnisart | Variable Kosten je 1.000 Stück [€] | Herstellkosten je 1.000 Stück [€] | verkaufte Menge [1.000 Stück] | Äquivalenzziffer Vertriebskosten | Schlüsselzahl Vertriebskosten [RE] | Vertriebskosten je 1.000 Stück [€] | Selbstkosten je 1.000 Stück [€] |
|---|---|---|---|---|---|---|---|
| Bauziegel A | 50,– | 90,– | 100 | 2,0 | 200 | 120,– | 210,– |
| Bauziegel B | 80,– | 160,– | 75 | 2,0 | 150 | 120,– | 280,– |
| Dachziegel I | 100,– | 220,– | 40 | 1,0 | 40 | 60,– | 280,– |
| Dachziegel II | 150,– | 210,– | 120 | 1,4 | 168 | 84,– | 294,– |
| Σ | | | | | 558 | | |

$$\frac{27.000\ €}{675\ \text{RE}} = \mathbf{40,-\frac{€}{RE}} \qquad \frac{40.500\ €}{810\ \text{RE}} = \mathbf{50,-\frac{€}{RE}} \qquad \frac{33.480\ €}{558\ \text{RE}} = \mathbf{60,-\frac{€}{RE}}$$

**zu b)**

**Teilkosten:**

| Erzeugnisart | volle Selbstkosten [€] | fixe Kosten [€] | variable Selbstkosten [€] |
|---|---|---|---|
| Bauziegel A | 210,– | 40,– | 170,– |
| Bauziegel B | 280,– | 80,– | 200,– |
| Dachziegel I | 280,– | 120,– | 160,– |
| Dachziegel II | 294,– | 60,– | 234,– |

## Aufgabe 1.3.2.6: Äquivalenzziffernrechnung

| Murmel-art | Äquivalenz-ziffer | Schlüsselzahl [RE] | Variable Kosten [EUR/Stück] | Variable Kosten gesamte Produktionsmenge [EUR] |
|---|---|---|---|---|
| A | 1,0 | 300<br>[= 300 · 1,0] | 26,00<br>[= 26 · 1,0] | 7.800<br>[= 26 · 300] |
| B | 1,75<br>[= 35/20] | 476<br>[= 272 · 1,75] | 45,50<br>[= 26 · 1,75] | 12.376<br>[= 45,50 · 272] |
| C | 2,11<br>[= 42,20/20] | 211<br>[= 100 · 2,11] | 54,86<br>[= 26 · 2,11] | 5.486<br>[= 54,86 · 100] |
| D | 2,42<br>[= 48,4/20] | 363<br>[= 150 · 2,42] | 62,92<br>[= 26 · 2,42] | 9.438<br>[= 62,92 · 150] |
| Summe | | 1.350 | | 35.100 |

35.100 EUR / 1.350 Stück = 26 EUR/Stück

Fixkosten = Gesamtkosten – var. Kosten = 40.600 EUR – 35.100 EUR = 5.500 EUR

Fixkostenanteil je Murmelart = 5.500 EUR / 4 = 1.375 EUR

| Murmel-art | Fixkosten/Stück | variable Kosten [EUR/Stück] | Herstellkosten [EUR/Stück] | Herstellkosten gesamte Produktion [EUR] |
|---|---|---|---|---|
| A | 4,58<br>[= 1.375/300] | 26,00 | 30,58 | 9.174<br>[= 30,58 · 300] |
| B | 5,06<br>[= 1.375/272] | 45,50 | 50,56 | 13.752,32<br>[= 50,56 · 272] |
| C | 13,75<br>[= 1.375/100] | 54,86 | 68,61 | 6.861<br>[= 68,61 · 100] |
| D | 9,17<br>[= 1.375/150] | 62,92 | 72,09 | 10.813,5<br>[= 72,09 · 150] |
| Summe | | | | 40.600,82 |

Hinweis: Der Unterschied zwischen 40.600,82 und 40.600,– ist auf Rundungsdifferenzen zurückzuführen.

## Aufgabe 1.3.3.1: Zuschlagskalkulation

| Kalkulationsschema | [€] |
|---|---|
| Materialeinzelkosten | 7,25 |
| Materialgemeinkosten (14,3 %) | 1,04 |
| Σ **Materialkosten** | **8,29** |
| Fertigungslöhne I | 2,24 |
| Fertigungslöhne II | 3,04 |
| Fertigungslöhne III | 3,96 |
| Fertigungsgemeinkosten I (Maschinenzeit) | 1,47 |
| Fertigungsgemeinkosten II (Maschinenzeit) | 0,90 |
| Fertigungsgemeinkosten II (Fertigungszeit) | 0,60 |
| Fertigungsgemeinkosten III (Fertigungszeit) | 1,62 |
| Σ **Fertigungskosten** | **13,83** |
| **Herstellkosten** | **22,12** |
| Verwaltungs- u. Vertriebsgemeinkosten (21,86) | 4,84 |
| **Selbstkosten** | **26,96** |

$$\text{Materialgemeinkosten-Zuschlagssatz} = \frac{19.348\ € \cdot 100}{135.340\ €} = \mathbf{14{,}3\%}$$

**Maschinenstundensatz:**

$$\text{FL I} = \frac{42.375\ €}{37.800\ \text{min}} = 1{,}12\ \frac{€}{\text{min}} \cdot 2\ \text{min} = \quad \mathbf{2{,}24\ €}$$

$$\text{FL II} = \frac{46.938\ €}{54.000\ \text{min}} = 0{,}87\ \frac{€}{\text{min}} \cdot 3{,}5\ \text{min} = \quad \mathbf{3{,}04\ €}$$

$$\text{FL III} = \frac{53.415\ €}{27.000\ \text{min}} = 1{,}98\ \frac{€}{\text{min}} \cdot 2\ \text{min} = \quad \mathbf{3{,}96\ €}$$

$$\text{FGK I} = \frac{27.869\ €}{37.800\ \text{min}} = 0{,}74\ \frac{€}{\text{min}} \cdot 2\ \text{min} = \quad \mathbf{1{,}47\ €}$$

$$\text{FGK II (Maschinenzeit)} = \frac{13.880\ €}{54.000\ \text{min}} = 0{,}26\ \frac{€}{\text{min}} \cdot 3{,}5\ \text{min} = \mathbf{0{,}90\ €}$$

$$\text{FGK II (Fertigungszeit)} = \frac{10.860\ €}{18.000\ \text{min}} = 0{,}6\ \frac{€}{\text{min}} \cdot 1{,}0\ \text{min} = \quad \mathbf{0{,}60\ €}$$

$$\text{FGK III} = \frac{28.913\ €}{44.700\ \text{min}} = 0{,}647\ \frac{€}{\text{min}} \cdot 2{,}5\ \text{min} = \quad \mathbf{1{,}62\ €}$$

$$\text{Zuschlagssatz (Vw- u. Vt)} = \frac{45.850\ € + 36.980\ €}{378.938\ €} \cdot 100 = \quad \mathbf{21{,}86\ \%}$$

## Aufgabe 1.3.3.2: Zuschlagskalkulation

| Kalkulationsschema | Betrag [€] |
|---|---|
| Fertigungseinzelkosten je Stück | 6,– |
| Maschinenabhängige FGK I je Stück | 5,– |
| Maschinenabhängige FGK II je Stück | 4,25 |
| Maschinenunabhängige FGK je Stück | 11,40 |
| Sondereinzelkosten je Stück | 0,50 |
| **Fertigungskosten je Stück** | **27,15** |

**Maschinenunabhängige Fertigungsgemeinkosten je Stück:**

$$\frac{68.400\ €}{6.000\ \text{Stück}} = \mathbf{11{,}40\frac{€}{Stück}}$$

**Maschinenabhängige Fertigungsgemeinkosten je Stück:**

Maschine I: $$\frac{30.000\ €}{6.000\ \text{Stück}} = \mathbf{5{,}-\frac{€}{Stück}}$$

Maschine II: $$\frac{25.500\ €}{6.000\ \text{Stück}} = \mathbf{4{,}25\frac{€}{Stück}}$$

## Aufgabe 1.3.3.3: Zuschlagskalkulation

**zu a) und b)**

| Kostenarten | Betrag [€] |
|---|---|
| Fertigungsmaterial | 50.000,– |
| Fertigungsmaterialgemeinkosten (15 %) | 7.500,– |
| Fertigungslöhne | 120.000,– |
| Fertigungslohngemeinkosten I (210 %) | 252.000,– |
| **Herstellkosten** | Σ **429.500,–** |
| Verwaltungs- u. Vertriebsgemeinkosten (60 %) | 257.700,– |
| **Selbstkosten** | Σ **687.200,–** |

| Kostenarten | Betrag [€] |
|---|---|
| Gewinn (10 %) | 68.720,– |
| Listenpreis | 755.920,– |
| Skonto (3 %) | 23.378,97 |
| Rechnungspreis | 779.298,97 |
| Rabatt (5 %) | 41.015,73 |
| **Angebotspreis** | **820.314,71** |

## Aufgabe 1.3.3.4: Zuschlagskalkulation

**zu a)**

Ein Gesamtzuschlag: Vorgehensweise sehr grob, entspricht kaum den empirischen Beziehungen zwischen den Einzel- und Gemeinkosten, differenzierte Zuschlagssätze daher deutlich besser.

**zu b)**

| Kostenstellen | I | II | III | Material | Verwaltung | Vertrieb |
|---|---|---|---|---|---|---|
| Gemeinkosten-zuschlagssatz [%] | 105 | 135 | 170 | 24 | 20 | 15 |

**zu c)**

| Kostenarten | Produkt A [€] | Produkt B [€] | Produkt C [€] |
|---|---|---|---|
| Fertigungsmaterial | 3,50 | 5,– | 2,50 |
| Fertigungsmaterialgemeinkosten (24 %) | 0,84 | 1,20 | 0,60 |
| Fertigungslohn I | 3,– | 2,– | 1,– |
| Fertigungslohngemeinkosten I (105 %) | 3,15 | 2,10 | 1,05 |
| Fertigungslohn II | 4,– | 1,– | 1,20 |
| Fertigungslohngemeinkosten II (135 %) | 5,40 | 1,35 | 1,62 |
| Fertigungslohn III | 0,50 | 0,40 | 5,– |
| Fertigungslohngemeinkosten III (170 %) | 0,85 | 0,68 | 8,50 |
| **Herstellkosten** | **21,24** | **13,73** | **21,47** |
| Verwaltungsgemeinkosten (20 %) | 4,25 | 2,75 | 4,29 |
| Vertriebsgemeinkosten (15 %) | 3,19 | 2,06 | 3,22 |
| **Selbstkosten** | **28,68** | **18,54** | **28,98** |

**zu d)**

MatGK proportional zu den Material(einzel)kosten.
VVGK verhalten sich proportional zu den jeweiligen Herstellkosten jeder Produktart.
Beurteilung: Bei MatGK und Vertriebs-GK eher einleuchtend als bei VErwGK.

## Aufgabe 1.3.3.5: Zuschlagskalkulation

**zu a)**

| | | |
|---|---|---|
| Summe der Einzelkosten: | **527.010,–** | € |
| Summe der Gemeinkosten: | **783.300,–** | € |
| Gesamt-Zuschlagssatz: | **148,63** | % |

| **Kostenarten** | **Betrag [€]** |
|---|---|
| Fertigungsmaterial | 1.550,– |
| Fertigungslohn I | 1.830,– |
| Sondereinzelkosten der Fertigung | 132,– |
| Sondereinzelkosten des Vertriebes | 245,– |
| Σ **Einzelkosten** | **3.757,–** |
| Gemeinkosten (148,63 %) | 5.584,03 |
| **Selbstkosten** | **9.341,03** |

**zu b)**

| | | |
|---|---|---|
| MGK-Satz: | **20,51** | % |
| FGK-Satz: | **18,–** | **€/h** |
| Vw- u. VtGK-Satz: | **22,79** | % |

| Kostenarten | Betrag [€] |
|---|---|
| Fertigungsmaterial | 1.550,– |
| Materialgemeinkosten (20,51 %) | 317,91 |
| Fertigungslohn | 1.830,– |
| Fertigungslohngemeinkosten (18,–/h) | 3.600,– |
| Sondereinzelkosten der Fertigung | 132,– |
| **Herstellkosten** | **7.429,91** |
| Verwaltungs- u. Vertriebsgemeinkosten (22,79 %) | 1.693,28 |
| Sondereinzelkosten des Vertriebs | 245,– |
| **Selbstkosten** | **9.368,19** |

## Aufgabe 1.3.3.6: Zuschlagskalkulation

**Zuschlagssätze:**

| | Fertigungsstellen | | | Materialstellen | | Verwaltung | Vertrieb |
|---|---|---|---|---|---|---|---|
| | I | II | II | I | II | | |
| Einzelkosten [€] | 135.000,– | 225.000,– | 375.300,– | 68.300,– | 55.000,– | – | – |
| Gemeinkosten [€] | 22.950,– | 31.500,– | 78.813,– | 4.781,– | 2.750,– | 124.924,– | 149.909,– |
| Zuschlagssatz [%] | 17 | 14 | 21 | 7 | 5 | 12,5 | 15 |

**Herstellkosten:** 999.394,– €

**Kalkulation:**

| Kostenarten | € |
|---|---|
| FL I | 153,– |
| FGK I | 26,01 |
| FL II | 172,– |
| FGK II | 24,08 |
| FL III | 102,– |
| FGK III | 21,42 |
| Material I | 53,– |
| GK I | 3,71 |
| Material II | 91,– |
| MGK II | 4,55 |
| **Herstellkosten** | **650,77** |
| VwGK | 81,35 |
| VtGK | 97,62 |
| SEKVt | 21,– |
| **Selbstkosten** | **850,74** |
| Gewinn (15 %) | 127,61 |
| | 978,35 |
| Skonto (3 %) | 30,26 |
| | 1.008,61 |
| Rabatt (5 %) | 53,08 |
| **Angebotspreis** | **1.061,69** |

## Aufgabe 1.3.3.7: Zuschlagskalkulation

zu a)

| Kostenstellen | Materialstellen | | Fertigungsstellen | | | Verwaltungsstelle | Vertriebsstelle |
|---|---|---|---|---|---|---|---|
| | 1 | 2 | 1 | 2 | 3 | | |
| Gemeinkostenzuschlagssatz | 9 % | 12 % | 46 €/h | 75 €/h | 250 % | 5 % | 8 % |

zu b)

| Kostenarten | Produkt A [€] | Produkt B [€] |
|---|---|---|
| Fertigungsmaterial I | 100,– | 150,– |
| Materialgemeinkosten I (9 %) | 9,– | 13,50 |
| Σ Materialkosten I | 109,– | 163,50 |
| Fertigungsmaterial II | 50,– | 80,– |
| Materialgemeinkosten II (12 %) | 6,– | 9,60 |
| Σ Materialkosten II | 56,– | 89,60 |
| **Σ Gesamte Materialkosten** | **165,–** | **253,10** |
| Fertigungslohn I | 41,– | 95,– |
| Fertigungsgemeinkosten I (46,–€/h) | 69,– | 110,40 |
| Σ Fertigungskosten I | 110,– | 205,40 |
| Fertigungslohn II | 30,– | – |
| Fertigungsgemeinkosten II (75,–€/h) | 105,– | – |
| Σ Fertigungskosten II | 135,– | – |
| Fertigungslohn III | 40,– | 64,– |
| Fertigungsgemeinkosten III (250 %) | 100,– | 160,– |
| Σ Fertigungskosten III | 140,– | 224,– |
| Sondereinzelkosten der Fertigung | – | 17,50 |
| **Σ Gesamte Fertigungskosten** | **385,–** | **446,90** |
| **Herstellkosten** | **550,–** | **700,–** |
| Verwaltungsgemeinkosten (5 %) | 27,50 | 35,– |
| Vertriebsgemeinkosten (8 %) | 44,– | 56,– |
| Sondereinzelkosten des Vertriebs | 20,– | 30,– |
| **Selbstkosten** | **641,50** | **821,–** |
| Stückerlös | 700,– | 850,– |
| **Stückgewinn** | **58,50** | **29,–** |

## Aufgabe 1.3.3.8: Zuschlagskalkulation

**zu a)**

Richtig

**zu b)**

Richtig

$$\text{Materialeinzelkosten} = 100,- \cdot 10.000 + 64,- \cdot 20.000 = 2.280.000,-$$

$$\text{Zuschlagsatz d. Materialstelle} = \frac{\text{Materialgemeinkosten}}{\text{Materialeinzelkosten}} = \frac{228.000,-}{2.280.000,-} = 10\%$$

**zu c)**

Falsch

$$\begin{aligned}\text{Fertigungsgemeinkosten} &= \text{GK Dreherei} + \text{GK Verchromung}\\ &= 798.000,- + 360.000,- = 1.158.000,-\end{aligned}$$

Zur Berechnung des Zuschlagsatzes und damit der Fertigungsgemeinkosten je Stück fehlen Angaben zur Schlüsselung wie z. B. die Einzelkosten der Verchromung als Teil der Bezugsbasis.

Mit den Angaben aus der Aussage erhält man als Summe der Fertigungsgemeinkosten: $14,- \cdot 10.000 + 14,- \cdot 20.000 = 420.000,- \neq 1.158.000,-$

**zu d)**

Falsch

Die Verwaltungsgemeinkosten sind nicht Bestandteil der Herstellkosten, sondern der Selbstkosten.

**zu e)**

Falsch

Als Grundlage preispolitischer Entscheidungen dienen die Selbstkosten, da in den Herstellkosten z. B. die Kosten für Verwaltung und Sondereinzelkosten des Vertriebs nicht enthalten sind.

## Aufgabe 1.3.3.9: Divisions- und Zuschlagskalkulation

**zu a)**

**Divisionskalkulation:**

| | A | B | Summe |
|---|---|---|---|
| Einzelkosten | | | |
| Fert.-Mat. | 1.200 | 400 | 1.600 |
| FL I | 3.600 | 960 | 4.560 |
| FL II | 2.400 | 800 | 3.200 |
| SEK /F | 1.200 | 600 | 1.800 |
| SEK/V | 1.350 | 450 | 1.800 |
| Summe | 9.750 | 3.210 | 12.960 |
| Anteilige Gemein-K | 13.410 | 4.470 | 17.880 |
| Gesamtkosten | 23.160 | 7.680 | 30.840 |
| Durchschn.-Menge | 60 | 50 | |
| Stückkosten | **386** | **153,6** | |
| Gesamtkosten | 23.160 | 7.680 | 30.840 |

**zu b)**

| **Gemeinkostenzuschläge:** | | |
|---|---|---|
| FM | 1.600 | |
| MGK | 800 | |
| Z-Satz | 0,5 | |
| | **FSt I** | **FSt II** |
| Fzeiten | 2.280 | 1.600 |
| FGK | 4.560 | 6.400 |
| Z-Satz | 2 | 4 |
| HK abg | 24.480 | |
| VVGK | 6.120 | |
| Z-Satz | 0,25 | |

| **Einzelkosten** | **A** | **B** | |
|---|---|---|---|
| Fert.-Mat. | 20,– | 10,– | 1.600,– |
| MGK | 10,– | 5,– | 800,– |
| FL I | 60,– | 24,– | 4.560,– |
| FGK I | 40,– | 24,– | 3.360,– |
| FL II | 40,– | 20,– | 3.200,– |
| FGK II | 80,– | 40,– | 6.400,– |
| SEK/F | 20,– | 15,– | 1.800,– |
| HK | 270,– | 138,– | 21.720,– |
| VVGK | 67,50 | 34,50 | 6.120,– |
| SEK/V | 22,50 | 7,50 | 1.800,– |
| Selbstkosten | **360,–** | **180,–** | |
| **Gemeinkosten** | | | 16.680,– |
| | 21.600,– | **27.000,–** | 48.600,– |

**zu c)**

Stückkosten für A (B) sind bei Divisionskalkulation höher (niedriger).

Gründe für Unterschiede:

(1) Aufteilung der Fertigungsgemeinkosten bei Divisionsrechnung nach Fertigungsmaterial führt zu starken Ungenauigkeiten.

(2) Der Unterschied zwischen Fertigungs- und Absatzmengen wird nicht exakt berücksichtigt.

(3) Proportionalität bei Divisionsrechnung für alle Gemeinkosen als gleich unterstellt, z. B. für Material-, Fertigungs- und VV-Gemeinkosten.

Divisionsrechnung geht einfacher und schneller.

Differenzierte Zuschlagskalkulation ist genauer.

**zu d)**

- Durch Übergang auf Teilkostenrechnung bzw.
- Trennung zwischen fixen und variablen Kosten.

Begründung: Dann hat man zuverlässige Informationen für kurzfristige Entscheidungen.

## Aufgabe 1.3.4.1: Maschinenstundensatzrechnung

**zu a)**

| | | Großgerät | Kleingerät |
|---|---|---|---|
| Maschinenstunden (230 Tage · 8 h) | | 1.840 | 1.840 |
| – Ausfallzeit | | 240 | 340 |
| Σ **Maschinenstunden** | | **1.600** | **1.500** |
| Abschreibung | [€] | 24,– | 3,50 |
| Zinsen | [€] | 12,– | 2,10 |
| Raumkosten | [€] | 1,35 | 0,48 |
| Stromkosten | [€] | 0,70 | 0,42 |
| Instandhaltung | [€] | 3,50 | 1,20 |
| Versicherung | [€] | 2,40 | 0,40 |
| Werkzeugkosten | [€] | 0,75 | 0,30 |
| Σ **Maschinenstundensatz** | **[€]** | **44,70** | **8,40** |

Zinsen für das Großgerät entsprechend der Durchschnittsverzinsung:

$$\frac{\frac{384.000\ €}{2} \cdot 0{,}1}{1.600\ \text{h}} = \mathbf{12,-\ \frac{€}{h}}$$

Zinsen für das Kleingerät entsprechend der Durchschnittsverzinsung:

$$\frac{\frac{63.000\ €}{2} \cdot 0{,}1}{1.500\ \text{h}} = \mathbf{2{,}10\ \frac{€}{h}}$$

**zu b)**

| Kostenarten | Betrag [€] |
|---|---|
| Fertigungsmaterial | 120,– |
| Fertigungsmaterialgemeinkosten (30 %) | 36,– |
| Fertigungslohn | 70,– |
| Fertigungslohngemeinkosten (210 %) | 147,– |
| Zwischensumme I | Σ 373,– |
| Großgerät (2 · 44,70) | 89,40 |
| Kleingerät 1 (0,9 · 8,40) | 7,56 |
| Kleingerät 2 (1,20 · 8,40) | 10,08 |
| Kleingerät 3 (0,3 · 8,40) | 2,52 |
| Kleingerät 4 (0,6 · 8,40) | 5,04 |
| Kleingerät 5 (1,50 · 8,40) | 12,60 |
| Zwischensumme II | Σ 127,20 |
| **Herstellkosten (I + II)** | **500,20** |

**zu c)**

Bei hohem Maschinenkostenanteil.

## Aufgabe 1.3.4.2: Maschinenstundensatzrechnung

| **Kalkulatorische Abschreibungen pro Jahr** |
|---|
| Wiederbeschaffungspreis / Nutzungsdauer<br>300.000 € / 15 Jahre (linear) = 20.000 € pro Jahr |
| **Kalkulatorische Zinsen pro Jahr** |
| Wiederbeschaffungspreis / 2 · Kalkulatorischer Zinssatz<br>300.000 € / 2 · 8 % = 150.000 · 0,08 = 12.000 € pro Jahr |
| **Energiekosten pro Jahr** |
| Leistungsaufnahme · Laufzeit · Preis<br>25 kWh · (1.000 · 1,5 + 3.500 ·1) · 0,16 €/kWh = 20.000 € pro Jahr |
| **Betriebsstoffkosten pro Jahr** |
| Aus Angabe: 3.000 € pro Jahr |

| **Kalkulatorische Wartungskosten pro Jahr** |
|---|
| Aus Angabe: 12.000 € pro Jahr |
| **Gesamtsumme** |
| (20.000 + 12.000 + 20.000 + 3.000 + 12.000) = 67.000 € pro Jahr |
| **Maschinenstundensatz** |
| 67.000 € pro Jahr / (1.000 · 1,5 + 3.500 · 1) = 13,40 € pro Stunde |

## Aufgabe 1.3.4.3: Maschinenstundensatzrechnung und Zuschlagskalkulation

**zu a)**

| **Kalkulation:** | **A** | **B** |
|---|---|---|
| FM | 50,– | 60,– |
| FL I | 40,– | 50,– |
| FL II | 60,– | 30,– |
| SEK V | 10,– | 15,– |
| Einzelkosten | 160,– | 155,– |
| GK-Zuschlag | 197,18 | 191,02 |
| SK | **357,18** | **346,02** |

**zu b)**

| | **I** | **II** |
|---|---|---|
| Maschinenstunden | 1.840 | 1.840 |
| Ausfallzeit | 240 | 340 |
| Arbeitsstunden | 1.600 | 1.500 |
| Abschreibung | 5,– | 8,– |
| Zinsen | 1,25 | 1,20 |
| Stromkosten | 1,– | 0,80 |
| Instandhaltung | 3,– | 2,– |
| Werkzeugkosten | 1,25 | 1,– |
| Summe | 11,50 | 13,– |
| Gesamtbetrag | 18.400,– | 19.500,– |

**zu c)**

| Kalkulation | A | B |
|---|---|---|
| FM | 50,– | 60,– |
| MGK | 7,50 | 9,– |
| FL I | 40,– | 50,– |
| MK I | 57,50 | 69,– |
| FL II | 60,– | 30,– |
| MK II | 78,– | 39,– |
| **HK** | **293,–** | **257,–** |
| VVGK | 59,83 | 52,48 |
| SEK V | 10,– | 15,– |
| **SK** | **362,80** | **324,40** |

**zu d)**

Differenzierte Kalkulation ist genauer. Sie berücksichtigt die Einflüsse auf die Gemeinkosten besser.

## Aufgabe 1.3.4.4: Maschinenstundensatzrechnung und Zuschlagskalkulation

**zu a)**

| | Masch F1 |
|---|---|
| Masch.-Stunden | |
| 230*8 | 1.840 |
| abz. Ausfallzeit | 340 |
| Laufzeit pro Jahr | 1.500 |
| Abschreibungen | 56,– |
| Zinsen | 28,– |
| Raumkosten | 0,42 |
| Stromkosten | 1,50 |
| Summe | **85,92** |

**zu b)**

MGK 6.800
Matk 34.000
Zsatz 0,2

| Fertigungszeiten | | Zuschlagssatz |
|---|---|---|
| F1 | 78.000 | 2 |

**zu c)**

| Kostenart | A | B |
|---|---|---|
| FM | 10,– | 20,– |
| MGK | 2,– | 4,– |
| FL | 60,– | 80,– |
| FGK F1 | 60,– | 80,– |
| MaschK | 42,96 | 57,28 |
| SEK Fert | 10,– | 15,– |
| HK | **184,96** | **256,28** |

**zu d)**

Herstellkosten abgesetzte Menge: 532.388
VVGK-Satz: 0,25

**zu e)**

| Kostenart | A | B |
|---|---|---|
| FM | 10,– | 20,– |
| MGK | 2,– | 4,– |
| FL | 60,– | 80,– |
| FGK F1 | 60,– | 80,– |
| MaschK | 42,96 | 57,28 |
| SEK Fert | 10,– | 15,– |
| HK | **184,96** | **256,28** |
| VVGK | 46,24 | 64,07 |
| SEK V | 50,– | 80,– |
| Selbstkosten | **281,20** | **400,35** |

## Aufgabe 1.3.4.5: Maschinenstundensatzrechnung, Divisionsrechnung und Zuschlagskalkulation

**zu a)**

| **Kalkulation mit einem Gesamtzuschlag:** | |
|---|---|
| FM | 50,– |
| FL I | 12,– |
| FL II | 11,– |
| SEK V | 20,– |
| Einzelkosten | 93,– |
| GK-Zuschlag | 24,115 |
| SK | **117,115** |

**zu b)**

| **Kalkulation mit Divisionsrechnung:** | |
|---|---|
| Gesamtkosten: | |
| Einzelkosten | 744.000 |
| Gemeinkosten | 192.920 |
| Stückzahl | 8.000 |
| Stückkosten | **117,115** |

**zu c)**

| | **I** | **II** | **I** | **II** |
|---|---|---|---|---|
| Maschinenstunden | 1.840 | 1.840 | | |
| Ausfallzeit | 340 | 340 | | |
| Arbeitsstunden | 1.600 | 1.500 | | |
| Abschreibung | 10 | 12,5 | 16.000 | 18.750 |
| Zinsen | 2,5 | 2,5 | 4.000 | 3.750 |
| Stromkosten | 6 | 4 | 9.600 | 6.000 |
| Instandhaltung | 6 | 4 | 9.600 | 6.000 |
| Werkzeugkosten | 5 | 4 | 8.000 | 6.000 |
| Summe | **29,5** | **27** | 47.200 | 40.500 |
| Gesamtbetrag: | 47.200 | 40.500 | | |

**zu d)**

| Kalkulation mit Maschinensätzen | | | | |
|---|---|---|---|---|
| FM | 50 | 400.000 | | |
| MGK | 0,5 | 4.000 | MGK-Satz: | 0,01 |
| FL I | 12 | 96.000 | | |
| MK I | 5,9 | 47.200 | | |
| FL II | 11 | 88.000 | | |
| MK II | 4,95 | 39.600 | HK Absatz: | |
| HK | 84,35 | 674.800 | | 506.100 |
| VVGK | 16,87 | | VVGK-Satz: | |
| SEK V | 20 | 120.000 | | 0,20 |
| SK | **121,22** | **704.000** | | |

**zu e)**

- Kein Unterschied zwischen a) und b), da eine Ein-Produktfertigung vorliegt.
- Unterschied zwischen b) und d), da nun eine Differenzierung insb. in Bezug auf die Fertigungs- und Absatzmengen vorliegt.

## Aufgabe 1.3.4.6: Maschinenstundensatzrechnung und Zuschlagskalkulation

**zu a)**

| | I | II |
|---|---|---|
| Maschinenstunden | 1.840 | 1.840 |
| Ausfallzeit | 240 | 340 |
| Arbeitsstunden | 1.600 | 1.500 |
| Abschreibung | 10 | 5 |
| Zinsen | 2 | 1,2 |
| Stromkosten | 12 | 9,6 |
| Instandhaltung | 6 | 10 |
| Werkzeugkosten | 12 | 4,2 |
| Summe je h | 42 | 30 |

| | I | II |
|---|---|---|
| Minutensatz | 0,7 | 0,5 |
| Gesamtbetrag: | 67.200 | 45.000 |

**zu b)**

Fertigungszeitabhängig: Lohnzusatzkosten, Meistergehälter,
Maschinenzeitabhängig: Abschreibungen, Werkzeugkosten, Instandhaltung, ...

**zu c)**

| **Kalkulation:** | **A** | **B** | | **Insg** | **Gksatz** |
|---|---|---|---|---|---|
| FM | 100,00 | 80,00 | | 98.000 | 0,2 |
| MGK | 20,00 | 16,00 | | 19.600 | |
| FL I | 40,00 | 40,00 | | 44.000 | |
| FGK I | 60 | 36 | | 17.200 | 3 |
| MK I | 84,00 | 42,00 | 67.200 | 54.000 | |
| FL II | 60,00 | 40,00 | | 45.000 | |
| FGK II | 120 | 80 | 27.000 | 27.000 | 4 |
| MK II | 60,00 | 25,00 | | | |
| HK | 544,00 | 359,00 | | 505.900 | 0,250 |
| VVGK | 136,00 | 87,75 | | | |
| SEK V | 26,00 | 20,00 | | | |
| SK | **706,00** | **468,75** | | | |

**zu d)**

- Proportionalität bei Verwaltungskosten problematisch.
- Proportionalisierung von Abschreibungen und Zinsen problematisch.
- Deutliche Verbesserung durch Kalkulation der variablen Kosten.

## Aufgabe 1.3.4.7: Maschinenstundensatzrechnung und Zuschlagskalkulation

**zu a)**

| | **Masch F1** |
|---|---|
| Masch.-Stunden | 1.840 |
| abz. Ausfallzeit | 240 |
| Laufzeit pro Jahr | 1.600 |
| Abschreibungen | 100 |
| Zinsen | 50 |
| Raumkosten | 6 |
| Stromkosten | 384 |
| Summe pro h | **540** |
| Summe pro Minute | 9 |

**zu b)**

MGK 16.000
Matk 80.000
Zsatz 0,2

| **Fertigungszeiten** | | **Zuschlagssatz** |
|---|---|---|
| F1 | 56.000 | 5 |

**zu c)**

Maschinenzeiten 96.000
1.600

| **Kostenart** | **A** | **B** |
|---|---|---|
| FM | 20 | 50 |
| MGK | 4 | 10 |
| FL | 40 | 60 |
| FGK F1 | 100 | 150 |
| MaschK | 540 | 270 |
| SEK Fert | 30 | 20 |
| HK | **734** | **560** |

**zu d)**

Herstellkosten abgesetzte Menge: 1.427.200 und VVGK-Satz 0,125
bzw. 1.418.675 und VVGK-Satz 0,12575

**zu e)**

| Kostenart | A | B |
|---|---|---|
| FM | 20 | 50 |
| MGK | 4 | 10 |
| FL | 40 | 60 |
| FGK F1 | 100 | 150 |
| MaschK | 540 | 270 |
| SEK Fert | 30 | 20 |
| HK | **734** | **560** |
| VVGK | 91,75 | 70 |
| SEK V | 50,25 | 80 |
| Selbstkosten | **876** | **710** |

## Aufgabe 1.3.5.1: Kalkulation von Kuppelprodukten

**zu a)**

**Restwertmethode:**

| | |
|---|---|
| Erlöse von B, C und D | 60.000,– € |
| – direkt zurechenbare Kosten | 24.000,– € |
| Kostendeckungsanteil | 36.000,– € |
| Auf A zugerechnete Kuppelproduktionskosten | 80.000,– € |
| – Kostendeckungsanteil von B,C,D | 36.000,– € |
| Herstellkosten | 44.000,– € |
| + A direkt zurechenbare Kosten | 40.000,– € |
| | 84.000,– € |
| **Herstellkosten/Stück A** | **4,20 €** |

**zu b)**

**Marktwertmethode:**

| **Kostenarten** | **A** | **B** | **C** | **D** |
|---|---|---|---|---|
| Direkte Kosten [€] | 40.000,– | 8.000,– | 12.000,– | 4.000,– |
| Kosten der Kuppelproduktion [€] | 50.000,– | 10.000,– | 15.000,– | 5.000,– |
| Herstellkosten [€] | 90.000,– | 18.000,– | 27.000,– | 9.000,– |
| **Herstellkosten [€/Stück]** | **4,50** | **9,–** | **27,–** | **9,–** |

## Aufgabe 1.3.5.2: Kalkulation von Kuppelprodukten

**zu a)**

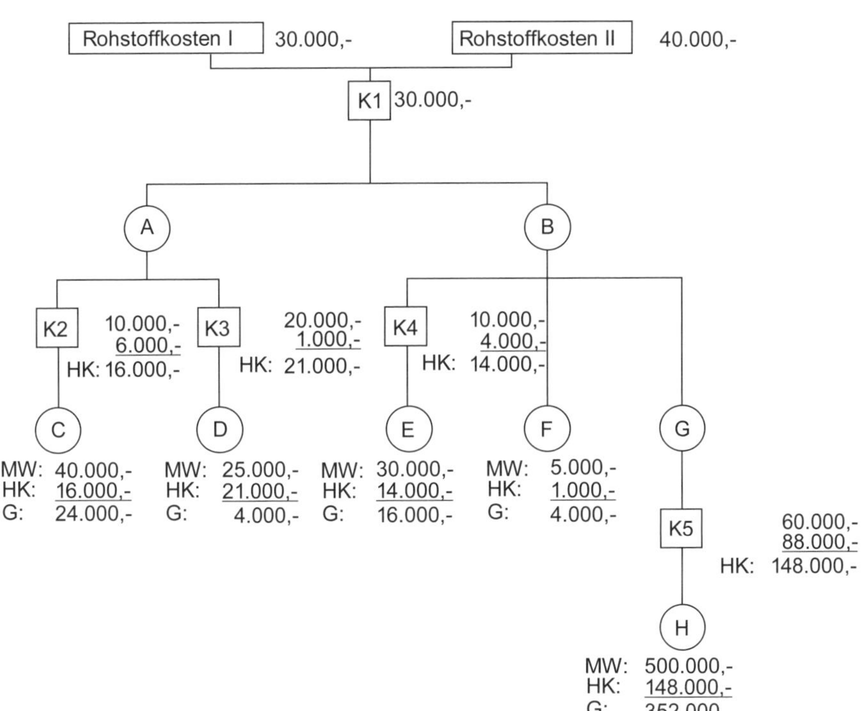

**zu b)**

| Kalkulationsschema | Betrag [€] |
|---|---|
| Rohstoffmischung | 100.000,– |
| Entsorgung A | 12.000,– |
| **Zwischensumme** | **112.000,–** |
| Kostendeckungsbeitrag E | 20.000,– |
| Kostendeckungsbeitrag F | 5.000,– |
| **Zwischensumme** | **87.000,–** |
| Direkt zurechenbare Kosten H | 60.000,– |
| Gesamtkosten H | 147.000,– |
| Marktwert H | 500.000,– |
| **Gewinn H** | **353.000,–** |

## Aufgabe 1.3.5.3: Kalkulation von Kuppelprodukten

**zu a)**

**Marktwertmethode [€]:**

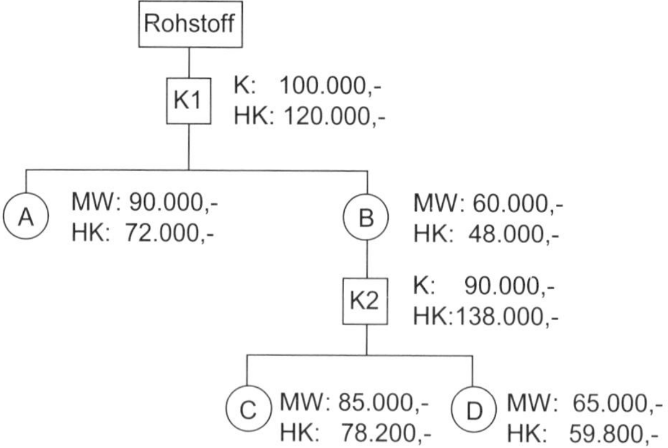

**zu b)**

**Restwertmethode:**

| Kalkulationsschema | Betrag [€] |
|---|---|
| Rohstoff | 20.000,– |
| + K1 | 100.000,– |
| + K2 | 90.000,– |
| Kosten des Kuppelprozesses | 210.000,– |
| – Erlös A | 90.000,– |
| – Erlös C | 85.000,– |
| Auf D zugerechnete Kosten des Kuppelprozesses | 35.000,– |
| Erlös D | 65.000,– |
| **Gewinn D** | **30.000,–** |

## Aufgabe 1.3.5.4: Kalkulation von Kuppelprodukten

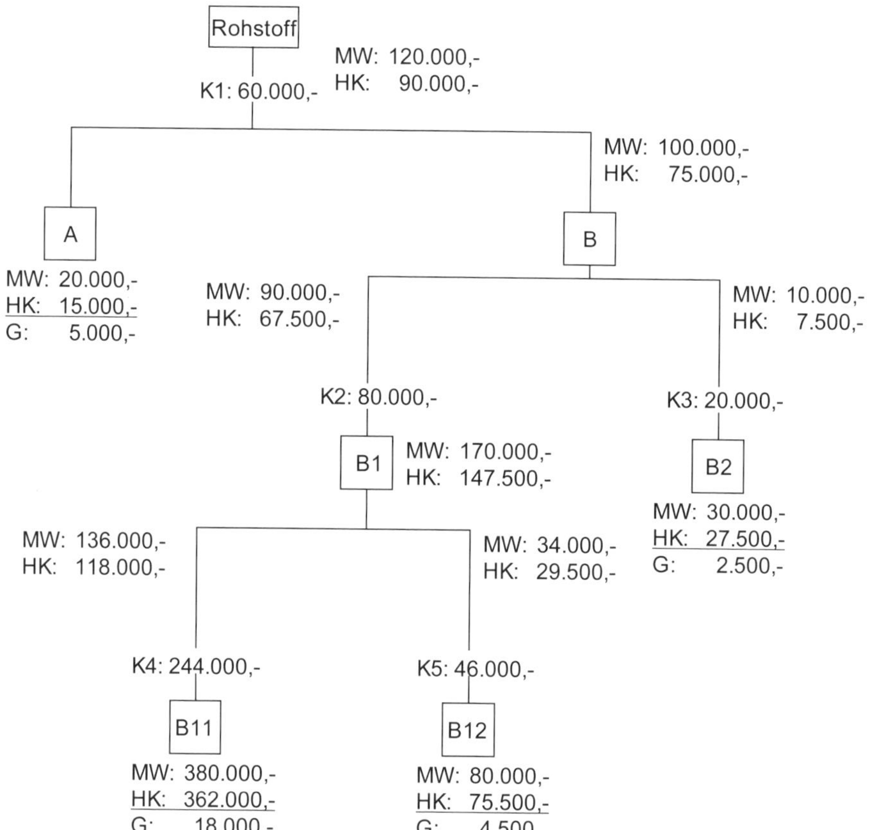

## Aufgabe 1.3.5.5: Kalkulation von Kuppelprodukten

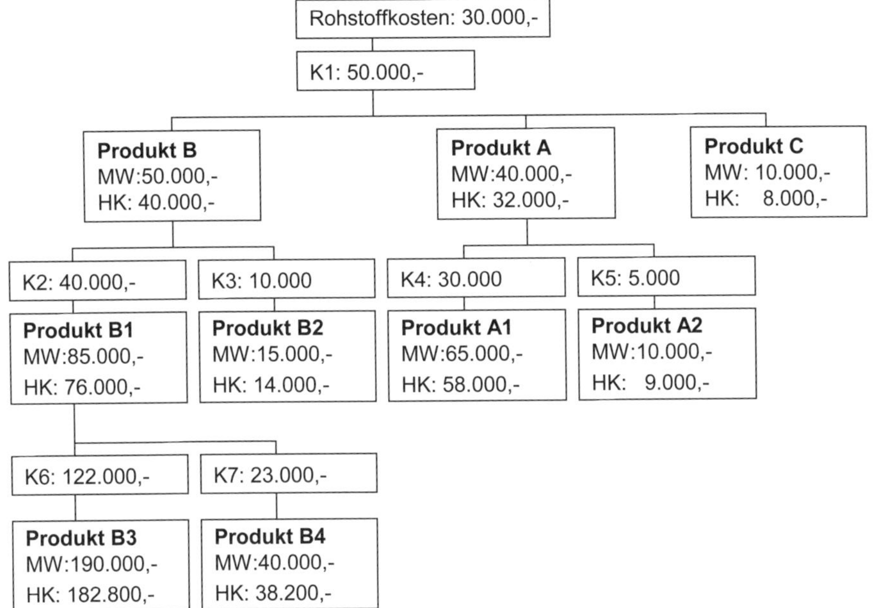

## Aufgabe 1.3.5.6: Kalkulation von Kuppelprodukten

**zu a)**

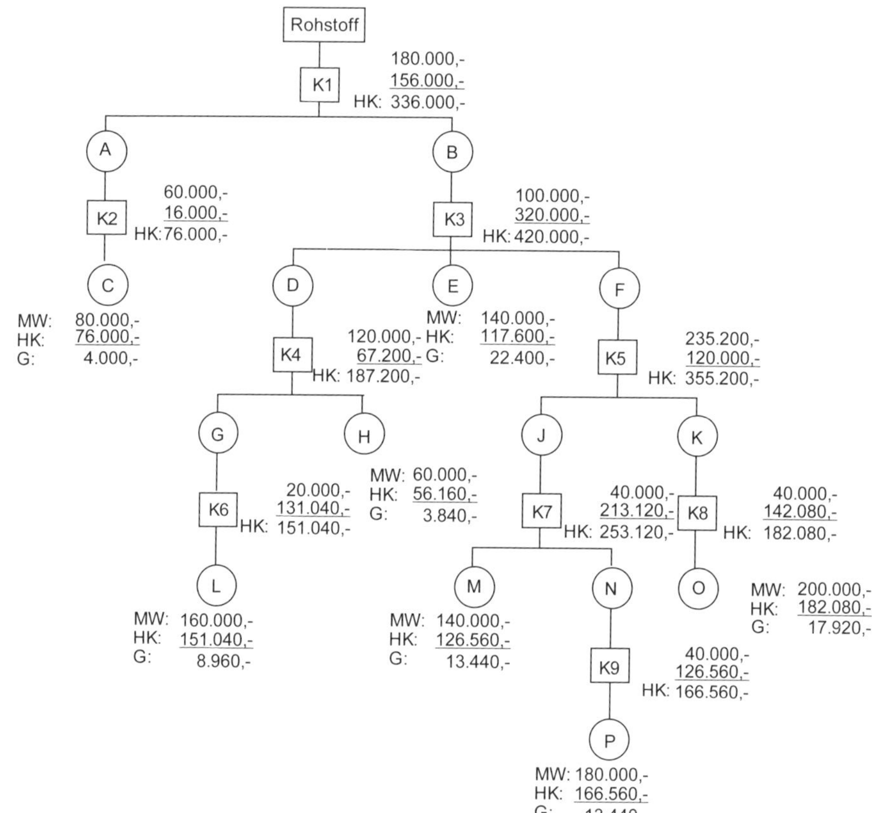

**zu b)**

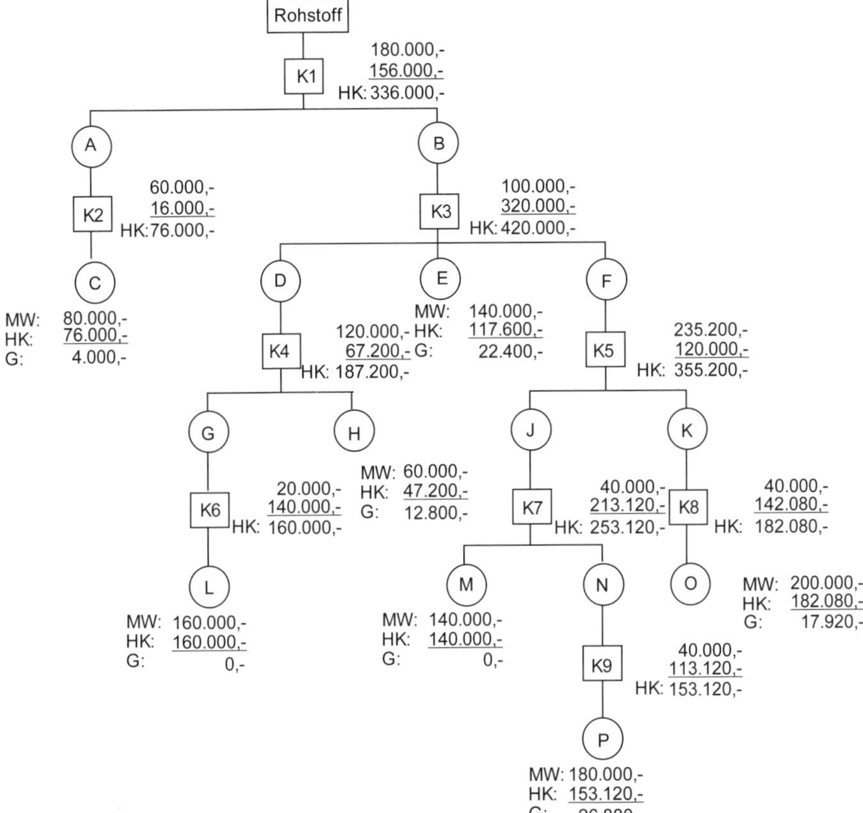
Rohstoff
K1
180.000,-
156.000,-
HK: 336.000,-
A
B
K2
60.000,-
16.000,-
HK: 76.000,-
K3
100.000,-
320.000,-
HK: 420.000,-
C
MW: 80.000,-
HK: 76.000,-
G: 4.000,-
D
E
MW: 140.000,-
HK: 117.600,-
G: 22.400,-
F
K4
120.000,-
67.200,-
HK: 187.200,-
K5
235.200,-
120.000,-
HK: 355.200,-
G
H
MW: 60.000,-
HK: 47.200,-
G: 12.800,-
J
K
K6
20.000,-
140.000,-
HK: 160.000,-
K7
40.000,-
213.120,-
HK: 253.120,-
K8
40.000,-
142.080,-
HK: 182.080,-
L
MW: 160.000,-
HK: 160.000,-
G: 0,-
M
MW: 140.000,-
HK: 140.000,-
G: 0,-
N
O
MW: 200.000,-
HK: 182.080,-
G: 17.920,-
K9
40.000,-
113.120,-
HK: 153.120,-
P
MW: 180.000,-
HK: 153.120,-
G: 26.880,-

## Aufgabe 1.3.5.7: Kalkulation von Kuppelprodukten

**zu a)**

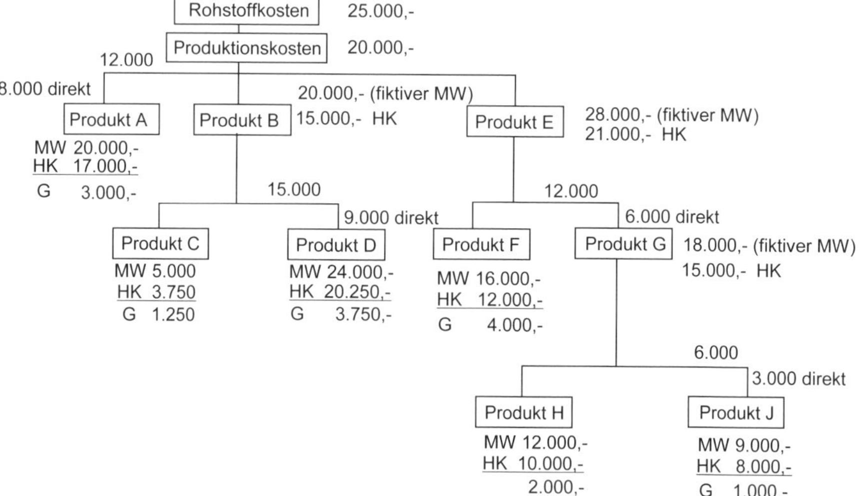


Gesamtgewinn: 15.000,– €

**zu b)**

Keine Veränderung des Gesamtgewinns, da die gleichen Kosten bei gleichen Erlösen nur anders verteilt werden.

**zu c)**

Nicht möglich, da technisch bindendes Verhältnis der einzelnen Produkte gegeben ist.

## Aufgabe 1.3.6.1: Verfahrenswahl

**Bearbeitungszeit [min]:**

- Drehautomat: 20 + 20 + 200 = **240**
- Halbautomat: 300 + 30 + 750 = **1.080**
- Drehbank: 500 + 50 + 3.000 = **3.550**

**Kosten [€]:**

- Drehautomat: 3.000 + 500 + 720 + 240 + 480 = **4.940,–**
- Halbautomat: 1.500 + 1.620 + 810 + 540 = **4.470,–**
- Drehbank: 150 + 7.100 + 4.437,50 + 355 = **12.042,50**

Am kostengünstigsten ist der Halbautomat.

## Aufgabe 1.3.6.2: Verfahrenswahl

**Die Kosten für die vier Alternativen sind:**

**zu a)**

3.000 + 75 + 450 + 450 + 3.200 + 1.000 + 300 = **8.475,– €**

**zu b)**

3.000 + 75 + 375 + 150 + 500 + 1.000 + 1.200 = **6.300,– €**

**zu c)**

1.000 Stück: 2.000 + 50 + 250 + 200 + 1.800 + 1.000 = 5.300,– €
500 Stück **(Zukauf)**: 2.000 + 100 = 2.100,– €
5.300 + 2.100 = **7.400,– €**

**zu d)**

6.000 + 300 + 1.000 = **7.300,– €**

Die kostenoptimale Verfahrensalternative ist **(b)**.

## Aufgabe 1.3.7.1: Preis- und Mengenpolitik

**zu a)**

Abgesetzte Menge $x = \frac{1.150.000}{5} = \mathbf{230.000}$

$$k_v = \frac{70.000 + 200.000 + 55.000 + 20.000}{230.000} = \mathbf{1{,}50\ €}$$

$G(x) = E(x) - K_f - K_v(x)$

$G(230.000) = 1.150.000 - 350.000 - 1{,}5 \cdot 230.000 = \mathbf{455.000,–\ €}$
$G(250.000) = 4{,}5 \cdot 250.000 - 350.000 - 1{,}5 \cdot 250.000 = \mathbf{400.000,–\ €}$

Die Maßnahme führt zu einem Gewinnrückgang von **€ 55.000,–**.

**zu b)**

$G(195.500) = 5{,}5 \cdot 195.500 - 350.000 - 1{,}5 \cdot 195.500 = \mathbf{432.000,–\ €}$

Die Maßnahme führt zu einem Gewinnrückgang von **€ 23.000,–**.

**zu c)**

$$k_v = \frac{70.000 + 223.000 + 55.000 + 20.000}{230.000} = \mathbf{1{,}60\ €}$$

$455.000 = 5 \cdot x - 350.000 - 1{,}6 \cdot x$

$$x = \frac{805.000}{3,4} = \mathbf{236.765}$$

Eine Absatzsteigerung um **6.765 Stück** ist erforderlich.

$$\frac{\text{Stückdeckungsbeitrag}}{\text{Preis pro Stück}} = \frac{\text{Preis pro Stück - variable Stückkosten}}{\text{Preis pro Stück}} = 70\%$$

$$\rightarrow \frac{p-1,6}{p} = 0,7$$

$\leftrightarrow$ **p = 5,33**

Preiserhöhung: 0,33 €

$$455.000 = p \cdot 230.000 - 350.000 - 1,60 \cdot 230.000$$

$$\leftrightarrow p = \frac{1.173.000}{230.000} = 5,10$$

Verkaufspreis = **5,10 €**

## Aufgabe 1.3.7.2: Preis-Absatz-Funktion

| Variante | Absatzmenge [Stück] | Erlös [€] | $K_v$ [€] | $K_f$ [€] | K [€] | Gewinn [€] |
|---|---|---|---|---|---|---|
| 1 | 230.000 | 1.150.000,– | 345.000,– | 350.000,– | 695.000,– | 455.000,– |
| 2 | 120.000 | 780.000,– | 180.000,– | 290.000,– | 470.000,– | 310.000,– |
| 3 | 160.000 | 960.000,– | 240.000,– | 320.000,– | 560.000,– | 400.000,– |
| 4 | 195.000 | 1.072.500,– | 292.500,– | 350.000,– | 642.500,– | 430.000,– |
| **5** | **280.000** | **1.260.000,–** | **420.000,–** | **350.000,–** | **770.000,–** | **490.000,–** |
| 6 | 300.000 | 1.200.000,– | 450.000,– | 390.000,– | 840.000,– | 360.000,– |
| 7 | 330.000 | 1.155.000,– | 495.000,– | 430.000,– | 925.000,– | 230.000,– |

Alternative 5 ist die gewinnmaximale Variante mit einem Gewinn von € 490.000,–.

## Aufgabe 1.3.7.3: Preis-Absatz-Funktion

**zu a)**

mit: $p_i$ = Preis auf der gesuchten Preis-Absatz-Funktion

$x_i$ = Menge auf der gesuchten Preis-Absatz-Funktion

$$p - p_1 = \frac{p_2 - p_1}{x_2 - x_1} \cdot (x - x_1)$$

- **ohne Präferenzpolitik:**

$$p - 0 = \frac{2-0}{200-600} \cdot (x - 600)$$

$$p = -0{,}005 \cdot x + 3$$

$$p = -\frac{1}{200} \cdot x + 3$$

- Bei **Vergrößerung** der Portionen
(Unterstellung: Zuwachs um 100 Portionen bei einem Preis von € 2,–):
mit: pv = Preis nach Vergrößerung der Portionen

$$p_v = \frac{2-0}{300-600} \cdot (x - 600)$$

$$p_v = -\frac{1}{150} \cdot x + 4$$

- **Umgestaltung** des Verkaufsstandes
(Unterstellung: Zuwachs um 40 Portionen bei einem Preis von € 2,–):
$p_u$ = Preis nach Umgestaltung des Verkaufsstandes

$$p_u = \frac{2-0}{240-600} \cdot (x - 600)$$

$$p_u = -\frac{1}{180} \cdot x + 3{,}33$$

**zu b)**

- **Vergrößerung:**

$$2 = -\frac{1}{150} \cdot x + 4$$

$$-2 = -\frac{1}{150} \cdot x$$

$$x = 300$$

$$E = 300 \cdot 2 = 600,- €$$

Gewinn = Erlös – Kosten
G = 600 – (120 + (0,8 + 0,2) · 300) = **180,– €**

- **Umgestaltung:**
x = 240
G = E – K = 240 · 2 – (125 + 0,8 · 240) = **163,– €**

- **ohne Präferenzpolitik:**
x = 200
G = 400 – (120 + 0,8 · 200) = **120,– €**

**zu c)**

G = E – K
$G^I = 0 = E^I - K^I \quad \rightarrow E^I = K^I$ (notwendige Bedingung für ein Maximum)

- **Vergrößerung:**

  $E = p \cdot x = -\frac{1}{150}x^2 + 4 \cdot x$

  $E^I = -\frac{1}{75} \cdot x + 4$

  $K = 120 + x$

  $K^I = 1$

  $E^I = K^I$

  $-\frac{1}{75} \cdot x + 4 = 1$

  $x = 225$ $p = 2{,}50$ €

  Preis-Mengen-Kombination: 2,50 € und 225 Portionen →

Gewinn: **217,50 €**

- **Umgestaltung:**

  $E = p \cdot x = -\frac{1}{180} \cdot x^2 + 3{,}33 \cdot x$

  $E^I = -\frac{1}{90} + 3{,}33$

  $K = 125 + 0{,}8 \cdot x$

  $K^I = 0{,}8$

  EI = KI

  $-\frac{1}{90} \cdot x + 3{,}33 = 0{,}8$

  $-\frac{1}{90} \cdot x = -2{,}533$

  $x = 228$ $p = 2{,}06$ €

  $G =$ **163,80 €**

- **ohne Präferenzpolitik:**

  $E = p \cdot x = -\frac{1}{200} \cdot x^2 + 3 \cdot x$

  $E^I = -\frac{1}{100} \cdot x + 3$

  $K = 120 + 0{,}8 \cdot x$

  $K^I = 0{,}8$

  Bedingung: EI = KI

  $-\frac{1}{100} \cdot x = -2{,}2$

  $x = 220$ $p = 1{,}90$ €

  $G =$ **122,– €**

**zu d)**

**1. Möglichkeit: Preis pro Portion bleibt bei 2,– €:**

- *ohne Präferenzpolitik:*
  x = 200 G = 120,– €
- *Vergrößerung:*
  x = 300 G = 180,– €
- *Umgestaltung:*
  x = 240 G = 163,– €

**2. Möglichkeit: Menge bleibt bei 200 Portionen:**

- *Vergrößerung:*
  p = 2,66 G = 213,33 €
- *Umgestaltung:*
  p = 2,22 G = 159,44 €

**Ergebnis:**
Es ist am günstigsten den Stand zu vergrößern und die Menge von 200 zu einem Preis von € 2,66 zu verkaufen. Das Optimum liegt jedoch bei x = 225 zu einem Preis von € 2,50. Der Gewinn liegt hier bei € 217,50.

## Aufgabe 1.4.1.1: Kurzfristige Erfolgsrechnung

**zu a) und b)**

**Kalkulatorische Erfolgsrechnung:**

| | |
|---|---|
| *Gesamtkostenverfahren* | auf Vollkostenbasis |
| | auf Teilkostenbasis |
| *Umsatzkostenverfahren* | auf Vollkostenbasis |
| | auf Teilkostenbasis |

Gesamtkostenverfahren auf Vollkostenbasis [€]

| | |
|---|---|
| Gesamtkosten der Periode nach Kostenarten | Umsatzerlöse |
| Bestandsminderungen | Bestandsmehrungen |
| Gewinn | Verlust |

*Beurteilung:*

- Vorteile:
  - einfach
  - Einbau in Buchhaltung möglich

- Nachteile: – Bestände sind zu erfassen (Aufwand, Fehlerquelle)
  – Erfolgsbeiträge der Produktgruppen nicht erkennbar → nicht für Programmentscheidung verwendbar
  – Nachteile einer Vollkostenrechnung (Schlüsselung der Fixkosten)

Umsatzkostenverfahren auf Vollkostenbasis [€]

| | |
|---|---|
| volle Selbstkosten der abgesetzten Produkte nach Produktgruppen | Umsatzerlöse nach Produktgruppen |
| Gewinn | Verlust |

*Beurteilung:*

- Vorteile: – keine Bestandsermittlung notwendig
  – Erfolgsbeiträge von Produktgruppen ersichtlich
- Nachteile: – Kalkulation zur Ermittlung der Selbstkosten nötig
  – Nachteile einer Vollkostenrechnung

Gesamtkostenverfahren auf Teilkostenbasis [€]

| | |
|---|---|
| variable Kostenarten | Umsatzerlöse |
| Bestandsminderungen zu variablen HK | Bestandserhöhung zu variablen HK |
| Fixkostenblock | |
| Gewinn | Verlust |

*Beurteilung:*

- Vorteile: - keine Proportionalisierung von Fixkosten
  – Erfolgsneutralität der Bestandsbewertung
  – Absatzmenge, nicht Fertigungsmenge für den Erfolg maßgeblich
- Nachteil: – Bestandsermittlung notwendig

Umsatzkostenverfahren auf Teilkostenbasis [€]

| | |
|---|---|
| variable Selbstkosten der abgesetzten Produkte | Umsatzerlöse |
| Fixkostenblock | |
| Gewinn | Verlust |

*Beurteilung:*

- Vorteile: – keine Fixkostenproportionalisierung
  – keine Bestandsbewertung
  – Absatzmengen für den Erfolg maßgeblich
- Nachteile – Kalkulation zur Ermittlung der Selbstkosten nötig

## Aufgabe 1.4.1.2: Kurzfristige Erfolgsrechnung

**zu a)**

| | A | B | Summe |
|---|---|---|---|
| Fertigungsmaterial [€] | 50.000,– | 50.000,– | 100.000,– |
| Fertigungslohn [€] | 70.000,– | 75.000,– | 145.000,– |
| Fertigungszeit [h] | 1.000 | 1.100 | 2.100 |

**zu b) und c)**

| | Produkt A | Produkt B |
|---|---|---|
| Fertigungsmaterial [€] | 10,– | 25,– |
| Materialgemeinkosten [€] 10 % | 1,– | 2,50 |
| Materialkosten [€] | 11,– | 27,50 |
| Fertigungslohn [€] | 14,– | 37,50 |
| Fertigungsgemeinkosten [€] 100 €/h | 20,– | 55,– |
| Fertigungskosten [€] | 34,– | 92,50 |
| **Herstellkosten [€]** | **45,–** | **120,–** |
| Verwaltungs- u. Vertriebsgemeinkosten [€]16 2/3 % | 7,50 | 20,– |
| **Selbstkosten [€/Stück]** | **52,50** | **140,–** |
| Selbstkosten gesamt [€] | 210.000,– | 350.000,– |

**zu d)**

Betriebsergebniskonto nach dem Gesamtkostenverfahren

| | | | |
|---|---|---|---|
| Fertigungsmaterial [€] | 100.000 | Erlöse: | |
| Fertigungslohn [€] | 145.000 | Produkt A [€] | 280.000 |
| Gemeinkosten [€] | 300.000 | Produkt B [€] | 375.000 |
| Herstellkosten der Bestandsminderung [€] | 60.000 | Herstellkosten der Bestandsmehrung [€] | 45.000 |
| **Gewinn** | **95.000** | | |
| | 700.000 | | 700.000 |

Betriebsergebniskonto nach dem Umsatzkostenverfahren

| Selbstkosten: | | Erlöse: | |
|---|---|---|---|
| Produkt A [€] | 210.000 | Produkt A [€] | 280.000 |
| Produkt B [€] | 350.000 | Produkt B [€] | 375.000 |
| **Gewinn** | **95.000** | | |
| | 655.000 | | 655.000 |

## Aufgabe 1.4.1.3: Kurzfristige Erfolgsrechnung

**zu a)**

*Umsatzkostenverfahren:*

- Erfolgsgrößen der einzelnen Produkte werden ermittelt.
- Informationen für die Entscheidungen über das Produktionsprogramm

**zu b)**

| Produkt | Erlös – volle Selbstkosten [€] | Verkaufsmenge [Stück] | Periodenerfolg [€] |
|---|---|---|---|
| A | 1,– | 10.000 | 10.000,– |
| B | 0,50 | 16.000 | 8.000,– |
| C | –0,50 | 10.000 | –5.000,– |
| Summe | | | 13.000,– |

## Aufgabe 1.4.1.4: Gesamtkostenverfahren auf Voll- und Teilkostenbasis

**zu a1)**

**Gesamtkostenverfahren (Vollkostenrechnung) [€]**

| | | | |
|---|---|---|---|
| Einzelkosten | 131.000 | Erlöse A | 276.000 |
| Gemeinkosten | 232.035 | Erlöse B | 65.000 |
| Herstellkosten der Bestandsminderung A (2.000 · 21,70) | 43.400 | Herstellkosten der Bestandsmehrung B (1.000 · 14,10) | 14.100 |
| | | **Verlust** | **51.335** |
| | 406.435 | | 406.435 |

**Zuschlagssätze:**

variabel:

$$MGK = \frac{1300 \cdot 100}{26.000} = 5\%$$

$$FGK = \frac{126.000\ €}{420.000 min} = 0{,}30\ €/min$$

gesamt:

$$MGK = \frac{2.600 \cdot 100}{26.000} = 10\%$$

$$FGK = \frac{168.000}{420.000} = 0{,}40\ €/min$$

**zu a2)**

**Gesamtkostenverfahren (Teilkostenrechnung) [€]**

| | | | |
|---|---|---|---|
| Variable Kosten | 286.645 | Erlöse A | 276.000 |
| Fixe Kosten | 76.390 | Erlöse B | 65.000 |
| Herstellkosten der Bestandsminderung A (2.000 · 18,60) | 37.200 | Herstellkosten der Bestandsmehrung B (1.000 · 12,05) | 12.050 |
| | | **Verlust** | **47.185** |
| | 400.235 | | 400.235 |

$$\frac{HK}{Stück} = MEK + MGK + FEK + FGK$$

Vollkosten [€]: 2 + 0,2 + 7,5 + 12 = **21,70** (A)
1 + 0,10 + 5 + 8 = **14,10** (B)

Teilkosten [€]: 2 + 0,1 + 7,5 + 9 = **18,60** (A)
1 + 0,05 + 5 + 6 = **12,05** (B)

**zu b)**

Die Bestandsänderungen werden in der Teilkostenrechnung nur zu variablen Kosten bewertet. Der Verlust ist bei der Teilkostenrechnung hier geringer, da die niedrigere Bewertung der Bestandsminderung bei Produkt A die niedrigere Bewertung der Bestandsmehrung bei Produkt B überwiegt.

**zu c)**

Die Möglichkeit c3) ist zu wählen, da nach Verrechnung der variablen Vetriebskosten Produkt B einen negativen Deckungsbeitrag aufweist. Somit ist es wirtschaftlich nur sinnvoll, Produkt A herzustellen und abzusetzen.

## Aufgabe 1.4.1.5: Periodenerfolgsrechnung auf Voll- und Teilkostenbasis

**zu a)**

Gesamtkostenverfahren auf Vollkostenbasis [€]

| | | | |
|---|---|---|---|
| HK | 800.000 | Umsatzerlöse | 1.400.000 |
| VtGK | 200.000 | | |
| VwGK | 160.000 | | |
| **Gewinn** | **240.000** | | |
| | 1.400.000 | | 1.400.000 |

Umsatzkostenverfahren auf Vollkostenbasis [€]

| | | | |
|---|---|---|---|
| volle SK | 1.160.000 | Umsatzerlöse | 1.400.000 |
| **Gewinn** | **240.000** | | |
| | 1.400.000 | | 1.400.000 |

Gesamtkostenverfahren auf Teilkostenbasis [€]

| | | | |
|---|---|---|---|
| var. HK | 600.000 | Umsatzerlöse | 1.400.000 |
| var. VtK | 80.000 | | |
| Fixkosten | 480.000 | | |
| **Gewinn** | **240.000** | | |
| | 1.400.000 | | 1.400.000 |

Umsatzkostenverfahren auf Teilkostenbasis [€]

| | | | |
|---|---|---|---|
| var. SK | 680.000 | Umsatzerlöse | 1.400.000 |
| Fixkosten | 480.000 | | |
| **Gewinn** | **240.000** | | |
| | 1.400.000 | | 1.400.000 |

Gleicher Gewinnausweis, da keine Bestandsveränderungen vorhanden.

**zu b)**

volle HK = 800.000/10.000 = 80

Gesamtkostenverfahren auf Vollkostenbasis [€]

| | | | |
|---|---|---|---|
| HK | 800.000 | Umsatzerlöse | 1.120.000 |
| VtGK | 184.000 | Bestandserhöhung | 160.000 |
| VwGK | 160.000 | | |
| **Gewinn** | **136.000** | | |
| | 1.280.000 | | 1.280.000 |

Hinweis: Die Vertriebskosten müssen an die abgesetzte Menge angepasst werden.

**Umsatzkostenverfahren auf Vollkostenbasis [€]**

| | | | |
|---|---|---|---|
| HK | 640.000 | Umsatzerlöse | 1.120.000 |
| VfGK | 184.000 | | |
| VwGK | 160.000 | | |
| **Gewinn** | **136.000** | | |
| | 1.120.000 | | 1.120.000 |

Gleicher Gewinnausweis, unabhängig von Gesamtkosten- oder Umsatzkostenverfahren.

var HK = 600.000/10.000 = 60

**Gesamtkostenverfahren auf Teilkostenbasis [€]**

| | | | |
|---|---|---|---|
| var. HK | 600.000 | Umsatzerlöse | 1.120.000 |
| var. VtK | 64.000 | Bestandserhöhung | 120.000 |
| Fixkosten | 480.000 | | |
| **Gewinn** | **96.000** | | |
| | 1.240.000 | | 1.240.000 |

**Umsatzkostenverfahren auf Teilkostenbasis [€]**

| | | | |
|---|---|---|---|
| HK | 480.000 | Umsatzerlöse | 1.120.000 |
| var. VfK | 64.000 | | |
| Fixkosten | 480.000 | | |
| **Gewinn** | **96.000** | | |
| | 1.120.000 | | 1.120.000 |

Die Gewinndifferenz zwischen Voll- und Teilkostenrechnung ist auf die um € 40.000,– niedrigere Bewertung der Bestandserhöhung bei der Teilkostenrechnung zurückzuführen. Die Produktion ist zu empfehlen, da Gewinn erzielt wird.

## Aufgabe 1.4.1.6: Periodenerfolgsrechnung auf Voll- und Teilkostenbasis

**zu a)**

- Nach Gesamtkostenverfahren, da Herstellkosten je Stück, aber nicht die Selbstkosten je Stück gegeben sind
- und Bestandsänderungen vorliegen.

**zu b)**

| Gesamtkostenverfahren VKR | | | |
|---|---|---|---|
| Kosten | | Erlöse | |
| Einzelkosten | 49.600 | Erl A | 120.000 |
| Gemeinkosten | 94.400 | Erl B | 32.000 |
| HK $B_{min}$ | 16.000 | HK $B_{mehr}$ | 7.200 |
| Gewinn | -800 | | |
| Summe | 159.200 | | 159.200 |

**zu c)**

Variable Kosten: 60.000+ 28.000+ 11.200 = 99.200
Fixkosten: EK + GK - Variable Kosten = 49.600 + 94.400 - 99.200 = 44.800

**zu d)**

| Gesamtkostenverfahren TKR | | | |
|---|---|---|---|
| Kosten | | Erlöse | |
| HKv A | 60.000 | Erl A | 120.000 |
| HKv B | 28.000 | Erl B | 32.000 |
| Var. VVGK | 11.200 | | |
| Fixe GK | 44.800 | | |
| HK Bmin | 12.000 | HK Bmehr | **5.600** |
| Gewinn | **1.600** | | |
| Summe | 157.600 | | 157.600 |

**zu e)**

- Bestandsänderungen
- (2400–2000)*(40–30) – (1000–800)*(36–28) = 2.400 = 1600 – –800

**zu f)**

- Auf Teilkostenbasis,
- Fixkosten fallen pro Periode an, Bestandsbewertung zu Teilkosten leuchtet besser ein

## Aufgabe 1.4.1.7: Gesamt- und Umsatzkostenverfahren mit Äquivalenzziffernrechnung

**zu a)**

| | | | Fixe Stück | Var HK/ Stück | Var VTK/ST | Volle SK/St. |
|---|---|---|---|---|---|---|
| A | 1,2 | 120 | 3,6 | 30 | 10 | 43,6 |
| B | 1,5 | 180 | 4,5 | 50 | 10 | 64,5 |
| C | 1 | 60 | 3 | 60 | 20 | 83 |
| D | 0,8 | 40 | 2,4 | 60 | 20 | 82,4 |
| | | 400 | 2.000/400=3 | | | |

**zu b)**

| Produkte | Absatzmengen | Stückgewinn | VKR |
|---|---|---|---|
| A | 80 | 16,4 | 1.312 |
| B | 150 | 15,5 | 2.325 |
| C | 50 | 17 | 850 |
| D | 80 | 37,6 | 3.008 |
| | | | **7.495** |

**zu c)**

| Kosten | | Erlöse | |
|---|---|---|---|
| Var HK | 15.600 | A | 4.800 |
| Var VertrK | 4.900 | B | 12.000 |
| Fixe Kosten | 1.200 | C | 5.000 |
| | | D | 9.600 |
| HK Bmind | 3.300 | HK Bmehr | 1.200 |
| Gewinn | **7.600** | | |
| | 32.600 | | 32.600 |

**zu d)**

Auf die unterschiedliche Bewertung der Bestandsänderungen:
(100–80)*(33,6–30) + (60–50)*(63–60) – ((150–120)*(54,5–50) + (80–50)*(62,4–60))
= – 105 = 7.495–7.600

## Aufgabe 1.4.1.8: Preisfindung auf Vollkostenbasis

| Beschäftigung (= Fertigungsmenge) | 6.000 | 8.000 | 10.000 | 12.000 |
|---|---|---|---|---|
| Variable Stückkosten [€]<br>Fixkosten [€/Stück] | 4,–<br>8,– | 4,–<br>6,– | 4,–<br>4,80 | 4,–<br>4,– |
| Selbstkosten [€/Stück]<br>Gewinnzuschlag [€] | 12,–<br>2,40 | 10,–<br>2,– | 8,80<br>1,76 | 8,–<br>1,60 |
| Angebotspreis [€] | 14,40 | 12,– | 10,56 | 9,60 |
| Nachfragemenge [Stück] | 3.200 | 8.000 | 10.880 | 12.800 |
| Differenz: Nachfragemenge – Fertigungsmenge | –2.800 | 0 | 880 | 800 |

## Aufgabe 1.4.1.9: Erfolgsrechnung auf Vollkostenbasis

| Produktart | A | B | C |
|---|---|---|---|
| Produktionsmenge [Stück] | 1.000 | 1.200 | 500 |
| Stückerlös [€] | 8,– | 6,– | 10,– |
| Variable Stückkosten [€] | 5,– | 4,– | 9,– |
| Fertigungszeit<br>– je Stück<br>– je Produktart | <br>1<br>1.000 | <br>2<br>2.400 | <br>4<br>2.000 |
| Fixkosten [€]<br>– insgesamt | | <br>2.700,– | |
| Fixkosten [€]<br>– je Stück<br>– je Produktart | <br>0,50<br>500,– | <br>1,–<br>1.200,– | <br>2,–<br>1.000,– |
| Stückerfolg [€] | 2,50 | 1,– | –1,– |
| Gesamterfolg [€]<br>– mit „Verlustprodukten"<br>– ohne „Verlustprodukte" | | <br>3.200,–<br>2.700,– | |

Gesamterfolg ohne „Verlustprodukt" = 3 * 1.000 + 2 * 1.200 – 2.700

## Aufgabe 1.4.1.10: Erfolgsrechnung

**zu a)**

1. **Bestimmung der Beziehung zwischen den variablen Stückkosten:**
   variable Kosten 2003 = variable Kosten 2002
   $25.000 \cdot k_T + 30.000 \cdot k_H = 19.000 \cdot k_T + 34.000 \cdot k_H$
   $6.000 \cdot k_T = 4.000 \cdot k_H \rightarrow k_H = 1{,}5 \cdot k_T$
2. **Beziehung zwischen den Gewinnen (nach Steuern):**

$G_{03} = (1 - 0{,}012) \cdot G_{02}$

$$\begin{aligned} G_{02} &= [19.000 \cdot (24 - k_T) + 34.000 \cdot (28 - k_H)] \cdot (1 - 0{,}48) \\ &= [19.000 \cdot (24 - k_T) + 34.000 \cdot (28 - \mathbf{1{,}5 \cdot k_T})] \cdot (1 - 0{,}48) \\ &= (1.408.000 - 70.000 \cdot k_T) \cdot 0{,}52 \\ &= 732.160 - 36.400 \cdot k_T \end{aligned}$$

$$\begin{aligned} G_{03} &= [25.000 \cdot (24 - k_T) + 25.000 \cdot (28 - k_H)] \cdot (1 - 0{,}52) \\ &= [25.000 \cdot (24 - k_T) + 25.000 \cdot (28 - \mathbf{1{,}5 \cdot k_T})] \cdot (1 - 0{,}52) \\ &= (1.300.000 - 62.500 \cdot k_T) \cdot 0{,}48 \\ &= 624.000 - 30.000 \cdot k_T \end{aligned}$$

$\rightarrow 624.000 - 30.000 \cdot k_T = (1 - 0{,}012) \cdot (732.160 - 36.400 \cdot k_T)$

$5963{,}2 \cdot k_T = 99374{,}08$

$\rightarrow \mathbf{k_T = 16{,}6646 \rightarrow k_H = 24{,}9968}$

**zu b)**

GuV 2003

| Herstellkosten | | Erlöse | |
|---|---|---|---|
| T: | 416.500 | T: | 600.000 |
| H: | 625.000 | H: | 700.000 |
| **$G_{VSt}$:** | **258.500** | | |
| | 1.300.000 | | 1.300.000 |

**zu c)**

$K_{02}(\text{var}) = 19.000 \cdot 16{,}66 + 34.000 \cdot 25 =$ **1.166.540,– € =** $K_{03}(\text{var})$

## Aufgabe 1.4.2.1: Break-Even-Analyse

**zu a)**

Break-Even-Punkt (BEP):

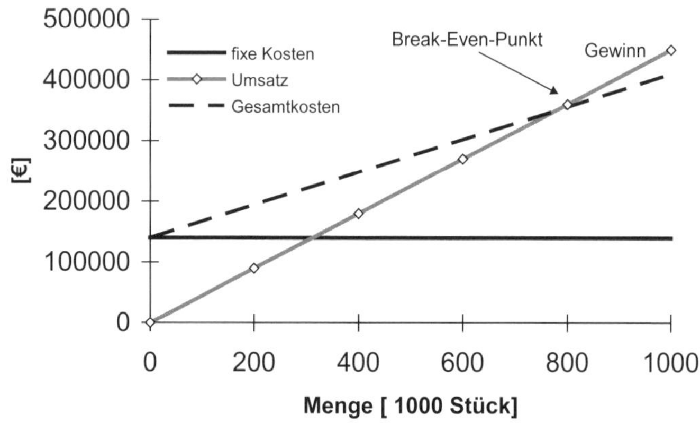


**BEP**: $E(x) = K_f + K_v(x)$ (Erlöse = Kosten)

$0{,}45 \cdot x = 140.000 + 0{,}27 \cdot x \leftrightarrow$

$$x = \frac{140.000}{0{,}18} = 777.777{,}78$$

→ Die Break-Even-Menge beträgt **777.778 Stück**.

**Break-Even-Umsatz**: $E(777.778) = 0{,}45 \cdot 777.778 = 350.000{,}-$ €

**Gewinn** bei Durchführung des Absatzplanes von $x_p = 1$ Mio. Tafeln:

$G(x_p) = E(x_p) = K(x_p)$

$G(1.000.000) = 450.000 - 410.000 =$ **40.000,– €**

**zu b)**

Bei einer Kapazitätsauslastung von 1.200.000 Tafeln p.a. würden sich ergeben:

**Erlöse**: $E(1.200.000) = 0{,}40 \cdot 1.200.000 =$ **480.000,– €**

**Kosten**: $K(x) = K_f + K_v(x)$

$K(1.200.000) = 140.000 + 50.000 + 0{,}27 \cdot 1.200.000 =$

= **514.000,– €**

**Gewinn**: $G(1.200.000) = 480.000 - 514.000 =$ **–34.000,– €**

Die Maßnahme sollte nicht durchgeführt werden, da bei 1,2 Mio. Stück 34.000,– € Verlust erwirtschaftet werden.

**zu c)**

Nach einer Lohnerhöhung von 15 % würden sich ergeben:

Fertigungslöhne = 0,10 · 1,15 = 0,115 €
Erhöhung des Verkaufspreises um: 0,115 – 0,10 = **0,015 €**

Der Preis je Tafel müsste somit auf 0,465 € erhöht werden, um das Ergebnis zu halten. Dies entspricht einer Preissteigerung von 3,3 %. Da sich der Deckungsbeitrag nicht ändert, würde auch der Break-Even-Punkt derselbe bleiben.

**zu d)**

Nach einer Senkung der Rohstoffkosten um 20 % würden sich ergeben:

$k_{FM}$ = 0,12 · 0,8 = **0,096 €**
$k_v$ = 0,096 + 0,10 + 0,05 = **0,246 €**

**Neuer Break-Even-Punkt (BEP):**
$0{,}45 \cdot x = (140.000 + 15.000) + 0{,}246 \cdot x \leftrightarrow x = \frac{155.000}{0{,}204} \approx$ **759.804 Stück**

**Gewinn (bei x = 1.000.000):**
G (x) = 0,45 · 1.000.000 – (155.000 + 0,246 .1.000.000) = **49.000,– €**

**Ergebnis bei 1,2 Mio. Stück:** **89.800,– € Gewinn**

Die Verfahrensänderung ist vorteilhaft, denn der BEP fällt auf 759.804 (rund 760.000 Tafeln) bei gleichzeitigem Gewinnanstieg auf 49.000,– €, falls die Absatzerwartung von 1.000.000 Tafeln zutrifft.

## Aufgabe 1.4.2.2: Break-Even-Analyse

**zu a)**

| Produkt | A | B | C |
|---|---|---|---|
| Produktbündel-Mengenrelation | 5 | 2 | 1 |
| prop. Kosten je Produkteinheit [€] | 9,20 | 1,80 | 0,70 |
| prop. Kosten je Bündelmenge [€] | 46,00 | 3,60 | 0,70 |
| Summe der prop. Kosten je Bündel [€] | 50,30 | | |
| prop. Kosten des Kuppelprozesses [€] | 36,– | | |
| gesamte prop. Kosten eines Bündels [€] | 86,30 | | |
| Stückerlös je Produkteinheit [€] | 19,40 | 8,95 | 6,40 |
| Stückerlös je Bündelmenge [€] | 97,– | 17,90 | 6,40 |
| Stückerlös eines Bündels [€] | 121,30 | | |
| Deckungsbeitrag je Bündel [€] | 35,– | | |

Die Gewinnschwelle liegt unter Berücksichtigung der in oben stehender Tabelle errechneten Werte bei:

E(x) = K (x)
↔ 121,30 · x = 86,30 · x + 77.000 ↔ 35 · x = 77.000 ↔ x = 2.200 Stück
↔ **Break-Even-Mengen**: $x_A$ **= 11.000,** $x_B$ **= 4.400,** $x_C$ **= 2.200**

**zu b)**

Der Mindestgewinn von € 42.000,– wird bei der kritischen Produktbündelmenge x gerade erreicht, bei der gilt:

Erlös = proportionale Kosten + $K_f$ + Mindestgewinn
121,30 · x = 86,30 · x + 77.000 + 42.000 ↔ 35 · x = 119.000 ↔ **x = 3.400**

Bei Absatzmengen von 17.000 Einheiten von Produkt A, 6.800 Einheiten von Produkt B und 3.400 Einheiten von Produkt C wird der gewünschte Mindestgewinn gerade erreicht.

**zu c)**

| Kostenbestandteile | Fall (a) | Fall (b) |
|---|---|---|
| Prop. Kosten des Kuppelprozesses [€] | 79.200,– | 122.400,– |
| Prop. Kosten für Produkt 1 [€] | 101.200,– | 156.400,– |
| Prop. Kosten für Produkt 2 [€] | 7.920,– | 12.240,– |
| Prop. Kosten für Produkt 3 [€] | 1.540,– | 2.380,– |
| Gesamte proportionale Kosten [€]: | 189.860,– (= 86,30 · 2.200) | 293.420,– (= 86,30 · 3.400) |

## Aufgabe 1.4.2.3: Break-Even-Analyse

**zu a)**

$$K = K_f + k_v \cdot x + MG$$

$$E = p \cdot x$$

$$K_f + k_v \cdot x + MG = p \cdot x$$

$$x = \frac{K_f + MG}{p - k_v} = \frac{12000 + 6000}{40 - 16} = 750$$

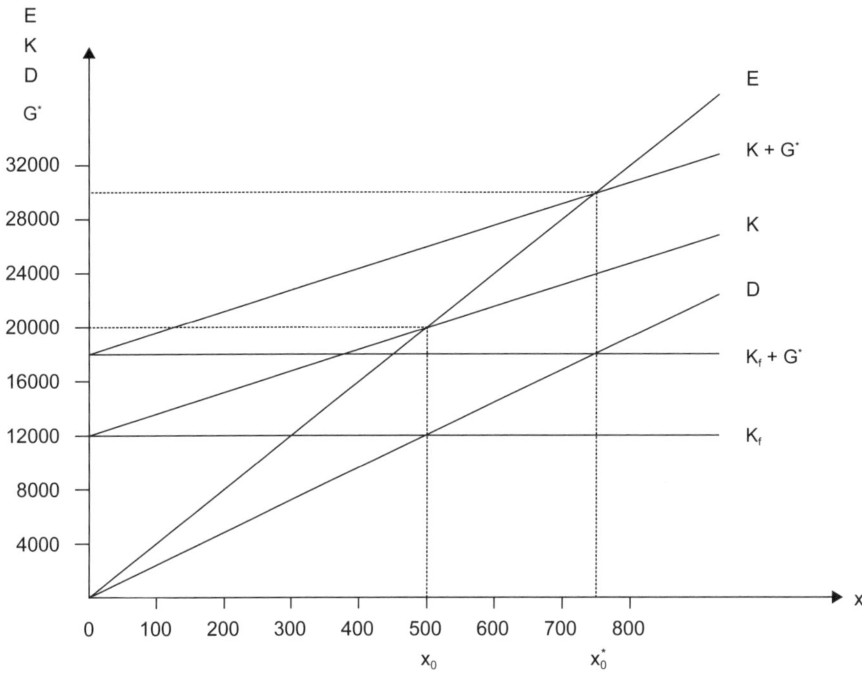


**zu b)**

2 Produkte: Die Gewinnschwelle ist eine Linie (Gerade)
n Produkte: Hyperflächen im Raum höherer Ordnungen

$$K = K_f + k_v^{(1)} \cdot x_1 + k_v^{(2)} \cdot x_2$$

$$E = p_1 \cdot x_{11} + p_2 \cdot x_2$$

$$K_f = \left(p_1 - k_v^{(1)}\right) \cdot x_1 + \left(p_2 - k_v^{(2)}\right) \cdot x_2$$

$$12000 = 24 \cdot x_1 + 16 \cdot x_2$$

$x_2 = 0 \;\rightarrow\; x_1 = 500$
$x_1 = 0 \;\rightarrow\; x_2 = 750$

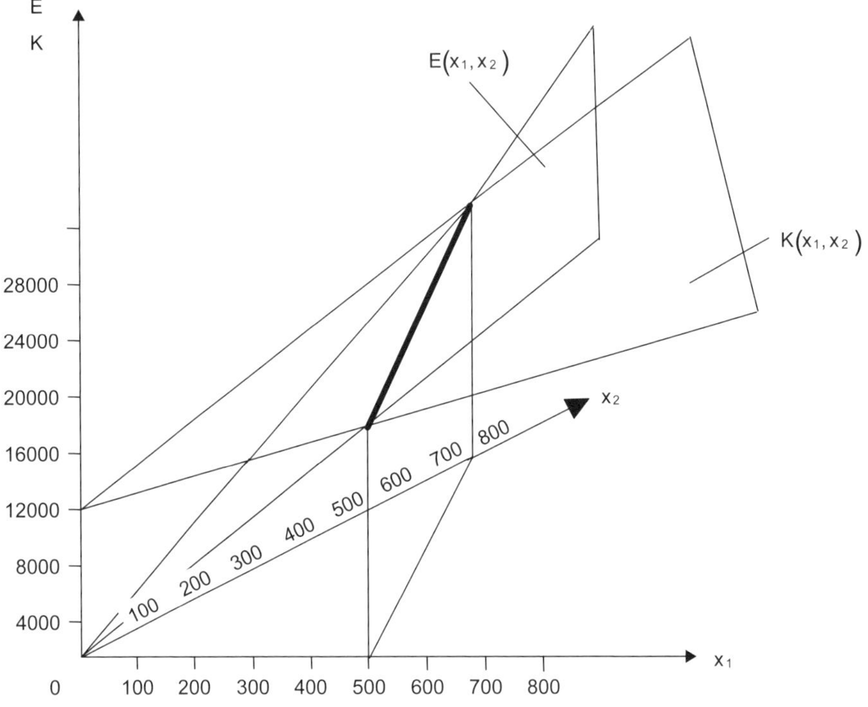


**zu c)**

$$x_1 = \frac{K_f^{(1)} + \frac{p_1 - k_v^{(1)}}{\left(p_1 - k_v^{(1)}\right) + \left(p_2 - k_v^{(2)}\right)} \cdot K_f^*}{p_1 - k_v^{(1)}} = \frac{1560 + \frac{24}{24+16} \cdot 9600}{24} = 305$$

$$x_2 = \frac{K_f^{(2)} + \frac{p_2 - k_v^{(2)}}{\left(p_1 - k_v^{(1)}\right) + \left(p_2 - k_v^{(2)}\right)} \cdot K_f^*}{p_2 - k_v^{(2)}} = \frac{840 + \frac{16}{24+16} \cdot 9600}{16} = 292{,}5$$

**zu d)**

ein- und mehrstufige Mehrproduktfertigung, mehrdimensionale Produktions- und Kostenfunktion, dynamisch, nichtlinear, stochastisch, mehrere Ziele

## Aufgabe 1.4.2.4: Break-Even-Analyse

**zu a)**

Stück-DB [€]: 60 – 20 · (1+0,2) = 36

Stück-DB-Rate: $\frac{36}{60} = 0{,}6$

**zu b)**

Break-Even-Menge: $\frac{30.000.000}{36} = 833.333{,}33 \rightarrow 833.334$ Trikots

Break-Even-Zeitpunkt: $\frac{833.334}{2.800.000} \cdot 360 = 107{,}14$ Tage

Zielumsatz [€]: $\frac{K_f + G}{\frac{p - k_v}{p}} = \frac{30.000.000 + 6.000.000}{\frac{60-24}{60}} = 60.000.000$

**zu c)**

Zielgewinn-Menge: 1.000.000 Trikots

Stückverkaufspreis in US-Dollar: $\frac{\frac{€ - \text{Umsatz}}{€/\$ - \text{WK}}}{\text{Zielgewinn} - \text{Menge}} = \frac{\frac{60.000.000€}{0{,}8€/\$}}{1.000.000} = 75\$$

**zu d)**

| | ohne Währungsabsicherung | mit Währungsabsicherung |
|---|---|---|
| Umsatzerlöse | 60.000.000$ · 0,8 €/$ = 48.000.000 € | 60.000.000$ · 0,95 €/$ = 57.000.000 € |
| Variable Kosten | 24.000.000 € | 24.000.000 € |
| Fixkosten | 30.000.000 € | 32.500.000 € |
| Gewinn | –6.000.000 € | 500.000 € |

→ Annahme Angebot Hausbank

**zu e)**

Stückerlös: 60$

Stückselbstkosten: 24$:

Stück-DB [$]: 60 – 24 = 36

Zielgewinn-Menge: $\frac{30.000.000€ + 6.000.000€}{36\$ \cdot 0{,}8€/\$} = 1.250.000$

Zielgewinn-Umsatz auf €-Basis: $1.250.000 \cdot (60\$ \cdot 0{,}8€/\$) = 60.000.000€$

→ Zielgewinn-Menge erhöht sich
→ Zielgewinn-Umsatz bleibt gleich

**zu f)**

Zielgewinn-Menge: $\frac{30.000.000€ + 6.000.000€ + 8.000.000\$ \cdot 0{,}8€/\$}{0{,}8€/\$(75\$ - 24\$)} = 1.039.215{,}69$

→ 1.039.216 Trikots

**zu g)**

- Informationen für Planungszwecke (Kostenplanung)
- Analyse des Zusammenhangs von Beschäftigung, Kosten, Erlösen, Gewinn
- Analyse der Konsequenzen von Beschäftigungsänderungen
- Sensitivitätsanalyse
  - Sicherheitsspanne
  - Auswirkung einer Steigerung der Fixkosten um $\alpha$ %
  - Auswirkung einer Steigerung des Stück-DB um $\beta$ %
- Auswirkungen auf Ziel-Menge
- Auswirkungen auf Ziel-Umsatz

## Aufgabe 1.4.2.5: Break-Even-Analyse

**zu a)**

$x_b = 1.250.000 \ / \ (3{,}50 - 1) = 500.000$

$U_b = 500.000 \ \ 3{,}50 = 1.750.000$

Bei Verkauf der Break-Even-Menge wird ein Gewinn von 0 Euro erzielt, bzw. entsprechen die Erlöse exakt den Kosten (Gewinnschwelle).

**zu b)**

$x_G = (1.250.000 + 250.000) \ / \ (3{,}50 - 1) = 600.000$

**zu c)**

$(500.000 \ / \ 600.000) \cdot 30$ Tage = 25 Tage

**zu d)**

$250.000 = (p - 1) \cdot 600.000 - 1.400.000$

$p = (1.400.000 + 250.000) \ / \ 600.000 + 1 = 3{,}75$

**zu e)**

$G_{\text{vor Steuern}} = G_{\text{nach Steuern}} \ / \ (1 - 0{,}2) = 250.000 \ / \ 0{,}8 = 312.500$

$x = (K_f + ZG) \ / \ d = (1.250.000 + 312.500) \ / \ 2{,}50 = 625.000$

## Aufgabe 1.4.2.6: Break-Even-Analyse

**zu a)**

Break-Even-Umsatz = Umsatzerlöse / Deckungsbeitrag · Fixe Kosten

Umsatzerlöse = 5.200.000

Fixe Kosten = 1.250.000 + 500.000 + 350.000 + 150.000 = 2.250.000

Variable Kosten = 2.700.000

Deckungsbeitrag = 5.200.000 – 2.700.000 = 2.500.000

Break-Even-Umsatz = 5.200.000 / 2.500.000 · 2.250.000 = 4.680.000 €

**zu b)**

Verkaufte Menge: 5.200.000 / 1,25 = 4.160.000

Break-Even-Menge: 4.680.000 / 1,25 = 3.744.000

Sicherheitskoeffizient: (4.160.000-3.744.000)/4.160.000 = 0,10 = 10 %

Aussage des Sicherheitskoeffizienten:
Der Koeffizient beschreibt das Risiko bei Änderung des Verkaufsvolumens. Er gibt an, wie stark das Verkaufsvolumen fallen kann, bevor der Break Even-Punkt erreicht ist.

**zu c)**

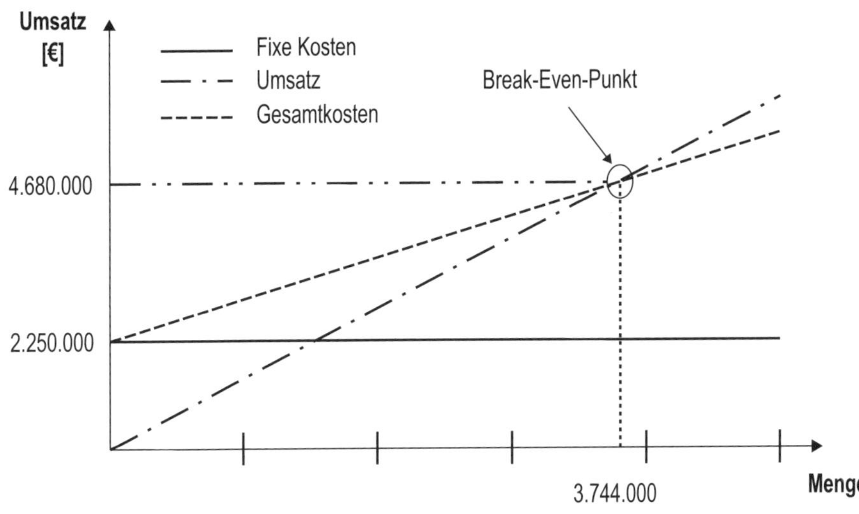

## Aufgabe 1.4.2.7: Break-Even-Analyse

| Szenario | Umsatz-erlöse [€] | Variable Stückkosten [€] | Fixe Kosten [€] | Perioden-erfolg [€] | Stück-zahl | Break- Even-Umsatz [€] |
|---|---|---|---|---|---|---|
| A | 9.000,00 € | 3,00 € | 1.000,00 € | 2.000,00 € | 2.000 | 3.000,00 € |
| B | 12.000,00 € | 5,00 € | 3.750,00 € | 750,00 € | 1.500 | 10.000,00 € |
| C | 11.400,00 € | 11,50 € | 3.000,00 € | 1.500,00 € | 600 | 7.600,00 € |

Berechnung Szenario A:

Deckungsbeitrag = Umsatzerlöse – variable Stückkosten · Stückzahl
= 9.000 – 3 · 2.000 = 3.000

Fixe Kosten = Deckungsbeitrag – Periodenerfolg = 3.000 – 2.000 = 1.000

Stückerlös = Umsatzerlöse/Stückzahl = 9.000/2.000 = 4,50

Stückdeckungsbeitrag = Stückerlös – variable Stückkosten = 4,50 – 3 = 1,50

Break-Even-Menge = Fixe Kosten/Stückdeckungsbeitrag = 1.000,–/1,50 = 666,67

Break-Even-Umsatz = Break-Even-Menge · Stückerlös = 666,67 · 4,50 = 3.000

Alternativ:

Break-Even-Umsatz = (Umsatzerlöse/Deckungsbeitrag) · Fixe Kosten
= (9.000 / 3.000) · 1.000 = 3.000

Hinweis zur Formel:
Break-Even-Umsatz = Stückerlös · Break-Even-Menge

Erweiterung mit Ist-Stückzahl:
Break-Even-Umsatz = Stückerlös · Ist-Stückzahl · (Fixe Kosten/(Stückdeckungsbeitrag · Ist-Stückzahl))

## Aufgabe 2.1.1.1: Kostenplanung

**zu a)**

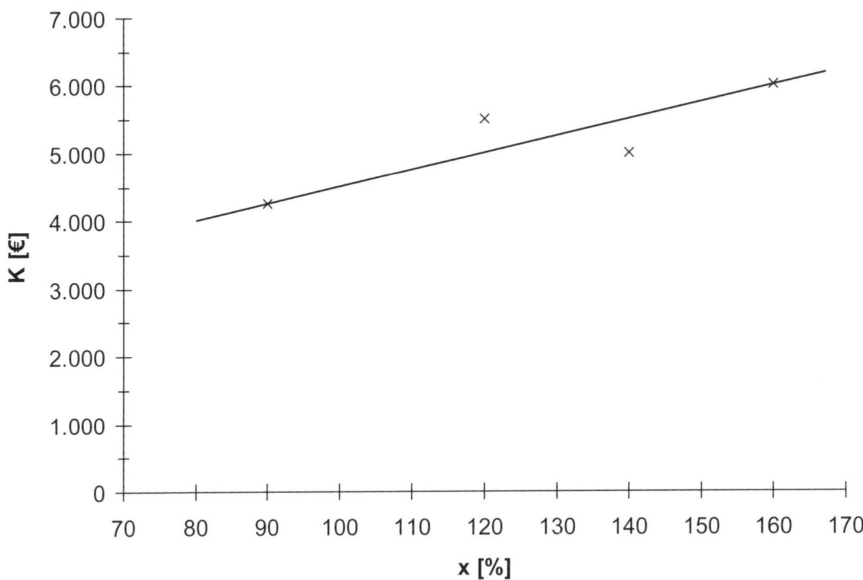


**Ermittlung der Kostenfunktion:** $K = mx + n$

**Steigung:** $m = \frac{6.000 - 4.250}{160 - 90} = 25{,}- €$

**Also gilt:** $K = 25 \cdot x + n$

$$25 \cdot 90 + n = 4.250$$
$$n = 4.250 - 2.250$$
$$n = K_f = 2.000$$
$$K = 25 \cdot x + 2000$$

Plankosten bei x =180: 6.500,– €

**Ergebnis:** $\mathbf{K_f = 2.000{,}- €}$

$\mathbf{K_{plan} = 6.500{,}- €}$

**zu b)**

- Man geht von Istwerten aus und unterstellt konstante Bedingungen.
- Die Zahl der verwendeten Werte ist äußerst gering.
- Für Beschäftigungsgrade unter x = 80 lassen sich kaum zuverlässige Aussagen über Kostendifferenzen machen.

**zu c)**

- Ausbringungsmenge
- Maschinenstunden
- Rüstzeiten

- Fertigungslöhne
- Beschäftigtenzahl
- Durchsatzgewichte

**zu d)**

- Differenzierung von Rüst- und Fertigungszeiten bei Serienfertigung
- Bearbeitung verschiedener Produktarten in derselben Kostenstelle
- Differenzierung von Maschinen- und Fertigungsstunden, wenn die Kostenstelle mehrere Maschinen und Arbeitskräfte umfasst.

## Aufgabe 2.1.1.2: Kostenplanung

**zu a)**

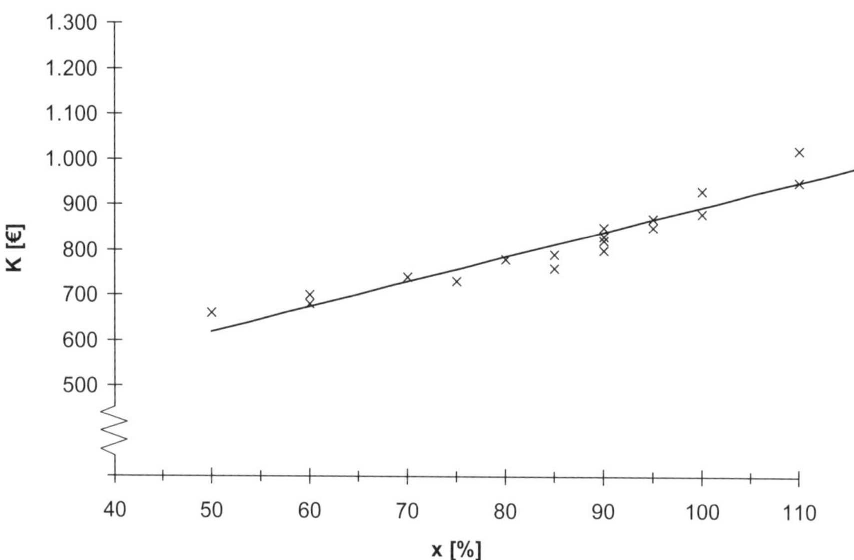


**zu b)** $K(x) = 400 + 5 \cdot x$

**zu c)** $K(92) = 400 + 92 \cdot 5 = 860$

## Aufgabe 2.1.1.3: Kostenplanung

**zu a) und b)**

| Kostenarten | Variator | Gesamte Plankosten [€] | Variable Plankosten [€] | Fixe Plankosten [€] | Sollkosten bei 2.000 Fertigungs-stunden [€] |
|---|---|---|---|---|---|
| Reparaturen | 6 | 15.000,– | 9.000,– | 6.000,– | 18.000,– |
| Raumkosten | 0 | 23.000,– | – | 23.000,– | 23.000,– |
| Kalk. Abschreibungen | 2 | 33.750,– | 6.750,– | 27.000,– | 36.000,– |
| Kalk. Zinsen | 0 | 17.000,– | – | 17.000,– | 17.000,– |
| Fertigungsmaterial | 9 | 15.000,– | 13.500,– | 1.500,– | 19.500,– |
| Fertigungslöhne | 10 | 16.500,– | 16.500,– | – | 22.000,– |
| **Summe** | | **120.250,–** | **45.750,–** | **74.500,–** | **135.500,–** |

## Aufgabe 2.1.1.4: Flexible Plankostenrechnung auf Vollkostenbasis

| KoA Nr. | Kostenarten | Variatormethode | | Stufenplan | | | Differenz-Ausweis | |
|---|---|---|---|---|---|---|---|---|
| | | Betrag | Variator | 80 % | 90 % | 100 % | fix | variabel |
| 1 | Gehälter | 28.800,– | 0 | 28.800,– | 28.800,– | 28.800,– | 28.800,– | 0 |
| 2 | Hilfslöhne | 27.900,– | 10 | 22.320,– | 25.110,– | 27.900,– | 0 | 27.900,– |
| 3 | Sozialaufw. | 12.848,– | 5 | 11.563,20 | 12.205,60 | 12.848,– | 6.424,– | 6.424,– |
| 4 | Urlaubslöhne | 10.512,– | 0 | 10.512,– | 10.512,– | 10.512,– | 10.512,– | 0 |
| 5 | Instandhaltung | 459,– | 7 | 394,74 | 426,87 | 459,– | 137,70 | 321,30 |
| 6 | Hilfsstoffe | 11.954,– | 8 | 10.041,36 | 10.997,68 | 11.954,– | 2.390,80 | 9.563,20 |
| 7 | Strom | 7.000,– | 9 | 5.740,– | 6.370,– | 7.000,– | 700,– | 6.300,– |
| 8 | Wasser | 3.850,– | 9 | 3.157,– | 3.503,50 | 3.850,– | 385,– | 3.465,– |
| 9 | Abschreibung | 78.000,– | 6 | 68.640,– | 73.320,– | 78.000,– | 31.200,– | 46.800,– |
| 10 | Zinsen | 19.500,– | 0 | 19.500,– | 19.500,– | 19.500,– | 19.500,– | 0 |
| 11 | Steuern | 2.500,– | 0 | 2.500,– | 2.500,– | 2.500,– | 2.500,– | 0 |
| 12 | Versicherung | 5.460,– | 0 | 5.460,– | 5.460,– | 5.460,– | 5.460,– | 0 |
| | Summe | 208.783,– | | 188.628,30 | 198.705,65 | 208.783,– | 108.009,50 | 100.773,50 |
| Basis: 1.100.000 min Verrechnungssatz: 0,1898027 €/min | | | | | | | | |

## Aufgabe 2.1.1.5: Prognosekostenrechnung

**zu a)**

- **Maschinelle Arbeitsleistung:** x = Fertigungszeit
  $K_{Masch} = 16.500,- €$ $\qquad 0 \leq x \leq 120.000$
- **Menschliche Arbeitsleistung:**

$$K_{Mensch} = \begin{cases} 18.000 & 0 \leq x \leq 90.000 \\ 0,2 \cdot x & 90.000 < x \leq 120.000 \end{cases}$$

- **Werkstoff:**

$$K_{werk} = \begin{cases} 0,075 \cdot 2 \cdot x & 0 \leq x < 80.000 \\ 0,075 \cdot 2 \cdot 0,95 \cdot x & 80.000 \leq x < 100.000 \\ 0,075 \cdot 2 \cdot 0,9 \cdot x & 100.000 \leq x \leq 120.000 \end{cases}$$

- **Gesamtkosten:**

$$K = \begin{cases} 16.500 + 18.000 + 0,15 \cdot x & 0 \leq x < 80.000 \\ 16.500 + 18.000 + 0,1425 \cdot x & 80.000 \leq x \leq 90.000 \\ 16.500 + 0,2 \cdot x + 0,1425 \cdot x & 90.000 < x < 100.000 \\ 16.500 + 0,2 \cdot x + 0,135 \cdot x & 100.000 \leq x \leq 120.000 \end{cases}$$

**zu b)**

| Beschäftigungsgrad | 70 % | 80 % | 85 % | 90 % |
|---|---|---|---|---|
| Fertigungsminuten | 84.000 | 96.000 | 102.000 | 108.000 |
| **Gesamtkosten [€]** | **46.470,–** | **49.380,–** | **50.670,–** | **52.680,–** |

**zu c) und d)**

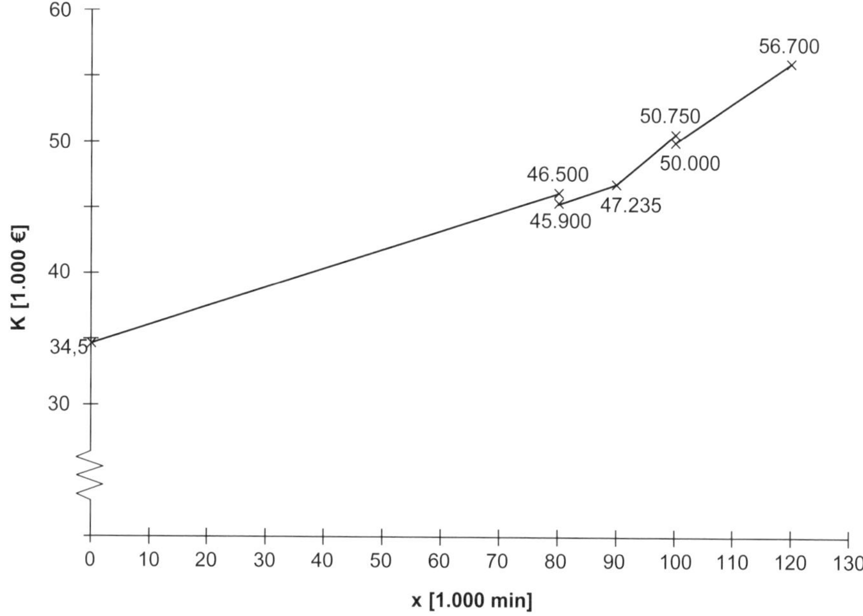


## Aufgabe 2.1.1.6: Kostenplanung

**zu a)**

Der Zusammenhang zwischen Beschäftigung und Kosten ist nur in dem Intervall der Beschäftigung von 770 und 1.120 Stunden dokumentiert. Deshalb kann nur in diesem Bereich eine Funktion abgeleitet werden.

**zu b)**

Ermittlung der benötigten Beschäftigung bei der Ober- bzw. Untergrenze:

| | A | B | C | D | Σ |
|---|---|---|---|---|---|
| Untergrenze [in h] | 180 | 240 | 350 | 120 | 890 |
| Obergrenze [in h] | 220 | 300 | 420 | 180 | 1.120 |

Hoch-Tief-Methode:

$$k = \frac{1.950 - 1.720}{1.120 - 890} = 1$$

$$1.950 = K^f + 1 \cdot 1.120$$

$$K^f = 830$$

$$K = 830 + 1 \cdot x$$

**zu c)**

$$\text{Mittlere Stückfertigungszeit} = \frac{h / \text{Stück}^{\text{Obergrenze}}}{h / \text{Stück}^{\text{Untergrenze}}}$$

| | A | B | C | D | Σ |
|---|---|---|---|---|---|
| Mittlere Stückfertigungszeit | 2 | 1,8 | 2,75 | 1,25 | – |
| Stückkosten ki | 2 | 1,8 | 2,75 | 1,25 | – |
| dbi | 2,5 | 1,9 | 2,75 | –0,05 | – |
| Gesamt DBi | 250 | 285 | 385 | –6 | 914 |

$$G = DB - K^f = 914 - 830 = 84$$

Empfehlung: D einstellen, falls keine Abhängigkeiten vorhanden sind.

**zu d)**

| | A | B | C | Σ |
|---|---|---|---|---|
| Untergrenze [h] | 180 | 240 | 350 | 770 |
| Obergrenze [h] | 220 | 300 | 420 | 940 |

$$k = \frac{1.775 - 1.520}{940 - 770} = 1{,}5$$

$$1.520 = K^f + 1{,}5 \cdot 770$$

$$K^f = 365$$

$$K = 365 + 1{,}5 \cdot x$$

| | A | B | C | Σ |
|---|---|---|---|---|
| Mittlere Stückfertigungszeit | 2 | 1,8 | 2,75 | – |
| Stückkosten ki | 3 | 2,7 | 4,125 | – |
| dbi | 1,5 | 1 | 1,375 | – |
| Gesamt DBi | 150 | 150 | 192,5 | 492,5 |

$$\sum_{i=1}^{3} DB_i - K^f = 492{,}5 - 365 = 127{,}5$$

**zu e)**

Bei 3- und 4-Produktprogrammen befindet man sich entsprechend den unterschiedlichen Beschäftigungen auf unterschiedlichen Abschnitten der Kostenfunktion. Dementsprechend resultieren unterschiedliche fixe und variable

Kosten. Hieraus ergeben sich Differenzen im Stückdeckungsbeitrag und damit im Gesamtdeckungsbeitrag sowie im Periodenerfolg. Ob durch Einstellung der Produktion von Produkt 4/D tatsächlich auch der Gewinn steigt, ist durch die entsprechend der den Beschäftigungen folgenden Kostenfunktionen nicht eindeutig vorherzusagen.

## Aufgabe 2.1.2.1: Abweichungsarten und Variatormethode

**zu a)**

Variatoren ermöglichen die Umrechnung der Kosten der Planbeschäftigung von 100 % in Kosten bei anderen Beschäftigungsgraden.

**zu b)**

Die Variatormethode setzt lineare Kostenfunktionen voraus.

**zu c)**

Der Variator nimmt den Wert null an, wenn es sich um rein fixe Kosten handelt. Nimmt der Variator einen Wert von zehn an, dann liegt eine rein proportionale Kostenart vor. Bei einem Wert von sieben setzen sich die Kosten aus fixen und variablen (proportionalen) Teilen zusammen; die proportionalen Kosten betragen (im Geltungsbereich des Variators) 70 % der Gesamtkosten bei Planbeschäftigung.

**zu d)**

Durch die isolierte Berücksichtigung der Fixkosten in der Grenzplankostenrechnung entfällt bei diesem Rechnungssystem die Beschäftigungsabweichung. Ermittelt werden im Rahmen der Grenzplankostenrechnung somit Preis- und Verbrauchsabweichungen sowie gegebenenfalls spezielle Abweichungen.

**zu e)**

Die Beschäftigungsabweichung entspricht den Leerkosten der Istbeschäftigung und stellt ein Maß für die nicht genutzte Kapazität dar. In der Regel besitzen die Kostenstellenleiter keinen oder nur einen geringen Einfluss auf die Beschäftigung ihres Kostenbezirkes. Beschäftigungsabweichungen infolge nicht genutzter Kapazitäten sind daher auch nicht von ihnen zu verantworten.

**zu f)**

Verbrauchsabweichungen werden durch das Verhalten der in einer Kostenstelle tätigen Personen verursacht. Bei ihnen handelt es sich daher um eine vom jeweiligen Kostenstellenleiter zu vertretende Kostenabweichung. Voraussetzung ist allerdings, dass keine Planungsfehler und keine sonstigen Kosteneinflussgrößen wirksam geworden sind.

## Aufgabe 2.1.2.2: Kostenplanung und Abweichungsanalyse

**zu a)**

$K_{plan} = 8.000,- €$ Variator = 5

$K_f = 4.000,- €$

$K_v = 4.000,- €$

$$K = 4.000 + \frac{4.000}{2.000} \cdot x$$

$K = 4.000 + 2 \cdot x$ für $0 \leq x < 2.600$

$K(2.600) = 9.200,- €$
$K(2.800) = 9.800,- €$

$$k_v = \frac{K(2.800) - K(2.600)}{2.800 - 2.600} = \frac{600}{200} = 3$$

$K = 1.400 + 3 \cdot x$ für $x \geq 2.600$

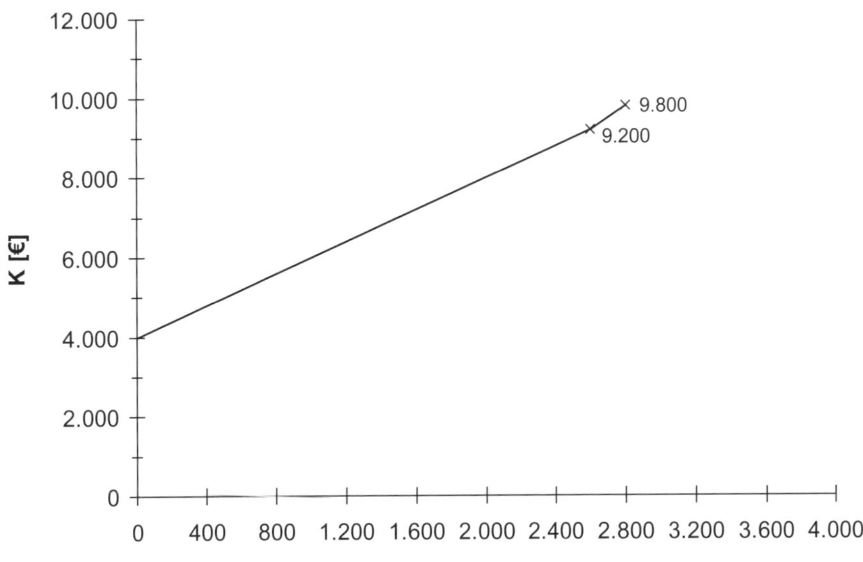

**zu b)**

**Variator:**

- **Fertigungslöhne:**

$\frac{16.800-12.000}{1,4-1}=12.000,-\ €$ alle Kosten variabel: Variator = 10.

- **Hilfs- und Betriebsstoffe:**

$\frac{5.104-4.400}{1,2-1}=3.520,-\ €$ $v=\frac{3.520}{4.400}\cdot 10=8$

- **Abschreibungen:**

$\frac{3.480-3.240}{1,4-1,2}=1.200,-\ €$

$3.240-(1.200\cdot 1,2)=1.800,-\ €$ $v=\frac{1.200}{3.000}\cdot 10=4$

- **Variator der Gesamtkosten:**

$12.000\cdot 1+8.000\cdot 0,5+4.400\cdot 0,8+3.000\cdot 0,4=20.720,-\ €$

$v=\frac{20.720}{31.000}\cdot 10=6,68$

**zu c)**

$K_{plan}=31.000-\frac{2\cdot 6,68\cdot 31.000}{100}=26.856,-\ €$

**zu d)**

$x_{plan}=1.600$ $x_{ist}=1.700$

$K_{plan}=26.856,-\ €$ $K_{ist}=27.230,-\ €$

$K_{vp}=\frac{26.856}{1.600}\cdot 1.700=28.534,50\ €$

$K=6\cdot x+4.000+2\cdot x+880+1,76\cdot x+1.800+0,6\cdot x+3.600$

$K=10.280+10,36\cdot x$

$K_{soll}=10.280+10,36\cdot 1.700=$ 27.892,– €

**Verbrauchsabweichung:** $K_{ist}-K_{soll}=$ **– 662,– €**

**Beschäftigungsabweichung:** $K_{soll}-K_{vp}=$ **– 642,50 €**

**Gesamtabweichung:** $K_{ist}-K_{vp}=$ **– 1.304,50 €**

## Aufgabe 2.1.2.3: Flexible Plankostenrechnung auf Vollkostenbasis und Abweichungsanalyse

**zu a)**

- **Plankostenverrechnungssatz:** $\frac{15.000\ €}{2.000\ h} = 7{,}50\ \frac{€}{h}$
- **verrechnete Plankosten bei Istbeschäftigung ($K_{vp}$):**

$$7{,}50\ \frac{€}{h} \cdot 1.600\ h = 12.000{,}-\ €$$

- **Sollkosten bei Istbeschäftigung ($K_{soll}$):**

$$2.000\ € + \left(\frac{15.000\ € - 2.000\ €}{2.000\ h}\right) \cdot 1.600\ h = 12.400{,}-\ €$$

**Preisabweichung (PA):**
$K_{ist} - K_{soll} = 14.500\ € - 12.400\ € = 2.100{,}-\ €$

**Beschäftigungsabweichung (BA):**
$K_{soll} - K_{vp} = 12.400\ € - 12.000\ € = 400{,}-\ €$

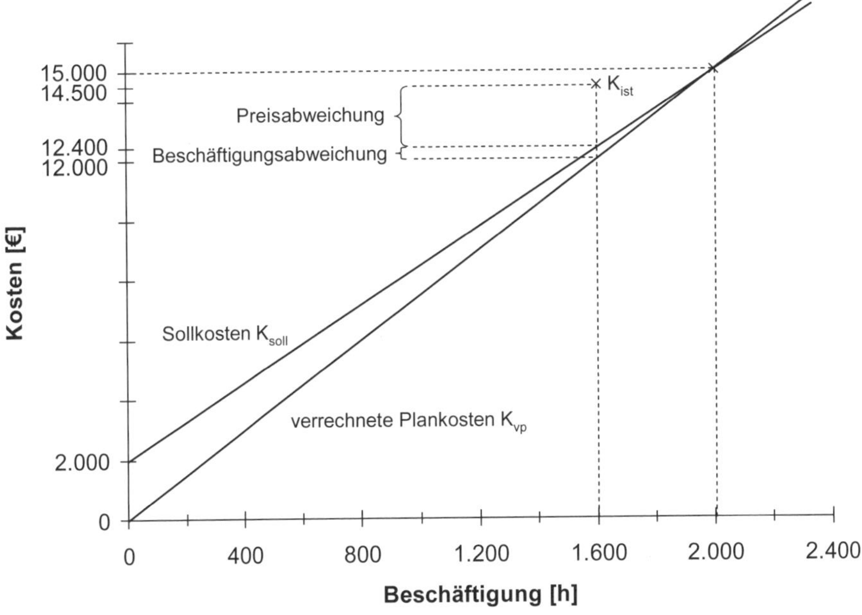

**zu b)**

| | | | |
|---|---|---|---|
| | Istkosten pro Stunde: | 14.500 €/1.600 h | = 9,0625 €/h |
| – | Plankostenverrechnungssatz: | | = 7,50 €/h |
| = | Mehrkosten: | | = 1,5625 €/h |

**Preisbedingte Mehrkosten:**

$$\frac{\text{Preisabweichung}}{\text{Istbeschäftigung}} = \frac{2.100\ €}{1.600\ \text{h}} = 1{,}3125\ \frac{€}{\text{h}}$$

**Beschäftigungsbedingte Mehrkosten:**

$$\frac{\text{Beschäftigungsabweichung}}{\text{Istbeschäftigung}} = \frac{400\ €}{1.600\ \text{h}} = 0{,}25\ \frac{€}{\text{h}}$$

## Aufgabe 2.1.2.4: Abweichungsanalyse mit Variator

**zu a)**

| | Fixkosten (x=0) | Variable Kosten |
|---|---|---|
| Löhne | 0 | 100.000 |
| Material | 10.000 | 90.000 |
| Hilfs- und Betriebsstoffe | 6.000 | 60.000 |
| Kalkulatorische | | |
| Abschreibungen | 40.000 | 4.000 |
| Meistergehälter | 20.000 | |
| Instandhaltung | 4.000 | 12.000 |
| Kalkulatorische | | |
| Zinsen | 10.000 | 0 |
| | | |
| Summen: | 90.000 | 266.000 |

**zu b)**

- Löhne: 10
- Instandhaltung: 7,5

**zu c)**

$K_{soll}$: 90.000 + 2.660 * x

**zu d)**

- Linear geknickte Funktion
- Auf höheren Verbrauch bei Überbeschäftigung

**zu e)**

- Verbrauchsabweichung = 400.000 – 383.400 = 16.600
- Beschäftigungsabweichung = 382.600 – 391.600 = –9.000
- VA: Hohe Ineffizienz
- BA: Fixkosten übergedeckt, d.h. mehr über Verkauf hereingeholt

## Aufgabe 2.1.2.5: Abweichungsanalyse auf Vollkostenbasis

**zu a)**

Verwendete Größe: Maschinenzeit x [h]

**zu b)**

**Kostenfunktion:**

$K_f$ = 165.600,– €

$K_v$ = 45,– €/h

$K = 165.600 + 45 \cdot x$

**zu c)**

**Planbeschäftigung:** 230 Arbeitstage · 8 Stunden · 3 Arbeiter

= 5.520 Stunden (100 %)

**zu d)**

**Istbeschäftigung:**

| | | |
|---|---|---|
| Planbeschäftigung | 5.520 h | |
| Streik (12 · 8 · 3) | –288 h | |
| sonstiger Ausfall | –816 h | |
| Istbeschäftigung | 4.416 h | (80 %) |

**zu e)**

| | | | |
|---|---|---|---|
| Istkosten: | $K_{ist}$ | | = 382.600,– € |
| Starre Plankosten: | $K_{plan}$ | = 165.600 + 45 · 5.520 | = 414.000,– € |
| Flexible Sollkosten: | $K_{soll}$ | = 165.600 + 45 · 4.416 | = 364.320,– € |

Verrechnete Plankosten bei Istbeschäftigung:

$$K_{vp} = \frac{414.000}{5.520} \cdot 4.416 = \mathbf{331.200,– €}$$

**zu f)**

**Soll-Ist-Abweichung:** Istkosten – Sollkosten =
$K_{ist} - K_{soll} =$ 18.280,– €

**Beschäftigungsabweichung:** Sollkosten – verrechnete Plankosten =
$K_{soll} - K_{vp} =$ 33.120,– €

**Gesamtabweichung:** Beschäftigungsabweichung
+ Verbrauchsabweichung =
Istkosten – verrechnete Plankosten =
$K_{ist} - K_{vp} =$ 51.400,– €

**Budgetbezogene Abweichung:** Plankosten – Sollkosten =
$K_{plan} - K_{soll} =$ 49.680,– €

**zu g)**

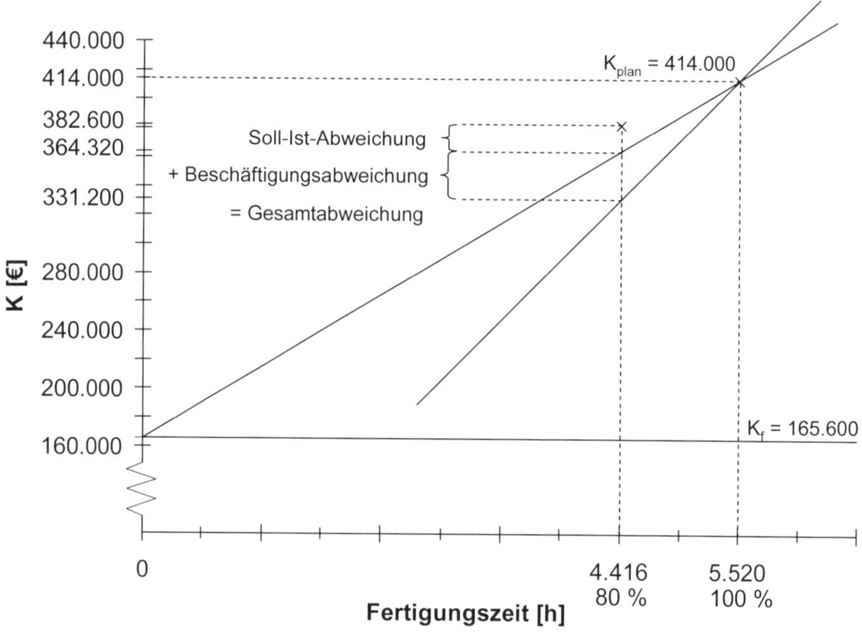


**zu h)**

Variator: $v = \frac{10 \cdot 45 \cdot 5.520}{414.000} = 6$

D. h. 60 % der Gesamtkosten bei Planbeschäftigung sind variabel,

*oder:*

bei einem Beschäftigungsrückgang von 10 % gehen die Gesamtkosten um 6 % zurück.

## Aufgabe 2.1.2.6: Abweichungsanalyse auf Vollkostenbasis

**zu a)**

| | | | |
|---|---|---|---|
| **Starre Plankosten:** | $K_{plan} =$ | $2.000 + 50 \cdot 100 =$ | 7.000,– € |
| **Flexible Sollkosten:** | $K_{soll} =$ | $2.000 + 50 \cdot 80 =$ | 6.000,– € |
| **verrechnete Plankosten:** | $K_{vp} =$ | $\frac{7.000}{100} \cdot 80 =$ | 5.600,– € |
| **Soll-Ist-Abweichung:** | $K_{ist} - K_{soll} =$ | $7.500 - 6.000 =$ | 1.500,– € |
| **Beschäftigungsabweichung:** | $K_{soll} - K_{vp} =$ | $6.000 - 5.600 =$ | 400,– € |
| **Gesamtabweichung:** | $K_{ist} - K_{vp} =$ | $7.500 - 5.600 =$ | 1.900,– € |

**zu b)**

$$\text{Variator}: v = \frac{5.000 \cdot 10}{7.000} = 7{,}143$$

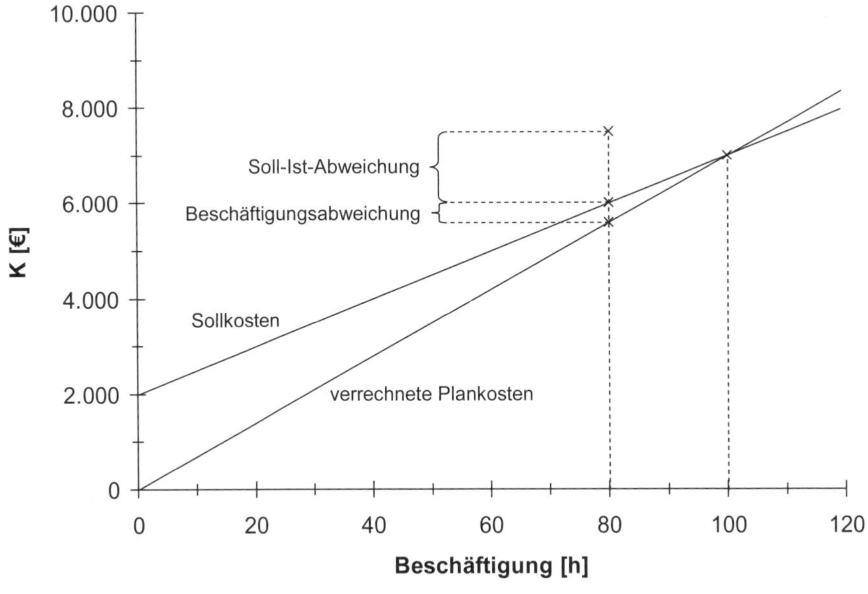

## Aufgabe 2.1.2.7: Abweichungsanalyse auf Vollkostenbasis

**zu a)**

$$\text{Variator: } v = \frac{\text{variable Kosten}}{\text{Gesamtkosten}} \cdot 10 = \frac{156.000}{250.000} \cdot 10 = 6,24$$

**zu b)**

| | |
|---|---|
| Löhne: | $K_1 = 38{,}5 \cdot x$ |
| Material: | $K_2 = 11.000 + 22 \cdot x$ |
| Hilfs- und Betriebsstoffe: | $K_3 = 9.000 + 10{,}5 \cdot x$ |
| Kalk. Abschreibungen: | $K_4 = 20.000 + 2{,}5 \cdot x$ |
| Meistergehälter: | $K_5 = 18.000$ |
| Instandhaltung: | $K_6 = 6.000 + 4{,}5 \cdot x$ |
| Kalk. Zinsen: | $K_7 = 30.000$ |
| Kostenfunktion: | $K = 94.000 + 78 \cdot x$ |

**zu c)**

$K_{plan} = 250.000,–$ €

$K_{ist} = 310.000,–$ €

$K_{soll} = 94.000 + 78 \cdot 2.500 =$ 289.000,– €

$K_{vp} = \frac{250.000}{2.000} \cdot 2.500 =$ 312.500,– €

**Verbrauchsabweichung: 21.000,– €**

**Beschäftigungsabweichung: –23.500,– €**

**Gesamtabweichung: –2.500,– €**

Die negative Beschäftigungsabweichung ist ein Zeichen für die Überbeschäftigung in der Periode. Der proportionalisierte Fixkostenanteil an den Stückkosten nimmt ab.

## Aufgabe 2.1.2.8: Abweichungsanalyse auf Vollkostenbasis

**zu a)**

$K_{plan} = 150.000,–$ €
$K = 60.000 + 30 \cdot x$
$x_{plan} = 3.000$
$x_{ist} = 3.600$
$K_{ist} = 175.000,–$ €

**zu b)**

$K_{soll} = 60.000 + 30 \cdot 3.600 = 168.000,- €$

$K_{vp} = \frac{150.000}{3.000} \cdot 3.600 = 180.000,- €$

**Preisabweichung:** $K_{ist} - K_{soll} =$ **7.000,– €**
**Beschäftigungsabweichung:** $K_{soll} - K_{vp} =$ **–12.000,– €**
**Gesamtabweichung:** $K_{ist} - K_{vp} =$ **–5.000,– €**

**zu c)**

Der verrechnete Fixkostenanteil pro Stück sinkt, weil die Beschäftigung über dem geplanten Beschäftigungsgrad liegt. Dadurch übersteigen die verrechneten Nutzkosten die Fixkosten, was die Überbeanspruchung der Kapazität zum Ausdruck bringt.

**zu d)**

**Teilkostenrechnung:**

Fixkosten werden nicht berücksichtigt. Daher entfällt der Ausweis einer Beschäftigungsabweichung

## Aufgabe 2.1.2.9: Abweichungsanalyse auf Vollkostenbasis

**zu a)**

| Kostenart | Fixkosten (x=0) | Variable Kosten (x=100) |
|---|---|---|
| Löhne | 0 | 77.000 |
| Material | 11.000 | 44.000 |
| Hilfs- und Betriebsstoffe | 9.000 | 21.000 |
| Kalkulatorische Abschreibungen | 20.000 | 5.000 |
| Meistergehälter | 18.000 | 0 |
| Instandhaltung | 6.000 | 9.000 |
| Kalkulatorische Zinsen | 30.000 | 0 |
| Summen | 94.000 | 156.000 |

**zu b)**

K = 94.000 + 1.560 * x
15.060 = 156.000/100

**zu c)**

Verbrauchsabweichung (VA) = 21.000
Beschäftigungsabweichung (BA) = 23.500
VA zeigt Unwirtschaftlichkeit, zu hohen Verbrauch gegenüber Soll (Istkosten – Sollkosten)

**zu d)**

VA = 21.000
BA = –23.500
BA zeigt erhöhte Nutzung der Kapazität, in diesem Umfang wurden mehr Fixkosten auf Produkte verteilt als angefallen sind.

## Aufgabe 2.1.2.10: Abweichungsanalyse auf Vollkostenbasis

**zu a)**

(1) $K_{plan}$ = 10.000,– € $K_f$ = 2.500,– € $v_1 = 7{,}5$
(2) $K_{plan}$ = 3.500,– € $= K_f$ $v_2 = 0$
(3) $K_{plan}$ = 4.500,– € $K_f$ = 0,– € $v_3 = 10$
(4) $K_{plan}$ = 5.000,– € $K_f$ = 500,– € $v_4 = 9$
(5) $K_{plan}$ = 5.000,– € $K_f = \begin{cases} 3.500 \\ 3.200 \end{cases}$ $v_5 = \begin{cases} 3 & \text{für } x \leq 150 \\ 3{,}6 & \text{für } x > 150 \end{cases}$

**zu b)**

| | |
|---|---|
| Beschäftigung von 80 % x = 120 h | |
| Summe $K_{plan}$ über alle fünf Kostenarten = | 28.000,– € |
| Sollkosten bei x = 120: | 24.400,– € |
| Istkosten: | 30.000,– € |
| Verrechnete Plankosten: | 0,8 · 28.000 = 22.400,– € |
| Leerkosten: | 20 % · 10.000 = 2.000,– € |
| Nutzkosten: | 80 % · 10.000 = 8.000,– € |

**Verbrauchsabweichung:**

Istkosten – Sollkosten = 30.000 – 24.400,– = 5.600,– €

**Beschäftigungsabweichung:**

Sollkosten – verrechnete Plankosten = 24.400 – 22.400 = 2.000,– €

**zu c)**

- Ursachen der Abweichung werden sichtbar.
- Die Plangrößen werden im Nachhinein auf Genauigkeit überprüft.
- Kontrolle der Kostenstellen in Bezug auf Ineffizienzen

## Aufgabe 2.1.2.11: Abweichungsanalyse mit Effizienzabweichung

**zu a)**

$x_i$ = 230 Stück
$K_{plan}$ = 30.000 + 10 · 2 · 200 = 34.000
$K_{soll}$ = 30.000 + 10 · 2 · 230 = 34.600
$K_{vp}$ = (34.000 / 200) · 230 = 39.100
Effizienzabweichung = $K_{ist} - K_{soll}$ = 38.000 – 34.600 = 3.400
Beschäftigungsabweichung = $K_{soll} - K_{vp}$ = 34.600 – 39.100 = –4.500
Gesamtabweichung = –1.100
(Budgetabweichung = $K_{plan} - K_{soll}$ = 34.000 – 34.600 = –600)

**zu b)**

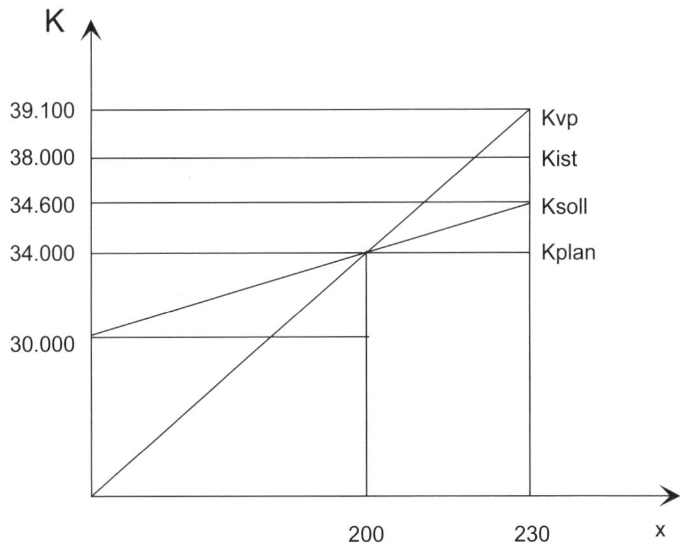


**zu c)**

Steigung von $K_{soll}$ wird kleiner (durch 2), Abszissenwerte verdoppeln sich

**zu d)**

Tatsächliche Fertigungszeit je Stück = 460/200 = 2,3
VEV = (30.000 + 10 · 2,3 · 200) – (30.000 + 10 · 2 · 200) = 600
TEV = (34.000 · 200 · 2,3 : 200 : 2) – (34.000 · 200 · 2 : 200 : 2) = 5.100

## Aufgabe 2.1.2.12: Spezielle Verbrauchsabweichung

**zu a)**

Fertigungskosten bei planmäßiger Bedienungsrelation:

$$K_{soll} = \frac{\frac{3\frac{min}{m}}{Maschine}}{3\ Maschinen} \cdot 1.000\ m \cdot 5\frac{€}{min} = 5.000,-\ €$$

**zu b)**

Fertigungskosten bei tatsächlicher Bedienungsrelation:

$$K_{ist} = \frac{3}{2} \cdot 1.000 \cdot 5 = 7.500,\text{-}\ €$$

**zu c)** Abweichung: 2.500,– €

## Aufgabe 2.1.2.13: Abweichungsanalyse mit Effizienzabweichung

**zu a)**

Plankosten: $K_{Plan} = 108 + 2{,}10 \cdot 540 = 1.242$ €

Sollkosten: $K_{Soll} = 108 + 2{,}10 \cdot 500 = 1.158$ €

Verrechnete Plankosten:

$$K_{VP} = \frac{K_{Plan}}{x_{Plan}} \cdot x_{Ist} = \frac{1.242}{540} \cdot 500 = 2{,}30 \cdot 500 = 1.150\ €$$

1. Soll-Ist-Abweichung:
   $K_{Ist} - K_{Soll} = 1.180 - 1.158 =$ **22,– €**
2. Beschäftigungsabweichung:
   $K_{Soll} - K_{VP} = 1.158 - 1.150 =$ **8,– €**
3. Gesamtabweichung:
   $\Delta B + \Delta SI = 22 + 8 =$ **30,– €**
4. Budgetbezogene Abweichung:
   $K_{Plan} - K_{Soll} = 1.242 - 1.158 =$ **84,– €**

Graphische Darstellung:

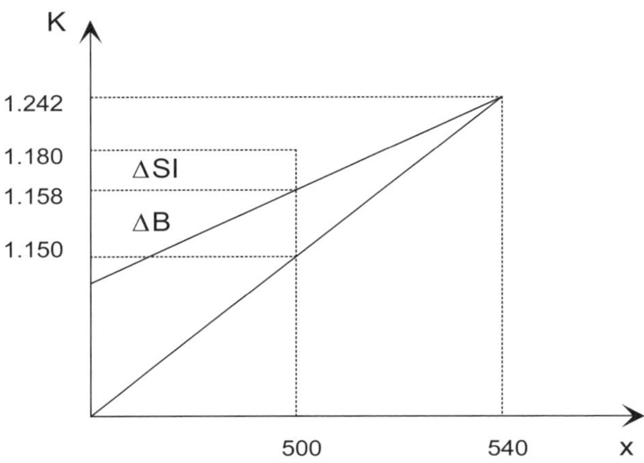


**zu b)**

Berechnung der Fertigungstage:

$$t_p = \frac{K_p}{d_p} = \frac{1024}{32^{1,2}} = 16 \text{ Tage}$$

$$t_i = \frac{K_i}{d_i} = \frac{1400,61}{36^{1,2}} = 19 \text{ Tage}$$

Graphische Abgrenzung der einzelnen Abweichungsarten:

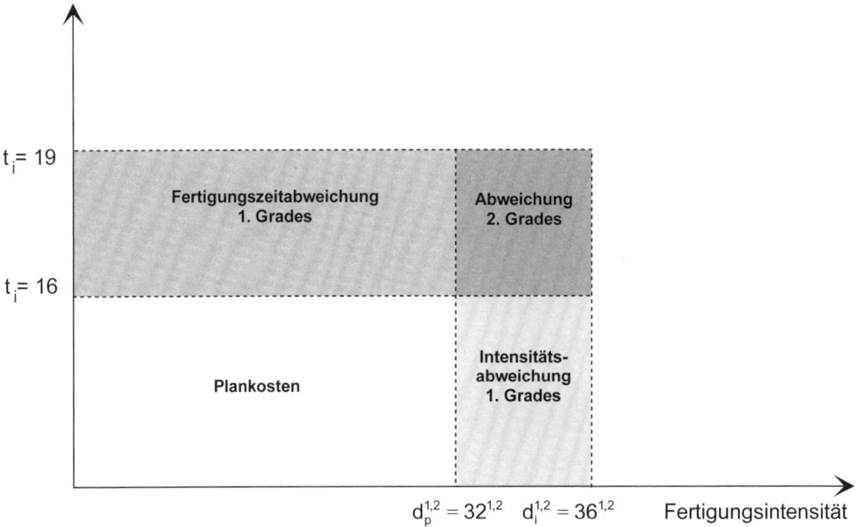

**Berechnung der Abweichungen:**

Fertigungszeitabweichung: $\Delta K_F = \Delta t \cdot {d_p}^{1,2} = 3 \cdot 32^{1,2} \quad = \quad 192{,}00\ €$

Intensitätsabweichung: $\Delta K_I \ = t \cdot \Delta\left(d^{1,2}\right) = 16 \cdot \left(36^{1,2} - 32^{1,2}\right) \ = \ 155{,}46\ €$

Abweichung 2. Grades: $\Delta K_2 = \Delta t \cdot \Delta\left(d^{1,2}\right) = 3 \cdot \left(36^{1,2} - 32^{1,2}\right) = 29{,}15\ €$

Gesamtabweichung: $= 376{,}61\ €$

## Aufgabe 2.1.2.14: Äquivalenzziffernrechnung und Abweichungsanalyse

**zu a)**

Äquivalenzziffernrechnung:

| Sorte | Äquivalenzziffer | Produktionsmenge [t] | Schlüsselzahl | Stückkosten je Tonne [€/t] | Gesamtkosten je Sorte [€] |
|---|---|---|---|---|---|
| I | 0,5 | 10.000 | 5.000 | 7,50 | 75.000 |
| II | 1 | 24.000 | 24.000 | 15,00 | 360.000 |
| III | 1,6 | 8.000 | 12.800 | 24,00 | 192.000 |

Sorte II:

Schlüsselzahl = 1 · 24.000 = 24.000

Stückkosten/Tonne: $\frac{360.000€}{24.000t} = 15€/t$

Kosten je Schlüsseleinheit (RE) [€]: $\frac{GK}{\sum RE} = \frac{\text{Stückkosten / Tonne}}{ÄZ} = 15€/RE$

Sorte II: $\frac{15€/t}{1} = \frac{627.000€}{\sum RE}$

$$\sum RE = \frac{627.000€}{15€/t} = 41.800$$

Sorte III:

Schlüsselzahl = 41.800 – 5.000 – 24.000 = 12.800

$$ÄZ = \frac{\text{Stückkosten / Tonne}}{\text{Kosten je RE}} = \frac{24}{15} = 1{,}6$$

$$PM = \frac{SZ}{ÄZ} = 8.000t$$

$$GK = PM \cdot \text{Stückkosten / Tonne} = 8.000t \cdot 24€/t = 192.000€$$

Sorte I:

$$ÄZ = \frac{7,5}{15} = 0,5$$

$$PM = \frac{SZ}{ÄZ} = \frac{5.000}{0,5} = 10.000t$$

$$GK = 10.000t \cdot 7,5€ / t = 75.000€$$

Kosten je Schlüsseleinheit: $\frac{627.000€}{41.800RE} = 15€ / RE$

**zu b)**

Planbeschäftigung: x = 160 h

Summe der proportionalen Kosten: 50 €/h · 160 h = 8.000 €

Fixkosten: 12.000 € – 8.000 € = 4.000 €

Nutzkosten: 4.000 €

Leerkosten: 0 €

Verrechnete Plankosten: 12.000 €

**zu c)**

Istbeschäftigung: 0,8 · 160 = 128 h

Istkosten: 0,95 · 12.000 = 11.400 €

Sollkosten: 10.400 €

Nutzkosten: 3.200 €

Leerkosten: 800 €

Verrechnete Plankosten: 9.600 €

Beschäftigungsabweichung = Sollkosten – verrechnete Plankosten
= 10.400 – 9.600 = 800 €

Soll-Ist-Abweichung = Istkosten – Sollkosten = 11.400 – 10.400 = 1.000 €

Gesamtabweichung = Beschäftigungsabweichung + Verbrauchsabweichung
= 800 + 1.000 = 1.800 €

**zu d)**

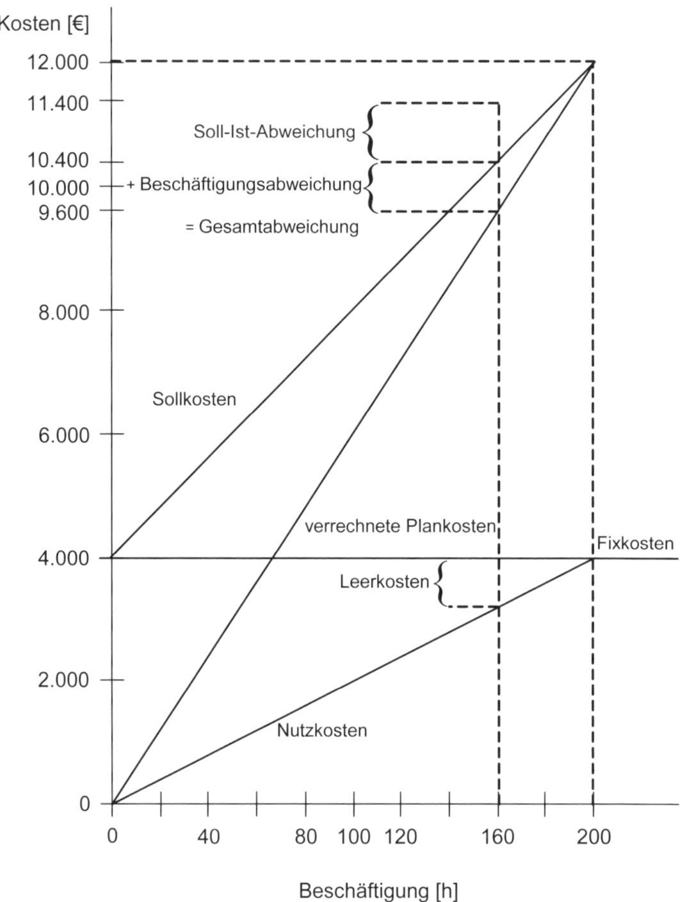


## Aufgabe 2.1.2.15: Abweichungsanalyse

**zu a)**

**1. alternative Abweichungsanalyse:**

q = Einstandspreis, r = Ausbringungsmenge · Verbrauch

Preisabweichung = $q_{ist} \cdot r_{plan} - q_{plan} \cdot r_{plan}$ = 0,45 · 1.000 – 0,40 · 1.000 = 50,– €

Verbrauchsabweichung = $q_{plan} \cdot r_{ist} - q_{plan} \cdot r_{plan}$ = 0,40 · 1.200 – 0,40 · 1.000 = 80,– €

Gesamtabweichung = 130,– €

**2. kumulative Abweichungsanalyse:**

Preisabweichung = $q_{ist} \cdot r_{ist} - q_{plan} \cdot r_{ist}$ = 0,45 · 1.200 – 0,40 · 1.200 = 60,– €

Verbrauchsabweichung = $q_{plan} \cdot r_{ist} - q_{plan} \cdot r_{plan}$ = 0,40 · 1.200 – 0,40 · 1.000 = 80,– €

Gesamtabweichung = 140,– €

Berechnung in umgekehrter Reihenfolge:

Verbrauchsabweichung = 90,– €

Preisabweichung = 50,– €

Gesamtabweichung = 140,– €

**3. differenziert kumulative Abweichung**

Preisabweichung = $\Delta q \cdot r_{plan}$ = 0,05 · 1.000 = 50,– €

Verbrauchsabweichung = $q_{plan} \cdot \Delta r$ = 0,40 · 200 = 80,– €

Abweichung 2. Grades = $\Delta q \cdot \Delta r$ = 0,05 · 200 = 10,– €

Gesamtabweichung = 140,– €

**zu b)**

fixe Gemeinkosten = 5.000,– €

Preisabweichung:

$$PA = K_{ist} - K_{soll} = 17.500 - (5.000 + 24.000 \cdot 0,50) = 500,\text{– €}$$

Effizienzabweichung = 0,– €

Beschäftigungsabweichung:

$$BA = K_{soll} - K_{vp} = 17.000 - \left(\frac{15.000}{20.000} \cdot 24.000\right) = -1.000,\text{– €}$$

Gesamtabweichung = 500,– EUR + (–1.000,– EUR) = –500,– €

**zu c)**

Die Beschäftigungsabweichung ist aufgrund der höheren Produktionsmenge entstanden. Sie ist nicht vom Leiter zu verantworten. Die Effizienzabweichung ist hingegen durch eine ineffiziente Ressourcennutzung in der Fertigungshauptstelle entstanden. Daher ist sie dem Leiter zuzurechnen.

**zu d)**

Preisabweichung:

$PA = K_{ist} - K_{soll} = 20.000 - (5.000 + 22.000 \cdot 0,50) = 4.000,–\ €$

Effizienzabweichung:

$EA = = (5.000 + 22.000 \cdot 0,5) - (5.000 + 24.000 \cdot 0,50) = -1.000,–\ €$

Beschäftigungsabweichung:

$$BA = 17.000 - \left( \frac{15.000}{10.000} \cdot 12.000 \right) = -1.000,–\ €$$

Gesamtabweichung = 4.000,– € + (–1.000,– €) + (–1.000,– €) = 2.000,– €

## Aufgabe 2.1.2.16: Abweichungsanalyse und Preisuntergrenzen

**zu a)**

| Produktionsmenge | Fixkosten | Var. Stückkosten |
|---|---|---|
| Kostenart | | |
| Material | 0 | 40,– |
| Löhne | 10.000 | 55,– |
| Gehälter | 40.000 | 0,– |
| Kalk. Absch. + Zinsen | 30.000 | 0,– |
| Instandhaltung | 5.000 | 12,50 |
| | 85.000 | 107,50 |

**zu b)**

$K_{soll}$ = 85.000 + 107,5 * x
$K_{Verr}$ = 150*x; (150 = 300.000/2.000)

**zu c)**

Gewinn = –14.000
Soll-Ist-Abweichung = 270.000 – 257.000 = 13.000
Beschäftigungsabweichung = 257.000 – 240.000 = 17.000
Gewinnspanne = (160-150) * 1600 = 16.000
Also: 256.000 – 270.000 = –14.000 = –13.000 – 17.000 – 16.000 = –14.000

**zu d)**

Absolute PUG = var. Stückkosten = 107,50
Aber nur kurzfristig, solange Fixkosten nicht abgebaut werden können.

## Aufgabe 2.1.2.17: Preis- und Verbrauchsabweichung

**zu a)**

| | |
|---|---|
| $q$ | Preis |
| $r$ | Ausbringungsmenge · Verbrauch |
| $\Delta K_{Preis}$ | Preisabweichung |
| $\Delta K_{Verbrauch}$ | Verbrauchsabweichung |
| $\Delta K_{V,P}$ | Abweichung höheren Grades |

**Soll-Ist-Vergleich auf Ist-Bezugsbasis:**

**1. alternative Abweichungsanalyse:**

$\Delta K_{Preis} = q_{plan} \cdot r_{ist} - q_{ist} \cdot r_{ist} = 2{,}00 \cdot 6.000 - 2{,}20 \cdot 6.000 =$ **–1.200,– €**

$\Delta K_{Verbrauch} = q_{ist} \cdot r_{plan} - q_{ist} \cdot r_{ist} = 2{,}20 \cdot 5.000 - 2{,}20 \cdot 6.000 =$ **–2.200,– €**

Gesamtabweichung = **–3.400,– €**

**2. kumulative Abweichungsanalyse:**

$\Delta K_{Preis} = q_{plan} \cdot r_{plan} - q_{ist} \cdot r_{plan} = 2{,}00 \cdot 5.000 - 2{,}20 \cdot 5.000 =$ **–1.000,– €**

$\Delta K_{Verbrauch} = q_{ist} \cdot r_{plan} - q_{ist} \cdot r_{ist} = 2{,}20 \cdot 5.000 - 2{,}20 \cdot 6.000 =$ **–2.200,– €**

Gesamtabweichung = **–3.200,– €**

**3. differenziert kumulative Abweichungsanalyse:**

$\Delta K_{Preis} = \Delta q \cdot r_{ist} = -\,0{,}2 \cdot 6.000 =$ **–1.200,– €**

$\Delta K_{Verbrauch} = q_{ist} \cdot \Delta r = 2{,}20 \cdot -1.000 =$ **–2.200,– €**

$\Delta K_{V,P} = \Delta q \cdot \Delta r = -0{,}2 \cdot -1.000 =$ **200,– €**

Gesamtabweichung = **–3.200,– €**

Bei 1. fällt die Gesamtabweichung zu hoch aus. Die Abweichung 2. Grades wird nicht gesondert berechnet. Bei 2. ist die Gesamtabweichung richtig. Die Abweichung 2. Grades wird der Verbrauchsabweichung zugeschlagen und damit nicht gesondert berechnet. Bei 3. wird die Abweichung höheren Grades gesondert ausgewiesen. Die Gesamtabweichung ist richtig.

**zu b)**

**Ist-Soll Vergleich auf Plan-Bezugsbasis:**

**1. alternative Abweichungsanalyse:**

$\Delta K_{Preis} = q_{ist} \cdot r_{plan} - q_{plan} \cdot r_{plan} = 2{,}20 \cdot 5.000 - 2{,}00 \cdot 5.000 =$ **1.000,– €**

$\Delta K_{Verbrauch} = q_{plan} \cdot r_{ist} - q_{plan} \cdot r_{plan} = 2{,}00 \cdot 6.000 - 2{,}00 \cdot 5.000 =$ **2.000,– €**

Gesamtabweichung = **3.000,– €**

**2. kumulative Abweichungsanalyse:**

$\Delta K_{Preis} = q_{ist} \cdot r_{ist} - q_{plan} \cdot r_{ist} = 2{,}20 \cdot 6.000 - 2{,}00 \cdot 6.000 = \mathbf{1.200{,}- €}$

$\Delta K_{Verbrauch} = q_{plan} \cdot r_{ist} - q_{plan} \cdot r_{plan} = 2{,}00 \cdot 6.000 - 2{,}00 \cdot 5.000 = \mathbf{2.000{,}- €}$

Gesamtabweichung = **3.200,– €**

**3. differenziert kumulative Abweichungsanalyse**

$\Delta K_{Preis} = \Delta q \cdot r_{plan} = 0{,}2 \cdot 5.000 = \mathbf{1.000{,}- €}$

$\Delta K_{Verbrauch} = q_{plan} \cdot \Delta r = 2{,}00 \cdot 1.000 = \mathbf{2.000{,}- €}$

$\Delta K_{V,P} = \Delta q \cdot \Delta r = 0{,}2 \cdot 1.000 = \mathbf{200{,}- €}$

Gesamtabweichung = **3.200,– €**

**zu c)**

**alternative Abweichungsanalyse:** Eine Kosteneinflussgröße wird jeweils im Vergleich zu den anderen abweichend auf Plan (Ist) gesetzt, die restlichen Kosteneinflussgrößen bleiben Ist- (Plan-) Werte. Die Abweichung 2. Grades wird nicht gesondert erfasst.

**kumulative Abweichungsanalyse:** Alle Kosteneinflussgrößen werden sukzessive auf Plan (Ist) gesetzt. Damit ist die Reihenfolge der Teilabweichungen entscheidend. Ihre Summe entspricht der Gesamtabweichung.

**differenziert kumulative Abweichungsanalyse:** Die Abweichung 2. Grades wird getrennt ausgewiesen. Die Summe der Teilabweichungen entspricht der Gesamtabweichung. Die Reihenfolge der Bestimmung ist unerheblich.

## Aufgabe 2.1.2.18: Preis- und Verbrauchsabweichung

| | |
|---|---|
| $q$ | Preis |
| $r$ | Ausbringungsmenge · Verbrauch |
| $\Delta K_{Preis}$ | Preisabweichung |
| $\Delta K_{Verbrauch}$ | Verbrauchsabweichung |
| $\Delta K_{V,P}$ | Abweichung höheren Grades |

**zu a)**

**Gesamtabweichung:** $2 \cdot 2.000 - 3 \cdot 1.000 = \mathbf{1.000}$ **€**

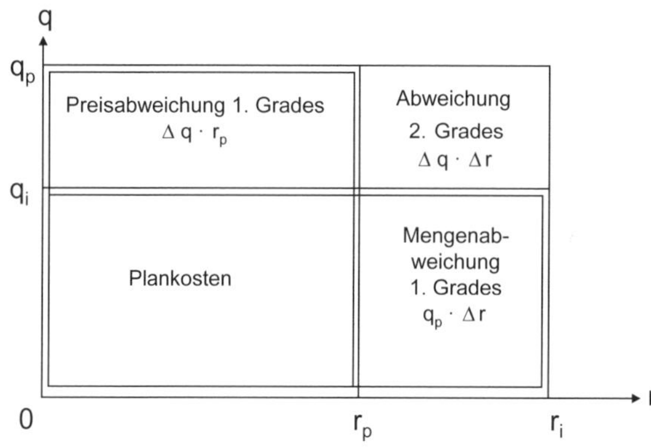


**zu b)**

**Ist-Soll Vergleich auf Plan-Bezugsbasis:**

*alternative Abweichungsanalyse:*

$\Delta K_{Preis} = q_{ist} \cdot r_{plan} - q_{plan} \cdot r_{plan} = 2 \cdot 1.000 - 3 \cdot 1.000 = \mathbf{-1.000,-}$ **€**

$\Delta K_{Verbrauch} = q_{plan} \cdot r_{ist} - q_{plan} \cdot r_{plan} = 3 \cdot 2.000 - 3 \cdot 1.000 = \mathbf{3.000,-}$ **€**

Gesamtabweichung = **2.000,– €**

*kumulative Abweichungsanalyse:*

$\Delta K_{Preis} = q_{ist} \cdot r_{ist} - q_{plan} \cdot r_{ist} = 2 \cdot 2.000 - 3 \cdot 2.000 = \mathbf{-2.000,-}$ **€**

$\Delta K_{Verbrauch} = q_{plan} \cdot r_{ist} - q_{plan} \cdot r_{plan} = 3 \cdot 2.000 - 3 \cdot 1.000 = \mathbf{3.000,-}$ **€**

Gesamtabweichung = **1.000,– €**

*differenziert kumulative Abweichungsanalyse*

$\Delta K_{Preis} = \Delta q \cdot r_{plan} = (-1) \cdot 1.000 = \mathbf{-1.000,-}$ **€**

$\Delta K_{Verbrauch} = q_{plan} \cdot \Delta r = 3 \cdot 1.000 = \mathbf{3.000,-}$ **€**

$\Delta K_{V,P} = \Delta q \cdot \Delta r = (-1) \cdot 1.000 = \mathbf{-1.000,-}$ **€**

Gesamtabweichung = **1.000,– €**

**zu c)**

*alternative Abweichungsanalyse:* Die Gesamtabweichung fällt zu hoch aus. Die Abweichung 2. Grades wird nicht gesondert herausgerechnet.

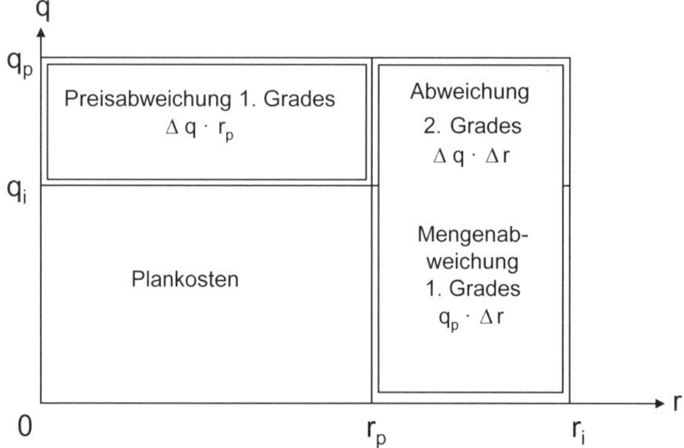


*kumulative Abweichungsanalyse:* Alle Einflussgrößen werden sukzessive auf Plan (Ist) gesetzt. Damit ist die Reihenfolge der Teilabweichungen entscheidend. Die Gesamtabweichung ist richtig. Die Abweichung 2. Grades wird nicht gesondert herausgerechnet.

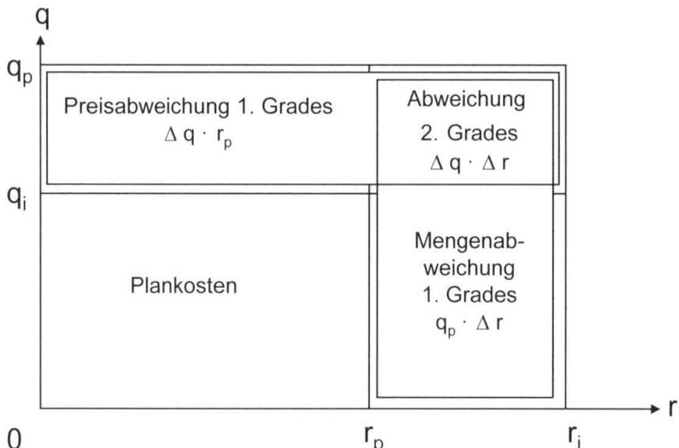


*differenziert kumulative Abweichungsanalyse:* Die Reihenfolge der Abweichungsbestimmung ist unerheblich. Die Gesamtabweichung ist richtig. Die Abweichung 2. Grades wird getrennt ausgewiesen.

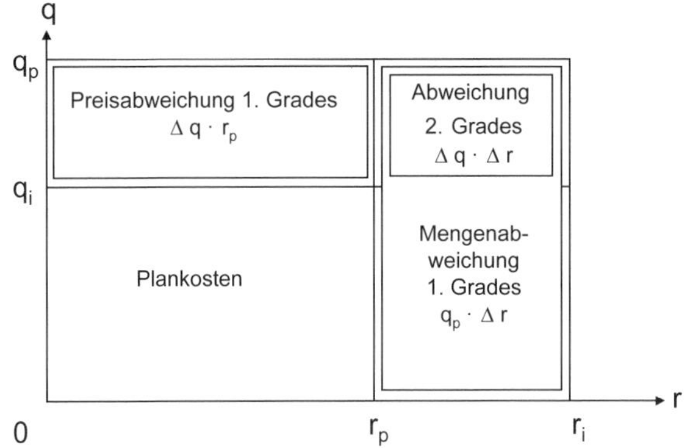


**zu d)**

**Soll-Ist-Vergleich auf Plan-Bezugsbasis:**
*alternative Abweichungsanalyse:* Vorzeichen drehen sich um.
*differenziert kumulative Abweichungsanalyse:* Die Abweichung 2. Grades muss abgezogen werden

## Aufgabe 2.1.3.1: Erlös- und Deckungsbeitragsabweichung mit Markteinfluss

**zu a)**

**Erlösabweichung:**

| | Weizen | Märzen | Pils |
|---|---|---|---|
| $E_i$ | 360.000,– | 280.000,– | 450.000,– |
| $E_p$ | 400.000,– | 350.000,– | 400.000,– |
| $\Delta E$ | –40.000,– | –70.000,– | 50.000,– |
| Gesamt | | –60.000,– | |

**Preisabweichung:**

| | Weizen | Märzen | Pils |
|---|---|---|---|
| $P_i$ | 300,– | 350,– | 150,– |
| $P_p$ | 400,– | 350,– | 200,– |
| $\Delta p$ | –100.000,– | 0,– | –100.000,– |
| Gesamt | | –200.000,– | |

**Verbrauchsabweichung:**

| | Weizen | Märzen | Pils |
|---|---|---|---|
| $x_i$ | 1.200,– | 800,– | 3.000,– |
| $x_p$ | 1.000,– | 1.000,– | 2.000,– |
| $\Delta x$ | 80.000,– | –70.000,– | 200.000,– |
| Gesamt | | 210.000,– | |

**Abweichung 2. Grades:**

Für alle Produkte: $\Delta p \cdot \Delta x = -70.000$
Gesamtabweichung: $\Delta p + \Delta x + \Delta p \cdot \Delta x = -60.000$

**zu b)**

**Gesamtabweichung der variablen Kosten:**

| | Weizen | Märzen | Pils |
|---|---|---|---|
| $k_{vi}$ | 250,– | 375,– | 100,– |
| $k_{vp}$ | 250,– | 300,– | 100,– |
| $\Delta K_v$ | 0,– | 75.000,– | 0,– |
| Gesamt | | 75.000,– | |

**Gesamtdeckungsbeitragsabweichung ($\Delta$DB):**

| | Weizen | Märzen | Pils |
|---|---|---|---|
| $DB_i$ | 60.000,– | –20.000,– | 150.000,– |
| $DB_p$ | 150.000,– | 50.000,– | 200.000,– |
| $\Delta DB$ | -90.000,– | –70.000,– | –50.000,– |
| Gesamt | | –210.000,– | |

**Gesamte Stückdeckungsbeitragsabweichung ($\Delta$sd):**

| | Weizen | Märzen | Pils |
|---|---|---|---|
| $sd_i$ | 50,– | –25,– | 50,– |
| $sd_p$ | 150,– | 50,– | 100,– |
| $\Delta sd \cdot x_p$ | –100.000,– | –75.000,– | –100.000,– |
| Gesamt | | –275.000,– | |

**Absatzmengenabweichung:**
Gesamt: $\Delta x \cdot sd_P$= (200 · 150) + ((–200) · 50) + (1.000 · 100) = **120.000,– €**

**Abweichung 2. Grades:**
Gesamt: $\Delta x \cdot \Delta sd$ = 200 · (–100) + (–200) · (–75) + (1.000 · (–50) = **–55.000,– €**

**Summe der Abweichungen:**

| | Weizen | Märzen | Pils |
|---|---|---|---|
| Δsd | –100.000,– | –75.000,– | –100.000,– |
| Mengenabweichung | 30.000,– | –10.000,– | 100.000,– |
| Abweichung 2. Grades | –20.000,– | 15.000,– | –50.000,– |
| Gesamt | | –210.000,– | |

**zu c)**

**Absatzstrukturabweichung:**

$$\frac{150 \cdot 1.200 + 50 \cdot 800 + 100 \cdot 3.000}{5.000} \cdot 4.000 = 104 \cdot 4.000 = \qquad \mathbf{416.000,\text{–}\ €}$$

$$\frac{150 \cdot 1.000 + 50 \cdot 1.000 + 100 \cdot 2.000}{4.000} \cdot 4.000 = 100 \cdot 4.000 = \qquad \mathbf{400.000,\text{–}\ €}$$

$$\Sigma \quad \mathbf{16.000,\text{–}\ €}$$

**Absatzstrukturabweichung 2. Grades:**

(104 – 100) · (5.000 – 4.000) = 4.000,– €

**zu d)**

**Marktvolumensabweichung:**

$$\frac{4.000}{40.000} \cdot [35.000 - 40.000] \cdot \frac{400.000}{4.000} = \mathbf{-50.000,\text{–}\ €}$$

**Marktanteilsabweichung:**

$$\left[\frac{5.000}{35.000} - \frac{4.000}{40.000}\right] \cdot 40.000 \cdot 100 = \mathbf{171.429,\text{–}\ €}$$

Die Marktanteilsabweichung gibt an, wie sich der Gesamtdeckungsbeitrag allein dadurch verändert, dass der Ist-Marktanteil vom geplanten Marktanteil abweicht. Dabei wird davon ausgegangen, alle anderen Einflussgrößen (Marktvolumen, geplanter durchschnittlicher Deckungsbeitrag je Einheit) würden sich wie geplant einstellen.

**zu e)**

*Exogene Faktoren* → Gesamtmarkt:

- Veränderung des Preisniveaus → Branchenpreis
- Veränderung des Marktvolumens

*Endogene Faktoren:*

- Planabweichung (unvorhersehbare Ereignisse)
- Veränderung der Effektivität der Preispolitik
- Veränderung der Effektivität des übrigen Marketing-Mix

| | Istwerte | Sollwerte |
|---|---|---|
| Relativer Preis | 0,8572 | 1 |
| Marktanteil | 0,08 | 0,05 |
| Branchenpreis | 350 | 400 |
| Marktvolumen | 15.000 | 20.000 |
| Gesamterlösabweichung | –39.976 | |

- Wertmäßiger Marktanteilseffekt:
  $(0{,}8572 \cdot 0{,}08 - 1 \cdot 0{,}05) \cdot 400 \cdot 20.000 = \mathbf{148.608{,}-}$ **€**
- Wertmäßiger Marktvolumeneffekt:
  $(15.000 \cdot 350 - 20.000 \cdot 400) \cdot 1 \cdot 0{,}05 = \mathbf{-137.500{,}-}$ **€**
- Interaktionseffekt:
  $(0{,}8572 \cdot 0{,}08 - 1 \cdot 0{,}05) \cdot (15.000 \cdot 350 - 20.000 \cdot 400) = \mathbf{-51.084{,}-}$ **€**

Gesamtabweichung:

| | |
|---|---|
| Exogen: | –137.500,– € |
| Endogen: | 148.608,– € |
| Interaktion: | –51.084,– € |
| Summe: | –39.976,– € |

Exogen bedingte Abweichungsursachen:

| | |
|---|---|
| Branchenpreisabweichung: | –50.000,– € |
| Marktvolumensabweichung: | –100.000,– € |
| Interaktionsabweichung: | 12.500,– € |
| Gesamte exogen bedingte Abweichung: | **–137.500,– €** |

## Aufgabe 2.1.3.2: Erlösabweichung mit Markteinfluss

**zu a)**

| | Munichburger | Hendlburger | Radiburger |
|---|---|---|---|
| $\Delta x \cdot$ p(plan) | –3.500 | 3.800 | –1.500 |
| $\Delta p \cdot$ x(plan) | –2.500 | 1.000 | 1.500 |
| $\Delta p \cdot \Delta x$ (2. Grad) | 500 | 200 | –500 |
| Summe | –5.500 | 5.000 | –500 |
| Gesamt | | –1.000 | |

**zu b)**

**Marktvolumensabweichung:**

$$\left[\text{Marktvolumen}_{\text{Ist}} - \text{Marktvolumen}_{\text{Plan}}\right] \cdot \text{Marktanteil}_{\text{Plan}} \cdot \varnothing - \text{Erlöse}_{\text{Plan}} =$$

$$(150.000 - 130.000) \cdot 0{,}10 \cdot \underbrace{\frac{41.000}{13.000}}_{\approx 3{,}15} = 6.300$$

**Marktanteilsabweichung:**

$$\left[\text{Marktanteil}_{\text{Ist}} - \text{Marktanteil}_{\text{Plan}}\right] \cdot \text{Marktvolumen}_{\text{Plan}} \cdot \varnothing - \text{Erlöse}_{\text{Plan}} =$$

$$(0{,}08 - 0{,}10) \cdot 130.000 \cdot 3{,}15 = -8.190$$

**zu c)**

Der Munichburger (MB) wird bspw. in unterschiedlichen Regionen zu unterschiedlichen Preisen abgesetzt. Der Planerlös/Stück = 3,50 Euro ist der Durchschnittserlös zu Planmengen und Planpreisen der jeweiligen Region:

$$\frac{\textit{Plangesamterlös MB}}{\textit{Plangesamtmenge MB}} = \frac{3 \cdot 2.500 + 5 \cdot 1.500 + 2{,}5 \cdot 1000}{2.500 + 1.500 + 1.000} = \frac{17.500}{5.000} = 3{,}50€$$

Im Vergleich zu den Planmengen pro Region verändert sich die Absatzmengenstruktur (Absatzmengen der Regionen relativ zueinander), bspw. Verschiebung von Bayern (mit 3 € Planstückerlös) nach Rest-Dtld. (mit 5 € Planstückerlös). Zu Berechnen ist der Effekt der Verschiebung: Es liegt eine Absatzstrukturabweichung vor.

Absatzstrukturabweichung (Mengeneffekt) zu Planpreisen:

Plan-Struktur (zu Planmengen):
$Erlöse = 3{,}50 \cdot 5.000 = 17.500$

Ist-Struktur (zu Planmengen):

$$Erlöse = \frac{3 \cdot 1.000 + 5 \cdot 2.000 + 2{,}5 \cdot 1.000}{4.000} \cdot 5.000 = \frac{15.000}{4.000} \cdot 5.000$$
$$= 3{,}874 \cdot 5.000 = 19.375$$

Der durchschnittliche Erlös (3,875 €) ist höher, weil ein größerer Anteil der Produkte in höherpreisigen Regionen verkauft wurde als bei Planabsatzstruktur.

Absatzstrukturabw. 1. Grades: 19.375 – 17.500 = 1.875 €

Absatzstrukturabw. 2. Grades: (3,875 – 3,50) · (4.000 – 5.000) = – 375 €

Summe der Absatzstrukturabw. zu Planmengen 1. und 2. Grades = 1.500 €

Dies entspricht der Absatzstrukturabweichung zu Istmengen:

(3,875 – 3,50) · 4.000 = 1.500 €

## Aufgabe 2.1.3.3: Erlösabweichung mit Markteinfluss

**zu a)**

Ist-Soll-Vergleich auf Planbezugsbasis

Gesamt-Erlösabweichung:

| | Said | Dieter |
|---|---|---|
| Ist-Erlös | 280.000 | 345.000 |
| Plan-Erlös | 315.000 | 336.000 |
| Differenz | –35.000 | 9.000 |
| Gesamtdifferenz | –26.000 | |

Aufgespaltet in:

Preisabweichung:

| | Said | Dieter |
|---|---|---|
| Ist-Preis | 100 | 230 |
| Plan-Preis | 140 | 210 |
| Preisdifferenz | –40 | 20 |
| Einzelabweichungen | –90.000 | 32.000 |
| Preisabweichung | –58.000 | |

Verbrauchsabweichung:

| | Said | Dieter |
|---|---|---|
| Ist-Menge | 2.800 | 1.500 |
| Plan-Menge | 2.250 | 1.600 |
| Mengendifferenz | 550 | –100 |
| Einzelabweichungen | 77.000 | –21.000 |
| Mengenabweichung | 56.000 | |

Abweichung 2. Grades

| | Said | Dieter |
|---|---|---|
| Preisdifferenz | –40 | 20 |
| Mengendifferenz | 550 | –100 |
| Einzelabweichungen | –22.000 | –2.000 |
| Abw. 2. Grades | –24.000 | |

Gesamtabweichung:

| | |
|---|---|
| Preisabweichung | –58.000 |
| Mengenabweichung | +56.000 |
| Abweichung 2. Grades | –24.000 |
| Gesamtabweichung | –26.000 |

**zu b)**

| | Ist | Plan |
|---|---|---|
| Branchenpreis | 125 | 200 |
| Marktvolumen | 40.000 | 45.000 |
| Relativer Preis | 0,8 | 0,7 |
| Marktanteil | 0,07 | 0,05 |
| Gesamterlösabweichung | –35000 | |

| | |
|---|---|
| Wertmäßiger Marktanteilseffekt (endogen) | 189.000 |
| Wertmäßiger Marktvolumenseffekt (exogen) | –140.000 |
| Interaktionseffekt | –84.000 |
| Gesamtabweichung | –35.000 |

| Exogene | Branchenpreisabweichung: | –118.125 |
|---|---|---|
| | Marktvolumenabweichung: | –35.000 |
| | Interaktionsabweichung: | 13.125 |
| | Gesamtabweichung: | –140.000 |

## Aufgabe 2.1.3.4: Kosten- und Erlösabweichungen mit Variator

**zu a)**

| Produktionsmenge | x=0 Plankosten [€] | x=200 Plankosten [€] |
|---|---|---|
| Kostenart | | |
| Material | 0 | 6.000 |
| Löhne | 10.000 | 110.000 |
| Gehälter | 20.000 | 20.000 |
| Kalk. Absch.+Zinsen | 6.000 | 8.000 |
| Instandhaltung | 20.000 | 40.000 |
| | 56.000 | 184.000 |

**zu b)**

$K_{soll} = 56.000 + 690 * x$

$K_{vp} = 920 * x$

**zu c)**

G = 230.400 – 210.000 = 20.400

Ursachen:

Gewinn = Erlöse – $K_{ist}$ = 20.400 = Erlöse – VA – $K_{soll}$ = 230.400 – 1.600 – 211.600

Differenz zwischen Preis und Selbstkosten (VerkaufsPreis-Abw): (960 – 920) *240 = 9.600

Gewinn = Verkaufspreisabweichung – Verbrauchsabweichung – Beschäftigungsabweichung = 9.600 – 400 – –11.200 = 20.400

**zu d)**

Auf Sicht ist ein Preis unter den Selbstkosten nicht durchhaltbar – Kostensenkung oder Preiserhöhungen nötig.
Kurzfristig bis auf variable Stückkosten von 640 reduzierbar.

## Aufgabe 2.2.1: Prozesskostenrechnung

**zu a) und b)**

| | Plan-prozess-menge | Gesamt-kosten der Prozess-menge | Plan-prozess-kosten-satz (lmi) | Umlage-satz* | Gesamt-prozess-kosten-satz | Ausbrin-gungs-mengen-abhängige Prozessmenge | Varianten-zahl-abhängige Prozess-menge |
|---|---|---|---|---|---|---|---|
| Rechnungs-prüfung (lmi) | 1.000 | 20.000 | 20,– | 10,– | 30,– | 90 % | 10 % |
| Waren-eingang (lmi) | 3.000 | 6.000 | 2,– | 1,– | 3,– | 100 % | 0 % |
| Einlagerun-gen (lmi) | 200 | 40.000 | 200,– | 100,– | 300,– | 20 % | 80 % |
| Leitung (lmn) | | 33.000 | | | | | |

* $\frac{33.000}{(20.000+6.000+40.000)}=0,5$ → jeweils multipliziert mit Plan-prozesskostensatz

**zu c)**

**Variantenstückkosten:**

| Prozess | Ausbringungs-abhängige Prozess-kosten pro Einheit | Variantenabhängige Prozesskosten pro Einheit | |
|---|---|---|---|
| | | Variante A | Variante B |
| Rechnungs-prüfung | $\frac{1.000 \cdot 0,9 \cdot 20}{4.000}=4,50$ | $\frac{1.000 \cdot 0,10 \cdot 20}{2 \cdot 2.500}=0,4$ | $\frac{1.000 \cdot 0,10 \cdot 20}{2 \cdot 1.500}=0,67$ |
| Warenein-gangskontrolle | $\frac{3.000 \cdot 1,0 \cdot 2}{4.000}=1,50$ | $\frac{3.000 \cdot 0 \cdot 2}{5.000}=0$ | $\frac{3.000 \cdot 0 \cdot 2}{3.000}=0$ |
| Einlagerungen | $\frac{200 \cdot 0,2 \cdot 200}{4.000}=2,00$ | $\frac{200 \cdot 0,8 \cdot 200}{5.000}=6,4$ | $\frac{200 \cdot 0,8 \cdot 200}{3.000}=10,67$ |

Variante A: 2.500 Einheiten

Variante A:

| | |
|---|---|
| 4,50 + 0,40 = | 4,90 |
| 1,50 + 0 = | 1,50 |
| 2,00 + 6,40 = | 8,40 |
| Σ | **14,80** |

Variante B: 1.500 Einheiten

Variante B:

| | |
|---|---|
| 4,50 + 0,67 = | 5,17 |
| 1,50 + 0 = | 1,50 |
| 2,00 + 10,67 = | 12,67 |
| Σ | **19,34** |

## Aufgabe 2.2.2: Prozesskostenrechnung

**zu a)**

| | Gesamtbetrachtung | | Stückbetrachtung | |
|---|---|---|---|---|
| | Variante A [€] | Variante B [€] | Variante A [€] | Variante B [€] |
| Material-EK | 200.000,– | 2.800.000,– | 100,– | 350,– |
| Material-GK | 100.000,– | 1.400.000,– | 50,– | 175,– |
| Fertigungs-GK | 1.600.000,– | 6.400.000,– | 800,– | 800,– |
| **Herstellkosten** | **1.900.000,–** | **10.600.000,–** | **950,–** | **1325,–** |
| Verwaltungs-GK | 361.000,– | 2.014.000,– | 180,50 | 251,75 |
| Vertriebs-GK | 180.500,– | 1.007.000,– | 90,25 | 125,87 |
| **Selbstkosten** | **2.441.500,–** | **13.621.000,–** | **1.220,75** | **1.702,62** |

**Material-GK-Zuschlagssatz:**

$$\frac{1.500.000}{200.000+2.800.000}=50\,\%$$

**Fertigungs-GK:**

Maschinenstunden Variante A: $2.000\cdot\frac{200}{100}=4.000$

Maschinenstunden Variante B: $8.000\cdot\frac{200}{100}=16.000$

→ 8.000.000,– € im Verhältnis 1:4 verteilen.

**Vw-GK-Zuschlagssatz:**

$$\frac{2.375.000}{12.500.000}=19\,\%$$

**Vt-GK-Zuschlagssatz:**

$$\frac{1.187.500}{12.500.000}=9{,}50\,\%$$

**zu b)**

allgemein: $\text{Prozesskostensatz}=\frac{\text{Plangemeinkosten}}{\text{Planprozessmenge}}$

| Kostenstelle | lmi | lmn | gesamt |
|---|---|---|---|
| Einkauf | 65,– | 50,– | 115,– |
| Wareneingang | 32,50 | 37,50 | 70,– |
| Fertigung | 360,– | 40,– | 400,– |
| Vertrieb | 3.987,50 | 1.950,– | 5.937,50 |

**zu c)**

| | Gesamtbetrachtung | | Stückbetrachtung | |
|---|---|---|---|---|
| **[€]** | **Variante A** | **Variante B** | **Variante A** | **Variante B** |
| Material-EK | 200.000,– | 2.800.000,– | 100,– | 350,– |
| Einkaufskosten | 276.000,– | 552.000,– | 138,– | 69,– |
| Wareneingang | 224.000,– | 448.000,– | 112,– | 56,– |
| Fertigungs-GK | 1.600.000,– | 6.400.000,– | 800,– | 800,– |
| **Herstellkosten** | **2.300.000,–** | **10.200.000,–** | **1.150,–** | **1.275,–** |
| Verwaltungs-GK | 437.000,– | 1.938.000,– | 218,50 | 242,25 |
| Vertriebs-GK | 712.500,– | 475.000,– | 356,25 | 59,38 |
| **Selbstkosten** | **3.449.500,–** | **12.613.000,–** | **1.724,75** | **1.576,63** |

**zu d)**

Gesamte Plan-GK der Fertigung (lmi): 7.200.000,– €

*Je Prozess:* $\frac{7.200.000}{20.000} = 360,– €$

*Ausbringungsabhängige Prozesskosten A und B (80 %):*

$\frac{360 \cdot 0,8 \cdot 20.000}{20.000} = 288,– €/h$, d. h. 576,– € / Stück

*Variantenzahlabhängige Prozesskosten (20 %):*

Variante A: $\frac{360 \cdot 0,2 \cdot 20.000}{2 \cdot 2.000} = 360,– €/Stück$

Variante B: 90,– €/Stück

*Gesamtprozesskostensatz:*

Variante A: 576,– + 360,– = 936,– €
Variante B: 576,– + 90,– = 666,– €

## Aufgabe 2.2.3: Zuschlags- versus prozesskostenorientierte Kalkulation

**zu a)**

| | City [€] | Mountain [€] |
|---|---|---|
| Materialeinzelkosten 1 | 13,– | |
| Materialeinzelkosten 2 | 13,– | |
| Materialeinzelkosten 3 | 24,– | |
| Materialeinzelkosten 4 | 20,– | |
| Materialeinzelkosten 5 | 50,– | |
| Materialeinzelkosten 6 | | 40,– |
| Materialeinzelkosten 7 | | 80,– |
| **Σ Materialeinzelkosten** | **120,–** | **120,–** |
| Materialgemeinkosten | 14,40 | 14,40 |
| Fertigungskosten 1 | 30,– | 30,– |
| Fertigungskosten 2 | 28,– | 28,– |
| **Herstellkosten pro Stück** | **192,40** | **192,40** |

*MGK-Zuschlagssatz:*

$$\frac{880+2.000}{24.000}=12\%$$

*Maschinenstundensatz Fertigungsstelle 1:*

$$\frac{90.000}{1.500}=60,-\ €/\text{h}$$

*Maschinenstundensatz Fertigungsstelle 2:*

$$\frac{350.000}{2.500}=140,-\ €/\text{h}$$

**zu b)**

| [€] | City | Mountain |
|---|---|---|
| Materialeinzelkosten | 120,– | 120,– |
| Materialgemeinkosten Einkauf | 6,60 | 2,20 |
| Materialgemeinkosten Wareneingang | 16,– | 4,– |
| Fertigungskosten 1 und 2 | 58,– | 58,– |
| **Herstellkosten pro Stück** | **200,60** | **184,20** |

*Prozesskostensatz Einkauf:*

$$\frac{880}{40} = 22,- \text{ €/Prozess}$$

*Prozesskostensatz Wareneingang:*

$$\frac{2.000}{100} = 20,- \text{ €/Prozess}$$

## Aufgabe 2.2.4: Prozesskosten- und Grenzplankostenrechnung

**zu a)**

| Deckungsbeitragsrechnung [€] | Kettensäge | Blechschere |
|---|---|---|
| Erlöse | 120.000,– | 100.000,– |
| Material-EK | 20.000,– | 40.000,– |
| Material-GK (10 %) | 2.000,– | 4.000,– |
| Fertigungs-EK | 70.000,– | 50.000,– |
| Fertigungs-GK (20 %) | 14.000,– | 10.000,– |
| **Deckungsbeiträge** | **14.000,–** | **–4.000,–** |
| Vertriebs- und Verwaltungs-GK | 8.000,– | |
| **Nettogewinn** | **2.000,–** | |

**zu b)**

| Teilprozess Materialstelle | Bezugsgröße | Menge | Kostenzurechnung | lmi | lmn | PKS lmi | PKS gesamt |
|---|---|---|---|---|---|---|---|
| Bestellung | Auftragszahl | 25 | 0,25 | 1.500 | 500 | 60,– | 80,– |
| Eingangslogistik | Bauteile | 2.500 | 0,50 | 3.000 | 1.000 | 1,20 | 1,60 |

| Teilprozess Fertigungsstelle | Bezugsgröße | Menge | Kostenzurechnung | lmi | lmn | PKS lmi | PKS gesamt |
|---|---|---|---|---|---|---|---|
| Fertigungssteuerung | Auftragszahl | 25 | 0,20 | 4.800 | 1.200 | 192,– | 240,– |
| Qualitätssicherung | Bauteile | 2.500 | 0,60 | 14.400 | 3.600 | 5,76 | 7,20 |

| Hauptprozess | Prozesskosten [€/Bezugsgröße] |
|---|---|
| Auftragsabwicklung | 80,– + 240,– = 320,– |
| Produkterstellung | 1,60 + 7,20 = 8,80 |

Zusatzauftrag:

| Deckungsbeitragsrechnung | Kosten [€] |
|---|---|
| Erlöse | 20.000,– |
| Materialeinzelkosten | $\frac{40.000}{100} \cdot 20 = 8.000$,- |
| Fertigungseinzelkosten | $\frac{50.000}{100} \cdot 20 = 10.000$,- |
| Auftragsabwicklung | 320,– |
| Produkterstellung | 8,80 · 20 · 4 = 704,– |
| **Deckungsbeitrag** | **976,–** |

Im Gegensatz zu a) hat der Zusatzauftrag nach der Prozesskostenrechnung einen positiven Deckungsbeitrag und wird jetzt angenommen.

## Aufgabe 2.2.5: Zuschlags- versus prozesskostenorientierte Kalkulation

**zu a) und b)**

| Kalkulation | V1 | V2 | V3 |
|---|---|---|---|
| M1<br>M2 | 2,40<br>40,00 | 10,00<br>20,00 | 6,80<br>80,00 |
| MEK/Stück<br>MEK/ges.<br>MGK | 42,40<br>29.680,00<br>18,92 | 30,00<br>9.000,00<br>13,39 | 86,80<br>86.800,00<br>38,74 |
| FI-EK/Stück<br>FI-EK/ges.<br>FI-GK | 24,00<br>16.800,00<br>7,02 | 12,00<br>3.600,00<br>3,51 | 48,00<br>48.000,00<br>14,04 |
| FII-EK/Stück<br>FII-EK/ges.<br>FII-GK | 32,00<br>22.400,00<br>4,13 | 48,00<br>14.400,00<br>6,19 | 64,00<br>64.000,00<br>8,25 |
| SEKF | – | – | 32,00 |
| **HK/Stück** | **128,47** | **113,09** | **291,83** |

| Kalkulation | V1 | V2 | V3 |
|---|---|---|---|
| HK [ges.] | 89.926,95 | 33.926,35 | 291.826,70 |
| VwK | 9,46 | 8,32 | 21,48 |
| VtGK | 5,88 | 9,21 | 5,13 |
| **SK/Stück** | **143,80** | **130,62** | **318,43** |

Gemeinkosten-Zuschlagssätze: Material 0,45; Fertig. I 0,29; Fertig. II 0,13

**zu b)**

Gemeinkosten-Zuschlagssatz Verwaltung: 0,07

Kalkulation der Vertriebskosten nach Prozesskostenrechnung

**Bestimmung der produktionsmengenabhängigen Kosten:**

| | | | | |
|---|---|---|---|---|
| Rahmenverträge | 50,00 · 30,00 * 0,80 | / 2.000,00 | = | **0,60** |
| Einzelbestellungen | 400,00 · 20,00 * 0,60 | / 2.000,00 | = | **2,40** |
| Warenausgang | 250,00 · 10,00 * 0,30 | / 2.000,00 | = | **0,38** |

**Bestimmung der variantenzahlabhängigen Kosten:**

| | Anz. Var. | je Var. | | | |
|---|---|---|---|---|---|
| Rahmenverträge | | | | | |
| 1.500,00 · 0,20 = | 300,00 / 3,00 = | 100,00 | | | |
| | | A | / | 700,00 | = 0,14 |
| | | B | / | 300,00 | = 0,33 |
| | | C | / | 1.000,00 | = 0,10 |
| Einzelbestellungen | | | | | |
| 8.000,00 · 0,40 = | 3.200,00 / 3,00 = | 1.066,67 | | | |
| | | A | / | 700,00 | = 1,52 |
| | | B | / | 300,00 | = 3,56 |
| | | C | / | 1.000,00 | = 1,07 |
| Warenausgang | | | | | |
| 2.500,00 · 0,70 = | 1.750,00 / 3,00 = | 583,33 | | | |
| | | A | / | 700,00 | = 0,83 |
| | | B | / | 300,00 | = 1,94 |
| | | C | / | 1.000,00 | = 0,58 |

**Summierung:**

| Kalkulation | V1 | | | V2 | | | V3 | | |
|---|---|---|---|---|---|---|---|---|---|
| | maKo | vaKo | ges | maKo | vaKo | ges | maKo | vaKo | ges |
| Rahmenverträge | 0,60 | 0,14 | **0,74** | 0,60 | 0,33 | **0,93** | 0,60 | 0,10 | **0,70** |
| Einzelbestellungen | 2,40 | 1,52 | **3,92** | 2,40 | 3,56 | **5,96** | 2,40 | 1,07 | **3,47** |
| Warenausgang | 0,38 | 0,83 | **1,21** | 0,38 | 1,94 | **2,32** | 0,38 | 0,58 | **0,96** |
| **Gesamt** | | | **5,88** | | | **9,21** | | | **5,13** |

## Aufgabe 2.2.6: Prozess- versus Grenzplankostenrechnung

**zu a)**

| Prozesse | Prozesskostensatz lmi | Prozesskostensatz lmn | Gesamtprozesskostensatz |
|---|---|---|---|
| Angebote einholen | 420,00 | 64,76 | 484,76 |
| Bestellungen einholen | 75,00 | 11,56 | 86,56 |
| Reklamationen bearbeiten | 500,00 | 77,09 | 577,09 |
| Rechnungen prüfen | 185,00 | 28,52 | 213,52 |

**zu b)**

- Grenzplankostenrechnung differenziert die Kosten in variable und fixe Kosten, die Prozesskostenrechnung in lmi- und lmn-Kosten
- bei der Grenzplankostenrechnung werden nur die variablen Gemeinkosten verteilt, bei der Prozesskostenrechnung hingegen alle Kosten
- bei der Grenzplankostenrechnung dienen die Bezugsgrößen (z. B. im Einkauf) der Kostenkontrolle (Kontrollfunktion der Bezugsgrößen)
- bei der Prozesskostenrechnung werden die Kosten auf den Kostenträger verrechnet (Kalkulationsfunktion der Bezugsgrößen)
- bei der Grenzplankostenrechnung liegt eine Kostenstellenorientierung, bei der Prozesskostenrechnung eine Prozessorientierung vor.

**zu c)**

| Prozesse | Variante A | | Variante B | | Variante C | |
|---|---|---|---|---|---|---|
| | meng. ab. | var. ab. | meng. ab. | var. ab. | meng. ab. | var. ab. |
| Angebote einholen | 2,52 | 5,60 | 2,52 | 11,20 | 2,52 | 33,60 |
| Bestellungen einholen | 0,00 | 5,33 | 0,00 | 10,67 | 0,00 | 32,00 |
| Reklamationen bearb. | 1,00 | 0,00 | 1,00 | 0,00 | 1,00 | 0,00 |
| Rechnungen prüfen | 15,54 | 3,70 | 15,54 | 7,40 | 15,54 | 22,20 |
| Summe | 33,69 | | 48,33 | | 106,86 | |

**zu d)**

| Prozesse | Variante A | | Variante B | |
|---|---|---|---|---|
| | meng.ab. | var.ab. | meng.ab. | var.ab. |
| Angebote einholen | 2,52 | 4,80 | 2,52 | 11,20 |
| Bestellungen einholen | 0,00 | 4,57 | 0,00 | 10,67 |
| Reklamationen bearb. | 1,00 | 0,00 | 1,00 | 0,00 |
| Rechnungen prüfen | 15,54 | 3,17 | 15,54 | 7,40 |
| Summe | 31,60 | | 48,33 | |

**zu e)**

- Variantenkalkulation wird in Grenzplankostenrechnung nicht durchgeführt
- bei der Grenzplankostenrechnung werden dem Kostenträger nur variable Kosten belastet
- kleine Varianten werden in der Prozesskostenrechnung mit sehr hohen Kosten belastet, in der Grenzplankostenrechnung wird diesen Varianten u. U. nur ein geringer GK-Teil belastet (wertmäßige Zuschlagsbasis)

## Aufgabe 2.2.7: Prozesskostenrechnung

**zu a)**

| Prozess | Prozess-kostensatz lmi | Prozess-kostensatz lmn | Gesamtpro-zesskosten-satz |
|---|---|---|---|
| Angebote einholen | 105,00 | 21,55 | 126,55 |
| Bestellungen aufgeben | 18,75 | 3,85 | 22,60 |
| Reklamationen bearbeiten | 800,00 | 164,22 | 964,22 |
| Rechnungen prüfen | 185,00 | 37,98 | 222,98 |

Zuschlag lmn = 350.000,– / 1.705.000,– = 20,53 %

**zu b)**

| Variante A | | Variante B | |
|---|---|---|---|
| 1,26 | 4,20 | 1,26 | 6,30 |
| 0,00 | 4,00 | 0,00 | 6,00 |
| 0,80 | 0,00 | 0,80 | 0,00 |
| 15,54 | 5,55 | 15,54 | 8,325 |
| 31,35 | | 38,225 | |

**zu c)**

| Variante A | | Variante B | | Variante C | |
|---|---|---|---|---|---|
| 1,26 | 6,30 | 1,26 | 6,30 | 1,26 | 12,60 |
| 0,00 | 6,00 | 0,00 | 6,00 | 0,00 | 12,00 |
| 0,80 | 0,00 | 0,80 | 0,00 | 0,80 | 0,00 |
| 15,54 | 8,325 | 15,54 | 8,325 | 15,54 | 16,65 |
| 38,225 | | 38,225 | | 58,85 | |

## Aufgabe 2.2.8: Deckungsbeitrags- und Prozesskostenrechnung

**zu a)**

| | A | B | C |
|---|---|---|---|
| Erlöse | 300.000 | 760.000 | 1.306.700 |
| Mat.-EK | 106.000 | 280.000 | 584.000 |
| Fert.-EK | 44.000 | 48.000 | 109.500 |
| SEK Fert. | 50.000 | 50.000 | |
| variable Mat.-GK | 80.365,48 | 212.286,19 | 442.768,33 |
| variable Fert.-GK | 30.800 | 33.600 | 76.650 |
| DB | –11.165 | 136.114 | 93.782 |
| fixe Verw.- und Vertr.-GK | | 213.500 | |
| Unternehmensfixkosten | | 10.000 | |
| Gewinn | | –4.770 | |

**zu b)**

| | Prozesskostensätze |
|---|---|
| Bestellprozesse | 34 |
| Wareneinganbuchungen | 46 |
| Vollständigkeitsprüfungen | 82 |
| Maschinenstunden | 14 |
| Vertr./Verw.: Auftragsbearbeitung | 700 |

| | A | B | C |
|---|---|---|---|
| Erlöse | 300.000 | 760.000 | 1.306.700 |
| Mat.-EK | 106.000 | 280.000 | 584.000 |
| Fert.-EK | 44.000 | 48.000 | 109.500 |
| SEK Fert. | 50.000 | 50.000 | |
| Bestellkosten | 13.600 | 13.600 | 99.280 |
| Wareneingangsbuchungskosten | 27.600 | 92.000 | 167.900 |
| Vollständigkeitsprüfungskosten | 16.400 | 65.600 | 239.440 |
| variable Fert.-GK | 30.800 | 33.600 | 76.650 |
| DB I | 11.600 | 177.200 | 29.930 |
| fixe Verw.- und Vertr.-GK | 70.000 | 84.000 | 59.500 |
| DB II | –58.400 | 93.200 | –29.570 |
| Unternehmensfixkosten | | 10.000 | |
| Gewinn | | –4.770 | |

**zu c)**

In Teilaufgabe b) erfolgt eine Schlüsselung der fixen Verwaltungs- und Vertriebsgemeinkosten. Die entstandene mehrstufige DB-Rechnung beinhaltet dadurch detailliertere Informationen. Da von Variante A weniger Prozesse in Anspruch genommen werden, wird unter Verwendung der Prozesskostenrechnung in b) ein höherer positiver DB (I) ausgewiesen. Dass Variante C nach Abzug der Verwaltungs- und Vertriebskosten einen negativen DB (II) erwirtschaftet, ist in Teilaufgabe a) nicht aufgefallen.

Alle drei Varianten realisieren einen positiven DB (I). Daher sind alle Varianten zunächst herzustellen. Langfristig muss aber geprüft werden, welche tatsächlichen Einsparpotentiale – insbesondere im Bereich Verwaltung und Vertrieb – bestehen, wenn die Varianten A und C eingestellt werden.

**zu d)**

**Positiv:**

- Verknüpfung mit Grenzplankostenrechnung möglich
- Höhere Verursachungsgerechtigkeit
- Bessere Entscheidungsgrundlage als Vollkostenrechnung
- Berücksichtigung weiterer Kosteneinflussgrößen neben der Beschäftigung
- Ausgangspunkt einer „Prozessanalyse"

**Negativ:**

- Vollkostencharakter
- Aufwand durch Ermittlung der Prozesskostensätze

## Aufgabe 2.2.9: Prozesskostenrechnung

**zu a)**

$$\text{Angebote} : \frac{360.000}{3.000} = 120,-$$

$$\text{Bestellungen} : \frac{252.000}{14.000} = 18,-$$

$$\text{Reklamation} : \frac{1.080.000}{6.000} = 180,-$$

**zu b)**

Mengen: A: 40.000, B: 20.000

| Prozess | Planprozess-menge | Ausbringungsab-hängig | Variantenabhän-gig |
|---|---|---|---|
| Angebote | 3.000 | 3.000 · 0,3 = 900 | 3.000 · 0,7 = 2.100 |
| Bestellungen | 14.000 | 0 | 14.000 |
| Reklamationen | 6.000 | 6.000 · 0,6 = 3.600 | 6.000 · 0,4 = 2.400 |

Kostenaufteilung:

| Prozess | Mengenabhängig | Variante A | Variante B |
|---|---|---|---|
| Angebote | $\frac{900 \cdot 120}{60.000} = 1{,}8$ | $\frac{2.100 \cdot 120}{2 \cdot 40.000} = 3{,}15$ | $\frac{2.100 \cdot 120}{2 \cdot 20.000} = 6{,}3$ |
| Bestellungen | $\frac{0 \cdot 18}{60.000} = 0$ | $\frac{14.000 \cdot 18}{2 \cdot 40.000} = 3{,}15$ | $\frac{14.000 \cdot 18}{2 \cdot 20.000} = 6{,}3$ |
| Reklamationen | $\frac{3.600 \cdot 180}{60.000} = 10{,}8$ | $\frac{2.400 \cdot 180}{2 \cdot 40.000} = 5{,}4$ | $\frac{2.400 \cdot 180}{2 \cdot 20.000} = 10{,}8$ |

Stückkosten Variante A = 24,3; Variante B = 36,0

**zu c)**

Neue Mengen: A = 30.000, B = 20.000, C = 10.000

Neuberechnung der variantenzahlabhängigen Prozessmengen nötig:

| Prozess | Alte Menge bei 2 Varianten | Neue Menge bei 3 Varianten |
|---|---|---|
| Angebote | 2.100 | $\frac{2.100}{2} \cdot 3 = 3.150$ |
| Bestellungen | 14.000 | $\frac{14.000}{2} \cdot 3 = 21.000$ |
| Reklamationen | 2.400 | $\frac{2.400}{2} \cdot 3 = 3.600$ |

Neuberechnung der Kosten, wobei die mengenabhängigen Kosten gleich bleiben, da die Gesamtmenge immer noch bei 60.000 Stück liegt:

| Prozess | Mengen-abhängig | Variante A | Variante B | Variante C |
|---|---|---|---|---|
| Angebote | 1,8 | $\frac{3.150 \cdot 120}{3 \cdot 30.000} = 4,2$ | $\frac{3.150 \cdot 120}{3 \cdot 20.000} = 6,3$ | $\frac{3.150 \cdot 120}{3 \cdot 10.000} = 12,6$ |
| Bestellungen | 0 | $\frac{21.000 \cdot 18}{3 \cdot 30.000} = 4,2$ | $\frac{21.000 \cdot 18}{3 \cdot 20.000} = 6,3$ | $\frac{21.000 \cdot 18}{3 \cdot 10.000} = 12,6$ |
| Reklamationen | 10,8 | $\frac{3.600 \cdot 180}{3 \cdot 30.000} = 7,2$ | $\frac{3.600 \cdot 180}{3 \cdot 20.000} = 10,8$ | $\frac{3.600 \cdot 180}{3 \cdot 10.000} = 21,6$ |

Stückkosten Variante A = 28,2; Variante B = 36,0; Variante C = 59,4

## Aufgabe 2.2.10: Prozesskostenrechnung

**zu a)**

| Teilprozess | PKS |
|---|---|
| Bestellung | 16,00 €/Bestellung |
| Auslieferung | 25,00 €/Auslieferung |
| Einweisung in die Produkte | 110,00 €/Einweisung |
| Anpassung nach Auslieferung | 100,00 €/Anpassung |

Berechnung für den Teilprozess „Bestellung“:

40.000,– €/ 2.500 = 16,– €/Bestellung

**zu b)**

| | Kunde: Sauber und Gut GmbH | Kunde: Baumarkt Clever GmbH |
|---|---|---|
| DB Gekaufte Bodenreiniger „BR2.0“ | 8.400,00 € | 4.200,00 € |
| DB Gekaufte Außenreiniger „AR210“ | 4.950,00 € | 11.550,00 € |
| DB Gekaufte Dampfstrahler „Hochdruck“ | 1.320,00 € | 1.650,00 € |
| Anzahl Bestellungen | 640,00 € | 1.040,00 € |
| Anzahl Lieferungen | 875,00 € | 1.550,00 € |
| Anzahl Kundenbesuche | 1.320,00 € | 1.100,00 € |
| Anzahl Technikerstunden | 2.000,00 € | 3.200,00 € |
| Summe | 9.835,00 € | 10.510,00 € |

Berechnung DB Gekaufte Bodenreiniger „BR2.0“:

DB Gekaufte Bodenreiniger „BR2.0“ = 30 · (600,– € – 320,– €) = 8.400,– €

## Aufgabe 3.1.1.1: Kurzfristige Erfolgsrechnung und Programmplanung

**zu a)**

**Umsatzkostenverfahren (Vollkostenrechnung) [€]**

| Selbstkosten der abgesetzten Produkte: | | Periodenerlöse: | |
|---|---|---|---|
| A: | 40.000 | A: | 50.000 |
| B: | 72.000 | B: | 54.000 |
| C: | 36.000 | C: | 45.000 |
| D: | 48.000 | D: | 56.000 |
| E: | 40.000 | E: | 36.000 |
| **Betriebsgewinn:** | **5.000** | | |
| | 241.000 | | 241.000 |

**zu b)**

**Gesamtkostenverfahren [€]**

| | |
|---|---|
| Einzelkosten<br>Fertigungslöhne<br>Fertigungsmaterial<br>Gemeinkosten<br>Herstellkosten von Bestands-minderungen | Periodenerlöse<br><br><br><br>Herstellkosten von Bestands-mehrungen |

Zusätzlich benötigte Informationen bei der Anwendung des Gesamtkostenverfahrens:

- Gliederung der Gesamtkosten nach Kostenarten
- Bestandsänderungen von Halb- und Fertigerzeugnissen

**zu c)**

| | Produkt A | Produkt B | Produkt C | Produkt D | Produkt E | |
|---|---|---|---|---|---|---|
| **Stück-DB [€]** | 4,– | –1,– | 6,– | 2,– | 5,– | |
| **$K_f$ je Produktart [€]** | 10.000,– | 12.000,– | 9.000,– | 8.000,– | 14.000,– | Σ 53.000,– |
| **DB je Produktart [€]** | 20.000,– | – | 18.000,– | 16.000,– | 10.000,– | Σ 64.000,– |
| **Gewinn [€]** | | | | | | **11.000,–** |

**zu d)**

| | Produkt A | Produkt B | Produkt C | Produkt D | Produkt E |
|---|---|---|---|---|---|
| Kapazitätsbeanspruchung | 0,02 | 0,018 | 0,06 | 0,004 | 0,0125 |
| Relativer Stück-DB | $\frac{4}{0{,}02} = 200$ | – | $\frac{6}{0{,}06} = 100$ | $\frac{2}{0{,}004} = 500$ | $\frac{5}{0{,}0125} = 400$ |
| **Rang** | **3** | **–** | **4** | **1** | **2** |

Gewinnmaximales Produktionsprogramm:

Kapazitätsbeanspruchung 155 h

| | | | | |
|---|---|---|---|---|
| Produkt D: | 8.000 · 0,004 = | 32 h | Produkt D | 8.000 Stück |
| Produkt E: | 2.000 · 0,0125 = | 25 h | Produkt E | 2.000 Stück |
| Rest: | | 98 h | | |
| Produkt A: | | 98 h | Produkt A | 4.900 Stück |

Deckungsbeitrag: **45.600,– €** Erfolg: **– 7.400,– €**

**zu e)**

Da nicht alle Produkte mit positivem Deckungsbeitrag in das Produktionsprogramm aufgenommen werden konnten, sind Maßnahmen zur Ausweitung der Maschinenkapazität einzuleiten (z. B. Überstunden, Sonderschichten, Mehrschichtbetrieb).

## Aufgabe 3.1.1.2: Programmplanung und Preisuntergrenze

**zu a) bis d)**

| Produkt | Erlöse [€/St] | $K_v$ [€/St] | DB [€/St] | Kapazitätsbedarf | | | relativer | Rangfolge | Prod. Menge [St] | Gesamt-DB [€] |
|---|---|---|---|---|---|---|---|---|---|---|
| | | | | St. I | St. II | St. III | DB [€/St/h] | | | |
| A | 90,– | 70,– | 20,– | 7.000 | 6.000 | 8.000 | 2,5 | 3 | 1.000 | 20.000,– |
| B | 42,– | 32,– | 10,– | 3.000 | 3.000 | 2.000 | 5,– | 1 | 1.000 | 10.000,– |
| C | 56,– | 40,– | 16,– | 5.000 | 6.000 | 4.000 | 4,– | 2 | 1.000 | 16.000,– |
| D | 22,– | 12,– | 10,– | 4.000 | 2.000 | 5.000 | 2,– | 4 | 200 | 2.000,– |
| benötigte Kapazität [h] | | | | 19.000 | 17.000 | 19.000 | | | | 48.000,– |
| verfügbare Kapazität [h] | | | | 20.000 | 21.000 | 15.000 | | – fixe Kosten | | 40.000,– |
| Kapazitätsüberschreitung [h] | | | | – | – | 4.000 | | Periodenerfolg | | 8.000,– |

**zu b)**

Absolute Preisuntergrenze: vgl. Spalte $k_v$ in der Tabelle.

**zu c)**

Gewinnmaximales Produktionsprogramm: vgl. Spalte Prod.Menge in der Tabelle. Das optimale Produktionsprogramm wurde anhand der relativen Deckungsbeiträge (DB je Zeiteinheit der Stufe III) ermittelt, da nur ein Engpass in der Stelle III vorliegt.

**zu e)**

Ein LP-Ansatz ist jetzt notwendig, da mehrere Engpässe vorliegen. In diesem speziellen Beispiel weist jede der drei Fertigungsstufen einen Engpass auf. Mit folgendem LP-Modell lässt sich das optimale Produktionsprogramm ermitteln:

Zielfunktion:

$$20x_A + 10x_B + 16x_C + 10x_D = \text{Max!}$$

Nebenbedingungen:

| | | |
|---|---|---|
| Dreherei (I): | $7x_A + 3x_B + 5x_C + 4x_D$ | $\leq$ 15.000 [h] |
| Fräserei (II): | $6x_A + 3x_B + 6x_C + 2x_D$ | $\leq$ 15.000 [h] |
| Montage (III): | $8x_A + 2x_B + 4x_C + 5x_D$ | $\leq$ 15.000 [h] |
| | $x_A$ | $\leq$ 1.000 [Stück] |
| | $x_B$ | $\leq$ 1.000 [Stück] |
| | $x_C$ | $\leq$ 1.000 [Stück] |
| | $x_D$ | $\leq$ 1.000 [Stück] |

## Aufgabe 3.1.1.3: Programmplanung

**zu a)**

Deckungsbeitragsrechnung, da die Fixkosten Periodenkosten und damit mengenunabhängig sind; gegebenenfalls mehrstufige Deckungsbeitragsrechnung, da hier der Fixkostenblock aufgeteilt werden kann.

**zu b)**

- **Lösungsmöglichkeit I:**

| Produkt | Variable Kosten pro Stück [€/Stück] | absoluter DB pro Stück [€/Stück] | Bearbeitungszeit [h] | | Produzierte Menge [Stück] |
|---|---|---|---|---|---|
| | | | Abt. 1 | Abt. 2 | |
| A | 81,– | – 1,– | – | – | – |
| B | 50,– | 20,– | 4.000 | 2.000 | 400 |
| C | 45,– | 5,– | 2.000 | 1.000 | 500 |
| D | 80,– | 40,– | 500 | 250 | 100 |
| | | | 6.500 | 3.250 | |
| | | Kapazität: | 4.750 | 2.400 | |

*Deckungsbeitrag pro Engpasseinheit: (relativer Deckungsbeitrag):*

| Produkt | relativer DB [€] | | Rangfolge |
|---|---|---|---|
| | Abteilung 1 | Abteilung 2 | |
| B | 2,– | 4,– | **2** |
| C | 1,25 | 2,50 | **3** |
| D | 8,– | 16,– | **1** |

| Produkt | produzierte Menge [Stück] | Benötigte Kapazität [h] | | DB je Produktart [€] |
|---|---|---|---|---|
| | | Abt. 1 | Abt. 2 | |
| B | 400 | 4.000 | 2.000 | 8.000,– |
| D | 100 | 500 | 250 | 4.000,– |
| | | 4.500 | 2.250 | 12.000,– |
| | | | – $K_f$ [€] | 7.000,– |
| | | | **Gewinn [€]** | **5.000,–** |

- **Lösungsmöglichkeit II:**

| Produkt | Variable Kosten | Absoluter DB | Produzierte Menge | DB gesamt | Fixkosten |
|---|---|---|---|---|---|
| | [€/Stück] | [€/Stück] | [Stück] | [€] | [€] |
| A | 81,– | – 1,– | – | – | – |
| B | 50,– | 20,– | 400 | 8.000,– | 5.000,– |
| C | 45,– | 5,– | 500 | 2.500,– | 7.500,– |
| D | 80,– | 40,– | 100 | 4.000,– | 2.000,– |

| Produkt | Bearbeitungszeit [h] | |
|---|---|---|
| | Abteilung 1 | Abteilung 2 |
| A | – | – |
| B | 4.000 | 2.000 |
| C | – | – |
| D | 500 | 250 |
| Σ | 4.500 | 2.250 |
| Kapazität | 4.750 | 2.400 |

Das Produkt A wird aus dem Programm gestrichen, da der Deckungsbeitrag negativ ist. Produkt C wird aus dem Programm gestrichen, da der Deckungsbeitrag kleiner als die abbaufähigen Fixkosten ist.

Gewinn $= DB_B + DB_D - K_f\ (B) - K_f\ (D) =$

$= 8.000 + 4.000 - 5.000 - 2.000 =$ **5.000,– €**

## Aufgabe 3.1.1.4: Programmplanung

**zu a) und b)**

| Produkt | DB je Engpasseinheit Z |
|---|---|
| C | 4 |
| E | 4,67 |

| Produkt | gesamte variable Kosten [€/Stück] | Stück-DB [€] | Produktionsmenge [Stück] | Kapazitätsbeanspruchung [min] | | | DB je Produkt [€] |
|---|---|---|---|---|---|---|---|
| | | | | X | Y | Z | |
| A | 180,– | 20,– | 1.333 | – | 39.990 | – | 26.660,– |
| B | 240,– | –40,– | 1.000 | 30.000 | 10.000 | – | –40.000,– |
| C | 180,– | 120,– | 1.666 | – | – | 49.980 | 199.920,– |
| D | 350,– | 150,– | 1.000 | 12.000 | 10.000 | 10.000 | 150.000,– |
| E | 130,– | 70,– | 2.000 | – | – | 30.000 | 140.000,– |
| beanspruchte Kapazität [min] | | | | 42.000 | 59.990 | 89.980 | |
| verfügbare Kapazität [min] | | | | 42.000 | 60.000 | 90.000 | |
| $-K_f$ | | | | 403.280,– | | | |
| **Gewinn:** | | | | **73.300,–** | | | |

## Aufgabe 3.1.1.5: Programmplanung

**zu a)**

Auslastung der beiden Maschinen [h] durch die Produktion der maximalen Absatzmengen aller vier Produkte:

| Produkt | maximale Absatzmenge | Kapazitätsbeanspruchung [h] auf | |
|---|---|---|---|
| | | Maschine 1 | Maschine 2 |
| A | 200 | 400 | 200 |
| B | 200 | 600 | 100 |
| C | 500 | 350 | 100 |
| D | 300 | 90 | 240 |
| benötigte Kapazität | | 1.440 | 640 |
| Periodenkapazität | | 1.000 | 800 |

→ Maschine 1 bildet einen Produktionsengpass.

**zu b)**

| | A | B | C | D |
|---|---|---|---|---|
| Deckungsbeitrag [€/ME] | 100,– | 240,– | 90,– | 30,– |
| Kapazitätsbeanspruchung auf Maschine 1 [h/ME] | 2 | 3 | 0,7 | 0,3 |
| Relativer Deckungsbeitrag auf Maschine 1 [€/h] | 50,– | 80,– | 128,57 | 100,– |
| Rang | **4** | **3** | **1** | **2** |

→ optimales Produktionsprogramm:

| Produkt | Produktionsmenge [ME] | Beanspruchung von Maschine 1 [h] |
|---|---|---|
| C<br>D<br>B | 500<br>300<br>186 | 350<br>90<br>558 |
| Periodenkapazität von Maschine 1 [h] | | 1.000 |

Deckungsbeitrag: $500 \cdot 90 + 300 \cdot 30 + 186 \cdot 240 =$ **98.640,– €**.

Erfolg = Deckungsbeitrag – Fixkosten
= 98.640 – 130.000 = **–31.360,– € (Verlust)**

Das in der Lösung ermittelte optimale Produktionsprogramm benötigt 998 von 1000 h Maschinenkapazität. Theoretisch könnte (bei Unteilbarkeit von B) zusätzlich eine ME von A produziert werden, um die restlichen 2 h Maschinenkapazität auszuschöpfen. Der Deckungsbeitrag als auch der Erfolg würden sich dadurch um 100,– € erhöhen. In der Praxis würde sich die Produktion und der Absatz einer einzelnen Einheit aber wohl nicht lohnen, da Kosten für die Umrüstung der Maschine anfallen, die in der Aufgabe aber nicht berücksichtigt werden.

## Aufgabe 3.1.1.6: Programmplanung

**zu a)**

Nähmaschinen

Benötigte Maschinenstd.: $60 \cdot 4$ Std. $+ 140 \cdot 2$ Std. $+ 300 \cdot 2$ Std. $= 1.120$ Std.

Maschinenkapazität: 750 Std. < 1.120 Std. → Engpass

Leder

Benötigte m² an Leder: $60 \cdot 1\,m^2 + 140 \cdot 1{,}5\,m^2 + 300 \cdot 2{,}5\,m^2 = 1.020\,m^2$

Verfügbare m² an Leder: $1.200\,m^2 > 1.020\,m^2$ → kein Engpass

Rang der Produkte gemäß relativem Deckungsbeitrag:

| | $x_D$ | $x_A$ | $x_S$ |
|---|---|---|---|
| Stückerlös | 450 | 290 | 230 |
| Var. Stückkosten | 250 | 130 | 90 |
| Stückdeckungsbeitrag | 200 | 160 | 140 |
| Produktionskoeffizient | 4 | 2 | 2 |
| Rel. Stückdeckungsbeitrag | 50 | 80 | 70 |
| Rang | 3 | 1 | 2 |
| Absatzhöchstmenge | 60 | 140 | 300 |

Produktion von $x_A$:

Verbrauchte Kapazität bei Absatzhöchstmenge: $140 \cdot 2$ Std. = 280 Std.

Verbleibende Kapazität: 750 Std. – 280 Std. = 470 Std.

Produktion von $x_S$:

Maximal mögliche Produktion von $x_S$: 470 Std. ÷ 2 Std./Stück = 235 Stück
< 300 Stück

→ Maschinenkapazität bereits voll ausgeschöpft, d. h. $x_D = 0$

Produktionsprogramm: $(x_A, x_S, x_D) = (140, 235, 0)$

Gewinn: $140 \cdot 160\ € + 235 \cdot 140\ € - 25.000\ € = 30.300\ €$

**zu b)**

Mit der neuen Kapazität von 1.500 Std. besteht kein Engpass mehr, da die benötigte Maschinenkapazität bei Produktion der Absatzhöchstmengen 1.120 Std. beträgt. Daher sollten alle drei Produktarten mit ihrer maximalen Absatzmenge produziert werden.

Neuer Gewinn: $60 \cdot 200\ € + 140 \cdot 160\ € + 300 \cdot 140\ € - 47.000\ € = 29.400\ €$

Da dieser Gewinn kleiner ist als der Gewinn ohne Investition, sollte die Maschinenkapazität nicht erhöht werden.

## Aufgabe 3.1.1.7: Programmplanung und langfristige Preisuntergrenze

**zu a)**

| Produkt | Verkaufspreis [€/Stück] | Variable Kosten [€/Stück] | DB [€] | Maximale Produktionsmenge [Stück] | Fert.abt 1 [h] | Fert.abt 2 [h] |
|---|---|---|---|---|---|---|
| A | 80,– | 90,– | –10,– | – | – | – |
| B | 95,– | 75,– | 20,– | 400 | 2.000 | 8.000 |
| C | 90,– | 75,– | 15,– | 500 | 500 | 250 |
| D | 105,– | 95,– | 10,– | 100 | 1.000 | 500 |
| | | | | | 3.500 | 8.750 |
| | | | | | < 3.600 | > 8.250 |
| | | | | | | → Engpass |

| Produkt | Fertigungszeiten von Stelle 2 [h] | relativer Deckungsbeitrag [€/h] | optimale Produktionsmengen [Stück] | Deckungsbeiträge gesamt [€] | Fixkosten gesamt [€] | Nettogewinn [€] |
|---|---|---|---|---|---|---|
| A | 25,00 | – | – | – | 2.000,– | |
| B | 20,00 | 1,– | 375 | 7.500,– | 0,– | |
| C | 0,50 | 30,– | 500 | 7.500,– | 2.500,– | |
| D | 5,00 | 2,– | 100 | 1.000,– | 500,– | |
| | | | | 16.000,– | 5.000,– | 11.000,– |

**zu b)**

| Produkt | DB [€] | Maximale Produktionsmenge [Stück] | Fert.abt 1 [h] | Fert.abt 2 [h] |
|---|---|---|---|---|
| B | 20,– | 350 | 1.750 | 7.000 |
| C | 15,– | 500 | 500 | 250 |
| CZ | 3,– | 500 | 500 | 250 |
| D | 10,– | 100 | 850 | 500 |
| | | | 3.750<br>> 3.600<br>→ Engpass | 8.000<br>< 8.250 |

| Produkt | Fertigungszeiten von Stelle 1 [h] | relativer Deckungsbeitrag [€/h] | optimale Produktionsmengen [Stück] | Deckungsbeiträge gesamt [€] | Fixkosten gesamt [€] | Nettogewinn [€] |
|---|---|---|---|---|---|---|
| A | – | – | – | – | 2.000,– | |
| B | 5 | 4,– | 350 | 7.000,– | 0,– | |
| C | 1 | 15,– | 500 | 7.500,– | 2.500,– | |
| CZ | 1 | 3,– | 500 | 1.500,– | – | |
| D | 10 | 1,– | 85 | 850,– | 500,– | |
| | | | | 16.850,– | 5.000,– | 11.850,– |

Hinweis: Die Fixkosten müssen nicht neu berechnet werden, da das Produkt, dessen Absatzmenge gesunken ist, keine Fixkosten aufweist bzw. der Deckungsbeitrag je Stück gleich bleibt.

→ Annahme des Zusatzauftrags, Verbesserung Gewinn um € 850,–

**zu c)**

Es sollte weiterproduziert werden, wenn der monatliche Deckungsbeitrag mindestens die (bei Nicht-Produktion) einsparbaren Fixkosten abzüglich der auf den Monat bezogenen Wiederanlaufkosten übersteigt:

Entscheidungsregel kritische Preisuntergrenze:

$$x \cdot (PUG - k_{var}) \geq K_{fix} - \frac{WAK + wak \cdot m}{m}$$

Ergibt für die Preisuntergrenze:

$$PUG = k_{var} + \frac{K_{fix}}{x} - \frac{WAK + wak \cdot m}{x \cdot m}$$

$$= 100 + \frac{30.000}{300} - \frac{90.000 + 15.000 \cdot 4}{300 \cdot 4}$$

$$= 75$$

**zu d)**

Entscheidungsregel kritische Stillstandsdauer:

$$m_{krit} = \frac{WAK}{-(p - k_{var}) \cdot x + K_{fix} - wak}$$

$$= \frac{90.000}{-(70 - 100) \cdot 300 + 30.000 - 15.000}$$

$$= 3,75$$

## Aufgabe 3.1.1.8: Eigenfertigung/Fremdbezug

**zu a)**

*Eigenfertigung:*

| Produkt | Variable Stückkosten [€] | Stück-DB [€] | DB je Engpasseinheit [€] | Rangfolge |
|---|---|---|---|---|
| A | 5,60 | 12,40 | 1,55 | **2** |
| B | 13,– | 12,– | 0,80 | **5** |
| C | 3,50 | 11,50 | 2,30 | **1** |
| D | 7,– | 13,– | 1,30 | **4** |
| S | 9,– | 14,– | 1,40 | **3** |

| | Produktionsmenge [Stück] | Beanspruchte Kapazität | DB [€/Produkt] |
|---|---|---|---|
| A | 500 | 4.000 | 6.200,– |
| B | – | – | – |
| C | 600 | 3.000 | 6.900,– |
| D | 250 | 2.500 | 3.250,– |
| S | 700 | 7.000 | – |
| $\Sigma$ | | 16.500 | 16.350,– |
| $-K_f$ [€] | | | 17.450,– |
| –K für S [€] | | 6.300,– | |
| Verlust [€] | | –7.400,– | |

*Zukauf:*

| | beanspruchte Kapazität | Stück-DB [€] | DB [€/Produkt] |
|---|---|---|---|
| A | 4.000 | 12,40 | 6.200,– |
| B | 6.000 | 12,– | 4.800,– |
| C | 3.000 | 11,50 | 6.900,– |
| D | 3.500 | 13,– | 4.550,– |
| Σ | 16.500 | | 22.450,– |
| $-K_f$ [€] | | | 17.450,– |
| Beschaffungskosten S [€] | | | 16.100,– |
| Verlust [€] | | | –11.100,– |

Bei Eigenfertigung verringert sich der Verlust gegenüber dem ursprünglichen Programm (mit Zukauf) um € 3.700,–.

**zu b)**

Der Zukauf würde sich nicht mehr lohnen, wenn der bei Eigenfertigung des Zusatzteils S erzielte relative Deckungsbeitrag geringer wäre als der von Produkt B. Das Zusatzteil würde dann nämlich auf den fünften Rang „abrutschen" und aufgrund der Kapazitätsbeschränkung in der Dreherei nicht mehr produziert werden.

Der Preis, bei dem sich die Entscheidung umkehren würde (d. h. S zugekauft und nicht mehr von uns selbst gefertigt würde), errechnet sich damit wie folgt:

$$p < \underbrace{0{,}80}_{\text{rel. DB von B}} \cdot \underbrace{10}_{\text{Fertigungszeit von S}} + 9{,}- = 17{,}-$$

## Aufgabe 3.1.1.9: Programmplanung und Abweichungsanalyse

**zu a)**

*Deckungsbeitragsrechnung:*

| Stuhlvarianten | Variable Kosten [€/Stück] | Stück-DB [€] | Produktions-menge [Stück] | DB je Produktart [€] |
|---|---|---|---|---|
| Antik | 54,– | 6,– | 200 | 1.200,– |
| Robust | 32,– | 4,– | 200 | 800,– |
| Komfort | 65,– | 20,– | 300 | 6.000,– |
| – Fixkosten | 5.000,– | | | |
| Nettogewinn [€] | 3.000,– | | | |

*Kapazitätsprüfung:*

| | Kap-Bedarf I | Kap-Bedarf II |
|---|---|---|
| Antik | 400 | 600 |
| Robust | 200 | 100 |
| Komfort | 1200 | 1200 |
| Summe | 1800 | 1900 |

Es werden alle Stuhlvarianten mit einem positiven Deckungsbeitrag gefertigt. Also werden von allen drei Stuhlvarianten ihre maximalen Absatzmengen produziert.

$K_f = K - K_v$

$K_f = (12.500 + 7.000 + 22.200) - (200 * 54 + 200 * 32 + 300 * 65) = 5.000,\text{–}\ €$

**zu b)**

| Stuhl-variante | Stück-DB [€] | DB je Engpasseinheit [€] | Rang-folge | Produktions-menge [Stück] | Gesamt-DB je Stuhlvariante [€] |
|---|---|---|---|---|---|
| Antik | 6,– | 2,– | (3) | 90 | 540,– |
| Robust | 4,– | 8,– | 1 | 200 | 800,– |
| Komfort | 20- | 5,– | 2 | 270 | 5.400,– |
| | | | | – Fixkosten [€] | 5.000,– |
| | | | | Nettogewinn [€] | 1.740,– |

Produktionsmenge von „Komfort“: $\frac{1.450 - 90 \cdot 3 - 200 \cdot 0,5}{4} = \frac{1.080}{4} = 270$

**zu c)**

Variable Gemeinkosten bei Planbeschäftigung: 98,– · 7 · 160 = 109.760,–

Fixe Gemeinkosten: 128.000,– – 109.760,– = 18.240,–

Verbrauchsabweichung: 131.500,– – (18.240,– + 980 · 98,–) = 17.220,–

Beschäftigungsabweichung: 114.280,– – ((128.000,– : 1.120) · 980) = 2.280,–

Gesamtabweichung: 17.220,– + 2.280,– = 19.500,–

**zu d)**

Verbrauchsabweichung: z. B. bedingt durch Fehler in der Produktion, Unwirtschaftlichkeiten im Materialverbrauch → vom Leiter der Fertigungsabteilung zu vertreten

Beschäftigungsabweichung: Leerkosten, nicht ausgelastete Fixkosten aufgrund zu geringen Absatzes, kann auf Mängel im Marketing oder auf schlechte konjunkturelle Lage zurückgeführt werden → vom Leiter der Fertigungsabteilung nicht zu vertreten

## Aufgabe 3.1.1.10: Programmplanung und Abweichungsanalyse

**zu a)**

| | A | B | C | D |
|---|---|---|---|---|
| rel. db | 60 | 40 | 50 | 80 |
| Rangfolge | 2 | 4 | 3 | 1 |
| opt. Produktionsmenge | 20 | 5* | 5 | 10 |
| ben. Kapazität | 1.000 | 1.000 | 500 | 500 |

$$\text{*Rest} = \frac{3.000 - 2.000}{200} = 5$$

**zu b)**

| Verdrängung | freie Kapazität | max. Menge E | spez. DB | „marginale" PUG |
|---|---|---|---|---|
| B | 1.000 | 10 | 40 | 20.000 + 100 · 40 = 24.000 |
| C | 500 | 5 | 50 | 20.000 + 100 · 50 = 25.000 |
| A | 1.000 | 10 | 60 | 20.000 + 100 · 60 = 26.000 |
| D | 500 | 5 | 80 | 20.000 + 100 · 80 = 28.000 |

| Menge q | Gesamt PUG [€] | PUG je Stück [€] |
|---|---|---|
| 0…10 | $24.000 \cdot q$ | 24.000 |
| 11…15 | $240.000 + (q-10) \cdot 25.000$ | $25.000 - \frac{10.000}{q}$ |
| 16…25 | $240.000 + 125.000 + (q-15) \cdot 26.000$ | $26.000 - \frac{25.000}{q}$ |
| 26…30 | $240.000 + 125.000 + 260.000 + (q-25) \cdot 28.000$ | $28.000 - \frac{75.000}{q}$ |

**zu c)**

Preisuntergrenze für 20 Roboter: $26.000 - \frac{25.000}{20} = 24.750 < 24.900$

→ Annahme des Auftrags

Änderung des Periodenerfolgs: $(24.900 - 24.750) \cdot 20 = 3.000$

**zu d)**

**Alternative 1:**

$db_D^{neu} = 6.000 \rightarrow rel.db_D^{neu} = 120 \rightarrow$ Rang 1

Der Nachfragerückgang $q_D^* = 6$ setzt $4 \cdot 50$ h = 200 h frei, die für die Produktion einer zusätzlichen Einheit des Produkts B genutzt werden (bei Produkt A und C wird schon die gesamte Auftragslage berücksichtigt).

$\rightarrow q_B^{neu} = 6$

→ +8.000 DB

Änderung des Periodenerfolgs: $\underbrace{6 \cdot 6.000 - 10 \cdot 4.000}_{\text{Produkt D}} + \underbrace{8.000}_{\text{Produkt B}} = 4.000$

**Alternative 2:**

$db_D^{neu} = 2.750 \rightarrow$ rel. $db_D^{neu} = 55 \rightarrow$ Rang 2

Zusätzlicher Kapazitätsbedarf durch $q_D^{neu}$: $20 \cdot 50$ h = 1.000 h

Freisetzung der Kapazität durch $q_B^{neu} = 0 \rightarrow 5 \cdot 200$ h = 1.000 h

$\rightarrow q_D^* = 30; q_B^* = 0$

Änderung des Periodenerfolgs: $\underbrace{30 \cdot 2.750 - 10 \cdot 4.000}_{\text{Produkt D}} - \underbrace{5 \cdot 8.000}_{\text{Produkt B}} = 2.500$

→ Empfehlung: Entscheidung für A1!

## Aufgabe 3.1.1.11: Variatorrechnung und kurzfristige Erfolgsrechnung

**zu a)**

Inputfaktoren:

Fertigungsminuten x

Arbeit: $K_A = 2.500 + 0{,}2 \cdot x$

Maschinenleistung: $K_M = 8.000 + 0{,}1 \cdot x$

Rohstoffe: $K_R = 0{,}12 \cdot x$

Variator: $v = \frac{K_V}{K} \cdot 10$

$$v_A = \frac{0{,}2 \cdot 72.000}{2.500 + 0{,}2 \cdot 72.000} \cdot 10 = 8{,}52$$

$$v_M = \frac{7.200}{15.200} \cdot 10 = 4{,}74$$

$$v_R = \frac{8.640}{8.640} \cdot 10 = 10$$

**zu b)**

Gesamtkostenfunktion: $K = 10.500 + 0{,}42\ x$

Variator: $v = \frac{30.240}{40.740} \cdot 10 = 7{,}42$

| Stufenplan | 80 % | 90 % | 110 % | 125 % |
|---|---|---|---|---|
| Beschäftigung | 57.600 | 64.800 | 79.200 | 90.000 |
| Fixkosten | 10.500 | 10.500 | 10.500 | 10.500 |
| Variable Kosten | 24.192 | 27.216 | 33.264 | 37.800 |
| Gesamtkosten | 34.692 | 37.716 | 43.764 | 48.300 |

**zu c)**

Variator von Schlaumeier: v = 8

Planbeschäftigung:

$$v = \frac{K_V}{K} \cdot 10 = \frac{K_V}{K_V + K_f} \cdot 10 = \frac{k_V \cdot x}{k_V \cdot x + 10.500} \cdot 10 = 8$$

$\rightarrow 2 \cdot 0{,}42 \cdot x = 84.000 \rightarrow x = 100.000$

**zu d)**

**Stück-Selbstkosten:**

| | |
|---|---|
| Materialeinzelkosten | 25 |
| Materialgemeinkosten | 5 (25 · 20 %) |
| Fertigungseinzelkosten | 6 |
| Fertigungsgemeinkosten | 1,5 (6 · 25 %) |
| Maschinenkosten | 12 |
| Maschinengemeinkosten | 3,6 (12 · 30 %) |
| Herstellkosten | 53,10 |
| Vertriebsgemeinkosten | $25{,}92 = \left(\frac{324.000}{50.000 \cdot 0{,}25}\right)$ |
| Selbstkosten | 79,02 |

**zu e)**

**Gesamtkostenverfahren:**

GUV

| | | | |
|---|---|---|---|
| Fertigungsmaterial | 1.250.000 | Erlös „Chancentod" | 1.000.000 |
| Fertigungslöhne | 300.000 | BVÄ „Chancentod" | 1.991.250 |
| Maschinenkosten | 600.000 | | |
| Gemeinkosten | 829.000 | | |
| Betriebsgewinn | 12.250 | | |
| | 2.991.250 | | 2.991.250 |

**Umsatzkostenverfahren:**

GUV

| | | | |
|---|---|---|---|
| SK „Chancentod" | 987.750 | Erlös „Chancentod" | 1.000.000 |
| Betriebsgewinn | 300.000 | | |
| | 1.000.000 | | 1.000.000 |

## Aufgabe 3.1.1.12: Produktionsprogrammplanung

**zu a)**

| | Travel | Fly | Groß | Klein | Spezial (A/B) |
|---|---|---|---|---|---|
| Absatzmenge | 1.000 | 2.000 | 800 | 3.100 | 2.000 / 1.600 |
| Preis | 160 | 90 | 250 | 50 | 100 / 90 |
| Variable Kosten | 100 | 60 | 160 | 30 | 120 / 110 |
| Stück-DB | 60 | 30 | 90 | 20 | –20 / –25 |
| DB I | 60.000 | 60.000 | 72.000 | 62.000 | –40.000 |
| Fixkosten | 50.000 | | 100.000 | | |
| DB II | 70.000 | | –6.000 (**34.000** ohne Spezial) | | |
| Gewinn | 64.000 (**104.000** ohne Spezial) | | | | |

**zu b)**

| | Maschine A | Maschine B | Maschine C |
|---|---|---|---|
| Travel | 5.000 | 2.000 | 1.000 |
| Fly | 22.000 | 8.000 | 6.000 |
| Groß | 1.600 | 1.600 | 1.200 |
| Klein | 6.200 | 3.100 | 1.240 |
| Benötigte Kapazität | 34.800 | 14.700 | 9.440 |
| Maximale Kapazität | 44.640 | 12.000 | 9.600 |

Die Kapazität von Maschine B ist überschritten. Die geplante Menge kann nicht produziert werden.

**zu c)**

| | Stück-DB | Rel. Stück-DB | Rang | Menge | Minuten | DB |
|---|---|---|---|---|---|---|
| Travel | 60 | 30 | 2 | 1.000 | 2.000 | 60.000 |
| Fly | 30 | 7,5 | 4 | 1.325 | 5.300 | 39.750 |
| Groß | 90 | 45 | 1 | 800 | 1.600 | 72.000 |
| Klein | 20 | 20 | 3 | 3.100 | 3.100 | 62.000 |

Gewinn = 60.000 + 39.750 + 72.000 + 62.000 – 150.000 = 83.750 €

**zu d)**

Durch die Ausweitung der Maschinenlaufzeit um 3 Stunden pro Tag mehr wird der bestehende Engpass aufgehoben (13·20·60 = 15.600 Minuten). Somit können die restlichen 675 Stück von Fly produziert werden. Der Deckungsbeitrag steigt um 30·675 = 20.250 €. Maximal können demzufolge 20.250 € zusätzliche Fixkosten entstehen.

## Aufgabe 3.1.1.13: Produktionsprogrammplanung

**zu a)**

SDB: 50 – 10 – 40 –2 = -2; 4; 1; 6

Fixe Fertigungsgemeinkosten/St:

1.800/(80 · 20 + 220 · 10 + 150 · 8 + 300 · 12) = 1.800/9.000 = 0,2 je Min

425/850 = 0,50 je Stück

A = –2–0,2 · 20 – 0,5 = –6,5; 1,5; –1,1; 3,1

**zu b)**

Kurzfristig sind die Stück-DB der TeilKR und nicht die vollen Stückkosten der VollKR maßgeblich.

| Produktart | DB/Stück | Fert.GK/St. | VVGK/Stück | Stückerfolg |
|---|---|---|---|---|
| A | –2 | 4 | 0,5 | –6,5 |
| B | 4 | 2 | 0,5 | 1,5 |
| C | 1 | 1,6 | 0,5 | –1,1 |
| D | 6 | 2,4 | 0,5 | 3,1 |

Daher ist Produkt A wegen negativem Stück-DB zu streichen (sofern es nicht z.B. aus Absatzverbundgesichtspunkten unabdingbar ist).

Produkt C (zumindest kurzfristig) nicht, da es noch einen positiven Deckungsbeitrag von 1 GE erbringt.

**zu c)**

Auswahl nach StückDB je Kapazitätseinheit.

A= 0; B = 200; C = 50; D= 300

| Produktart | Fert.-Zeiten | Rel DB/St. | Kap.-Bedarf | Fert.-Menge | Kap.-Bedarf |
|---|---|---|---|---|---|
| A | 1.600 | -0,10 | | 0 | |
| B | 2.200 | 0,40 | 2.000 | 200 | 2.000 |
| C | 1.600 | **0,125** | **1.200** | 50 | 400 |
| D | 3.600 | **0,50** | **3.600** | 300 | 3.600 |
| Summe | 9.000 | | 6.800 | | 6.000 |

**zu d)**

- Fixkosten werden den Perioden zugerechnet.
- Bei erfolgreichen Unternehmen mit wachsenden Lagerbeständen niedrigere Gewinne, damit geringere Gewinne für (auszuzahlende) Anteilseigner und ggf. geringere Steuern.
- Es gibt nicht die Möglichkeit, durch Produktion auf Lager die Gewinne (entgegen dem Realisationsprinzip) zu erhöhen.

## Aufgabe 3.1.1.14: Produktionsprogrammplanung und Stückerfolg

**zu a)**

| Produktart | A | B | C | D | E |
|---|---|---|---|---|---|
| FM/St. € | 10,– | 3,– | 5,– | 14,– | 25,– |
| FL/St. | 16,– | 8,– | 15,– | 25,– | 30,– |
| SEK/St. | 11,– | 11,– | 10,– | 13,– | 22,– |
| Var. Kosten / St. | 37,– | 22,– | 30,– | 52,– | 77,– |
| DB/St. | **23,–** | **0,–** | **20,–** | **–12,–** | **43,–** |
| FGK/St. | 4,– | 2,– | 3,75 | 6,25 | 7,50 |
| VVGK/St. | 2,– | 2,– | 2,– | 2,– | 2,– |
| Gesamtkosten/St. | 43,– | 26,– | 35,75 | 60,25 | 86,50 |
| Stückgewinn | 17,– | –4,– | 14,25 | –20,25 | 33,50 |

Es sind nur die Produkte A, C und E aufzunehmen. D ist nicht aufzunehmen, da es einen negativen Stück-DB aufweist. Die Aufnahme von B führt zu keinem Gewinn, aber auch zu keinem Verlust. Seine Aufnahme wäre daher nur zweckmäßig, wenn es aus Marketinggründen Vorteile bringen würde.

**zu b)**

Zuschlagssätze:

| | A | B | C | D | E | |
|---|---|---|---|---|---|---|
| Fert Mengen | 2.000 | 50.000 | 10.000 | 4.000 | 3.000 | |
| Fert Zeiten | 16 | 8 | 15 | 25 | 30 | |
| MengexZeit | 32.000 | 400.000 | 150.000 | 100.000 | 90.000 | 772.000 |
| ZSatz/min | | | | | | 0,25 |
| AbsMengen | 2.500 | 40.000 | 8.000 | 5.000 | 3.000 | 58.500 |
| VV/St | | | | | | 2 |

Kalkulation siehe unter a).

Selbstkosten je Stück: A + 17,00

B – 4,00

C + 14,25

D – 20,25

E + 33,50

**zu c)**

Herausnahme von B nicht zwingend. Es könnte aus anderen, z.B. Absatzgesichtspunkten sinnvoll sein, dieses Produkt weiter zu produzieren.

Teilkosteninformationen sind besser, wenn sich Fixkosten nicht abbauen lassen, also vor allem auf kurzfristige Sicht.

## Aufgabe 3.1.2.1: Deckungsbeitragsrechnung

**zu a)**

| | Erlös [€/Stück] | Kosten [€/Stück] | Gewinn [€/Stück] | Gewinn [€/Sorte] |
|---|---|---|---|---|
| A | 33,– | 26,– | 7,– | 42.000,– |
| B | 32,– | 31,80 | 0,20 | 3.200,– |
| C | 26,– | 22,80 | 3,20 | 40.000,– |
| | | **Gesamtgewinn [€]:** | | **85.200,–** |

**zu b)**

| | Menge [Stück/Periode] | Erlös [€/Stück] | Kosten [€/Stück] | Gewinn [€/Stück] | Gewinn [€/Sorte] |
|---|---|---|---|---|---|
| A | 5.400 | 33,– | 26,60 | 6,40 | 34.560,– |
| B | 14.400 | 32,– | 33,20 | –1,20 | –17.280,– |
| C | 11.250 | 26,– | 23,20 | 2,80 | 31.500,– |
| | | | **Gesamtgewinn [€]:** | | **48.780,–** |

**zu c)**

Das Ansteigen der Stückkosten bei zurückgehender Ausbringungsmenge deutet auf die Existenz fixer Kosten hin. (Die Deckungsbeitragssumme verringert sich bei gleich bleibenden Fixkosten.)

**zu d)**

$$\text{A: } k_v = \frac{156.000 - 143.640}{6.000 - 5.400} = \mathbf{20{,}60\ €}$$

$$\text{B: } k_v = \frac{508.800 - 478.080}{16.000 - 14.400} = \mathbf{19{,}20\ €}$$

$$\text{C: } k_v = \frac{285.000 - 261.000}{12.500 - 11.250} = \mathbf{19{,}20\ €}$$

| | |
|---|---|
| $DB_A = 33 - 20{,}60 = 12{,}40$ € | $K_f = 143.640 - 20{,}60 \cdot 5.400 =$ **32.400,– €** |
| $DB_B = 32 - 19{,}20 = 12{,}80$ € | $K_f = 478.080 - 19{,}20 \cdot 14.400 =$ **201.600,– €** |
| $DB_C = 26 - 19{,}20 = 6{,}80$ € | $K_f = 261.000 - 19{,}20 \cdot 11.250 =$ **45.000,– €** |
| | gesamte $K_f =$ **279.000,– €** |

Wenn die Produktion von Produkt B eingestellt wird, wird die KG einen Periodenverlust aufweisen, da auf einen positiven Deckungsbeitrag verzichtet wird:

$$G = DB_A + DB_C - K_f = 12{,}40 \cdot 5.400 + 6{,}80 \cdot 11.250 - 279.000$$
$$= 66.960 + 76.500 - 279.000 = \mathbf{-135.540{,}–\ €\ (Verlust)}$$

**zu e)**

Maßgebend für den Verbleib oder das Ausscheiden aus dem Produktionsprogramm ist allein der Deckungsbeitrag; solange er positiv ist, sollte die Sorte B unbedingt produziert werden, da kein Engpass vorliegt. Der Vorschlag der Geschäftsleitung wird somit abgelehnt.

## Aufgabe 3.1.2.2: Einfach und mehrfach gestufte Deckungsbeitragsrechnung

**zu a)**

| | Export | Pils | Alt | Weizen |
|---|---|---|---|---|
| Fertigungslöhne [€] | 7,50 | 10,– | 8,50 | 7,50 |
| Fertigungsmaterial [€] | 5,– | 5,– | 6,– | 6,– |
| Variable FGK u. MGK [€] | 12,50 | 15,– | 13,50 | 15,50 |
| Variable HK [€] | 25,– | 30,– | 28,– | 29,– |
| Variable Vw- u. VtGK [€] | 6,– | 7,– | 5,– | 6,– |
| Variable SEKVt [€] | 4,– | 3,– | 4,– | 5,– |
| **Variable SK [€/hl]** | **35,–** | **40,–** | **37,–** | **40,–** |
| **Deckungsbeitrag [€/hl]** | **25,–** | **50,–** | **43,–** | **30,–** |

**zu b)**

*Einfach gestufte Deckungsbeitragsrechnung:*

| | Export | Pils | Alt | Weizen |
|---|---|---|---|---|
| Erlöse [€] | 1.200.000,– | 1.620.000,– | 800.000,– | 630.000,– |
| Variable Kosten [€] | 700.000,– | 720.000,– | 370.000,– | 360.000,– |
| DB pro Sorte [€] | 500.000,– | 900.000,– | 430.000,– | 270.000,– |
| **DB gesamt [€]** | **2.100.000,–** | | | |
| Fixe Kosten [€] | 1.130.000,– | | | |
| **Periodenerfolg [€]** | **970.000,–** | | | |

*Mehrfach gestufte Deckungsbeitragsrechnung:*

| | Export | Pils | Alt | Weizen |
|---|---|---|---|---|
| Erlöse [€]<br>– Variable Kosten Kv | 1.200.000,–<br>700.000,– | 1.620.000,–<br>720.000,– | 800.000,–<br>370.000,– | 630.000,–<br>360.000,– |
| **Deckungsbeitrag I je Erzeugnis über die variablen Kosten [€]** | **500.000,–** | **900.000,–** | **430.000,–** | **270.000,–** |
| – Erzeugnisfixkosten [€] | 200.000,– | 150.000,– | 100.000,– | 80.000,– |
| **Deckungsbeitrag II je Erzeugnis über die Erzeugniskosten [€]** | **300.000,–** | **750.000,–** | **330.000,–** | **190.000,–** |
| Summen der DB II [€]<br>– Erzeugnisgruppenfixkosten [€] | 1.050.000,–<br>160.000,– | | 520.000,–<br>80.000,– | |
| **Deckungsbeitrag III je Erzeugnisgruppe [€]** | **890.000,–** | | **440.000,–** | |
| Summen der DB III [€]<br>– Unternehmensfixkosten [€] | 1.330.000,–<br>360.000,– | | | |
| **Periodenerfolg [€]** | **970.000,–** | | | |

## Aufgabe 3.1.2.3: Mehrfach gestufte Deckungsbeitragsrechnung

**zu a)**

Zerlegungskriterien:

- Aufspaltung des Fixkostenblocks nach Produkten und Abrechnungsbezirken:
  - Produktarten, -gruppen
  - Kostenstellen, -bereiche
  - Werken
  - Unternehmung
- Aufspaltung nach Fristigkeit (dynamische Grenzplankostenrechnung)

**zu b)**

| **Kostenstelle** | **I** | | | **II** |
|---|---|---|---|---|
| Maschine | Maschine 1 | Maschine 2 | | |
| Produkt | A | B | C | D |
| **Verkaufserlöse [€]** | **38.400,–** | **20.000,–** | **21.000,–** | **31.500,–** |
| Fertigungslöhne [€] | 4.000,– | 3.500,– | 3.350,– | 4.050,– |
| Variable FGK [€] | 2.850,– | 1.000,– | 2.000,– | 2.300,– |
| FM [€] | 8.000,– | 4.000,– | 4.000,– | 12.000,– |
| Variable MGK [€] | 300,– | 150,– | 150,– | 450,– |
| **Variable HK der hergestellten Produkte [€]** | **15.150,–** | **8.650,–** | **9.500,–** | **18.800,–** |
| Variable HK der abgesetzten Produkte [€] | 18.180,– | 6.920,– | 9.500,– | 19.740,– |
| Variable Vw- u. Vt [€] | 909,– | 346,– | 475,– | 987,– |
| SEKVt [€] | 990,– | 437,– | 345,– | 826,– |
| **Variable Kosten [€]** | **20.079,–** | **7.703,–** | **10.320,–** | **21.553,–** |
| **DB I [€]** | **18.321,–** | **12.297,–** | **10.680,–** | **9.947,–** |
| Erzeugnisfixkosten [€] | 1.350,– | – | 2.200,– | 1.350,– |
| **DB II [€]** | **16.971,–** | **12.297,–** | **8.480,–** | **8.597,–** |
| Maschinenfixkosten [€] | 1.700,– | 1.250,– | | – |
| **DB III [€]** | **15.271,–** | **19.527,–** | | **8.597,–** |
| Kostenstellenfixkosten [€] | 16.500,– | | | 11.000,– |
| **DB IV [€]** | **18.298,–** | | | **–2.403,–** |
| Unternehmensfixe Kosten [€] | 17.050,– | | | |
| **Nettoerfolg [€]** | **–1.155,–** | | | |

MGK = **1.050,– €**

variable $MGK_B = \frac{1.050}{28.000} \cdot 4.000 =$ **150,– €**

variable $HK_B$ hergestellte Produkte = **8.650,– €**

variable $HK_B$ abgesetzte Produkte = $8.650 \cdot 160/200 =$ **6.920,– €**

variable Vw- u. VtGK = $2.717 \cdot \frac{6.920}{54.340} =$ **346,– €**

**zu c)**

Je nachdem, ob die fixen Kosten abgebaut werden können, ist es sinnvoll, Produkt D aus dem Sortiment zu nehmen. Produkt D eliminieren → Erfolg steigt (2.403,– €). Die Absatzseite darf nicht vernachlässigt werden, da unter Umständen Verbundbeziehungen bestehen. Die Fixkosten sollten kurz- bis mittelfristig abgebaut (langfristig keine Fixkosten) oder die Verkaufserlöse erhöht werden.

**zu d)**

| Analysemerkmale | Gesichtspunkte |
|---|---|
| Verursachungsprinzip | Keine Schlüsselung |
| Verwendbarkeit für Planung | Programmpolitik (DB)<br>Absatzpolitik (Preisuntergrenze)<br>Investitionspolitik (eventuell Hinweis auf Desinvestition) |
| Verwendbarkeit für Kontrolle | Erfolgskontrolle von Produkten, Produktgruppen, Bereichen |
| Wirtschaftlichkeit | Fixkostenspaltung aufwendig<br>Nutzen abhängig von Informationsverwendung |
| Anpassungsfähigkeit | Grundlage für zusätzliche Informationsgewinnung<br>Basis für entscheidungsorientiertes Rechnungswesen |

## Aufgabe 3.1.2.4: Deckungsbeitragsrechnung

**zu a)**

| Einstufige DBR: | | | | | | |
|---|---|---|---|---|---|---|
| | A | B | C | D | E | F |
| Umsatzerlöse | 1.000 | 3.000 | 3.000 | 1.600 | 800 | 800 |
| Variable Kosten | 1.100 | 1.600 | 2.500 | 800 | 600 | 560 |
| DB I | –100 | 1.400 | 500 | 800 | 200 | 240 |
| Gesamt-DB | 3.040 | | | | | |
| Fixkosten | 2.750 | | | | | |
| Gewinn | 290 | | | | | |

**zu b)**

Ggf. Streichung von A, da negativer DB I; jedoch: ggf. Absatz-Verknüpfung als Teil eines Sortiments

**zu c)**

Vorteil: Keine Verletzung des Verursachungsprinzips

Nachteil: keine Erkenntnisse in Bezug auf den Fixkostenblock

**zu d)**

| **Mehrstufige DBR:** | | | | | | |
|---|---|---|---|---|---|---|
| | **A** | **B** | **C** | **D** | **E** | **F** |
| Umsatzerlöse | 1.000 | 3.000 | 3.000 | 1.600 | 800 | 800 |
| Variable Kosten | 1.100 | 1.600 | 2.500 | 800 | 600 | 560 |
| DB I | –100 | 1.400 | 500 | 800 | 200 | 240 |
| Produktfixkosten | 150 | 200 | 300 | 400 | 100 | 200 |
| DB II | –250 | 1.200 | 200 | 400 | 100 | 40 |
| Summe je Gruppe | 950 | | 600 | | 140 | |
| Gruppenfixkosten | 400 | | 650 | | 100 | |
| DB III | 550 | | -50 | | 40 | |
| Summe je Werk | 500 | | | | 40 | |
| Werksfixkosten | 100 | | | | 100 | |
| DB IV | 400 | | | | -60 | |
| Summe | 340 | | | | | |
| U-Fixkosten | 50 | | | | | |
| Gewinn/Verlust | 290 | | | | | |

**zu e)**

Jetzt sieht man, dass auch bei den Tischen und durch das Werk in Linz Verlust erwirtschaftet werden. Da es sich hier um (Des-) Investitionsentscheidungen handelt, müsste dies über mehrere Perioden sowie in Bezug auf Abbaufähigkeit der Fixkosten näher untersucht werden.

## Aufgabe 3.1.2.5: Mehrfach gestufte Deckungsbeitragsrechnung und Preisuntergrenze

zu a)

| Erzeugnis | Seife | | Waschmittel | |
|---|---|---|---|---|
| | fein | extra fein | sauber | extra sauber |
| Fertigungslöhne [€] | 2,50 | 2,50 | 0,75 | 0,75 |
| Fertigungsmaterial [€] | 1,40 | 1,60 | 0,85 | 1,– |
| Variable Gemeinkosten [€] | 1,10 | 1,40 | 0,60 | 0,85 |
| Variable Fertigungskosten [€] | 5,– | 5,50 | 2,20 | 2,60 |
| SEKVt [€] | 2,50 | 5,– | 2,– | 2,– |
| **Absolute Preisuntergrenze [€]** | **7,50** | **10,50** | **4,20** | **4,60** |

zu b)

| Erzeugnis | Seife | | Waschmittel | |
|---|---|---|---|---|
| | Fein | extra fein | sauber | extra sauber |
| Verkaufspreis [€/Stück]<br>x Menge [Stück] | 8,–<br>1.600 | 12,–<br>1.600 | 6,–<br>2.600 | 9,–<br>1.500 |
| Bruttoerlöse [€]<br>– SEKVt [€] | 12.800,–<br>4.000,– | 19.200,–<br>8.000,– | 15.600,–<br>5.200,– | 13.500,–<br>3.000,– |
| Nettoerlöse [€]<br>– Variable FK [€] | 8.800,–<br>8.000,– | 11.200,–<br>8.800,– | 10.400,–<br>5720,– | 10.500,–<br>3.900,– |
| **Deckungsbeitrag I [€]**<br>– Erzeugnisfixkosten [€] | **800,–**<br>1.200,– | **2.400,–**<br>640,– | **4.680,–**<br>3.600,– | **6.600,–**<br>3.600,– |
| **Deckungsbeitrag II [€]** | **– 400,–** | **1.760,–** | **1.080,–** | **3.000,–** |
| Summe der DB II [€]<br>– Erzeugnisgruppenfixkosten [€] | 1.360,–<br>500,– | | 4.080,–<br>1.200,– | |
| **Deckungsbeitrag III [€]** | **860,–** | | **2.880,–** | |
| Summe der DB III [€]<br>– Unternehmensfixkosten [€] | 3.740,–<br>2.000,– | | | |
| **Nettoerfolg [€]** | **1.740,–** | | | |

## Aufgabe 3.1.2.6: Mehrfach gestufte Deckungsbeitragsrechnung und Preisuntergrenze

**zu a)**

| | A | B | C | D |
|---|---|---|---|---|
| Erlös [€] | 50.000,– | 60.000,– | 30.000,– | 30.000,– |
| Variable Herstellkosten [€] | 10.000,– | 20.000,– | 10.000,– | 10.000,– |
| Werkstatt<br>Variable Herstellkosten [€] | 6.000,– | 12.000,– | 6.000,– | 6.000,– |
| Variable Vertriebskosten [€] | 1.000,– | 500,– | 1.500,– | 800,– |
| Variable Kosten der Unternehmensführung [€]<br>Verteilungsbasis 50.000,– € | 1.000,– | 2.000,– | 1.000,– | 1.000,– |
| **DB I** | **32.000,–** | **25.500,–** | **11.500,–** | **12.200,–** |
| Fixe Herstellkosten [€] | 20.500,– | 15.000,– | 12.000,– | 2.200,– |
| **DB II** | **11.500,–** | **10.500,–** | **–500,–** | **10.000,–** |
| Fixe Herstellkosten [€] | 20.000,– | | 1.500,– | |
| **DB III** | **2.000,–** | | **8.000,–** | |
| Fixe Herstellkosten der Produktion [€] | 5.000,– | | | |
| Fixe Kosten der Unternehmensführung | 10.000,– | | | |
| **Gewinn/Verlust [€]** | **–5.000,–** | | | |

**zu b)**

| | A | B | C | D |
|---|---|---|---|---|
| $\Sigma$ variable Kosten [€] | 18.000,– | 34.500,– | 18.500,– | 17.800,– |
| Absolute Preisuntergrenze [€] | 1,80 | 1,725 | 3,70 | 0,593 |

**zu c)**

Könnte man Produkt C aus dem Programm nehmen (weil Deckungsbeitrag II negativ), so würde der Gewinn um 500,– € zunehmen.

**zu d)**

Bei der einstufigen Deckungsbeitragsrechnung wäre eine Antwort zu c) nicht möglich, da die Fixkosten als undifferenzierter Block zuletzt abgezogen würden. Deckungsbeitrag I war aber noch positiv.

**zu e)**

Da fixe Kosten nicht geschlüsselt werden

## Aufgabe 3.1.2.7: Mehrdimensionale Deckungsbeitragsrechnung

**zu a)**

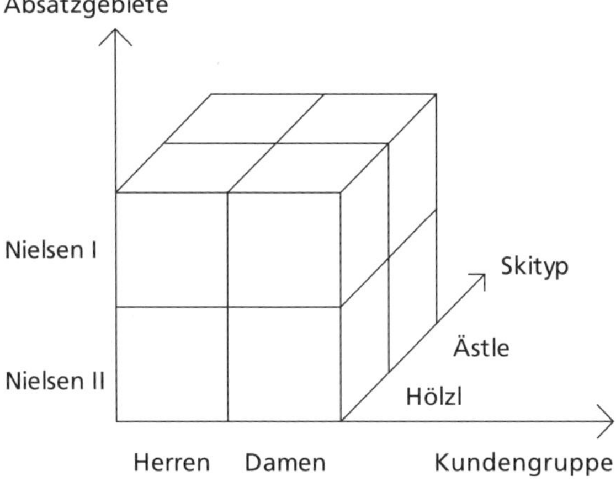

**zu b) 1. Hierarchie:**

| **Absatzgebiete** | **Nielsen I** | | | | **Nielsen II** | | | |
|---|---|---|---|---|---|---|---|---|
| Kunden-gruppen | Herren | | Damen | | Herren | | Damen | |
| Produktgruppe | Hölzl | Ästle | Hölzl | Ästle | Hölzl | Ästle | Hölzl | Ästle |
| Umsatz [€] | 149.800,– | 59.900,– | 74.900,– | 23.960,– | 74.900,– | 59.900,– | 14.980,– | 5.990,– |
| Variable Kosten [€] | 74.000,– | 30.000,– | 37.000,– | 12.000,– | 37.000,– | 30.000,– | 7.400,– | 3.000,– |
| Versand EK [€] | 1.800,– | 1.900,– | 900,– | 760,– | 900,– | 1.900,– | 180,– | 190,– |
| **DB I [€]** | **74.000,–** | **28.000,–** | **37.000,–** | **11.200,–** | **37.000,–** | **28.000,–** | **7.400,–** | **2.800,–** |
| Fixkosten [€] | 10.000,– | | 5.000,– | | 10.000,– | | 12.000,– | |
| **DB II [€]** | **92.000,–** | | **43.200,–** | | **55.000,–** | | **–1.800,–** | |
| Agenturen [€] | 10.000,– | | | | 8.000,– | | | |
| Verkaufssach-bearbeiter [€] | 110.000,– | | | | 45.000,– | | | |
| **DB III [€]** | **15.200,–** | | | | **200,–** | | | |
| Montage [€] | 14.700,– | | | | | | | |
| Untern. fixe Kosten [€] | 15.000,– | | | | | | | |
| **Gewinn/ Verlust [€]** | **–14.300,–** | | | | | | | |

**zu b) 2. Hierarchie:**

| Produktgruppe | Hölzl | | | | Ästle | | | |
|---|---|---|---|---|---|---|---|---|
| Absatzgebiet | Nielsen I | | Nielsen II | | Nielsen I | | Nielsen II | |
| Kundengruppe | Herren | Damen | Herren | Damen | Herren | Damen | Herren | Damen |
| Umsatz [€] | 149.800,– | 74.900,– | 74.900,– | 14.980,– | 59.900,– | 23.960,– | 59.900,– | 5.990,– |
| Variable Kosten [€] | 74.000,– | 37.000,– | 37.000,– | 7.400,– | 30.000,– | 12.000,– | 30.000,– | 3.000,– |
| Versand EK [€] | 1.800,– | 900,– | 900,– | 180,– | 1.900,– | 760,– | 1.900,– | 190,– |
| DB I [€] | 74.000,– | 37.000,– | 37.000,– | 7.400,– | 28.000,– | 11.200,– | 28.000,– | 2.800,– |
| Verkauf | 70.000,– | | 20.000,– | | 40.000,– | | 25.000,– | |
| DB II [€] | 41.000,– | | 24.400,– | | -800,– | | 5.800,– | |
| Montage [€] | 7.800,– | | | | 6.900,– | | | |
| DB III [€] | 57.600,– | | | | –1.900,– | | | |
| Versand [€] | 18.000,– | | | | | | | |
| Beratung [€] | 37.000,– | | | | | | | |
| Untern. fixe Kosten [€] | 15.000,– | | | | | | | |
| Gewinn/ Verlust [€] | 14.300,– | | | | | | | |

**zu c)**

*Empfehlungen:*

- 1. Hierarchie: DB I alle positiv; DB II negativ bei Damen im Gebiet Nielsen II; DB III alle positiv;
  Falls Kosten der Kundenberatung nicht abbaubar → Marktsegment verlassen, bzw. Maßnahmen zur Erhöhung des Deckungsbeitrags einleiten;
- 2. Hierarchie: negative DB II und III bei Ästle im Gebiet Nielsen I; falls Fixkosten nicht abbaubar → Marktsegment verlassen.

## Aufgabe 3.1.2.8: Mehrdimensionale Deckungsbeitragsrechnung

**zu a)**

| Einstufige Deckungsbeitragsrechnung | | | | | | | |
|---|---|---|---|---|---|---|---|
| | **A1** | **A2** | **A3** | **B** | **C1** | **C2** | **Summe** |
| Mengen | 150 | 150 | 150 | 150 | 150 | 150 | |
| Stückpreise | 10 | 20 | 16 | 30 | 15 | 5 | |
| var. Stückk. | 6 | 15 | 14 | 18 | 10 | 4 | |
| Erlöse | 1.500 | 3.000 | 2.400 | 4.500 | 2.250 | 750 | 14.400 |
| ./. Var. Kosten | 900 | 2.250 | 2.100 | 2.700 | 1.500 | 600 | 10.050 |
| **DB I** | **600** | **750** | **300** | **1.800** | **750** | **150** | 4.350 |
| DB Unt insg | 4.350 | | | | | | 4.350 |
| FK insg | 6.110 | | | | | | 6.110 |
| **Gewinn** | **–1.760** | | | | | | –1.760 |

Empfehlung: Verluste müssen beseitigt werden. Die Rechnung liefert noch keine klaren Hinweise. Es ist nur erkennbar, dass bei A3 und C2 die Stückdeckungsbeiträge niedrig, bei C1 dagegen hoch sind.

**zu b)**

| **Stufung nach Produktarten und Produktgruppen** | | | | | | | |
|---|---|---|---|---|---|---|---|
| | **A1** | **A2** | **A3** | **B** | **C1** | **C2** | |
| Mengen | 150 | 150 | 150 | 150 | 150 | 150 | |
| Stückpreise | 10 | 20 | 16 | 30 | 15 | 5 | |
| var. Stückk. | 6 | 15 | 14 | 18 | 10 | 4 | |
| Erlöse | 1.500 | 3.000 | 2.400 | 4.500 | 2.250 | 750 | 14.400 |
| ./. Var. Kosten | 900 | 2.250 | 2.100 | 2.700 | 1.500 | 600 | 10.050 |
| **DB I** | **600** | **750** | **300** | **1.800** | **750** | **150** | 4.350 |
| FK je Produktart | 100 | 700 | 170 | 80 | 60 | 550 | 1.660 |
| **DB II je Produktart** | **500** | **50** | **130** | **1.720** | **690** | **–400** | **2.690** |
| DB zus.gefasst | | 680 | | 1.720 | 290 | | 2.690 |
| FK je Pr-Gruppe | | 550 | | 1.500 | 100 | | 2.150 |
| **DB III je Prod.-Gruppe** | | **130** | | **220** | **190** | | 540 |
| DB insg | | | | 540 | | | 540 |
| Fixkosten Marketing | | | | 2.000 | | | 2.000 |
| FK der Unternehmung | | | | 300 | | | 300 |
| **Gewinn** | | | | **–1.760** | | | –1.760 |

Erkenntnis: Der Verlust wird zu einem wesentlichen Teil von Produkt C2 verursacht. Dieses sollte möglichst aus dem Programm genommen oder deutlich günstiger erzeugt werden. Jedoch sind dadurch noch nicht die gesamten Verluste gedeckt.

**zu c)**

<table>
<tr><th colspan="7">Stufung nach Produktarten und Regionen</th></tr>
<tr><th></th><th>A1</th><th>A2</th><th>C2</th><th>A3</th><th>B</th><th>C1</th></tr>
<tr><td>Mengen</td><td>150</td><td>150</td><td>150</td><td>150</td><td>150</td><td>150</td></tr>
<tr><td>Stückpreise</td><td>10</td><td>20</td><td>5</td><td>16</td><td>30</td><td>15</td></tr>
<tr><td>var. Stückk.</td><td>6</td><td>15</td><td>4</td><td>14</td><td>18</td><td>10</td></tr>
<tr><td>Erlöse</td><td>1500</td><td>3.000</td><td>750</td><td>2.400</td><td>4.500</td><td>2.250</td></tr>
<tr><td>./. Var. Kosten</td><td>900</td><td>2.250</td><td>600</td><td>2.100</td><td>2.700</td><td>1.500</td></tr>
<tr><td>DB insg.</td><td>600</td><td>750</td><td>150</td><td>300</td><td>1.800</td><td>750</td></tr>
<tr><td>FK je Produktart</td><td>100</td><td>700</td><td>550</td><td>170</td><td>80</td><td>60</td></tr>
<tr><td>DB II je Produktart</td><td>500</td><td>50</td><td>–400</td><td>130</td><td>1.720</td><td>690</td></tr>
<tr><td>DB II je Region</td><td colspan="3">150</td><td colspan="3">2.540</td></tr>
<tr><td>Fixkosten Region</td><td colspan="3">700</td><td colspan="3">1.300</td></tr>
<tr><td>DB IV je Region</td><td colspan="3">–550</td><td colspan="3">1.240</td></tr>
<tr><td>DB insg.</td><td colspan="6">690</td></tr>
<tr><td>Fixkosten Pr.-gruppe</td><td colspan="6">2.150</td></tr>
<tr><td>FK Unternehmung</td><td colspan="6">300</td></tr>
<tr><td>Gewinn</td><td colspan="6">–1.760</td></tr>
</table>

Erkenntnis: Neben dem Produkt C2 weist die Region Nord ein spezielles Verlustproblem auf. Evtl. dort Marketing verstärken.

**zu d)**

Sie lässt aus verschiedenen Blickwinkeln Dimensionen erkennen, in welchen Bereichen (Produkten, Produktgruppen oder Regionen) Probleme vorliegen, die auf mittel- bis längerfristigen Investitionsentscheidungen beruhen.

## Aufgabe 3.1.2.9: Mehrfach gestufte Deckungsbeitragsrechnung

**zu a)**

Interessierende Hierarchie: Kostenstelle/Produkt/Land

| | Kostenstelle I | | | | Kostenstelle II | |
|---|---|---|---|---|---|---|
| | Vergaser | | Einspritzpumpe | | Wasserpumpe | |
| | D | F | D | F | D | F |
| Erlöse<br>– Provisionen<br>**Nettoerlöse** | 330.000,–<br>9.900,–<br>**320.100,–** | 240.000,–<br>12.000,–<br>**228.000,–** | 840.000,–<br>100.800,–<br>**739.200,–** | 500.000,–<br>60.000,–<br>**440.000,–** | 360.000,–<br>–,–<br>**360.000,–** | 260.000,–<br>10.400,–<br>**249.600,–** |
| Fert.material<br>Fert.löhne<br>K.stell.kosten | 60.000,–<br>210.000,–<br>24.000,– | 40.000,–<br>140.000,–<br>16.000,– | 160.000,–<br>440.000,–<br>16.000,– | 80.000,–<br>220.000,–<br>8.000,– | 90.000,–<br>240.000,–<br>18.000,– | 60.000,–<br>160.000,–<br>12.000,– |
| Variable HK | 294.000,– | 196.000,– | 616.000,– | 308.000,– | 348.000,– | 232.000,– |
| SEK Vertrieb | 15.000,– | 10.000,– | 48.000,– | 24.000,– | 30.000,– | 20.000,– |
| **Variable SK** | **309.000,–** | **206.000,–** | **664.000,–** | **332.000,–** | **378.000,–** | **252.000,–** |
| **DB I** | **11.100,–** | **22.000,–** | **75.200,–** | **108.000,–** | **– 18.000,–** | **– 2.400,–** |
| – Kostenstellen-fixkosten | 60.000,– | | | | 40.000,– | |
| **DB II** | **156.300,–** | | | | **– 60.400,–** | |
| – Handels-fixkosten<br>– Unternehmens-fixkosten | 40.000,–<br>83.840,– | | | | | |
| **Gewinn/ Verlust** | **– 27.940,–** | | | | | |

*Verteilung der Kostenstellenkosten nach der Fertigungszeit:*

gesamte Fertigungszeit für Kostenstelle I:

5000 Stück · 2 Std + 6000 Stück · 1 Std = 16.000 Std

Kosten pro Stunde: 64.000 € : 16.000 Std = 4 €/Std

z. B.: Vergaser für D: 3000 Stück · 2 Std · 4 €/Std = 24.000,– €

**zu b)**

*Maßnahmen:*

Für das Produkt „Wasserpumpe" wird in beiden Absatzgebieten ein negativer Deckungsbeitrag ausgewiesen. Deshalb ist zu prüfen, ob auf die Erzeugung verzichtet werden kann. Der Unternehmenserfolg würde sich dadurch kurzfristig um € 20.400,– und nach Abbau der Fixkosten (von Kostenstelle II) um weitere € 60.400,– erhöhen. Bei einer Streichung sind jedoch negative Verbundeffekte auf dem Absatzmarkt zu berücksichtigen. Alternative Maßnahmen könnten eine Preiserhöhung oder Einsparungen bei den variablen Selbstkosten der Wasserpumpen sein.

## Aufgabe 3.1.2.10: Deckungsbeitragsrechnung

**zu a)**

*Ermittlung der Absatzmengen für China:*

**Absatzmenge PC** = (gesamte produzierte Menge PCs) – (in Deutschland abgesetzte Menge PCs) = 8.500 – 3.500 = **5.000 [Stück]**

**Absatzmenge WS** = (gesamte produzierte Menge WS) – (in Deutschland abgesetzte Menge WS) = 11.500 – 10.000 = **1.500 [Stück]**

*Ermittlung der Verkaufserlöse je Stück in China:*

**Stückerlös je PC** = (Gesamtverkaufserlöse für PCs in China) / (Absatzmenge PCs in China) = 3.810.000,00 [€] / 5.000 [Stück] = **762,00 [Euro/Stück]**

**Stückerlös je WS** = (Gesamtverkaufserlöse für WS in China) / (Absatzmenge WS in China) = 4.500.000,00 [€] / 1.500 [Stück] = **3.000 [Euro/Stück])**

*Ermittlung der Erlöse aus Serviceverträgen (SV) je Stück in China:*

**Erlös SV je PC** = (Gesamterlöse aus SV für PCs in China) / (Absatzmenge PCs in China) = 1.750.000,00 [€] / 5.000 [Stück] = **350 [Euro/Stück]**

**Erlös SV je WS** = (Gesamterlöse aus SV für WS in China) / (Absatzmenge WS in China) = 1.050.000,00 [€] / 1.500 [Stück] = **700 [Euro/Stück]**

*Ermittlung der gesamten Stückerlöse in China:*

**Gesamterlös je PC** = 762,00 + 350,00 = **1.112,00 [Euro/Stück]**

**Gesamterlös je WS** = 3.000,00 + 700,00 = **3.700,00 [Euro/Stück]**

*Zusammenfassung:*

| China | Verkaufserlös je Stück [€] | Erlös aus Servicevertrag je Stück [€] | Gesamterlös je Stück [€] | Absatzmengen |
|---|---|---|---|---|
| PC | 762,00 | 350,00 | 1.112,00 | 5.000 |
| WS | 3.000,00 | 700,00 | 3.700,00 | 1.500 |

*Ermittlung der variablen Selbstkosten je Stück:*

| | China | | Deutschland | |
|---|---|---|---|---|
| | PC | WS | PC | WS |
| Fertigungsmaterial [€] | 400,00 | 600,00 | 400,00 | 600,00 |
| Fertigungslöhne [€] | 500,00 | 1.000,00 | 500,00 | 1.000,00 |
| SEKVt [€] | 210,00 | 925,00 | 85,00 | 264,00 |
| Variable SK je Stück [€] | 1.110,00 | 2.525,00 | 985,00 | 1.864,00 |

*Ermittlung der Stück-Deckungsbeiträge:*

| | China | | Deutschland | |
|---|---|---|---|---|
| | PC | WS | PC | WS |
| Verkaufserlös je Stück [€] | 762,00 | 3.000,00 | 1.200,00 | 2.500,00 |
| Erlös aus Servicevertrag je Stück [€] | 350,00 | 700,00 | 500,00 | 800,00 |
| Gesamterlös je Stück [€] | 1.112,00 | 3.700,00 | 1.700,00 | 3.300,00 |
| Fertigungsmaterial [€] | 400,00 | 600,00 | 400,00 | 600,00 |
| Fertigungslöhne [€] | 500,00 | 1.000,00 | 500,00 | 1.000,00 |
| SEKVt [€] | 210,00 | 925,00 | 85,00 | 264,00 |
| Variable Selbstkosten je Stück [€] | 1.110,00 | 2.525,00 | 985,00 | 1.864,00 |
| Stück-DB [€] | 2,00 | 1.175,00 | 715,00 | 1.436,00 |

**zu b)**

| Absatzgebiete | China | | Deutschland | |
|---|---|---|---|---|
| **Produktgruppe** | **PCs** | **WS** | **PCs** | **WS** |
| Verkaufserlöse [€] | 3.810.000,00 | 4.500.000,00 | 4.200.000,00 | 25.000.000,00 |
| Erlöse aus Serviceverträgen [€] | 1.750.000,00 | 1.050.000,00 | 1.750.000,00 | 8.000.000,00 |
| Gesamterlöse [€] | 5.560.000,00 | 5.550.000,00 | 5.950.000,00 | 33.000.000,00 |
| Fertigungsmaterial [€] | 2.000.000,00 | 900.000,00 | 1.400.000,00 | 6.000.000,00 |
| Fertigungslöhne [€] | 2.500.000,00 | 1.500.000,00 | 1.750.000,00 | 10.000.000,00 |
| SEKVt [€] | 1.050.000,00 | 1.387.500,00 | 297.500,00 | 2.640.000,00 |
| Variable Selbstkosten [€] | 5.550.000,00 | 3.787.500,00 | 3.447.500,00 | 18.640.000,00 |
| DB I [€] | 10.000,00 | 1.762.500,00 | 2.502.500,00 | 14.360.000,00 |
| Fixe Gemeinkosten für Wartung & Service [€] | 225.000,00 | 400.000,00 | 325.000,00 | 700.000,00 |
| DB II [€] | –215.000,00 | 1.362.500,00 | 2.177.500,00 | 13.660.000,00 |
| Fixe Vertriebsgemeinkosten [€] | 500.000,00 € | | 6.000.000,00 | |
| DB III [€] | 647.500,00 € | | 9.837.500,00 | |
| Werksfixkosten [€] | 5.000.000,00 € | | | |
| Unternehmensfixkosten [€] | 3.500.000,00 € | | | |
| Periodenerfolg [€] | 1.985.000,00 € | | | |

**zu c)**

*Interpretation/Empfehlung:*

- DB I überall positiv → kurzfristig Mengen wie geplant produzieren
- DB II bei PC in China negativ: nähere Analyse der Fixkosten für Wartung & Service → Bei Abbaufähigkeit der Fixkosten Produktion einstellen.
- Auf der Absatzseite sind jedoch mögliche Verbundeffekte zu berücksichtigen. Beispiel: Möglicherweise werden die PCs in China von Firmenkunden gekauft, welche die gesamte Informationstechnologie „aus einer Hand" kaufen wollen.
- Möglicherweise ist ein Verzicht auf den Abschluss von Wartungs- und Serviceverträgen für PCs in China und ein Abbau der damit verbundenen Fixkosten sinnvoll.

**zu d)**

*Ausbau:*

- Weitere Differenzierung nach Kundengruppen (z. B. Privat- und Firmenkunden)
- Ausbau zur mehrdimensionalen DBR

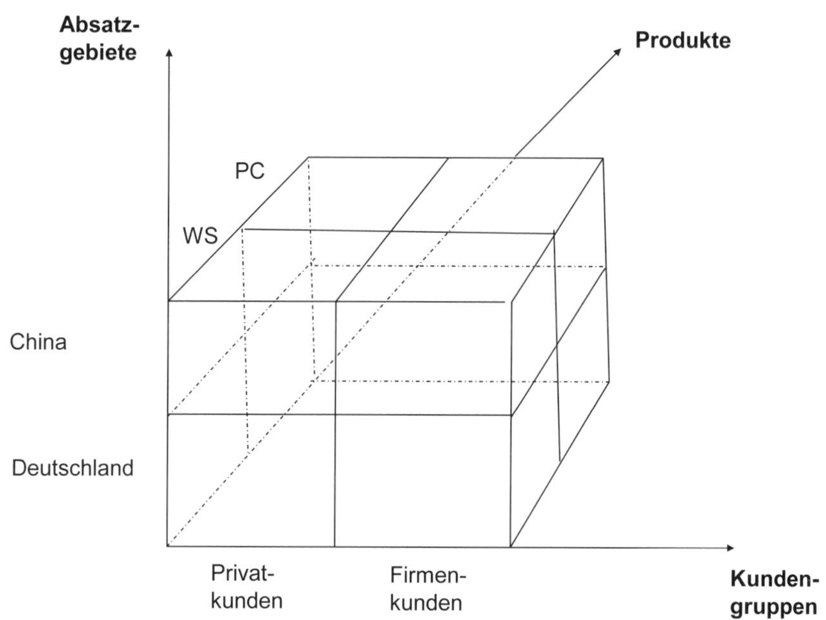


## Aufgabe 3.1.2.11: Deckungsbeitragsrechnung

**zu a)**

| | A | B | C | D |
|---|---|---|---|---|
| Verkaufserlöse [€] | 140.000 | 80.000 | 110.000 | 225.000 |
| Variable Kosten [€] | 110.000 | 100.000 | 60.000 | 125.000 |
| DB I [€] | 30.000 | –20.000 | 50.000 | 100.000 |
| Produktgruppenfixkosten [€] | 10.000 | 5.000 | 20.000 | 30.000 |
| DB II [€] | 20.000 | –25.000 | 30.000 | 70.000 |
| Fixkosten (Werk) [€] | 15.000 | | 25.000 | |
| DB III [€] | –20.000 | | 75.000 | |
| Konzernfixkosten [€] | 25.000 | | | |
| Periodenerfolg [€] | 30.000 | | | |

**zu b)**

Gewinn bei Alternative 2: 50.000
Gewinn bei Alternative 3: 55.000

Also hat Alternative 3 den höchsten Gewinn.

**zu c)**

Nein, es sind Informationen einzuholen über z. B.

- Marktverbundenheit/Verbundeffekte zwischen Produkten
- Längerfristige Entwicklung der Erlöse und Kosten
- Kosten für Sozialleistungen usw.
- …

## Aufgabe 3.1.2.12: Mehrdimensionale Deckungsbeitragsrechnung

**zu a)**

Umsatzkostenverfahren als Deckungsbeitragsrechnung

**zu b)**

| Hersteller | Fischer | | Rossignol | |
|---|---|---|---|---|
| Typ | Profi | Hobby | Profi | Hobby |
| Erlöse | 70.000 | 1.400.000 | 32.000 | 750.000 |
| Var. Kosten | 50.000 | 800.000 | 24.000 | 550.000 |
| DB | **20.000** | **600.000** | **8.000** | **200.000** |
| Summe | 828.000 | | | |
| Fixkosten | 582.000 | | | |
| Gewinn | **246.000** | | | |

**zu c)**

Zwei in der Folge Hersteller – Typ und Typ – Hersteller

**zu d)**

| Hersteller | Fischer | | Rossignol | |
|---|---|---|---|---|
| **Typ** | **Profi** | **Hobby** | **Profi** | **Hobby** |
| Erlöse | 70.000 | 1.400.000 | 32.000 | 750.000 |
| Var. Kosten | 50.000 | 800.000 | 24.000 | 550.000 |
| DB I | 20.000 | 600.000 | 8.000 | 200.000 |
| FK Typ/Marke | 10.000 | 200.000 | 10.000 | 20.000 |
| DB II | **10.000** | **400.000** | **–2.000** | **180.000** |
| | 410.000 | | 178.000 | |
| FK Marke | 10.000 | | 20.000 | |
| DB III | **400.000** | | **158.000** | |
| | 558.000 | | | |
| FK je Typ | 212.000 | | | |
| FK Unt. | 100.000 | | | |
| Gewinn | **246.000** | | | |

| Typ | Profi | | Hobby | |
|---|---|---|---|---|
| **Hersteller** | **Fischer** | **Rossignol** | **Fischer** | **Rossignol** |
| DB I | 20.000 | 8.000 | 600.000 | 200.000 |
| FK Typ/Marke | 10.000 | 10.000 | 200.000 | 20.000 |
| DB II | **10.000** | **–2.000** | **400.000** | **180.000** |
| | 8.000 | | 580.000 | |
| FK je Typ | 12.000 | | 200.000 | |
| DB III | **-4.000** | | **380.000** | |
| | 376.000 | | | |
| FK Unt. | 30.000 | | | |
| | 100.000 | | | |
| Gewinn | **246.000** | | | |

**zu e)**

Im Unterschied zur einstufigen Rechnung sieht man hier, dass bei **Profi-Skiern** von Rossignol und Fischer Verluste entstehen. Deshalb sollten hier die Fixkosten gesenkt oder die Preise erhöht werden, da man wohl nicht auf die Lieferung an die Profi-Skifahrer verzichten kann.

## Aufgabe 3.1.2.13: Deckungsbeitragsrechnung

**zu a)**

- Umsatzkostenverfahren, hier als Deckungsbeitragsrechnung, da (nur) die Erlöse, bezugsgleich variablen Kosten je Produkt und die Fixkosten gegeben sind
- Es gibt keine Gliederung nach (anderen) Kostenarten und keine Informationen über Bestandsänderungen

**zu b)**

| Hersteller | Atomic | | Blizzard | |
|---|---|---|---|---|
| **Typ** | **Profi** | **Hobby** | **Profi** | **Hobby** |
| Erlöse | 180.000 | 2.740.000 | 66.000 | 3.200.000 |
| Var. Kosten | 120.000 | 2.500.000 | 48.000 | 2.400.000 |
| DB | **60.000** | **240.000** | **18.000** | **800.000** |
| Summe | 1.118.000 | | | |
| Fixkosten | 744.000 | | | |
| Gewinn | **374.000** | | | |

**zu c)**

Mehrdimensionale Deckungsbeitragsrechnung, mehrstufige Rechnungen nach Hersteller und (Kunden-) Typ bzw. nach Typ und Hersteller.

**zu d)**

| Hersteller | Atomic | | Blizzard | |
|---|---|---|---|---|
| **Typ** | **Profi** | **Hobby** | **Profi** | **Hobby** |
| Erlöse | 180.000 | 2.740.000 | 66.000 | 3.200.000 |
| Var. Kosten | 120.000 | 2.500.000 | 48.000 | 2.400.000 |
| DB I | 60.000 | 240.000 | 18.000 | 800.000 |
| FK Typ/Marke | 12.000 | 240.000 | 14.000 | 18.000 |
| DB II | **48.000** | **0** | **4.000** | **782.000** |
| | 48.000 | | 786.000 | |
| FK Marke | 30.000 | | 50.000 | |
| DB III | **18.000** | | **736.000** | |
| | 754.000 | | | |
| FK je Typ | 260.000 | | | |
| FK Unt. | 120.000 | | | |
| Gewinn | **374.000** | | | |

| Typ | Profi | | Hobby | |
|---|---|---|---|---|
| **Hersteller** | **Atomic** | **Blizzard** | **Atomic** | **Blizzard** |
| DB I | 60.000 | 18.000 | 240.000 | 800.000 |
| FK Typ/Marke | 12.000 | 14.000 | 240.000 | 18.000 |
| DB II | 48.000 | 4.000 | 0 | 782.000 |
| | 52.000 | | 782.000 | |
| FK je Typ | 60.000 | | 200.000 | |
| DB III | -8.000 | | 582.000 | |
| | 574.000 | | | |
| FK Unt. | 80.000 | | | |
| | 120.000 | | | |
| Gewinn | **374.000** | | | |

**zu e)**

- Teilkostenrechnung
- Differenzierung und Informationen zu Fixkosten ohne Verletzung des Kostenverursachungsprinzips

**zu f)**

- Verluste bei Blizzard mit Profi sowie Atomic mit Profi
- Das spricht dafür, die Leistungen mit Profis zu untersuchen.

## Aufgabe 3.2.1: Relative Einzelkosten- und Deckungsbeitragsrechnung

**zu a)**

*Identitätsprinzip:*

- Sämtliche Kosten werden als Einzelkosten zugeordnet, relative Einzelkostenrechnung bezüglich des Zurechnungsobjektes möglich.
- Zweckneutrale Grundrechnung: Zahlen werden zunächst ohne Auswertung und Schlüsselung gesammelt → Auswertungsrechnungen
- Verhinderung von Datenredundanzen
- Auf Schlüsselung wird völlig verzichtet.
- Auswertung für Kennzahlen, relevante Deckungsbeiträge, ...
- Deckungsbudgets für Zwecke der Praxis (Zugeständnis an Kritiker) → Schlüsselung für Plankosten
- Gliederung der Kosten nach Kostenkategorien: Bereitschaftskosten, Leistungskosten

**zu b)**

- *Leistungskosten:*
  von Beschaffungs-, Fertigungs- und Absatzprogramm abhängig
- *Bereitschaftskosten:*
  entstehen, um die institutionellen und technischen Voraussetzungen für die Realisierung des Leistungsprogramms zu schaffen
- *Kritik:*
  alle Kosten dienen der Herstellung
  einzig mögliches Kriterium: Fristigkeitsgrad

**zu c)**

| | **Kilger** | **Riebel** |
|---|---|---|
| Ausrichtung auf *Entscheidung und Kontrolle* | Ja | Ja |
| *Zuordnung der* Gesamtkosten auf mehrere Bezugsgrößen | Ja, mehrfach gestufte DB-Rechnung | Ja, bereits in der Grundrechnung |
| *Kostenbegriff* | Wertmäßig | Pagatorisch |
| *Beschäftigungsmaßstab* | Bezugsgrößen(-system) | strenge Form des Verursachungsprinzips → Leistungsbezogenheit |
| *Lohnkosten, Abschreibungen* | Löhne:<br>voll variabel (alternative Verwendbarkeit von Arbeitskräften als Prämisse)<br><br>Abschreibungen:<br>z. T. variabel (Gebrauchsverschleiß)<br>z. T. fix | Löhne und Abschreibungen<br>kurzfristig nicht veränderbar → Bereitschaftskosten |
| Zuordnung *echter, variabler Gemeinkosten* | Schlüsselung | Keine Schlüsselung |
| *Kosteneinflussgrößen* | Eindimensionale Kosten-Abhängigkeiten, da Beschäftigung als zentrale Kostenbezugsgröße | Mehrdimensionalität, da von der Entscheidung abhängig |
| *Kostentheoretische Fundierung* | Mehrvariablige lineare Kostenfunktionen | Keine Aussage |

## Aufgabe 3.2.2: Relative Einzelkosten- und Deckungsbeitragsrechnung

**zu a)**

| Kostenkategorie | | Zurechnungsobjekte | Produkt | | | Fertigungsstelle | | | | Verwaltungsstelle | Vertriebsstelle | Unternehmen |
|---|---|---|---|---|---|---|---|---|---|---|---|---|
| | | | 1 | 2 | 3 | 1 | 2 | 3 | 2/3 | | | |
| absatzabhängig | umsatzwertabhängig | Provision | 22.500 | 28.000 | 15.600 | | | | | | | |
| | auftragsabhängig | Verpackung<br>Fracht | 10.000 | 10.500 | 3.000 | | | | | | | |
| erzeugnisabhängig | | Material<br>Lizenzen<br>Hilfsstoffe<br>Energie | 75.000 | 70.000 | 65.000<br>1.000 | 7.600<br>2.000 | 3.500<br>1.000 | 3.800<br>2.000 | | | | |
| geschlossene Periode | ohne zeitliche Bindung | Energie<br>Überstundenlöhne | | | | 3.000 | 1.800 | 1.000 | | 3.000 | 2.000 | |
| | monatliche Bindung | | | | | 15.000 | 10.000 | 7.500 | | | | |
| | 1/4-jährliche Bindung | | | | | 10.000 | 5.000 | 7.500 | | 12.000 | 16.500 | |
| | 1/2-jährliche Bindung | | | | | | | | 16.000 | | | |
| | jährliche Bindung | | | | | | | | | | | 8.250 |
| offene Periode | aktivierungspflichtig | | | | | | | 25.000 | | 20.000 | | |
| | nicht aktivierungspflichtig | | | | | | | | | | | |

**zu b)**

- *Grundrechnung:*
  - zweckneutral
  - keine innerbetriebliche Leistungsverrechnung
  - spezielle Auswertungsrechnung

  *Drei Grundregeln:*
  - keine heterogenen Elemente zusammenfassen (keine Verdichtung)
  - keine Schlüsselung
  - es wird immer dem speziellen Klassifikationsobjekt zugerechnet

  *Auswertungsrechnungen:*
  - Planung und Kontrolle (Soll/Ist)

- *Betriebsabrechnungsbogen:*
  - zunächst zweckneutrale Verrechnung der Primärkosten, aber dann innerbetriebliche Leistungsverrechnung (z. B. Stufenleiterverfahren)

**zu c)**

| Geschäftsjahr | 2003 | | | | | | | | | | |
|---|---|---|---|---|---|---|---|---|---|---|---|
| Monat | Jan | ... | Jul | Aug | | | Sep | Okt | Nov | Dez |
| Produkte | | | | 1 | 2 | 3 | | | | |
| Erlöse | | | | 225,0 | 280,0 | 130,0 | | | | |
| ./. Provisionen | | | | 22,5 | 28,0 | 15,6 | | | | |
| ./. Verpackungskosten | | | | 10,0 | 10,5 | 3,0 | | | | |
| ./. Materialkosten | | | | 75,0 | 70,0 | 65,0 | | | | |
| ./. Lizenzen | | | | | | 1,0 | | | | |
| = DB I | | | | 117,5 | 171,5 | 45,4 | | | | |
| ./. Hilfsstoffe | | | | 7,6 | 3,5 | 3,8 | | | | |
| ./. Energie (Erz.abh.) | | | | 2,0 | 1,0 | 2,0 | | | | |
| = DB II | | | | 107,9 | 167,0 | 39,6 | | | | |
| ./. Überstundenlöhne | | | | 3,0 | 1,8 | | | | | |
| ./. Energie (Erz.unabh.) | | | | | | 1,0 | | | | |
| = DB III | | | | 104,9 | 165,2 | 38,6 | | | | |
| ./. Löhne (mtl. Kündigungs-frist) | | | | 15,0 | 10,0 | 7,5 | | | | |
| = DB IV („Monatsbeitrag je Fert.KS“) | | | | 89,9 | 155,2 | 31,1 | | | | |
| = Gesamt | | | | 276,2 | | | | | | |

<table>
<tr><td>Geschäftsjahr</td><td colspan="10">2003</td></tr>
<tr><td>Monat</td><td>Jan</td><td>...</td><td>Jul</td><td colspan="3">Aug</td><td>Sep</td><td>Okt</td><td>Nov</td><td>Dez</td></tr>
<tr><td>Produkte</td><td></td><td></td><td></td><td>1</td><td>2</td><td>3</td><td></td><td></td><td></td><td></td></tr>
<tr><td>./. Kosten der Vw (Erz.unabh.)</td><td></td><td></td><td></td><td colspan="3">3,0</td><td></td><td></td><td></td><td></td></tr>
<tr><td>./. Kosten des Vertriebs</td><td></td><td></td><td></td><td colspan="3">2,0</td><td></td><td></td><td></td><td></td></tr>
<tr><td>= DB V („Monatsbeitrag“)</td><td></td><td></td><td></td><td colspan="3">271,2</td><td></td><td></td><td></td><td></td></tr>
<tr><td>./. Gehälter (1/4 jährl. Kündigungsfrist)</td><td></td><td></td><td colspan="5">153,0</td><td></td><td></td><td></td></tr>
<tr><td>= DB VI („Quartalsbeitrag“)</td><td></td><td></td><td colspan="5">118,2</td><td></td><td></td><td></td></tr>
<tr><td>./. Miete (1/2 jährl. Kündigungsfrist)</td><td></td><td></td><td colspan="8">96,0</td></tr>
<tr><td>= DB VII („Halbjahresbeitrag“)</td><td></td><td></td><td colspan="8">22,2</td></tr>
<tr><td>./. Vermögenssteuer</td><td colspan="10">8,25</td></tr>
<tr><td>= DB VIII („Jahresbeitrag“)</td><td colspan="10">13,95</td></tr>
<tr><td>./. Kosten offene Periode</td><td colspan="10">45,0</td></tr>
<tr><td>= DB IX („Beitrag der offenen Periode“)</td><td colspan="10">–31,05</td></tr>
</table>

Hinweis: In diesem Beispiel wird angenommen, dass alle anderen Monate keinen Beitrag zum Periodenerfolg leisten.

**zu d)**

Deckungsbudget Kostenstelle I:

| | |
|---|---|
| Erlöse | 225.000,00 |
| – *Sollgewinnbeitrag KoSt I* | *68.393,05* |
| Deckungslast für GK KoSt I | 156.606,95 |
| – anteilige VwGK | 5.111,11 |
| Personal (= 12.000 : 3) | 4.000,00 |
| Energie (= 3.000 : 3) | 1.000,00 |
| Abschreibungen (= 20.000 : 5 : 3 : 12) | 111,11 |
| – anteilige VtGK | 6.166,67 |
| Personal (= 16.500 : 3) | 5.500,00 |
| Energie (= 2.000 : 3) | 666,67 |

| – anteilige VSt. (= 8.250 : 12 : 3) | 229,17 |
|---|---:|
| Bereitschaftskosten geschlossene Periode KoSt I | 145.100,00 |
| – Gehalt (1/4 jährl. Kündigung) | 10.000,00 |
| Leistungsunabhängige Periodenkosten KoSt I | 135.100,00 |
| – Löhne (mtl. Kündigung) | 15.000,00 |
| – Überstundenlöhne | 3.000,00 |
| Leistungskosten KoSt I | 117.100,00 |
| – Provisionen | 22.500,00 |
| – Verpackung | 10.000,00 |
| – Material | 75.000,00 |
| – Hilfsstoffe | 7.600,00 |
| – Energie (erzeugnisabhängig) | 2.000,00 |

## Aufgabe 3.2.3: Deckungsbeitragsrechnung in der Grenzplankostenrechnung und relative Einzelkosten- und Deckungsbeitragsrechnung

**zu a)**

Deckungsbeitragsrechnung in der GPKR:

| | A | B | C |
|---|---:|---:|---:|
| Erlöse | 200.000 | 100.000 | 180.000 |
| Provisionen | 20.000 | 10.000 | 18.000 |
| MEK | 140.000 | 80.000 | 96.000 |
| Fert.löhne | 24.000 | 16.000 | 30.000 |
| Energie | 0 | 0 | 5.000 |
| **DB I** | **16.000** | **–6.000** | **31.000** |
| Mieten Fertigung | 30.000 | | 20.000 |
| **DB II** | **–20.000** | | **11.000** |
| Mieten Verw./Vertrieb | 20.000 | | |
| Gehälter Verw./Vertrieb | 5.000 | | |
| **DB III (Monatsgewinn)** | **–34.000** | | |

**zu b)**

Maßnahmen für Januar auf Basis der DB-Rechnung in der GPKR: Negativer DB I bei Produkt B → Nicht einmal die variablen Kosten können gedeckt werden → Produktion von B sofort stoppen (Verbundeffekte beachten).

**zu c)**

Deckungsbeitragsrechnung nach Riebel

| | Januar | | | Februar | März |
|---|---|---|---|---|---|
| | A | B | C | | |
| Erlöse | 200.000 | 100.000 | 180.000 | | |
| Provisionen | 20.000 | 10.000 | 18.000 | | |
| MEK | 140.000 | 80.000 | 96.000 | | |
| **DB I** | **40.000** | **10.000** | **66.000** | | |
| Energie F 2 | | | 5.000 | | |
| **DB II** | **40.000** | **10.000** | **61.000** | | |
| Mieten Fertigung | 30.000 | | 20.000 | | |
| **DB III** | **20.000** | | **41.000** | | |
| Mieten Verw./Vertrieb | 20.000 | | | | |
| **DB IV (Monatsbeitrag)** | **41.000** | | | **41.000** | **41.000** |
| Fert.löhne | 210.000 | | | | |
| Gehälter | 15.000 | | | | |
| **DB V (Quartalsbeitrag)** | **–102.000** | | | | |

**zu d)**

Maßnahmen für Januar auf Basis der DB-Rechnung nach Riebel:

Hier sollte Produkt B im Januar produziert werden, da der DB I positiv ist. Nach Riebel sollen nur die Kosten betrachtet werden, die als Einzelkosten zugeordnet werden können. Die Löhne sind Gemeinkosten und werden dem einzelnen Produkt daher nicht zugeordnet. Da die Löhne zusätzlich nicht vor drei Monaten abgebaut werden können, wären die Lohnkosten nicht von der Entscheidung bzgl. der Streichung des Produkts B aus dem Januar-Programm betroffen. Es besteht kein Entscheidungsbezug.

## Aufgabe 3.3.1: Betriebsplankosten- und -erlösrechnung

**zu a)**

Mathematisch-statistisch, deterministisch oder stochastisch. Wesentlich ist, dass Kosten durch zahlreiche Einflussgrößen, nicht nur Beschäftigungsgradänderungen, determiniert werden.

Technisch begründete Funktionen werden vor allem mit der einfachen oder mehrfachen linearen Regressionsrechnung aus empirischen Daten der näheren Vergangenheit hergeleitet. Korrelationsanalysen arbeiten die maßgebenden Einflussgrößen heraus.

Kostentheoretische Fundierung: mehrvariablige lineare Kostenfunktion.

**zu b)**

Zielgröße ist der Periodenerfolg bzw. periodenbezogene Grenzerfolge. Leistungsbezogene Grenzkosten/Grenzerlöse, insbesondere auf die einzelne Produkteinheit bezogen, treten in den Hintergrund.

- *Planung:*
Auf diese Weise werden Alternativüberlegungen im Planungsprozess je Monat/Quartal/Jahr entwickelt.

- *Betriebsüberwachung und Kontrolle:*
Zielgröße ist die Abweichung zwischen Planerfolg und Isterfolg der Periode.

**zu c)**

| | Betriebsplankosten- und -erlösrechnung |
|---|---|
| Basisgrößen | • Ausgaben, z. T. kalkulatorische Kosten;<br>• Bewertete Mengen |
| Rechnungsziele | • Planung, insbesondere Prognose;<br>• Kontrolle |
| Zugrunde liegende Kostenfunktion | • Mehrvariablig linear |
| Grundprinzipien der Kostenzurechnung | • Näherungsweise Zurechnung über Regressionsanalyse;<br>• Korrelationsanalyse |
| Kostenverteilung | • Zurechnung auf Einflussgrößen;<br>• Zweckabhängige Verteilung |

**zu d)**

**1. Klasse: rein technologisch begründete Funktionen: nicht disponierbar**

*1.1 Kostengüter-Einflussgrößen-Funktion:*

$$r_i = a_i + \sum_{j=1}^{n} b_{ij} \cdot e_j \qquad a_i := \text{fixer Verbrauch}$$

$$\text{Matrix}: \vec{r} = \vec{B} \cdot \vec{e} \qquad e_j := \text{Einflußgrößenvektor}$$

$b_{ij} :=$ Einflußgrößenkoeffizient

$r_i :=$ Einsatzmenge

*1.2 Einflussgrößen-Erzeugnisprogramm-Funktion:*

$$e_j = \sum_{n=1}^{p} c_{jn} \cdot x_{jn} + c_{jp+1} \cdot x_{jp+1} + c_{jp+2} \cdot x_{jp+2}$$

$$\text{Matrix}: \vec{e} = \vec{c} \cdot \vec{x}$$

*1.3 Produktionsfunktion:*

$$\vec{r} = \vec{B} \cdot \vec{c} \cdot \vec{x}$$

**2. Klasse: dispositionsbestimmte Funktionen:**

Erfassen den Einfluss von innerbetrieblichen Entscheidungen auf die Einsatzgüter (Belegschaftspläne, Arbeitsanweisungen, …)

Ermittlung: Regression, empirisch

**3. Klasse: kalkulatorisch festgelegte Funktionen: *Kostenfunktionen***

*Bewertung der Einsatzmengen zu Einstandspreisen*

*(Einstandspreisvektor $q^I$):*

$$\vec{K} = \vec{q}^I \cdot \vec{r} = \vec{q}^I \cdot \vec{B} \cdot \vec{c} \cdot \vec{x}$$

Nebenbedingungen können die Einflussgrößen beschränken (z. B. Absatzhöchstmenge, Produktionskapazität, …)

*Ermittlung des Periodengewinns (Absatzpreisvektor $\vec{p}^I$):*

$$\vec{G} = \vec{p}^I \cdot \vec{x} - \vec{q}^I \cdot \vec{r}$$

d. h., Einflussgrößenfunktion der Erlöse abzüglich Kostenfunktion = Gewinn.

**zu e)**

- Betriebplankosten- und -erlösrechnung vermeidet ebenfalls die Schlüsselung von Fixkosten
- Kilger: Einflussgröße ist immer die Beschäftigung (ausgedrückt durch ein System von Bezugsgrößen)
- Betriebsplankosten- und -erlösrechnung hat zahlreiche Einflussgrößen zusätzlich (Monatsfaktoren, saisonale Einflüsse, d. h. zeitbezogene Größen; Absolutglieder)
- Betriebsplankosten- und -erlösrechnung ist keine stückbezogene Rechnung; Steuerung über Periodenerfolg
- Betriebsplankosten- und -erlösrechnung: in den ersten Schritten sowie in der Abweichungsanalyse wird rein mengenmäßig, d. h. produktionstheoretisch vorgegangen. Kilger verfährt dagegen kostentheoretisch und bewertet Einflussgrößen unmittelbar mit Festpreisen.

**zu f)**

- vornehmlich dort geeignet, wo technologische Prozesse den Produktionsablauf bestimmen
- hoher Aufwand der Datenerfassung und -verarbeitung (relativiert durch Datenverarbeitung)
- schwierige Erfassung der Zusammenhänge der Einflussgrößen
- ungeeignet bei langfristiger Einzelfertigung, bei der stück- oder auftragsbezogene Informationen benötigt werden
- geeignet für kurzfristige Sorten- und Serienfertigung
- Bestandsbewertung schwer einbaubar
- nicht im Dienstleistungsbereich bzw. der Verwaltung anwendbar
- Gefahr des Informationsüberflusses.

## Aufgabe 3.3.2: Betriebsplankosten- und -erlösrechnung mit Abweichungsanalyse

**zu a)**

*1. Kostengüter-Einflussgrößen-Funktion:*

Einflussgrößen-Koeffizient — Einflussgrößenvektor

$$\begin{array}{l} \text{Arbeit}\\ \text{Gas}\\ \text{Heizöl}\\ \text{Inst}\\ \text{kalk. Kat.}\end{array} \left|\begin{matrix} r_1\\ r_2\\ r_3\\ r_4\\ r_5\end{matrix}\right| = \left|\begin{matrix} 1.000 & 4{,}3 & 0 & 0 & 0\\ 10.000 & 2{,}3 & 1{,}0 & 0 & 0\\ 25.000 & 25 & 10 & 0 & 750\\ 60 & 0{,}05 & 0 & -0{,}2 & 0\\ 5.000 & 20 & 0 & 0 & 0\end{matrix}\right| \bullet \left|\begin{matrix} 1\\ e_1\\ e_2\\ e_3\\ e_4\end{matrix}\right| \begin{array}{l} \text{Rechenwert}\\ \text{Schmelzzeit}\\ \text{Kochzeit}\\ \text{Anzahl Schmelzen}\\ \text{Monatsfaktor}\end{array}$$

2. *Einflussgrößen-Erzeugnisprogramm-Funktion:*

Erzeugnisprogramm-Koeffizient Erzeugnisprogrammvektor Einflussgrößenvektor

$$\begin{vmatrix} 1 \\ e_1 \\ e_2 \\ e_3 \\ e_4 \end{vmatrix} = \begin{vmatrix} 1 & 0 & 0 & 0 & 0 & 0 \\ 0 & 2 & 5 & 1 & 0 & 0 \\ 0 & 3 & 10 & 7 & 0 & 0 \\ 0 & 0 & 0 & 0 & 0 & 1 \\ 0 & 0 & 0 & 0 & 1 & 0 \end{vmatrix} \bullet \begin{vmatrix} 1 \\ 1.000 \\ 2.000 \\ 1.500 \\ 20 \\ 40 \end{vmatrix} \begin{matrix} \text{Rechenwert} \\ x_1 \\ x_2 \\ x_3 \\ \text{Monatsfaktor} \\ \text{Anzahl Schmelzen} \end{matrix} = \begin{vmatrix} 1 \\ 13.500 \\ 33.500 \\ 40 \\ 20 \end{vmatrix}$$

3. *Produktionsfunktion:*

$$\begin{vmatrix} r_1 \\ r_2 \\ r_3 \\ r_4 \\ r_5 \end{vmatrix} = \begin{vmatrix} 1.000 & 4{,}3 & 0 & 0 & 0 \\ 10.000 & 2{,}3 & 1{,}0 & 0 & 0 \\ 25.000 & 25 & 10 & 0 & 750 \\ 60 & 0{,}05 & 0 & -0{,}2 & 0 \\ 5.000 & 20 & 0 & 0 & 0 \end{vmatrix} \bullet \begin{vmatrix} 1 \\ 13.500 \\ 33.500 \\ 40 \\ 20 \end{vmatrix} = \begin{vmatrix} 59.050 \\ 74.550 \\ 712.500 \\ 727 \\ 275.000 \end{vmatrix}$$

4. *Kostenfunktion:*

$$K = (48;23;0{,}68;49;1{,}50) \cdot \begin{vmatrix} 59.050 \\ 74.550 \\ 712.500 \\ 727 \\ 275.000 \end{vmatrix}$$

$K = 2.834.400 + 1.714.650 + 484.500 + 35.623 + 412.500$
$= \mathbf{5.481.673}$

5. *Erlös* gegeben: $E_p = 5.900.000$

6. *Periodenerfolg (Plan):*

$G_p = E_p - K_p = 5.900.000 - 5.481.673 = \mathbf{418.327}$

**zu b)**

**Ermittlung der Erzeugnisprogrammabweichung (entscheidungsbedingt)**

Ermittlung der Richtgröße (Sollvorgabe) entsprechend $x_1 = 1.020$.

*2. Einflussgrößen-Erzeugnisprogramm-Funktion:*

$$\begin{vmatrix} 1 & 0 & 0 & 0 & 0 & 0 \\ 0 & 2 & 5 & 1 & 0 & 0 \\ 0 & 3 & 10 & 7 & 0 & 0 \\ 0 & 0 & 0 & 0 & 0 & 1 \\ 0 & 0 & 0 & 0 & 1 & 0 \end{vmatrix} \bullet \begin{vmatrix} 1 \\ 1.020 \\ 2.000 \\ 1.500 \\ 20 \\ 40 \end{vmatrix} = \begin{vmatrix} 1 \\ 13.540 \\ 33.560 \\ 40 \\ 20 \end{vmatrix}$$

*1. Kostengüter-Einflussgrößen-Funktion bzw. Produktionsfunktion:*

$$\begin{vmatrix} r_1 \\ r_2 \\ r_3 \\ r_4 \\ r_5 \end{vmatrix} = \begin{vmatrix} 1.000 & 4,3 & 0 & 0 & 0 \\ 10.000 & 2,3 & 1,0 & 0 & 0 \\ 25.000 & 25 & 10 & 0 & 750 \\ 60 & 0,05 & 0 & -0,2 & 0 \\ 5.000 & 20 & 0 & 0 & 0 \end{vmatrix} \bullet \begin{vmatrix} 1 \\ 13.540 \\ 33.560 \\ 40 \\ 20 \end{vmatrix} = \begin{vmatrix} 59.222 \\ 74.702 \\ 714.100 \\ 729 \\ 275.800 \end{vmatrix}$$

*Kostenfunktion (Soll)*

$$K = (48 \;\; 23 \;\; 0{,}68 \;\; 49 \;\; 1{,}50) \cdot \begin{vmatrix} 59.222 \\ 74.702 \\ 714.100 \\ 729 \\ 275.800 \end{vmatrix} = \mathbf{5.495.811}$$

Erzeugnisprogrammabweichung = Soll – Plan = **14.138**

**Ermittlung der Preisabweichung 1. Grades, d.h. mit Planmengen:**

*Kostenfunktion (Istpreis, Planmengen):*

$$K = (48 \;\; 23 \;\; 0{,}70 \;\; 49 \;\; 1{,}50) \cdot \begin{vmatrix} 59.050 \\ 74.550 \\ 712.500 \\ 727 \\ 275.000 \end{vmatrix} = \mathbf{5.495.923}$$

Preisabweichung 1. Grades = $K(p_i, r_p) - K(p_p, r_p)$ = 5.495.923 – 5.481.673
= **14.250**

*oder:* Preissteigerung Heizöl · Planmenge = 0,02 · 712.500 = **14.250**

**Ermittlung der Leistungsabweichung: Ist – Soll**

*Ermittlung Ist:*

$$\begin{vmatrix} 1 & 0 & 0 & 0 & 0 & 0 \\ 0 & 2{,}5 & 5 & 1 & 0 & 0 \\ 0 & 3 & 10 & 7 & 0 & 0 \\ 0 & 0 & 0 & 0 & 0 & 1 \\ 0 & 0 & 0 & 0 & 1 & 0 \end{vmatrix} \bullet \begin{vmatrix} 1 \\ 1.020 \\ 2.000 \\ 1.500 \\ 20 \\ 40 \end{vmatrix} = \begin{vmatrix} 1 \\ 14.050 \\ 33.560 \\ 40 \\ 20 \end{vmatrix}$$

*Produktionsfunktion:*

$$\begin{vmatrix} 1.000 & 4{,}3 & 0 & 0 & 0 \\ 10.000 & 2{,}3 & 1{,}0 & 0 & 0 \\ 25.000 & 25 & 10 & 0 & 750 \\ 60 & 0{,}05 & 0 & -0{,}2 & 0 \\ 5.000 & 20 & 0 & 0 & 0 \end{vmatrix} \bullet \begin{vmatrix} 1 \\ 14.050 \\ 33.560 \\ 40 \\ 20 \end{vmatrix} = \begin{vmatrix} 61.415 \\ 75.875 \\ 726.850 \\ 754{,}5 \\ 286.000 \end{vmatrix}$$

*Kostenfunktion (Festpreis, ohne Preisabweichung):*

$$K = (48 \;\; 23 \;\; 0{,}68 \;\; 49 \;\; 1{,}50) \cdot \begin{vmatrix} 61.415 \\ 75.875 \\ 726.850 \\ 754{,}5 \\ 286.000 \end{vmatrix} = \mathbf{5.653.273{,}50}$$

Leistungsabweichung = Ist – Soll = **157.462,50**

**Ermittlung der Abweichung 2. Grades:**

$(p_i - p_p) \cdot (r_i - r_p)$

$$K_{ist} = (0\;0\;(0{,}70-0{,}68)\;0\;0) \cdot \begin{vmatrix} 61.415-59.050 \\ 75.875-74.550 \\ 726.850-712.500 \\ 754{,}5-727 \\ 286.000-275.000 \end{vmatrix} = \mathbf{287}$$

**Gesamtabweichung**

= 5.667.810,50 – 5.481.673 = **186.137,50**

| Sie setzt sich zusammen aus: | Erzeugnisabweichung | 14.138,– € |
|---|---|---|
| | Preisabweichung 1. Grades | 14.250,– € |
| | Abweichung 2. Grades | 287,– € |
| | Leistungsabweichung | 157.462,50 € |
| | | **186.137,50 €** |

**Ermittlung des Ist-Periodenerfolges:**

Mengen $r_j$ aus Leistungsabweichungsbestimmung übernehmen und mit Istkosten bewerten.

$$K_{ist} = (48 \quad 23 \quad 0{,}70 \quad 49 \quad 1{,}50) \cdot \begin{vmatrix} 61.415 \\ 75.875 \\ 726.850 \\ 754{,}5 \\ 286.000 \end{vmatrix} = \mathbf{5.667.810{,}50}$$

*Ist-Periodenerfolg:*

$G_{ist}$ = 6.001.143,83 – 5.667.810,50 = **333.333,33**

## Aufgabe 3.3.3: Betriebsplankosten- und -erlösrechnung mit Abweichungsanalyse

**zu a)**

*1. Kostengüter-Einflussgrößen-Funktion*

$$\begin{array}{l|c|c|cccc|c|c|l} \text{Arbeitsstd.} & r_1 & & 500 & 3 & 7 & 0 & & 1 & \text{Rechenwert} \\ \text{Strom} & r_2 & = & 1.000 & 2 & 25 & 30 & \bullet & e_1 & \text{Heizdauer} \\ \text{Gas} & r_3 & & 0 & 2 & 0 & 16 & & e_2 & \text{Walzvorgang} \\ \text{kalk. Kosten} & r_4 & & 5.000 & 0 & 260 & 0 & & e_3 & \text{Monatsfaktor} \end{array}$$

*2. Einflussgrößen-Erzeugnisprogramm-Funktion*

$$\left|\begin{array}{l} 1 \\ e_1 \\ \\ e_2 \\ e_3 \end{array}\right| = \left|\begin{array}{ccccc} 1 & 0 & 0 & 0 & 0 \\ 0 & 0{,}5 & & 0 & 0 \\ & & 0{,}8 & & \\ 0 & 0 & 0 & 1 & 0 \\ 0 & 0 & 0 & 0 & 1 \end{array}\right| \bullet \left|\begin{array}{r|l} 1 & \text{Rechenwert} \\ 1.000 & x_1 \\ 800 & x_2 \\ 210 & \text{Walzvorgänge} \\ 21 & \text{Monatsfaktor} \end{array}\right| = \left|\begin{array}{r} 1 \\ 1.140 \\ \\ 210 \\ 21 \end{array}\right|$$

*3. Produktionsfunktion*

$$\left|\begin{array}{l} r_1 \\ r_2 \\ r_3 \\ r_4 \end{array}\right| = \left|\begin{array}{rrrr} 500 & 3 & 7 & 0 \\ 1.000 & 2 & 25 & 30 \\ 0 & 2 & 0 & 16 \\ 5.000 & 0 & 260 & 0 \end{array}\right| \bullet \left|\begin{array}{r} 1 \\ 1.140 \\ 210 \\ 21 \end{array}\right| = \left|\begin{array}{r} 5.390 \\ 9.160 \\ 2.616 \\ 59.600 \end{array}\right|$$

*4. Plan-Kostenfunktion (Planpreise · Planmengen)*

$$\left| K_{plan} = \right| \begin{array}{r} 34 \\ 0{,}08 \\ 1{,}2 \\ 1 \end{array} \left| \bullet \right| \begin{array}{r} 5.390 \\ 9.160 \\ 2.616 \\ 59.600 \end{array} \Bigg|$$

$K_p = 246.732,\text{–}$ €

*5. Plan-Erlös* $E_p = 280.000,\text{–}$ €

*6. Plan-Periodenerfolg* $G_p = E_p - K_P = 280.000 - 246.732 =$ **33.268,– €**

**zu b)**

**Ermittlung der Erzeugnisprogrammabweichung**

*1. Kostengüter-Einflussgrößen-Funktion*

vgl. Teil a)

*2. Einflussgrößen-Erzeugnisprogramm-Funktion*

$$
\begin{vmatrix} 1 \\ e_1 \\ \\ e_2 \\ e_3 \end{vmatrix}
=
\begin{vmatrix} 1 & 0 & 0 & 0 & 0 \\ 0 & 0{,}5 & & 0 & 0 \\ & & 0{,}8 & & \\ 0 & 0 & 0 & 1 & 0 \\ 0 & 0 & 0 & 0 & 1 \end{vmatrix}
\bullet
\begin{vmatrix} 1 & \text{Rechenwert} \\ 1000 & x_1 \\ 850 & x_2 \\ 210 & \text{Walzvorgänge} \\ 21 & \text{Monatsfaktor} \end{vmatrix}
=
\begin{vmatrix} 1 \\ \mathbf{1180} \\ \\ 210 \\ 21 \end{vmatrix}
$$

*3. Produktionsfunktion*

$$
\begin{vmatrix} r_1 \\ r_2 \\ r_3 \\ r_4 \end{vmatrix}
=
\begin{vmatrix} 500 & 3 & 7 & 0 \\ 1000 & 2 & 25 & 30 \\ 0 & 2 & 0 & 16 \\ 5000 & 0 & 260 & 0 \end{vmatrix}
\bullet
\begin{vmatrix} 1 \\ \mathbf{1180} \\ 210 \\ 21 \end{vmatrix}
=
\begin{vmatrix} \mathbf{5510} \\ \mathbf{9240} \\ \mathbf{2696} \\ 59600 \end{vmatrix}
$$

*4. Soll-Kostenfunktion (Planpreise · Istmengen)*

$$
K = \begin{vmatrix} 34 \\ 0{,}08 \\ 1{,}2 \\ 1 \end{vmatrix}
\bullet
\begin{vmatrix} \mathbf{5510} \\ \mathbf{9240} \\ \mathbf{2696} \\ 59600 \end{vmatrix}
$$

$K_{soll}$ = **250.914,40 €**

*5. Erzeugnisprogrammabweichung*

= Sollkosten – Plankosten

= 250.914,40 – 246.732,– = **4.182,40 €**

**Preisabweichung**

= Preisveränderung · Planmengen

= –3,40 · 5.390 = **–18.326,– €**

**Abweichung 2. Grades**

= Preisveränderung · Mengenveränderung

= –3,40 · (5.510 – 5.390) = **–408,– €**

**Gesamtabweichung**

1. *Möglichkeit:*

= Erzeugnisprogrammabweichung
+ Preisabweichung
+ Abweichung 2. Grades
= 4.182 + (–18.326) + (–408) = **–14.551,60 €**

2. *Möglichkeit:*
= Istkosten – Plankosten
Ist-Kostenfunktion = Istmengen · Istpreise

$$K = \begin{vmatrix} \mathbf{30{,}60} \\ 0{,}08 \\ 1{,}2 \\ 1 \end{vmatrix} \bullet \begin{vmatrix} 5510 \\ 9240 \\ 2696 \\ 59600 \end{vmatrix}$$

$K_{Ist}$ = 232.180,40 €

Istkosten – Plankosten = 232.180,40 – 246.732 = **–14.551,60 €**

## Aufgabe 3.3.4: Periodische Planerfolgsrechnung mit Abweichungsanalyse

**zu a)**

**Berechnung der Erlöse:**

Sorte 1: 2000 t · 390 € = 780.000 €

Sorte 2: 1700 t · 360 € = 612.000 €

Gesamterlöse: 1.392.000 €

Gesamtkosten = 1.392.000 + 269.958,50 = 1.661.958,50 €

**Gesucht: Vektor der gesamten Kostengütermengen**

unbekannt: Einheiten an kWh Strom ($r_2$)

$$42 \cdot 23.900 + 0{,}12 \cdot r_2 + 1{,}75 \cdot 9.470 + 1{,}20 \cdot 530.000 = 1.661.958{,}50$$

$$0{,}12 \cdot r_2 = 5.586$$

$$r_2 = 46.550$$

**Produktionsfunktion:**

$$\begin{vmatrix} 300 & 4 & 9 & 0 \\ 800 & 10 & 5 & 30 \\ 20 & 2 & 0 & 50 \\ 0 & 100 & 150 & 0 \end{vmatrix} \cdot \begin{vmatrix} 1 \\ e_1 \\ e_2 \\ e_3 \end{vmatrix} = \begin{vmatrix} 23.900 \\ 46.550 \\ 9.470 \\ 530.000 \end{vmatrix}$$

→ unbekannt: $e_1$, $e_2$, $e_3$

(I) $300 + 4e_1 + 9e_2 = 23.900$

(II) $800 + 10e_1 + 5e_2 + 30e_3 = 46.550$

(III) $20 + 2e_1 + 50e_3 = 9.470$

(IV) $100e_1 + 150e_2 = 530.000$

aus (I): $e_1 = 5.900 - 2{,}25\ e_2$

in (IV): $e_2 = 800 \rightarrow e_1 = 4.100$

in (III): $e_3 = 25$

**Einflussgrößen-Erzeugnisprogramm-Funktion:**

$$\begin{vmatrix} 1 & 0 & 0 & 0 & 0 \\ 0 & C_{22} & C_{23} & 0 & 0 \\ 0 & 0 & 0 & 1 & 0 \\ 0 & 0 & 0 & 0 & 1 \end{vmatrix} \cdot \begin{vmatrix} 1 \\ 2.000 \\ 1.700 \\ 800 \\ 25 \end{vmatrix} = \begin{vmatrix} 1 \\ 4.100 \\ 800 \\ 25 \end{vmatrix}$$

$2.000\ C_{22} + 1.700\ C_{23} = 4.100$ mit $C_{22} = 1{,}2 \cdot C_{23}$

$2.000 \cdot 1{,}2 \cdot C_{23} + 1.700\ C_{23} = 4.100$

$2.400\ C_{23} + 1.700\ C_{23} = 4.100$

$4.100\ C_{23} = 4.100$

$\rightarrow C_{23} = 1 \rightarrow C_{22} = 1{,}2$

**zu b)**

**Erzeugnisprogrammabweichung:**

$$\begin{vmatrix} 1 & 0 & 0 & 0 & 0 \\ 0 & 1{,}2 & 1 & 0 & 0 \\ 0 & 0 & 0 & 1 & 0 \\ 0 & 0 & 0 & 0 & 1 \end{vmatrix} \cdot \begin{vmatrix} 1 \\ 1.900 \\ 1.500 \\ 800 \\ 25 \end{vmatrix} = \begin{vmatrix} 1 \\ 3.780 \\ 800 \\ 25 \end{vmatrix}$$

$$\begin{vmatrix} 300 & 4 & 9 & 0 \\ 800 & 10 & 5 & 30 \\ 20 & 2 & 0 & 50 \\ 0 & 100 & 150 & 0 \end{vmatrix} \cdot \begin{vmatrix} 1 \\ 3.780 \\ 800 \\ 25 \end{vmatrix} = \begin{vmatrix} 22.620 \\ 43.350 \\ 8.830 \\ 498.000 \end{vmatrix}$$

$$K_{Soll} = (42; 0{,}12; 1{,}75; 1{,}20) \cdot \begin{vmatrix} 22.620 \\ 43.350 \\ 8.830 \\ 498.000 \end{vmatrix} = 1.568.294{,}50$$

Abweichung = Sollkosten – Plankosten

= 1.568.294,50 – 1.661.958,50 = –93.664 €

**Preisabweichung:**

Preisveränderung · Planmengen

= 0,07 · 9.470 – 0,15 · 530.000 = –78.837,10 €

**Abweichung 2. Grades:**

Preisveränderung · Mengenveränderung

$$= (0; 0; 0{,}07; -0{,}15) \cdot \begin{vmatrix} 22.620 - 23.900 \\ 43.350 - 46.550 \\ 8.830 - 9.470 \\ 498.000 - 530.000 \end{vmatrix} = 4.755{,}20\ €$$

**Gesamtabweichung**

1. *Möglichkeit:*

   –93.664,00 €
   –78.837,10 €
   + 4.755,20 €
   = **–167.745,90 €**

2. *Möglichkeit: Istkosten – Plankosten*

$$= (42; 0{,}12; 1{,}82; 1{,}05) \cdot \begin{vmatrix} 22.620 \\ 43.350 \\ 8.830 \\ 498.000 \end{vmatrix} - 1.661.958{,}50$$

= 1.494.212.60 – 1.661.958,50 = **–167.745,90 €**

## Aufgabe 4.1.1: Standardkostenrechnung

**zu a)**

| Ausbringungsmenge [Stück] | Gesamtkosten [€] | Stückkosten [€] |
|---|---|---|
| 0 | 2.650,– | – |
| 100 | 3.101,– | 31,01 |
| 200 | 3.552,– | 17,76 |
| 300 | 4.003,– | 13,34 |
| 400 | 4.454,– | 11,14 |
| 500 | 4.905,– | 9,81 |
| 600 | 5.480,– | 9,13 |
| 700 | 6.305,– | 9,01 |
| 800 | 7.380,– | 9,23 |
| 900 | 8.705,– | 9,67 |
| 1.000 | 10.280,– | 10,28 |

**zu b)**

*Gesamtkosten:*

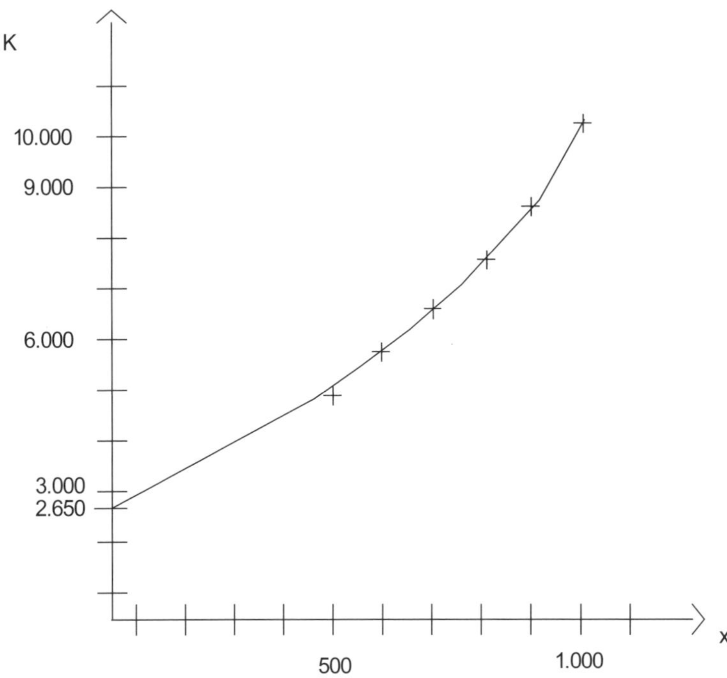

*Stückkosten:*

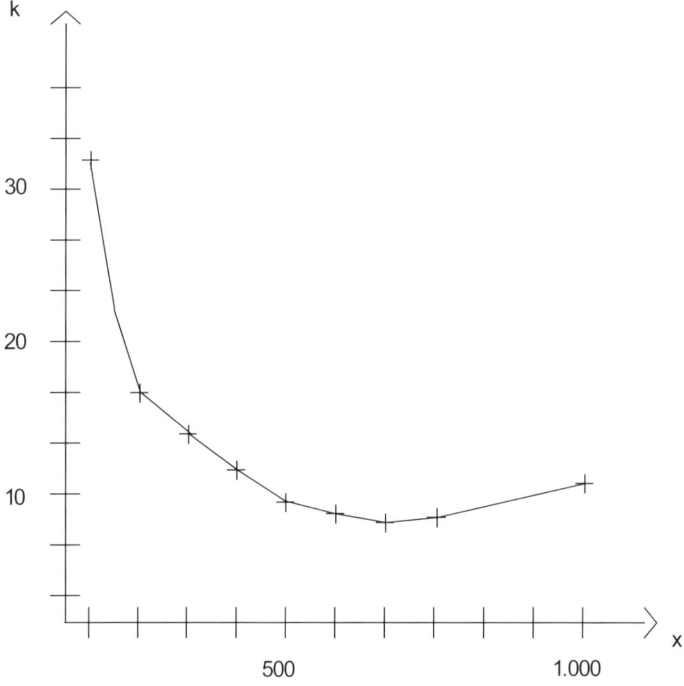


**zu c)**

Die Optimalbeschäftigung liegt dort, wo die Stückkosten ihr Minimum besitzen. Das Stückkostenminimum ist mit Hilfe der Differentialrechnung zu bestimmen.

$$\frac{\partial k}{\partial x} = \begin{cases} -\frac{2.650}{x^2} & \text{für } 0 \le x \le 500 \\ \frac{1}{80} - \frac{5.780}{x^2} & \text{für } \quad x \ge 500 \end{cases}$$

Das Minimum der Stückkostenkurve in $0 \le x \le 500$ liegt bei 500 Stück, wobei sich Stückkosten in Höhe von 9,81 € ergeben. Das Minimum der Stückkostenkurve für $x > 500$ liegt an der Stelle $x = \sqrt{80 \cdot 5.780} = 680$, wobei sich Stückkosten in Höhe von 9,– € ergeben.

Damit liegen Stückkostenminimum und Optimalbeschäftigung bei der Ausbringungsmenge $x = 680$.

Der vorzugebende Plankostenbetrag beläuft sich auf:
$K_{plan} = 680 \cdot 9 =$ **6.120,– €**

## Aufgabe 4.1.2: Standard- und Prognosekostenrechnung

**zu a)**

Optimalbeschäftigung beim Minimum der Stückkosten

$$k = \frac{K}{x}$$

$$k_1 = 2 + \frac{700}{x}$$

$$k_2 = \frac{1}{300} \cdot x + \frac{1.000}{x}$$

$$k_1' = \frac{-700}{x^2} = 0$$

Keine Lösung; Stückkosten-Minimum liegt an der Kapazitätsgrenze.

$$k_1 = 2 + \frac{700}{300} = 4{,}33\ €$$

$$k_2' = \frac{1}{300} - \frac{1.000}{x^2} = 0$$

$$x = +\sqrt{300.000} = 547{,}72$$

**Optimalbeschäftigung: x = 548**

$$k_2 = \frac{1}{300} \cdot 548 + \frac{1.000}{548} = 3{,}65\ € < k_1$$

Plankosten: 3,65 · 548 = **2.000,20 €**

**zu b)**

60 % Kapazitätsauslastung: 700 · 0,6 = 420

$$K(420) = \frac{1}{300} \cdot 420^2 + 1.000 = \mathbf{1.588,–\ €}$$

**zu c)**

Während der Kostenplanung in der Prognosekostenrechnung die erwartete Beschäftigung zugrunde gelegt wird, geht man in der Standardkostenrechnung von der technischen Optimalkapazität aus.

## Aufgabe 4.1.3: Kostenplanung in der Standard- und Prognosekostenrechnung

**zu a)**

Flexible Plankostenrechnung auf Vollkostenbasis.

**zu b)**

| Kostenarten | Plan-kosten [€] | Variator | Fix-kosten [€] | Variable Kosten bei 100 % [€] | Kosten bei 80 % [€] | Kosten bei 90 % [€] |
|---|---|---|---|---|---|---|
| Hilfslöhne | 95.000,– | 10 | 0 | 95.000,– | 76.000,– | 85.500,– |
| Sozialaufwand | 48.000,– | 3 | 33.600,– | 14.400,– | 45.120,– | 46.560,– |
| Instandhaltungs-material | 14.000,– | 7 | 4.200,– | 9.800,– | 12.040,– | 13.020,– |
| Abschreibung | 60.000,– | 6 | 24.000,– | 36.000,– | 52.800,– | 56.400,– |
| Zinsen | 19.000,– | 0 | 19.000,– | 0 | 19.000,– | 19.000,– |
| Summe | | | | | 204.960,– | 220.480,– |

**zu c)**

| | Standardkostenrechnung | Prognosekostenrechnung |
|---|---|---|
| Rechnungsziel | Innerbetriebliche Steuerung und Kontrolle | Planung der gesamten Unternehmung |
| Bewertung der Güterverbräuche | minimale Kosten | erwartete Istkosten |
| Zwecksetzung der Kostenkontrolle | Ermittlung von Verbrauchsabweichungen<br><br>Kontrolle mittlerer und unterer Instanzen | Ermittlung von Preis-, Beschäftigungs-, Prognoseverfahrensabweichungen<br><br>Kontrolle des gesamten Unternehmens |

## Aufgabe 4.1.4: Kostenplanung in der Standard- und Prognosekostenrechnung

**zu a)**

Die Optimalbeschäftigung liegt bei linearen Kostenverläufen an der Kapazitätsgrenze (minimale Stückkosten).

$K = 6.000 + 30 \cdot x$

$x_{max} = 300$

$K = 6.000 + 30 \cdot 300 =$ **15.000,– €**

**zu b)**

Es wird die erwartete Beschäftigung in die Kostenfunktion eingesetzt.

$K = 6.000 + 250 \cdot 30 =$ **13.500,– €**

**zu c)**

$$\text{Variator } v = \frac{\text{variable Kosten bei Planbeschäftigung}}{\text{Gesamtkosten bei Planbeschäftigung}} \cdot 10$$

Standardkostenrechnung $v = 10 \cdot \frac{300 \cdot 30}{15.000} = 6$

Prognosekostenrechnung $v = 10 \cdot \frac{250 \cdot 30}{13.500} = 5{,}6$

**zu d)**

Ein Zusatzauftrag führt zu einer Erhöhung der Beschäftigung der ausführenden Kostenstellen. Er wirkt also auf die Höhe der variablen Kosten. Gegebenenfalls kann ein Zusatzauftrag (bei entsprechender Größe) eine Kapazitätsänderung (durch Ausbau der bestehenden Kapazitäten) erforderlich machen. In diesem Falle entstehen sprungfixe Kosten. Der Zusatzauftrag kann ferner zu einer Verdrängung anderer Aufträge führen (in einer Situation der Vollbeschäftigung). Bei der Entscheidung über die Annahme oder Ablehnung werden dann Informationen über den Erfolgsentgang durch die Verdrängung anderer Aufträge relevant. Eine Vollkostenrechnung stellt durch die Proportionalisierung der Fixkosten weder aussagefähige Informationen über den Erfolgsentgang noch über die sprungfixen Kosten bereit, die durch den Zusatzauftrag ausgelöst werden.

## Aufgabe 4.2.1: Target-Costing

**zu a)**

Multiplikation der Erfüllbarkeit der Funktionen mit den Funktionsteilgewichten:

| | | |
|---|---|---|
| Semmel: | $15 \cdot 15\% + 90 \cdot 10\% + 90 \cdot 5\% + 70 \cdot 30\% + 5 \cdot 20\% + 80 \cdot 20\% =$ | **53,75 %** |
| Bratling: | $60 \cdot 15\% + 5 \cdot 10\% + 30 \cdot 30\% + 60 \cdot 20\% + 20 \cdot 20\% =$ | **34,50 %** |
| Salatblatt: | $10 \cdot 15\% + 5 \cdot 10\% + 10 \cdot 5\% + 20 \cdot 20\% =$ | **6,50 %** |
| Ketchup: | $15 \cdot 15\% + 15 \cdot 20\% =$ | **5,25 %** |
| | | Σ 100,00 % |

**zu b)**

$$ZI = \frac{TG}{KA}\%$$

mit: Zielkostenindex (ZI)
Kostenanteil (KA)
Teilgewicht (TG)

| | | ZI |
|---|---|---|
| Semmel | $\frac{53,75}{30}$ | 1,79 |
| Bratling | $\frac{34,5}{50}$ | 0,69 |
| Salatblatt | $\frac{6,5}{15}$ | 0,43 |
| Ketchup | $\frac{5,25}{5}$ | 1,05 |

**zu c)**

Der Zielkostenindex (ZI) drückt die Abweichung zwischen Marktbedeutung und Kostenverursachung aus.

$ZI < 1$ Komponente ist eher zu teuer

$ZI > 1$ Komponente ist eher zu billig

Speziell auf das Beispiel bezogen, bedeutet dies, dass die Semmel eher zu billig ist. Ihre Bedeutung für die Funktion des Produktes gesteht einen höheren

Kostenanteil zu. Dagegen sind der Bratling und das Salatblatt zu teuer. Ihre Bedeutung für die Produktfunktion liegt weit hinter ihrem relativ hohen Kostenanteil. Die Kosten sollten reduziert werden. Als einzige Produktkomponente besitzt der Ketchup nahezu den Optimalwert.

Diese Interpretation des Zielkostenindexes ist eher zu streng, weshalb Tanaka eine so genannte Zielkostenzone definiert hat. In ihr sind die erlaubten Abweichungen von dem Optimalwert ZI = 1 im Bereich niedriger Teilgewichte und Kostenanteile größer als im Bereich hoher Teilgewichte und Kostenanteile.

## Aufgabe 4.2.2: Target-Costing

**zu a)**

Bestimmung der Funktionsteilgewichte:

| Relative Bedeutung der Funktionen aus Kundensicht | x | Relativer Beitrag der Komponenten zur Erfüllung der Funktionen aus Herstellersicht | $= F_i{*}K_j$ |
|---|---|---|---|

| | Funktionen | | | | | | |
|---|---|---|---|---|---|---|---|
| | F1 | F2 | F3 | F4 | F5 | F6 | Funktions-teilgewichte |
| Komponenten | 20 % | 15 % | 35 % | 15 % | 10 % | 5 % | |
| K1 Matratze | 0,10 | 0,0750 | 0,1400 | 0,045 | 0,050 | 0,0150 | 42,50 % |
| K2 Gestell | 0,07 | 0,0225 | 0,1575 | 0,060 | 0,015 | 0,0175 | 34,25 % |
| K3 Bezug | 0,01 | 0,0450 | 0,0350 | 0,030 | 0,020 | 0,0150 | 15,50 % |
| K4 Bettkasten | 0,02 | 0,0075 | 0,0175 | 0,015 | 0,015 | 0,0025 | 7,75 % |
| | | | | | | | Σ = 100 % |

**zu b)**

Berechnung des Zielkostenindex für jede Produktkomponente:

$$\text{Zielkostenindex} = \frac{\text{Funktionsteilgewicht}}{\text{Kostenanteil}}$$

Zielkostenindex für:

$$K_1 = \frac{0,425}{0,4} = 1,0625$$

$$K_2 = \frac{0,3425}{0,25} = 1,37$$

$$K_3 = \frac{0,155}{0,25} = 0,62$$

$$K_4 = \frac{0,0775}{0,1} = 0,775$$

**zu c)**

Interpretation der ermittelten Zielkostenindizes:

Der Zielkostenindex gibt Aufschluss darüber, ob eine Teilkomponente zu teuer oder zu billig ist:

Zielkostenindex < 1 → die Teilkomponente ist zu teuer

Zielkostenindex > 1 → die Teilkomponente ist zu billig

Im Idealfall nimmt der Zielkostenindex den Wert 1 an.

Die unterschiedliche Bedeutung der einzelnen Komponenten wird durch eine trichterförmige Zielkostenzone berücksichtigt. Sie gibt einen Toleranzbereich für Abweichungen der Zielkostenindizes vom Wert 1 an. Mit zunehmender Bedeutung einer Komponente werden nur noch geringe Abweichungen toleriert, die Zielkostenzone wird enger.

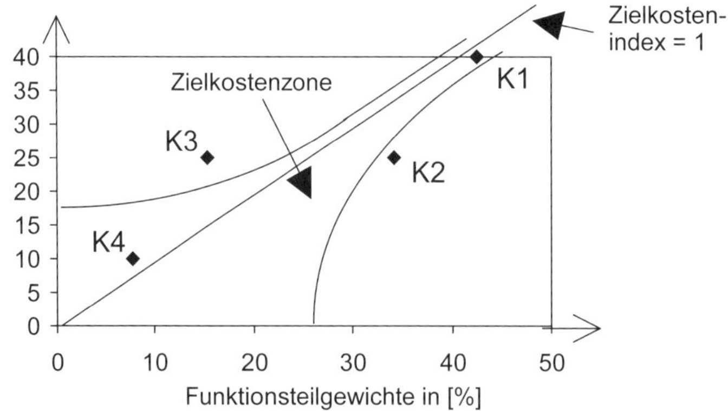

K1: ZKI = 1,0625
→ Nahezu ideales Verhältnis von Funktionsbeitrag und Kostenanteil. Anpassungsmaßnahmen müssen nicht ergriffen werden.

K2: ZKI = 1,37 > 1
→ ZKI liegt unterhalb der Zielkostenzone. Diese Komponente hat ein günstiges Verhältnis zwischen dem Grad ihrer Funktionserfüllung und ihrem Kostenanteil. Zusätzliche Investitionen in die Qualität der Komponente wären möglich.

K3: ZKI = 0,62 < 1
→ ZKI liegt oberhalb der Zielkostenzone. Diese Komponente ist im Vergleich zu ihrem Funktionsbeitrag zu teuer. Kostensenkungspotentiale müssen ausgeschöpft werden.

K4: ZKI = 0,775 < 1
→ Diese Komponente ist ebenfalls zu teuer, liegt aber innerhalb der Zielkostenzone. Wegen der geringen Gesamtbedeutung ihrer Funktion und Kosten verzichtet man auf Anpassungsmaßnahmen.

## Aufgabe 4.2.3: Target-Costing

**zu a)**

| | K1 | K2 | K3 | K4 | K5 |
|---|---|---|---|---|---|
| Komponenten-gewicht | 0,3475 | 0,3425 | 0,1125 | 0,1525 | 0,0450 |
| Kostenanteil (Gesamtkosten: 730) | 0,3630 | 0,3151 | 0,1096 | 0,0616 | 0,1507 |
| Zielkostenindex | 0,96 | 1,09 | 1,03 | 2,48 | 0,30 |
| Interpretation | ein wenig zu teuer | ein wenig zu billig | fast ideal | wesentlich zu billig | wesentlich zu teuer |

**zu b)**

| | K1 | K2 | K3 | K4 | K5 |
|---|---|---|---|---|---|
| Komponenten-gewicht | 0,3475 | 0,3425 | 0,1125 | 0,1525 | 0,0450 |
| Kostenanteil (Gesamtkosten: 670) | 0,3955 | 0,3433 | 0,1194 | 0,0672 | 0,0746 |
| Zielkostenindex | 0,88 | 1,00 | 0,94 | 2,27 | 0,60 |
| Interpretation | zu teuer | ideales Verhältnis | ein wenig zu teuer | immer noch zu billig | immer noch wesentlich zu teuer |

Das Konzept des Target-Costing beruht auf dem Ausgleich der Relation zwischen Kosten und Nutzen. Eine isolierten Kostenänderung einer Komponente ändert dadurch nicht nur den eigenen Zielkostenindex, sondern auch die Zielkostenindices der anderen Komponenten. Eine isolierte Betrachtung der Produktkomponenten stellt somit keine geeignete Vorgehensweise bei der Verbesserung der Zielkostenindices dar, da die Auswirkung auf die anderen Komponenten und der sich daraus ergebende Handlungsbedarf nicht berücksichtigt wird.

## Aufgabe 4.2.4: Target-Costing

**zu a)**

(1) $70x_1 + 40x_2 + 20x_3 = 47$
(2) $30x_1 + 60x_2 + 10x_3 = 35{,}5$
(3) $70x_3 = 17{,}5$

Aus (3):
$x_3 = 17{,}5\ /\ 70 = 0{,}25 \rightarrow$ **25 %**

Einsetzen in (1) und Auflösen nach $x_1$:
$70x_1 = 42 - 40x_2$
$x_1 = 0{,}60 - 0{,}5714x_2$

Einsetzen von $x_1$ und $x_3$ in (2):
$30 \cdot (0{,}60 - 0{,}57x_2) + 60x_2 + 10 \cdot 0{,}25 = 35{,}5$
$18 - 17{,}1x_2 + 60x_2 = 33$
$42{,}9\ x_2 = 15$
$x_2 = 0{,}35 \rightarrow$ **35 %**

$x_3$ und $x_2$ in (2):
$30x_1 + 60{*}0{,}35 + 10{*}0{,}25 = 35{,}5$
$30x_1 + 60{*}0{,}35 + 10{*}0{,}25 = 35{,}5$
$30x_1 = 12$
$x_1 = 0{,}4 \rightarrow$ **40 %**

**zu b)**

Berechnung der Zielkostenindizes

$$\text{Zielkostenindex} = \frac{\text{Funktionsteilgewicht}}{\text{Kostenanteil}}$$

Zielkostenindex < 1 → die Teilkomponente ist zu teuer

Zielkostenindex > 1 → die Teilkomponente ist zu billig

Im Idealfall nimmt der Zielkostenindex den Wert 1 an.

$K_1 = \frac{0,47}{0,4} = 1,175 \rightarrow$ zu billig

$K_2 = \frac{0,355}{0,35} = 1,014 \rightarrow$ nahezu ideal, keine Veränderungen erforderlich

$K_3 = \frac{0,175}{0,25} = 0,7 \rightarrow$ zu teuer

## Aufgabe 4.2.5: Target Costing

| Komponenten des Schrankes „Lagom" | Korpus | Türen | Innen-einrichtung | Summe |
|---|---|---|---|---|
| Kostenanteil (IST) | 30 % | 50 % | 20 % | 100 % |
| Drifting Costs | 90 € | 150 € | 60 € | 300 € |
| Komponentengewicht (SOLL) aus Marktdaten | 20 % | 45 % | 35 % | 100 % |
| Zielkosten | 50 € | 112,50 € | 87,50 € | 250 € |
| Kostenanpassungsbedarf (KAB) | –40 € | –37,50 € | 27,50 € | |
| KAB in % der Drifting Costs | 44,44 % | 25 % | 45,83 % | |

## Aufgabe 4.2.6: Target Costing

**zu a)**

| Komponente | F1 | F2 | F3 | F4 | Komponenten-gewicht |
|---|---|---|---|---|---|
| Gehäuse | 10,00 % | 1,75 % | 6,00 % | 7,00 % | 24,75 % |
| Motor | 1,00 % | 2,00 % | 20,00 % | 7,00 % | 30,00 % |
| Bedienelemente | 7,00 % | 0,75 % | 2,00 % | 15,75 % | 25,50 % |
| Mixer-Messer | 2,00 % | 0,50 % | 12,00 % | 5,25 % | 19,75 % |
| | 20,00 % | 5,00 % | 40,00 % | 35,00 % | 100,00 % |

**zu b)**

| Komponente | Kosten | Kostenanteil DC | Funktionsteilgewicht | Zielkostenindex | Interpretation |
|---|---|---|---|---|---|
| Gehäuse | 140,00 € | 0,25 | 0,25 | 1,00 | genau richtig |
| Motor | 220,00 € | 0,40 | 0,30 | 0,75 | eher zu teuer |
| Bedienelemente | 60,00 € | 0,11 | 0,26 | 2,34 | eher zu günstig |
| Mixer-Messer | 130,00 € | 0,24 | 0,20 | 0,84 | eher zu teuer |
| | 550,00 € | 1,00 | 1,00 | | |

**zu c)**

| Komponente | Kosten | Kostenanteil Drifting Costs | Funktionsteilgewicht | Zielkosten | Kostenanpassungsbedarf Total | Kostenanpassungsbedarf in % Drifting Costs |
|---|---|---|---|---|---|---|
| Gehäuse | 140,00 € | 0,25 | 0,25 | 123,75 € | –16,25 € | –11,61 % |
| Motor | 220,00 € | 0,40 | 0,30 | 150,00 € | –70,00 € | –31,82 % |
| Bedienelemente | 60,00 € | 0,11 | 0,26 | 127,50 € | 67,50 € | 112,50 % |
| Mixer-Messer | 130,00 € | 0,24 | 0,20 | 98,75 € | –31,25 € | –24,04 % |
| | 550,00 € | 1,00 | 1,00 | 500,00 € | –50,00 € | –9,09 % |

## Aufgabe 5.1.1: Erfolgsrechnung auf Voll- und Teilkostenbasis (UKV)

*Vollkosten:*

| Monat | abgesetzte Menge [Stück] | Erlöse [€] | HK der abgesetzten Menge [€] | Erfolg [€] |
|---|---|---|---|---|
| 1 | 750 | 37.500,– | 21.000,– | 12.750,– |
| 2 | 1.750 | 87.500,– | 49.000,– | 34.750,– |
| 3 | 4.700 | 235.000,– | 131.600,– | 99.650,– |
| 4 | 2.800 | 140.000,– | 78.400,– | 57.850,– |
| 5 | 1.300 | 65.000,– | 36.400,– | 24.850,– |
| 6 | 700 | 35.000,– | 19.600,– | 11.650,– |
| **Summe** | | | | **241.500,–** |

$$\frac{\text{HK}}{\text{Stück}}: \ 20 + \frac{20.000}{2.500} = 28,\text{– €}$$

*Teilkosten:*

| Monat | abgesetzte Menge [Stück] | Erlöse [€] | variable HK der abgesetzten Menge [€] | Erfolg [€] |
|---|---|---|---|---|
| 1 | 750 | 37.500,– | 15.000,– | –1.250,– |
| 2 | 1.750 | 87.500,– | 35.000,– | 28.750,– |
| 3 | 4.700 | 235.000,– | 94.000,– | 117.250,– |
| 4 | 2.800 | 140.000,– | 56.000,– | 60.250,– |
| 5 | 1.300 | 65.000,– | 26.000,– | 15.250,– |
| 6 | 700 | 35.000,– | 14.000,– | –2.750,– |
| **Summe** | | | | **217.500,–** |

## Aufgabe 5.1.2: Erfolgsrechnung auf Voll- und Teilkostenbasis (UKV und GKV)

**zu a)**

*Vollkosten:* Kalkulation: Selbstkosten/Stück =

$$\frac{600.000 + 160.000 + 80.000}{10.000} = 84,- €$$

**Umsatzkostenverfahren [€]**

| | | | |
|---|---|---|---|
| Selbstkosten | 840.000 | Erlöse | 1.000.000 |
| **Gewinn** | **160.000** | | |
| | 1.000.000 | | 1.000.000 |

**Gesamtkostenverfahren [€]**

| | | | |
|---|---|---|---|
| HK | 600.000 | Erlöse | 1.000.000 |
| VwGK | 80.000 | | |
| VtGK | 160.000 | | |
| **Gewinn** | **160.000** | | |
| | 1.000.000 | | 1.000.000 |

*Teilkosten:* Kalkulation: variable Selbstkosten/Stück =

$$\frac{500.000 + 70.000}{10.000} = \mathbf{57,- €}$$

**Umsatzkostenverfahren [€]**

| | | | |
|---|---|---|---|
| variable Selbstkosten | 570.000 | Erlöse | 1.000.000 |
| Fixe Kosten | 270.000 | | |
| **Gewinn** | **160.000** | | |
| | 1.000.000 | | 1.000.000 |

**Gesamtkostenverfahren [€]**

| | | | |
|---|---|---|---|
| variable HK | 500.000 | Erlöse | 1.000.000 |
| variable VtGK | 70.000 | | |
| Fixe Kosten | 270.000 | | |
| **Gewinn** | **160.000** | | |
| | 1.000.000 | | 1.000.000 |

**zu b)**

Beachte: Durch die Absatzminderung sinken die variablen Vertriebskosten auf: $\frac{8}{10} \cdot 70.000 = 56.000{,}- €$.

*Vollkosten:* $\frac{\text{HK}}{\text{Stück}} = \frac{600.000}{10.000} =$ **60,– €**

$\frac{\text{Vw- u. VtGK}}{\text{Stück}} = \frac{146.000 + 80.000}{8.000} =$ **28,25 €**

$\frac{\text{SK}}{\text{Stück}} =$ **88,25 €**

**Umsatzkostenverfahren [€]**

| | | | |
|---|---|---|---|
| Selbstkosten | 706.000 | Erlöse | 800.000 |
| **Gewinn** | **94.000** | | |
| | 800.000 | | 800.000 |

**Gesamtkostenverfahren [€]**

| | | | |
|---|---|---|---|
| HK | 600.000 | Erlöse | 800.000 |
| VwGK | 80.000 | | |
| VtGK | 146.000 | Bestandsmehrung | 120.000 |
| **Gewinn** | **94.000** | | |
| | 920.000 | | 920.000 |

*Teilkosten:* $\frac{\text{variable HK}}{\text{Stück}} = \frac{500.000}{10.000} =$ **50,– €**

$\frac{\text{variable VtGK}}{\text{Stück}} = \frac{56.000}{8.000} =$ **7,– €**

$\frac{\text{variable SK}}{\text{Stück}} =$ **57,– €/Stück**

**Umsatzkostenverfahren [€]**

| | | | |
|---|---|---|---|
| variable Selbstkosten | 456.000 | Erlöse | 800.000 |
| Fixe Kosten | 270.000 | | |
| Gewinn | 74.000 | | |
| | 800.000 | | 800.000 |

**Gesamtkostenverfahren [€]**

| | | | |
|---|---|---|---|
| variable HK | 500.000 | Erlöse | 800.000 |
| variable VtGK | 56.000 | Bestandsmehrung | 100.000 |
| Fixe Kosten | 270.000 | | |
| Gewinn | 74.000 | | |
| | 900.000 | | 900.000 |

## Aufgabe 5.1.3: Erfolgsrechnung auf Voll- und Teilkostenbasis

**zu a)**

*Anwendung des Umsatzkostenverfahrens:*

Das Umsatzkostenverfahren liefert den Beitrag jedes einzelnen Produktes zum Betriebserfolg, wie es die Aufgabe verlangt. Im Gesamtkostenverfahren werden die Kostenarten nicht nach Produktarten differenziert.

**zu b)**

*Periodenergebnis zu Vollkosten:*

| | Produkt A | Produkt B | Gesamt |
|---|---|---|---|
| Bruttoerlöse [€] | 636.309,– | 626.570,– | 1.262.879,– |
| – HK des Absatzes [€] | 391.212,20 | 470.822,60 | 862.034,80 |
| – Vw- u. VtGK [€] | 120.191,70 | 148.586,60 | 268.778,30 |
| **Betriebserfolg [€]** | **124.905,10** | **7.160,80** | **132.065,90** |

**zu c)**

*Periodenergebnis zu Teilkosten:*

| | Produkt A | Produkt B | Gesamt |
|---|---|---|---|
| Bruttoerlöse [€]<br>– Variable SK [€] | 636.309,–<br>292.230,80<br>58.917,50 | 626.570,–<br>350.879,20<br>71.608,– | 1.262.879,–<br>643.110,–<br>130.525,50 |
| Deckungsbeitrag [€] | 285.160,70 | 204.082,80 | 489.243,50 |
| – Fixkosten der Periode [€] | 160.255,60<br>+ 115.818,21<br>+ 76.978,60<br>= 353.052,41 | (1,66 – 1,24 + 0,51 – 0,25) · 235.670 für A<br>(2,63 – 1,96) · 172.863 für B<br>(0,83 – 0,40) · 179.020 für B | |
| **Betriebserfolg [€]** | **136.191,09** | | |

**zu d)**

Die Teilkostenrechnung weist einen höheren Gewinn aus, da in ihr die Bestandsminderung bei B nur zu variablen Herstellkosten bewertet wurde, bei der Vollkostenrechnung dagegen zu vollen Herstellkosten. Bei der Vollkostenrechnung wurden Fixkosten der Vorperiode auf die jetzige Periode durch Schlüsselung übertragen. In der Vorperiode wies die Vollkostenrechnung durch eine Bestandserhöhung einen höheren Gewinn als die Teilkostenrechnung aus.

## Aufgabe 5.1.4: Erfolgsrechnung auf Voll- und Teilkostenbasis (UKV)

**zu a)**

2015: Fix: 30 % von 3.500.000 = 1.050.000,– €

$$\text{Typ A var.: } \frac{3.900.000 - 3.500.000}{2.500.000 - 2.000.000} = \frac{400.000}{500.000} = 0{,}80\ €/\text{Stück}$$

$$\text{Typ B var.: } \frac{850.000\ €}{1.000.000\ \text{Stück}} = 0{,}85\ €/\text{Stück}$$

2016: Vollkostenrechnung:

$$\text{Fixkosten: } \frac{1.050.000\ €}{3.500.000\ \text{Stück}} = 0{,}30\ €/\text{Stück}$$

**Gewinn- und Verlustrechnung 2016 auf Vollkostenbasis [€]**

| | | | |
|---|---|---|---|
| A 2,2 Mio. Stück · (0,8 + 0,3) = | 2.420.000 | 1,10 · 2,2 Mio. Stück = | 2.420.000 |
| B 1 Mio. Stück · (0,85 + 0,3) = | 1.150.000 | 1,20 · 1 Mio. Stück = | 1.200.000 |
| **Gewinn** | **50.000** | | |
| | 3.620.000 | | 3.620.000 |

**zu b)**

**Gewinn- und Verlustrechnung 2016 auf Teilkostenbasis [€]**

| | | | |
|---|---|---|---|
| A 2,2 Mio. Stück · 0,8 = | 1.760.000 | 1,10 · 2,2 Mio. Stück = | 2.420.000 |
| B 1 Mio. Stück · 0,85 = | 850.000 | 1,20 · 1 Mio. Stück = | 1.200.000 |
| **Fixkosten** | **1.050.000** | **Verlust** | **40.000** |
| | 3.660.000 | | 3.660.000 |

**zu c)**

Die Differenz ergibt sich aus der Proportionalisierung der Fixkosten und der Bewertung der Bestandserhöhung in der Vollkostenrechnung mit Fixkostenanteilen bzw. zu geringer Verrechnung der Fixkostenanteile.

Der Unterschied hat folgende Gründe:

- hergestellte Menge > abgesetzte Menge
- Die Kosten der abgesetzten Menge sind bei Vollkostenrechnung kleiner als bei Teilkostenrechnung (*oder* über Bestandsänderungen erklärbar).
- Ein Teil der Fixkosten ist bei Vollkostenrechnung in die nächste Periode geschoben, bei Teilkostenrechnung aber 2016 voll belastet worden.

## Aufgabe 5.1.5: Erfolgsrechnung auf Voll- und Teilkostenbasis (UKV)

**zu a)**

| | Schlüsselzahl |
|---|---|
| A | 1,2 * 100 = 120 |
| B | 1,0 * 80 = 80 |
| C | 1,4 * 60 = 84 |
| Summe | 284 |

Fixe Herstellkosten: 2.272 / 284 = 8,– €/RE

| Produkt | Herstellkosten | | Vertriebskosten | Selbstkosten |
|---|---|---|---|---|
| | fix | variabel | | |
| A | 1,2 * 8 = 9,60 | 10,– | 3,40 | 23,– |
| B | 1,0 * 8 = 8,– | 14,– | 2,60 | 24,60 |
| C | 1,4 * 8 = 11,20 | 20,– | 2,– | 33,20 |

**zu b)**

**Umsatzkostenverfahren auf Vollkostenbasis [€]**

| | | | |
|---|---|---|---|
| Selbstkosten A (80 * 23,–) | 1.840,– | Verkaufserlöse A (80 * 31,50) | 2.520,– |
| Selbstkosten B (100 * 24,60) | 2.460,– | Verkaufserlöse B (100 * 26,50) | 2.650,– |
| Selbstkosten C (40 * 33,20) | 1.328,– | Verkaufserlöse C (40 * 24,80) | 992,– |
| **Gewinn** | **534,–** | | |
| | 6.162,– | | 6.162,– |

**zu c)**

Grund für unterschiedliches Ergebnis:

- Argumentation über Struktur des Umsatzkostenverfahrens: Fixkosten werden bei Teilkostenrechnung nicht auf die hergestellte Menge geschlüsselt. Die Schlüsselung führt bei einer Vollkostenrechnung dazu, dass bei einer Bestandserhöhung der auf die hergestellten aber nicht abgesetzten Produkte geschlüsselte Teil der Fixkosten in der betrachteten Periode nicht berücksichtigt wird, der Gewinn aufgrund der geringeren Kosten also höher ist. Entsprechend umgekehrt bei Bestandsminderung.
- Argumentation über Struktur des Gesamtkostenverfahrens: Unterschiedliche Bewertung der Bestände
  - Vollkostenrechnung: Bewertung der Bestände zu vollen (= fixen und variablen) Kosten
  - Teilkostenrechnung: Bewertung der Bestände zu variablen Kosten
- Auswirkungen auf Gewinn: Bestandserhöhung: Gewinn (VKR) > Gewinn (TKR); Bestandsminderung: Gewinn (VKR) < Gewinn (TKR)

## Aufgabe 5.1.6: Erfolgsrechnung auf Voll- und Teilkostenbasis (GKV)

**zu a)**

- Variable Kosten 2015 insgesamt: $6.000.000 \cdot 0{,}7 \quad = \quad$ **4.200.000,– €**

- *Typ A:*

  Variable Kosten/Stück: $\dfrac{850.000\ €}{50.000\ \text{Stück}} \quad = \quad$ **17,– €/Stück**

  Variable Kosten 2015: $17 \dfrac{€}{\text{Stück}} \cdot 200.000 \quad = \quad$ **3.400.000,– €**

- *Typ B:*

  Variable Kosten 2015 von 800.000,– €

  Variable Kosten/Stück: $\dfrac{800.000\ €}{100.000\ \text{Stück}} =$ **8,– €/Stück**

- Fixkosten gesamt 2015: 1,8 Mio. (ohne Geschäftsführer)

  2015: $\dfrac{1{,}8\ \text{Mio}\ €}{300.000\ \text{Stück}} =$ **6,– €/Stück**

  2016: $\dfrac{2.450.000\ €}{350.000\ \text{Stück}} =$ **7,– €/Stück**

- *Vollkostenrechnung:*

**Gewinn- und Verlustrechnung [€]**

| | | | |
|---|---|---|---|
| Gesamtkosten | 7.500.000 | Erlös Typ A:<br>230.000 · 25,– = | 5.750.000 |
| | | Erlös Typ B:<br>100.000 · 15,– = | 1.500.000 |
| **Gewinn** | **230.000** | Bestandsmehrung:<br>20.000 · (17+7) = | 480.000 |
| | 7.730.000 | | 7.730.000 |

**zu b)**

- *Teilkostenrechnung:*

**Gewinn- und Verlustrechnung [€]**

| | | | |
|---|---|---|---|
| Gesamtkosten | 7.500.000 | Erlöse Typ A und B: | 7.250.000 |
| Gewinn | 90.000 | Bestandsmehrung:<br>20.000 · 17 = | 340.000 |
| | 7.590.000 | | 7.590.000 |

**zu c)**

Differenzen sind auf die Bestandsveränderung und deren unterschiedliche Bewertung zurückzuführen.

## Aufgabe 5.1.7: Erfolgsrechnung auf Voll- und Teilkostenbasis (UKV), Preisuntergrenze und Break-Even-Analyse

**zu a)**

| Erzeugnis [€/Stück] | Memphis | King | Vegas |
|---|---|---|---|
| Fertigungslöhne | 0,40 | 0,60 | 0,20 |
| Fertigungsmaterial | 0,30 | 1,20 | 0,30 |
| Variable FGK und MGK | 0,80 | 1,20 | 0,50 |
| **Variable Herstellungskosten** | **1,50** | **3,–** | **1,–** |
| Variable Vw- u. VtGK | 0,30 | 0,40 | 0,20 |
| **Variable Selbstkosten** | **1,80** | **3,40** | **1,20** |
| SEKVt | 0,20 | 0,30 | 0,10 |
| **Absolute Preisuntergrenze** | **2,00** | **3,70** | **1,30** |
| Fixe FGK und MGK | 0,50 | 1,50 | 0,70 |
| Fixe Vw- u. VtGK | 0,17 | 0,47 | 0,43 |
| **Fixkosten** | **0,67** | **1,97** | **1,13** |
| Vollkostenverrechnungssatz | 2,67 | 5,67 | 2,43 |

**zu b)**

- *Periodenergebnis zu Vollkosten:*

**Umsatzkostenverfahren [€]**

| | | | |
|---|---|---|---|
| Volle Selbstkosten A * | 26.700 | Erlöse A | 40.000 |
| Volle Selbstkosten B | 20.412 | Erlöse B | 21.600 |
| Volle Selbstkosten C | 9.720 | Erlöse C | 8.000 |
| **Gewinn** | **12.768** | | |
| | 69.600 | | 69.600 |

* jeweils Vollkostenverrechnungssatz · abgesetzte Menge

- *Periodenergebnis zu Teilkosten:*

**Umsatzkostenverfahren [€]**

| | | | |
|---|---|---|---|
| variable Selbstkosten A | 20.000 | Erlöse A | 40.000 |
| variable Selbstkosten B | 13.320 | Erlöse B | 21.600 |
| variable Selbstkosten C | 5.200 | Erlöse C | 8.000 |
| Fixe Kosten | 14.200 | | |
| **Gewinn** | **16.880** | | |
| | 69.600 | | 69.600 |

Somit betragen die jeweiligen Gewinne: $\text{Gewinn}_{\text{Vollk}}$ = **12.768,– €**
$\text{Gewinn}_{\text{Teilk}}$ = **16.880,– €**

Die verschiedenen Gewinne nach Voll- und Teilkostenrechnung entstehen durch die unterschiedliche Bewertung der Lagerbestandsentnahmen. Bei allen Produkten überstieg die verkaufte die hergestellte Menge. Die Entnahme wird in der Teilkostenrechnung zu variablen Kosten, in der Vollkostenrechnung zu vollen Selbstkosten bewertet. Deshalb weist die Teilkostenrechnung einen höheren Gewinn aus.

**zu c)**

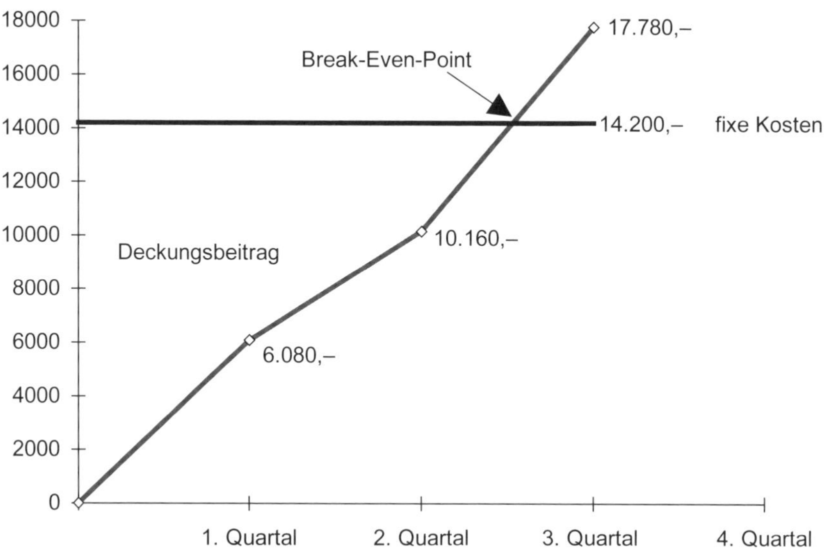


*kumulierte Deckungsbeiträge:*

1. Quartal: 2.000 · 2 + 600 · 2,30 + 1.000 · 0,70 = **6.080,– €**
2. Quartal: 3.000 · 2 + 1.200 · 2,30 + 2.000 · 0,70 = **10.160,– €**
3. Quartal: 6.000 · 2 + 1.600 · 2,30 + 3.000 · 0,70 = **17.780,– €**

## Aufgabe 5.1.8: Kostenträgerrechnung und kurzfristige Erfolgsrechnung

**zu a)**

| | Produkt A | Produkt B | Σ |
|---|---|---|---|
| Fertigungsmaterial [€] | 88.000 | 54.000 | 142.000 |
| Fertigungslöhne [€] | 76.000 | 78.000 | 154.000 |
| Fertigungszeit [h] | 1.000 | 1.200 | 2.200 |

**zu b)**

**Zuschlagssätze:**

Fertigungsmaterial: $\frac{24.140€}{142.000€} = 0,17$

FGK: $\frac{187.000€}{2.200h} = 85\frac{€}{h}$

VwVt-GK: $\frac{186.444€}{466.610€} = 0,4$

**zu c)**

**Selbstkosten der Produktarten:**

Alternative 1:

| | **Produkt A** | **Produkt B** |
|---|---|---|
| MEK [€] | 22,00 | 18,00 |
| MGK [€] | 3,74 | 3,06 |
| FEK [€] | 19,00 | 26,00 |
| FGK [€] | 21,25 | 34,00 |
| HK [€] | 65,99 | 81,06 |
| VwVt-GK [€] | 26,396 | 32,424 |
| SK – Stück [€] | 92,386 | 113,484 |
| **SK – Gesamt [€]** | **369.544,–** | **283.710,–** |

Alternative 2:

| | **Produkt A** | **Produkt B** |
|---|---|---|
| MEK [€] | 88.000 | 54.000 |
| MGK [€] | 14.960 | 9.180 |
| = MK [€] | 102.960 | 63.180 |
| FEK [€] | 76.000 | 78.000 |
| FGK [€] | 85.000 | 102.000 |
| = FK [€] | 161.000 | 180.000 |
| HK – Produktion [€] | 263.960 | 243.180 |
| HK – je Stück [€] | 65,99 | 81,06 |
| Bestandsänderung [€] | 0 | 40.530 |
| HK Umsatz [€] | 263.960 | 202.650 |
| VwVt-GK [€] | 105.584 | 81.060 |
| **= SK – Gesamt [€]** | **369.544,–** | **283.710,–** |

**zu d)**

**Gesamtkostenverfahren:**

**Betriebsergebnis**

| | | | |
|---|---|---|---|
| Fertigungsmaterial | 142.000 | Erlös Produkt A | 360.000 |
| Fertigungslöhne | 154.000 | Erlös Produkt B | 325.000 |
| Gemeinkosten | 397.784 | BVÄ Produkt B | 40.530 |
| Betriebsgewinn | 31.746 | | |
| | 725.530 | | 725.530 |

**Umsatzkostenverfahren:**

**Betriebsergebnis**

| | | | |
|---|---|---|---|
| Selbstkosten Produkt A | 369.544 | Erlös Produkt A | 360.000 |
| Selbstkosten Produkt B | 283.710 | Erlös Produkt B | 325.000 |
| Betriebsgewinn | 31.746 | | |
| | 685.000 | | 685.000 |

## Aufgabe 5.1.9: Kurzfristige Periodenerfolgsrechnung

**zu a)**

**Berechnung pro Stück:**

| | 1. Quartal | | 2. Quartal | |
|---|---|---|---|---|
| | **VK** | **TK** | **VK** | **TK** |
| Herstellkosten | 120 | 40 | 120 | 40 |
| Verw./Vertrieb | 50 | | 33,33 | |
| Selbstkosten | 170 | 40 | 153,33 | 40 |

Alternativ: **Berechnung Gesamt** (bezogen auf die abgesetzte Menge):

| VK | 1. Quartal | 2. Quartal |
|---|---|---|
| Herstellkosten | 96.000 | 144.000 |
| Verw./Vertrieb | 40.000 | 40.000 |
| Selbstkosten | 136.000 | 184.000 |

| TK | 1. Quartal | 2. Quartal |
|---|---|---|
| Variable HK | 32.000 | 48.000 |
| Fixkosten | 120.000 | 120.000 |

**Betriebsergebnisse:**

1. Quartal UKV (Vollkosten)

| | | | |
|---|---|---|---|
| SK | 136.000 | Erlöse | 144.000 |
| Gewinn | 8.000 | | |
| | 144.000 | | 144.000 |

1. Quartal UKV (Teilkosten)

| | | | |
|---|---|---|---|
| var. SK | 32.000 | Erlöse | 144.000 |
| Fixkosten | 120.000 | Verlust | 8.000 |
| | 152.000 | | 152.000 |

2. Quartal UKV (Vollkosten)

| | | | |
|---|---|---|---|
| SK | 184.000 | Erlöse | 216.000 |
| Gewinn | 32.000 | | |
| | 216.000 | | 216.000 |

2. Quartal UKV (Teilkosten)

| | | | |
|---|---|---|---|
| var. SK | 48.000 | Erlöse | 216.000 |
| Fixkosten | 120.000 | | |
| Gewinn | 48.000 | | |
| | 216.000 | | 216.000 |

**zu b)**

Im 1. Quartal werden die fixen Herstellkosten bei der VK-Rechnung auf die hergestellte Menge verteilt. Da die hergestellte Menge die abgesetzte Menge übersteigt, werden die Herstellkosten pro Stück der abgesetzten Menge im Vergleich zur Teilkostenrechnung reduziert. Da die Selbstkosten der abgesetzten Menge in die Erfolgsrechnung eingehen, sind die Kosten des 1. Quartals somit geringer. Bei der Teilkostenrechnung belasten die Fixkosten komplett die Periode, in der sie angefallen sind. Sie werden nicht auf die hergestellte Menge verteilt.

Übersteigt die hergestellte Menge die abgesetzte Menge, so ist der Gewinn bei Anwendung der Vollkostenrechung größer als der Gewinn bei Anwendung der Teilkostenrechnung.

## Aufgabe 5.1.10: Kurzfristige Periodenerfolgsrechnung

**zu a)**

| | A | B |
|---|---|---|
| Material-EK | 6 | 10 |
| Fertigungslöhne * | 12 | 8 |
| Fertigungs-GKf ix (Afa) ** | 24 | 16 |
| HK zu Vollkosten | 42 | 34 |
| HK zu Teilkosten | 18 | 18 |

* Fertigungslöhne: $\frac{100.000}{5.000 \cdot 30 + 5.000 \cdot 20} = 0{,}4$ Euro/Min.

** Afa Maschine: $\frac{1.000.000}{5} = 200.000$ Euro, davon 120.000 auf A und 80.000 auf B.

**GKV zu Vollkosten**

| | | | |
|---|---|---|---|
| Material A | 30.000 | Erlöse A | 200.000 |
| Material B | 50.000 | Erlöse B | 220.000 |
| Fertigungslöhne | 100.000 | Δ Bestand A | 42.000 |
| Fertigungs-GK (Afa) | 200.000 | | |
| Verwaltung/Vertrieb | 60.000 | | |
| Δ Bestand B | 17.000 | | |
| Gewinn | 5.000 | | |
| | 462.000 | | 462.000 |

**zu b)**

**GKV zu Teilkosten**

| | | | |
|---|---|---|---|
| Material A | 30.000 | Erlöse A | 200.000 |
| Material B | 50.000 | Erlöse B | 220.000 |
| Fertigungslöhne | 100.000 | Δ Bestand A | 18.000 |
| Fertigungs-GK (Afa) | 200.000 | Verlust | 11.000 |
| Verwaltung/Vertrieb | 60.000 | | |
| Δ Bestand B | 9.000 | | |
| | 449.000 | | 449.000 |

## Aufgabe 5.1.11: Deckungsbeitragsrechnung, Periodenerfolgsrechnung und Break-Even-Analyse

**zu a)**

- Vorschlag 1: Gut, da Deckungsbeitrag von B2 negativ. Erhöhung des Gewinns um den Betrag des negativen DB I (7.500 Euro).
- Vorschlag 2: Schlecht, da A zumindest zur Deckung der fixen Kosten beiträgt (DB I positiv). Diese können kurzfristig nicht abgebaut werden. Der Gewinn würde um 16.000 Euro (= DB I) sinken.
- Vorschlag 3: Gut, da die 2.000 zusätzlich abgesetzten Stück A einen zusätzlichen DB I von 3.200 Euro generieren. Abzüglich der 2.000 Euro Kosten bleibt eine Gewinnverbesserung von 1.200 Euro.

**zu b)**

2.000/1,60 = 1.250 Stück

**zu c)**

Ein Gesamtkostenverfahren zu Teilkosten würde zum selben Ergebnis kommen wie die Deckungsbeitragsrechnung. Der Unterschied zwischen einem GKV zu TK und einem GKV zu VK ist die Bewertung der Lagerbestandsänderungen. Diese treten nur bei Produkt A auf. Zu Vollkosten würden sie statt zu variablen Herstellkosten von 8,40 Euro nun zu vollen Herstellkosten bewertet. Die Differenz sind die fixen HK pro Stück (18.000/12.000 = 1,50 Euro). Der Gewinn erhöht sich daher um 2.000 * 1,50 = 3.000 Euro auf 13.500 Euro.

## Aufgabe 5.1.12: Deckungsbeitragsrechnung und Gesamtkostenverfahren

**zu a)**

(1) Es sind Teilkostenrechnungen
(2) Deckungsbeiträge sind zumindest kurzfristig aussagefähig für Programmpolitik
(3) Fixkostenblock wird aufgespalten, ohne Verursachungsprinzip zu verletzen
(4) Liefern tiefergehende Einblicke in Kostenstruktur

**zu b)**

**Nach Produktgruppen:**

| | Produktgruppe I | | Pr-Gruppe II | Summen |
|---|---|---|---|---|
| | A | B | C | |
| Erlöse | 1.000 | 1.200 | 750 | 2.950 |
| Variable Kosten | 800 | 600 | 400 | 1.800 |
| Deckungsbeitrag I | 200 | 600 | 350 | 1.150 |
| Fixkosten je PA | 120 | 90 | 200 | 410 |
| DB II | 80 | 510 | 150 | 740 |
| | 590 | | | 590 |
| FK je Pr-Gruppe | 300 | | 170 | 470 |
| DB III | 290 | | –20 | 270 |
| | 270 | | | 270 |
| Fixkosten Marketing | 220 | | | 220 |
| Fixkosten Untern. | 50 | | | 50 |
| Gewinn | **0** | | | 0 |

**Nach Regionen:**

| | Region Süd | Region Nord | | |
|---|---|---|---|---|
| | A | B | C | |
| Deckungsbeitrag I | 200 | 600 | 350 | 1.150 |
| Fixkosten je PA | 120 | 90 | 200 | 410 |
| DB II | 80 | 510 | 150 | 740 |
| | 80 | 660 | | 740 |
| FK je Region | 100 | 120 | | 220 |
| DB III | –20 | 540 | | 520 |
| | 520 | | | 520 |
| FK je Pr-Gruppe | 470 | | | 470 |
| Fixkosten Untern. | 50 | | | 50 |
| Gewinn | **0** | | | 0 |

**zu c)**

Es gibt Verluste bei

- Produktgruppe C
- In Region Süd

Diese sind näher zu analysieren.

**zu d)**

| **Volle Herstellkosten:** | A | B | C |
|---|---|---|---|
| Variable HK | 7 | 2 | 7 |
| Fixe HK je PA | 1 | 0,5 | 4 |
| Fixe HK je PrGr | 1 | 1 | 3,4 |
| Volle HK | 9 | 3,5 | 14,4 |

| Kosten | **Gesamtkostenverfahren VKR** | | Erlöse |
|---|---|---|---|
| Variable Fert.-Kosten | 1.550 | A | 1.000 |
| Fixe Kosten | 1.150 | B | 1.200 |
| Var. Vertr.K | 350 | C | 750 |
| HK $B_{mind}$ B | 70 | HK $B_{mehr}$ A | 180 |
| **Gewinn** | **10** | | |
| | 3.130 | | 3.130 |

**zu e)**

**Auf die unterschiedliche Bestandsbewertung**

0 – 10 = –10 = 20* (0,5 + 1) – 20* (1 + 1)

## Aufgabe 5.1.13: Vergleich Umsatz- und Gesamtkostenverfahren mit Deckungsbeitragsrechnung

**zu a)**

| Umsatzkostenverfahren VKR | | | |
|---|---|---|---|
| | Kosten | Erlöse | Gewinn |
| A | 2.160 | 2.400 | 240 |
| B | 600 | 720 | 120 |
| C | 560 | 600 | 40 |
| Gesamtgewinn | | | 400 |

**zu b)**

Fixe Kosten = 100* (18–2–12) + 80* (10–2–6) + 20* (28–4–20) = 640

**zu c)**

| Gesamtkostenverfahren TKR | | | |
|---|---|---|---|
| Kosten | | Erlöse | |
| HKv A | 1.200 | Erl A | 2.400 |
| HKv B | 480 | Erl B | 720 |
| HKv C | 400 | Erl C | 600 |
| Var. VVGK | 440 | | |
| Fixe GK | 640 | | |
| HK $B_{min}$ | 240 | HK $B_{mehr}$ | 120 |
| Zwischensumme | 3.400 | | |
| Gewinn | 440 | | |
| Summe | 3.840 | Summe | 3.840 |

**zu d)**

Bestandsänderungen * (Differenzen in Bestandsbewertung)

(120–100) * (15–12) – (80–60) * (7–6) = 60 – 20 = 40 = 440 – 400

**zu e)**

| Produkte | A | B | C |
|---|---|---|---|
| Absatzmengen | 120 | 60 | 20 |
| Stück-DB | 6 | 4 | 6 |
| Deckungsbeitrag | 720 | 240 | 120 |
| Summe | 1.080 | | |
| Fixkosten | 640 | | |
| Gewinn | 440 | | |

Man erkennt die Deckungsbeiträge je Produktart.

## Aufgabe 5.1.14: Vergleich Deckungsbeitragsrechnung und Vollkostenrechnung

**zu a)**

Umsatzkostenverfahren in Form einer einstufigen Deckungsbeitragsrechnung Deckungsbeiträge sind leicht errechenbar.

**zu b)**

| Produktart | A | B | C | D | E |
|---|---|---|---|---|---|
| Erlöse | 24.000 | 34.500 | 56.000 | 36.000 | 37.500 |
| Var. Fert.Kosten | 10.000 | 25.300 | 14.000 | 24.000 | 27.000 |
| Var. VK | 5.000 | 13.800 | 8.400 | 3.600 | 9.000 |
| Summe | 9.000 | –4.600 | 33.600 | 8.400 | 1.500 |
| DB | **9.000** | **–4.600** | **33.600** | **8.400** | **1.500** |
| Summe DB | 47.900 | mit B | 52.500 | ohne B | |
| Fixkosten | 38.425 | | 37.800 | | |
| Gewinn | **9.475** | | **14.700** | | |

Empfehlung: Produkt B nicht herstellen und absetzen.

**zu c)**

Vertriebsgesichtspunkte: Kunden erwarten volle Produktpalette Möglichkeiten, die Preispolitik zu ändern oder Kosten zu senken

**zu d)**

| | Europa | | Amerika | | Israel |
|---|---|---|---|---|---|
| **Produktart** | A | B | C | D | E |
| Erlöse | 24.000 | 34.500 | 56.000 | 36.000 | 37.500 |
| Var. Kosten | 15.000 | 39.100 | 22.400 | 27.600 | 36.000 |
| DB I | **9.000** | **–4.600** | **33.600** | **8.400** | **1.500** |
| Fixk/Part | 600 | 625 | 500 | 1.200 | 1.500 |
| DB II | **8.400** | **–5.225** | **33.100** | **7.200** | **0** |
| Summen | 8.400 | | 40.300 | | 0 |
| FixeVertr.K. | 3.000 | | 20.000 | | 4.500 |
| DB III | **5.400** | | **20.300** | | **–4.500** |
| | | | 21.200 | | |
| U-Fixkosten | | | 6.500 | | |
| Periodengewinn | | | **14.700** | | |

Problematik des Verkaufs in Israel, der negativen Deckungsbeitrag einbringt – Einstellen oder Möglichkeit, Vertriebskosten zu senken?

**zu e)**

| | **Fixe Fert.K je Stück** | **Fixe Vert.K je Stück** | **Unternehmensfixkosten je Stück** | **Selbstkosten je Stück** | **Absatzmengen** | |
|---|---|---|---|---|---|---|
| | | | | | | |
| A | *0,5* | 3 | 1 | 19,5 | 1.000 | |
| B | *0,25* | | | | | |
| C | *0,2* | 5 | 1 | 14,2 | | |
| D | *1* | 5 | 1 | 31 | 4.000 | |
| E | *1,25* | 3 | 1 | 26,25 | 1.500 | 6.500 |

| Periodenerfolgsrechnung | | | | | | | |
|---|---|---|---|---|---|---|---|
| | Stück-erlös | Selbstkosten | | Stück-erfolg | Absatzmenge | | Erfolg |
| A | 24 | 19,5 | | 4,5 | 1.000 | | 4.500 |
| C | 20 | 14,2 | | 5,8 | 2.800 | | 16.240 |
| D | 30 | 31 | | –1 | 1.200 | | –1.200 |
| E | 25 | 26,25 | | –1,25 | 1.500 | | –1.875 |
| Gesamterfolg | | | | | | | **17.665** |
| | | | | | | | |
| Erfolgsdifferenz: | | | 335 | | | | |
| über Bestandsänderungen: | | | A | C | E | | |
| | | | 100 | 60 | 375 | –335 | |

## Aufgabe 5.1.15: Deckungsbeitragsrechnung und Umsatzkostenverfahren

**zu a)**

| Äquivalenz-ziffern | Absatz-Menge | Schlüssel-zahl | fixe HK je Stück | Volle HK je Stück |
|---|---|---|---|---|
| 1 | 300 | 400 | 5 | 45 |
| 0,8 | 240 | 160 | 4 | 24 |
| 1,6 | 400 | 480 | 8 | 90 |
| | 940 | 1.040 | | |
| | | 5 | | |

| HK abgesetzte Mengen | Anteilige fixe VVGK | Volle SK je Stück | Var. SK je Stück | Stück-DB | Stück-Erfolg |
|---|---|---|---|---|---|
| 13.500 | 9 | 58 | 44 | 46 | 32 |
| 5.760 | 4,8 | 30,8 | 22 | 28 | 19,2 |
| 36.000 | 18 | 110 | 84 | 0 | –26 |
| 55.260 | | | | | |
| 0,2 | | | | | |

**zu b)**

Ja, da

(1) Kein Stück-DB unter Null
(2) Sorten verwandt sind und daher alle aus Marketinggründen angeboten werden sollten.

**zu c)**

| **UKV auf Vollkostenbasis** | | | | |
|---|---|---|---|---|
| **Sorte** | **Stück-Erlöse** | **Volle SK** | **Stückerfolg** | **Produkterfolg** |
| A | 90 | 58 | **32** | 9.600 |
| B | 50 | 30,8 | **19,2** | 4.608 |
| C | 84 | 110 | **–26** | –10.400 |
| Gesamterfolg | | | | **3.808** |

**zu d)**

| **UKV auf Teilkostenbasis** | | | | |
|---|---|---|---|---|
| **Sorte** | **Stück-Erlöse** | **Var. SK** | **Stück-DB** | **DB/PA** |
| A | 90 | 44 | 46 | 13.800 |
| B | 50 | 22 | 28 | 6.720 |
| C | 84 | 84 | 0 | 0 |
| Gesamt-DB | | | | 20.520 |
| Fixe HK | | | | 5.200 |
| Fixe VVGK | | | | 11.052 |
| **Gesamterfolg** | | | | **4.268** |

**zu e)**

Verbal: auf Bestandsänderungen

Rechnerisch: 100* (54–5) + (–40)* (24–20) + (–100)* (90–84) = 460 = 4268–3808

## Aufgabe 5.2.1: Erfolgsrechnung auf Voll- und Teilkostenbasis (UKV) und Programmplanung

**zu a)**

**Kalkulation von Produkt A:**

- variable HK pro Stück $= \frac{66.000 - 60.000}{6.000 - 5.000} =$ **6,– €**
- Gesamtkosten: $5.000 \cdot 6 + K_f =$ **60.000,– €**

  Fixkosten $K_f =$ **30.000,– €**
- variable Vertriebskosten pro Stück:

  $\frac{(83.500 - 66.000) - (75.000 - 60.000)}{7.000 - 5.000} =$ **1,25 €**
- Vertriebskosten $= 5.000 \cdot 1,25 + K_f^{Vt} =$ **15.000,– €**

  Fixe Vertriebskosten $= K_f^{Vt} =$ **8.750,– €**
- Volle Herstellkosten pro Stück $= 6 + \frac{30.000}{6.000} =$ **11,– €**
- Volle Vertriebskosten pro Stück $= 1,25 + \frac{8.750}{7.000} =$ **2,50 €**
- Volle Selbstkosten pro Stück = **13,50 €**

**Umsatzkostenverfahren auf Vollkostenbasis [€]**

| Selbstkosten | | Umsatzerlöse | |
|---|---|---|---|
| A: | 94.500 | A: | 105.000 |
| B: | 59.500 | B: | 56.000 |
| **Gewinn** | **7.000** | | |
| | 161.000 | | 161.000 |

**zu b)**

Produkt B deckt einen Teil der Fixkosten mit ab. Teilkostenrechnung als Basis für programmpolitische Entscheidungen. Volle Selbstkosten bei B liegen über dem Verkaufspreis.

*Anwendung der Deckungsbeitragsrechnung:*

| | | |
|---|---|---|
| Verkaufserlös [€]: | + | **8,–** |
| variable Kosten [€] | – | **6,–** |
| Stückdeckungsbeitrag [€] | = | **2,–** |

→ Produkt B wird nicht gestrichen.

**Zu c)**

**Umsatzkostenverfahren auf Teilkostenbasis [€]**

| | | | |
|---|---|---|---|
| variable Selbstkosten | | Umsatzerlöse | |
| A: | 50.750 | A: | 105.000 |
| B: | 42.000 | B: | 56.000 |
| Fixkosten | | | |
| A: | 38.750 | | |
| B: | 19.500 | | |
| **Gewinn** | **10.000** | | |
| | 161.000 | | 161.000 |

**zu d)**

Unterschiede im Gewinnausweis auf Vollkosten- und Teilkosten-Basis bei Bestandsänderungen.

Bestandsminderung A: $-1.000 \cdot (11-6) =$ **– 5.000**
Bestandserhöhung B: $1.000 \cdot (7-5) =$ **+ 2.000**

Gewinn der Vollkostenrechnung ist um 3.000,– € kleiner.

## Aufgabe 5.2.2: Erfolgsrechnung auf Voll- und Teilkostenbasis und Programmplanung

**zu a)**

- *Ermittlung der fiktiven Recheneinheiten:*

| | $HK_f$ [€] | $HK_v$ [€] | $VtK_f$ [€] | $VtK_v$ [€] |
|---|---|---|---|---|
| A | 50 · 1,2 = 60,– | 50 · 1,0 = 50,– | 40 · 1,7 = 68,– | 68,– |
| B | 40 · 1,0 = 40,– | 40 · 1,4 = 56,– | 50 · 1,3 = 65,– | 65,– |
| C | 30 · 1,4 = 42,– | 30 · 2,0 = 60,– | 20 · 1,0 = 20,– | 20,– |
| Σ | **142,–** | **166,–** | **153,–** | **153,–** |

mit:

$HK_f$ = fixe Herstellkosten
$HK_v$ = variable Herstellkosten
$VtK_f$ = fixe Vertriebskosten
$VtK_v$ = variable Vertriebskosten

- *Ermittlung der Kosten pro Recheneinheit:*

$$HK_f = \frac{25.560}{142} = \mathbf{180,\text{-}\ €}$$

$$HK_v = \frac{29.880}{166} = \mathbf{180,\text{-}\ €}$$

$$VtK_f = \frac{6.120}{153} = \mathbf{40,\text{-}\ €}$$

$$VtK_v = \frac{6.120}{153} = \mathbf{40,\text{-}\ €}$$

- *Kostenverteilung auf die Produkte gemäß der Recheneinheiten:*

| | $HK_f$ [€] | $HK_v$ [€] | $VtK_f$ [€] | $VtK_v$ [€] |
|---|---|---|---|---|
| A | 180 · 60 = 10.800,– | 180 · 50 = · 9.000,– | 40 · 68 = 2.720,– | 2.720,– |
| B | 180 · 40 = 7.200,– | 180 · 56 = 10.080,– | 40 · 65 = 2.600,– | 2.600,– |
| C | 180 · 42 = · 7.560,– | 180 · 60 = 10.800,– | 40 · 20 = · 800,– | 800,– |
| Σ | **25.560,–** | **29.880,–** | **6.120,–** | **6.120,–** |

- *variable und volle Selbstkosten je Stück der abgesetzten Produkte:*

| | **variable Selbstkosten [€] $SK_v$** | | | **fixe Selbstkosten [€] $SK_f$** | | | **volle SK** |
|---|---|---|---|---|---|---|---|
| | **$HK_v$ [€]** | **$VtK_v$ [€]** | **Σ $SK_v$** | **$HK_f$ [€]** | **$VtK_f$ [M]** | **Σ $SK_f$** | |
| A | $\frac{9.000}{50} = 180,\text{-}$ | $\frac{2.720}{40} = 68,\text{-}$ | 248,– | $\frac{10.800}{50} = 216,\text{-}$ | 68,– | 284,– | 532,– |
| B | $\frac{10.080}{40} = 252,\text{-}$ | $\frac{2.600}{50} = 52,\text{-}$ | 304,– | $\frac{7.200}{40} = 180,\text{-}$ | 52,– | 232,– | 536,– |
| C | $\frac{10.800}{30} = 360,\text{-}$ | $\frac{800}{20} = 40,\text{-}$ | 400,– | $\frac{7.560}{30} = 252,\text{-}$ | 40,– | 292,– | 692,– |

→ erfolgswirksam werdende Fixkosten:

a) Teilkostenrechnung: $HK_f + VtK_f$ = 25.560 + 6.120 = **31.680,– €**

b) Vollkostenrechnung:

| | | |
|---|---|---|
| A | 40 · 284 = | 11.360,– € |
| B | 50 · 232 = | 11.600,– € |
| C | 20 · 292 = | 5.840,– € |
| Σ | | **28.800,– €** |

**zu b)**

Umsatzkostenverfahren → kostenträgerorientiert

**Umsatzkostenverfahren bei Vollkostenrechnung [€]**

| | | | | |
|---|---|---|---|---|
| A | 532 · 40 = | 21.280 | A 40 · 645 = | 25.800 |
| B | 536 · 50 = | 26.800 | B 50 · 595 = | 29.750 |
| C | 692 · 20 = | 13.840 | C 20 · 618 = | 12.360 |
| **Betriebsergebnis** | | **5.990** | | |
| | | 67.910 | | 67.910 |

Nach der Vollkostenrechnung müsste das Produkt C eigentlich eingestellt werden, da es einen Verlust von € 13.840 – 12.360 = 1.480,– € liefert.

Nach der Teilkostenrechnung ist zunächst zu prüfen, ob Produkt C noch einen positiven Deckungsbeitrag liefert: 12.360 – 20 · 400 = 4.360,– €.

Es sollten alle Produkte produziert werden.

**Zu c)**

- **Differenz der Betriebsergebnisse:**

  *Teilkostenrechnung:*
  $\sum$ Erlöse = 67.910,–
  – $\sum$ Teilkosten = 31.680 + 9.920 + 15.200 + 8.000
  $\sum$ **3.110,–**

  *Vollkostenrechnung:*
  $\sum$ Erlöse = 67.910,–
  – $\sum$ Vollkosten = 21.280 + 26.800 + 13.840
  $\sum$ **5.990,–**

- **Differenz nach a):**

  Teilkostenrechnung 31.680,–
  Vollkostenrechnung –28.800,–
  **2.880,–**

**Umsatzkostenverfahren bei Teilkostenrechnung [€]**

| | | | | |
|---|---|---|---|---|
| A | 248 · 40 = | 9.920 | A | 25.800 |
| B | 304 · 50 = | 15.200 | B | 29.750 |
| C | 400 · 20 = | 8.000 | C | 12.360 |
| Fixkosten | $HK_f$ | 25.560 | | |
| | $VK_f$ | 6.120 | | |
| **Betriebsergebnis** | | **3.110** | | |
| | | 67.910 | | 67.910 |

**Begründung der Differenz:**

| Produkt | Veränderung Menge | fixe HK / Stück [€] | Ergebnis [€] |
|---|---|---|---|
| A | + 10 | · 216,– | 2.160,– |
| B | – 10 | · 180,– | – 1.800,– |
| C | + 10 | · 252,– | 2.520,– |
| Summe | | | **2.880,–** |

## Aufgabe 5.2.3: Programmplanung bei Voll- und Teilkostenrechnung

**zu a)**

| Produkt | A | B | C |
|---|---|---|---|
| Verkaufszahlen [Stück]<br>Stückerlös [€]<br>Stückfertigungszeiten [h/Stück] | 500<br>14,–<br>2 | 500<br>28,–<br>4 | 2.000<br>15,–<br>3,5 |
| Vollkosten [€]<br>Vollkosten [€/Stück] | 5.000,–<br>10,– | 10.000,–<br>20,– | 35.000,–<br>17,50 |
| Gewinn [€/Stück] | 4,– | 8,– | – 2,50 |
| Gewinn [€] | 2.000,– | 4.000,– | – 5.000,– |
| Gewinn gesamt [€] | | 1.000,– | |

**zu b)**

| Produkt | A | B | C |
|---|---|---|---|
| Variable Kosten [€]<br>Variable Kosten [€/Stück] | 3.000,–<br>6,– | 6.000,–<br>12,– | 21.000,–<br>10,50 |
| Deckungsbeitrag [€/Stück] | 8,– | 16,– | 4,50 |
| Deckungsbeitrag [€] | 4.000,– | 8.000,– | 9.000,– |
| Deckungsbeitrag gesamt [€]<br>– Fixe Kosten $K_f$ [€] | | 21.000,–<br>– 20.000,– | |
| **Gewinn [€]** | | **1.000,–** | |

Ohne das „Verlustprodukt" C würde der Unternehmer einen Verlust von € 8.000,– haben, da: DBA + DBB – $K_f$ = 12.000 – 20.000 = – 8.000,– €.

**Zu c)**

Die Vollkostenrechnung führt zu einer falschen Entscheidung. Orientiert man sich einzig an den Stückverlusten, so würde man durch die Herausnahme von C den Gewinn weiter reduzieren. Der Grund hierfür ist, dass durch Herausnahme von C auf € 9.000,–Deckungsbeitrag verzichtet wird und die Fixkosten kurzfristig nicht eingespart werden können. In dieser Situation ohne Engpass ist zu empfehlen, alle Produkte mit einem positiven Deckungsbeitrag, d.h. A, B und C, zu fertigen.

## Aufgabe 5.2.4: Programmplanung bei Voll- und Teilkostenrechnung

**zu a)**

| Produkt | Gewinn pro Produkt [€/Produkt] | Gewinn pro Stück [€/Stück] |
|---|---|---|
| A | 42.000,– | 7,– |
| B | 3.200,– | 0,20 |
| C | 40.000,– | 3,20 |
| Gesamt | 85.200,– | |

**zu b) und c)**

| Produkt | Gewinn pro Produkt [€/Produkt] | Gewinn pro Stück [€/Stück] |
|---|---|---|
| A | 34.560,– | 6,40 |
| B | – 17.280,– | – 1,20 |
| C | 31.500,– | 2,80 |
| Gesamt | 48.780,– | |

Das Ansteigen der Stückkosten bei zurückgehender Ausbringungsmenge deutet auf die Existenz fixer Kosten hin, die konstant bleiben. (Die Deckungsbeitragssumme verringert sich bei gleich bleibenden Fixkosten.)

**Produkt A:**

$$k_v = \frac{156.000 - 143.640}{6.000 - 5.400} = \quad \mathbf{20{,}60\ €}$$

Deckungsbeitrag : $33 - 20{,}60 =$ **12,40 €**

$$K_f = 143.640 - 20{,}60 \cdot 5.400 = \quad \mathbf{32.400,–\ €}$$

**Produkt B:**

$$k_v = \frac{508.800 - 478.080}{16.000 - 14.400} = \quad \mathbf{19{,}20\ €}$$

Deckungsbeitrag : $32 - 19{,}20 =$ **12,80 €**

$$K_f = 478.080 - 19{,}20 \cdot 14.400 = \quad \mathbf{201.600,–\ €}$$

**Produkt C:**

$$k_v = \frac{285.000 - 261.000}{12.500 - 11.250} = \quad \mathbf{19{,}20\ €}$$

Deckungsbeitrag : $26 - 19{,}20 =$ **6,80 €**

$$K_f = 261.000 - 19{,}20 \cdot 11.250 = \quad \mathbf{45.000,–\ €}$$

**$K_f$ gesamt =** **279.000,– €**

**zu d)**

Periodengewinn, wenn die Produktion von Produkt B eingestellt wird:

$$G = DB_A + DB_c - K_f = 12{,}40 \cdot 5.400 + 6{,}80 \cdot 11.250 - 279.000 =$$
$$66.960 + 76.500 - 279.000 = \mathbf{-135.540,\text{-}\ €\ \ Verlust}$$

**zu e)**

Maßgeblich für Verbleib oder Ausscheiden aus dem Produktionsprogramm ist allein der Deckungsbeitrag (DB); solange er positiv ist, sollte Sorte B unbedingt produziert werden.

## Aufgabe 5.2.5: Programmplanung bei Voll- und Teilkostenrechnung mit Engpass

**zu a)**

| Produkt | Gewinn [€/Stück] | variabler Kostenanteil [€/Stück] | fixer Kostenanteil [€/Stück] | gesamter Gewinn [€] | gesamte fixe Kosten [€] |
|---|---|---|---|---|---|
| A | 1,90 | 3,– | 2,– | 95,– | 100,– |
| B | 2,– | 4,20 | 1,80 | 160,– | 144,– |
| C | 2,– | 7,– | 3,– | 60,– | 90,– |
| D | 1,50 | 6,– | 6,– | 75,– | 300,– |
| | | | | 390,– | 634,– |

**zu b)**

| Produkt | benötigte Kapazität | verfügbare Kapazität | DB [€/Stück] | DB [€/Engpassminute] |
|---|---|---|---|---|
| A | 3 · 50 = 150 | | 3,90 | **1,30** |
| C | 4 · 30 = 120 | 270 | 5,– | **1,25** |
| B | 4 · 80 = 320 | | 3,80 | **0,95** |
| D | 5 · 50 = 250 | 570 | 7,50 | **1,50** |
| | 840 | 840 | | |

- Entscheidungen werden anhand des relativen Deckungsbeitrags getroffen.
- Man produziert auf Maschine AC nur Produkt A und auf Maschine BD nur Produkt D.

  $\frac{270}{3} = 90$ → DBA = 3,90 · 90 = **351,– €**

  $\frac{570}{5} = 114$ → DBD = 7,50 · 114 = **855,– €**

  **Gewinn (A,D)** = Dbges – $K_f$ = 1.206 – 634 = **572,– €**

**zu c)**

- Wenn nur D produziert wird:

  $\frac{840}{5} = 168$ Stück → DBD = 7,50 · 168 = **1.260,– €**

  Gewinn (D) = DBD – ($K_f$ + Umrüst.) = 1.260 – (634 + 200) = **426,– €**

- Wenn nur C produziert wird:

  $\frac{840}{4} = 210$ Stück → DBC = 5,00 · 210 = **1.050,– €**

  Gewinn (C) = DBC – ($K_f$ + Umrüst.) = 1.050 – (634 + 50) = **366,– €**

- Wenn nur D auf BD produziert wird:

  $\frac{570}{5} = 114$ Stück → DBD = 7,50 .114 = **855,– €**

  Gewinn (D auf BD) = DBD – $K_f$ = 855 – 634 = **221,– €**

## Aufgabe 5.2.6: Programmplanung bei Voll- und Teilkostenrechnung mit Engpass

**zu a)**

*Vollkostenrechnung:*

| Produkt | Verkaufspreis [€] | gesamte Stückkosten [€] | Stückgewinn [€] | Produktionsmenge [Stück] | Gewinn je Produktart [€] |
|---|---|---|---|---|---|
| A | 80,– | 90,– | – 10,– | – | – |
| B | 70,– | 60,– | 10,– | 400 | 4.000,– |
| C | 50,– | 52,– | – 2,– | – | – |
| D | 120,– | 95,– | 25,– | 100 | 2.500,– |
| **Nettogesamtgewinn [€]** | **6.500,–** | | | | |

Es werden nur die Produkte gefertigt, die keinen Stückverlust einbringen. Von Produkt B und D wird jeweils die maximale Absatzmenge produziert.

*Deckungsbeitragsrechnung:*

| Produkt | variable Kosten [€/Stück] | Stück-DB [€] | Produktionsmenge [Stück] | DB je Produktart [€] |
|---|---|---|---|---|
| A | 85,– | – 5,– | – | – |
| B | 50,– | 20,– | 400 | 8.000,– |
| C | 45,– | 5,– | 500 | 2.500,– |
| D | 80,– | 40,– | 100 | 4.000,– |
| - $K_f$ | 10.000,– | | | |
| **Nettogewinn [€]** | **4.500,–** | | | |

Es werden alle Produkte mit einem positiven Deckungsbeitrag gefertigt.

$K_f = K - Kv$

$K_f = (18.000 + 24.000 + 26.000 + 9.500) - (200 \cdot 85 + 400 \cdot 50 + 500. 45 + 100 \cdot 80)$
$= 10.000,- €$

*Empfehlung:*
Die Berechnung auf Basis der Vollkostenrechnung ist fehlerhaft. Der Gewinn wird zu hoch ausgewiesen. Fixkosten wurden auf alle Produkteinheiten verteilt, das Produktionsprogramm besteht aber nur aus zwei von ihnen. Ein Teil der Fixkosten wurde damit weggelassen. Das Produktionsprogramm, das aus der Deckungsbeitragsrechnung hervorgeht, sollte ausgeführt werden.

**zu b)**

*Vollkostenrechnung:*

| Produkt | Fertigungsabteilung I [h] | Fertigungsabteilung II [h] |
|---|---|---|
| A | – | – |
| B | 4.000 | 800 |
| C | – | – |
| D | 500 | 800 |
| **benötigte Kapazität** | **4.500** | **1.600** |
| verfügbare Kapazität | 10.000 | 2.000 |

*Deckungsbeitragsrechnung:*

| Produkt | Fertigungsabteilung I [h] | Fertigungsabteilung II [h] |
|---|---|---|
| A | – | – |
| B | 4.000 | 800 |
| C | 500 | 250 |
| D | 500 | 800 |
| **benötigte Kapazität** | **5.000** | **1.850** |
| verfügbare Kapazität | 10.000 | 2.000 |

In beiden Fällen reicht die verfügbare Kapazität für das gewählte Produktionsprogramm.

**zu c)**

*Vollkostenrechnung:*

Kein Engpass durch die verringerte Kapazität der Fertigungsabteilung II → unverändertes Produktionsprogramm → unveränderter Nettogewinn von € 6.500,–.

*Deckungsbeitragsrechnung:*

| Produkt | Stück-DB [€] | DB je Engpass-Einheit [€] | Rangfolge | Produktionsmenge [Stück] | DB [€·Stück] |
|---|---|---|---|---|---|
| A | – 5,– | – | – | – | – |
| B | 20,– | 10,– | 1 | 400 | 8.000,– |
| C | 5,– | 10,– | 1 | 500 | 2.500,– |
| D | 40,– | 5,– | 2 | 75 | 3.000,– |
| | | | | – $K_f$ [€] | 10.000,– |
| | | | | **Nettogewinn [€]** | **3.500,–** |

Produktionsmenge von D:

$$\frac{1.650 - 400 \cdot 2 - 500 \cdot 0{,}5}{8} = \frac{600}{8} = 75$$

## Aufgabe 5.2.7: Eigenfertigung oder Fremdbezug

**zu a)**

Gesamtkosten = **420.000,– €**

$$\text{Kostenanteil Kleinteil} = \frac{10}{60} \cdot 420.000 = \quad \mathbf{70.000,\!– \; €}$$

$$\text{Kosten Kleinteil pro Stück} = \frac{70.000}{50.000} = \quad \mathbf{1,\!40 \; €}$$

Zukauf wäre somit günstiger, da das Kleinteil nur 1,01 €/Stück kostet.

**zu b)**

variable Gesamtkosten = **300.000,– €**

$$\text{Kostenanteil Kleinteil} = \frac{1}{6} \cdot 300.000 = \quad \mathbf{50.000,\!– \; €}$$

$$\text{Kosten Kleinteil pro Stück} = \frac{50.000}{50.000} = \quad \mathbf{1,\!– \; €}$$

Es werden nur die variablen Kosten betrachtet, da sich, unabhängig von Eigenfertigung oder Zukauf, die Höhe der Fixkosten nicht ändert. Eigenfertigung wäre günstiger, da bei Zukauf das Teil 1,01 €/Stück kostet.

Einsparung/Monat: 0,01 €/Stück · 50.000 Stück/Monat = **500,– €**
Einsparung/Jahr: 12 · 500,– = **6.000,– €**

**zu c)**

Ein Monatsbedarf wird ständig zusätzlich im Lager gebunden:
Wert = 1,00 · 50.000 = 50.000,– € *(zusätzlicher Kapitalbedarf)*

**zu d)**

Durch Anlage von € 50.000,– in Lagerbestand bei Eigenfertigung jährliche Einsparung in Höhe von € 6.000,–, d. h.

$$\text{Zinssatz} = \frac{6.000}{50.000} = 12\,\% \text{ bei Eigenfertigung.}$$

Bei einem Zinssatz von 13 % könnte das Kapital von € 50.000,– anderweitig gewinnbringender angelegt werden, d. h. der Zukauf des Kleinteils ist unter Beachtung der Zinsen vorzuziehen.

## Aufgabe 5.3.1: Kostenrechnung unter unsicheren Erwartungen

**zu a)**

Deckungsbeitrag (DB):

$$A_1 = \sqrt{1.000} = \mathbf{31{,}62}$$

$$A_2 = 0{,}5\sqrt{400} + 0{,}5\sqrt{2500} = \mathbf{35}$$

Gewinn (G):

$$A_1 = \sqrt{600} = \mathbf{24{,}49}$$

$$A_2 = 0{,}5\sqrt{0} + 0{,}5\sqrt{2100} = \mathbf{22{,}91}$$

Die Alternativenwahl kehrt sich um:

bei Deckungsbeitrag: A2 optimal, bei Gewinn: A1 optimal.

Bei der Unterstellung einer Risikonutzenfunktion in der gewählten Form sind Fixkosten für die Entscheidung relevant.

**zu b)**

Dieselbe Nutzenfunktion kann nur für die dieselben Situationsbedingungen gelten. D. h. für Deckungsbeitrag (DB) und Gewinn (G) muss die Nutzenfunktion derart transformiert werden, dass die Entscheidung immer an derselben Stelle getroffen wird.

Durch die Verlagerung der Betrachtung von Gewinn zu Deckungsbeiträgen ist der Nullpunkt der anzuwendenden Funktion anders zu definieren. Damit ändert sich auch grundsätzlich deren Gestalt.

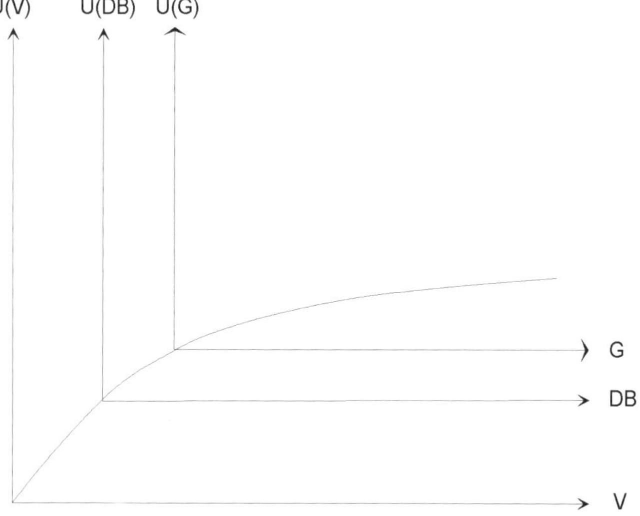


Die Abbildung verdeutlicht, dass die Nutzenbewertung unter Beachtung der gesamten Vermögensposition V eines Entscheidungsträgers vorgenommen werden muss. Bei zutreffender Transformation ist das Ergebnis davon unabhängig, ob man sich an Gewinn oder Deckungsbeitrag orientiert.

**zu c)**

- *Deckungsbeitrag:*

  $$A_1 = 1 - e^{-\frac{1.000}{500}} = 1 - 0{,}135 = \mathbf{0{,}865\ (optimal)}$$

  $$A_2 = 0{,}5 \cdot (1 - e^{-\frac{400}{500}}) + 0{,}5 \cdot (1 - e^{-\frac{2.500}{500}}) = 0{,}2753 + 0{,}4966 = \mathbf{0{,}7719}$$

- *Gewinn:*

  $$A_1 = 1 - e^{-\frac{600}{500}} = 1 - 0{,}301 = \mathbf{0{,}699\ (optimal)}$$

  $$A_2 = 0{,}5 \cdot (1 - e^{0}) + 0{,}5 \cdot (1 - e^{-\frac{2.100}{500}}) = 0 + 04925 = \mathbf{0{,}4925}$$

Die Exponentialfunktion führt nicht zu einem „Umkippen" der Entscheidung. In beiden Fällen (DB oder G) führt Alternative A1 zu einem höheren Nutzen. Die Exponentialfunktion wie auch eine lineare Funktion weisen als Risikonutzenfunktion die Eigenschaft auf, dass für sie alternativenidentische Beträge, wie z. B. die Gesamtvermögensposition V, irrelevant für eine Entscheidung sind.

Diese beiden Funktionstypen besitzen ein über ihren gesamten Funktionsverlauf konstantes Arrow-Pratt-Maß $r(Z) = -\frac{U^{II}(Z)}{U^{I}(Z)}$ und erfüllen das Pfanzagl'sche Konsistenzaxiom.

## Aufgabe 5.3.2: Kostenrechnung unter unsicheren Erwartungen

**zu a)**

| | Brût (10.000 Flaschen) | | Extra-Brût (7.000 Flaschen) | |
|---|---|---|---|---|
| | $S_1$ | $S_2$ | $S_1$ | $S_2$ |
| Erlöse | 275.000,– | 360.000,– | 210.000,– | 266.000,– |
| EK [€] | 70.000,– | 70.000,– | 49.000,– | 49.000,– |
| – GKv [€] | 125.000,– | 125.000,– | 70.000,– | 70.000,– |
| DB [€] | **80.000,–** | **165.000,–** | **91.000,–** | **147.000,–** |

**zu b)**

Fixkosten [€]: $\frac{948.000}{12}$ = **79.000,–€/Monat**

| | Brût (10.000 Flaschen) | | Extra-Brût (7.000 Flaschen) | |
|---|---|---|---|---|
| | $S_1$ | $S_2$ | $S_1$ | $S_2$ |
| Gewinn [€] | 1.000,– | 86.000,– | 12.000,– | 68.000,– |

**zu c)**

| | Brût (10.000 Flaschen) | Extra-Brût (7.000 Flaschen) |
|---|---|---|
| EW(DBB) [€] | 0,4 · 80.000 + 0,6 · 165.000<br>= 131.000,– | 0,4 · 91.000 + 0,6 · 147.000<br>= 124.600,– |
| EW(GB) [€] | 0,4 · 1.000 + 0,6 · 86.000<br>= **52.000,–** | 0,4 .12.000 + 0,6 · 68.000<br>= **45.600,–** |

Entscheidung: Brût fertigen

**zu d)**

| | Brût (10.000 Flaschen) | Extra-Brût (7.000 Flaschen) |
|---|---|---|
| EW(U(DB)) [€] | $0{,}4 \cdot \sqrt{80.000} + 0{,}6 \cdot \sqrt{165.000}$<br>= **356,86** | $0{,}4 \cdot \sqrt{91.000} + 0{,}6 \cdot \sqrt{147.000}$<br>= **350,71** |
| EW(U(G)) [€] | $0{,}4 \cdot \sqrt{1.000} + 0{,}6 \cdot \sqrt{86.000}$<br>= **188,60** | $0{,}4 \cdot \sqrt{12.000} + 0{,}6 \sqrt{68.000}$<br>= **200,28** |

Entscheidung nach U (DB): Brût optimal

Entscheidung nach U (G): Extra-Brût optimal.

**zu e)**

Die Entscheidung fällt unterschiedlich aus, je nachdem, ob Gewinn oder Deckungsbeitrag als Zielgröße für die Nutzenbestimmung verwendet werden.

Es wurde ein spezieller Funktionstyp mit veränderlicher Risikopräferenz (nach dem Arrow-Pratt-Maß) im Funktionsverlauf verwendet. Bei derartigen Funktionen können alternativenidentische Beträge für eine Entscheidung relevant sein.

Dieses Phänomen tritt nicht bei Funktionen auf, bei denen das Konsistenzaxiom gilt bzw. deren absolutes Arrow-Pratt-Maß konstant ist, so wie die Exponentialfunktion oder, im einfachsten Fall, eine lineare Funktion.

## Aufgabe 5.3.3: Kostenrechnung unter unsicheren Erwartungen

**zu a)**

Zielgröße Z = Deckungsbeitrag:

| | $S_1$ (p = 0,6) | $S_2$ (p = 0,4) |
|---|---|---|
| $DB_{Beef}$ | 16.500,– | 3.630,– |
| $DB_{Fleischlos}$ | 10.500,– | 8.750,– |

Berechnung des Erwartungswertes des Nutzens der Deckungsbeiträge für die Produktlinien Beef und Fleischlos:

$$EW(U(DB_{Beef})) = \quad 0{,}6 \cdot \sqrt{16.500} + 0{,}4 \cdot \sqrt{3.630} = 101{,}17$$

$$EW(U(DB_{Fleischlos})) = \quad 0{,}6 \cdot \sqrt{10.500} + 0{,}4 \cdot \sqrt{8.750} = 98{,}90$$

→ Entscheidung für **Beef**

**zu b)**

Zielgröße Z = Gewinn:

| | $S_1$ (p = 0,6) | $S_2$ (p = 0,4) |
|---|---|---|
| $DB_{Beef}$ | 13.200,– | 330,– |
| $DB_{Fleischlos}$ | 7.200,– | 5.450,– |

Berechnung des Erwartungswertes des Nutzens der Gewinne für die Produktlinien Beef und Fleischlos:

$$EW(U(G_{Beef}) = \quad 0{,}6 \cdot \sqrt{13.200} + 0{,}4 \cdot \sqrt{330} = 76{,}20$$

$$EW(U(G_{Fleischlos}) = \quad 0{,}6 \cdot \sqrt{7.200} + 0{,}4 \cdot \sqrt{5.450} = 80{,}44$$

→ Entscheidung für **Fleischlos**

**zu c)**

In der obigen Risikonutzenfunktion ist dies nicht gerechtfertigt, da sie kein konstantes Arrow-Pratt-Maß aufweist. Hier muss mit dem Übergang auf eine andere Zielgröße auch die Nutzenfunktion transformiert werden. Ausführliche Begründung siehe Aufgabe 5.3.1 b).

## Aufgabe 5.3.4: Kostenrechnung unter unsicheren Erwartungen

**zu a)**

| | Apfelbissen | | | | Kirschtasche | | | |
|---|---|---|---|---|---|---|---|---|
| | S1 | | S2 | | S1 | | S2 | |
| | S3 | S4 | S3 | S4 | S3 | S4 | S3 | S4 |
| DB | 45000 | 54000 | 18000 | 27000 | 37450 | 48150 | 26750 | 37450 |
| G | 28000 | 37000 | 1000 | 10000 | 20450 | 31150 | 9750 | 20450 |
| W(U) | 0,35 | 0,35 | 0,15 | 0,15 | 0,35 | 0,35 | 0,15 | 0,15 |
| EW(DB) | 15750 | 18900 | 2700 | 4050 | 13107,5 | 16852,5 | 4012,5 | 5617,5 |
| Σ(EW(DB)) | 41400 | | | | 39590 | | | |
| EW(G) | 9800 | 12950 | 150 | 1500 | 7157,5 | 10902,5 | 1462,5 | 3067,5 |
| Σ(EW(G)) | 24400 | | | | 22590 | | | |

**zu b)**

| U(DB) | 212,13 | 232,38 | 134,16 | 164,32 | 193,52 | 219,43 | 163,55 | 193,52 |
|---|---|---|---|---|---|---|---|---|
| EW (U(DB)) | 74,25 | 81,33 | 20,13 | 24,65 | 67,73 | 76,80 | 24,53 | 29,03 |
| Σ(EW(U(DB))) | 200,35 | | | | 198,09 | | | |
| U(G) | 167,33 | 192,35 | 31,62 | 100 | 143,00 | 176,49 | 98,74 | 143,00 |
| EW(U(G)) | 58,57 | 67,32 | 4,74 | 15 | 50,05 | 61,77 | 14,81 | 21,45 |
| Σ(E(U(G))) | 145,63 | | | | 148,09 | | | |

**zu c)**

- Transformation des Koordinatensystems
- Pfanzagl'sches Konsistenzaxiom
- Entscheidungsbereich der Kostenrechnung
- Entscheidungshorizont der Kostenrechnung

## Aufgabe 5.4.1: Prozess- versus Grenzplankostenrechnung

| | **Prozesskostenrechnung** | **Grenzplankostenrechnung** |
|---|---|---|
| **Unterschiede** | | |
| Konzept | Versuch der Schlüsselung von Fix- und Gemeinkosten indirekter Leistungsstellen auf Basis direkter Bezugsgrößen | Verursachungsprinzip, keine Schlüsselung, nur der variablen GK |
| Orientierung | Prozesse (über Kostenstellen hinweg) | Kostenstellen |
| Kostenträger | Prozesse (Weg zum Ergebnis) | Produkte (als Ergebnis) |
| Anwendungsbereich | Dienstleistungen, Verwaltung | eher Fertigung |
| Vorteile | indirekte Leistungsbereiche im Brennpunkt<br><br>Planung:<br>relevante Informationen für Programmpolitik (Berücksichtigung von Produktkomplexität und Variantenvielzahl)<br><br>Kontrolle:<br>von Prozessen in den indirekten Leistungsbereichen | Teilkostenrechnung, keine Schlüsselung<br><br>Planung:<br>größere Aussagefähigkeit, da keine Schlüsselung geeignet für kurzfristige Preispolitik<br><br>Kontrolle:<br>der Kostenstellen im Vordergrund<br>ausbaufähig über mehrfach gestufte Deckungsbeitragsrechnung |
| Nachteile | eher Vollkostencharakter, damit Schlüsselung (lmn) → weniger für Preisuntergrenze<br><br>zusätzlicher Aufwand durch Schlüsselung und Bezugsgrößenwahl | Aufwand durch Kostenplanung, Bezugsgrößenbestimmung, Trennung in variable und fixe Kosten |
| **Gemeinsamkeiten** | **Grundaussage: „sehr ähnlich"** | **„ineinander überführbar"** |
| Kostentheoretische Fundierung | mehrvariablige lineare Kostenfunktion | |
| Bezugsgrößen | eindimensional, mehrvariablig | |
| Kostenbegriff | wertmäßig | |

## Aufgabe 5.4.2: Vergleich von Kostenrechnungssystemen

**zu a)**

*mögliche Kriterien:*

- Real- und entscheidungstheoretische Fundierung (Kosteneinflussgrößen, Kostenfunktionen)
- Verwendbarkeit der generierten Informationen für Planung, Verhaltenssteuerung und Kontrolle
- Aktualität der Daten
- Anpassungsfähigkeit des Rechnungssystems
- Wirtschaftlichkeit des Rechnungssystems

Daneben gibt es eine Reihe von Kriterien, die dem Vergleich der Kostenrechnungssysteme dienen, beispielsweise Umfang der Kostenverrechnung, Rechnungstyp, etc.

**zu b)**

| | **Vollkosten-rechnung** | **Kilger** | **Laßmann** | **Riebel** |
|---|---|---|---|---|
| Produktions- und Kostenfunktion | Wird in der Literatur nicht näher spezifiziert, einvariablige lineare Kostenfunktion denkbar | Mehrvariablige, lineare Kostenfunktionen; umfangreiches Einflussgrößensystem mit Beschäftigung als Haupteinflussgröße; starke produktionstheoretische Fundierung (Leontief, auch Gutenberg) | Zunächst Ermittlung der Verbrauchsmengen auf Basis produktionstheoretischer Zusammenhänge (Kostengüter-/Einflussgrößenfunktion, Einflussgrößen-/Erzeugnisprogrammfunktion); dann Bewertung mit Preisen und Ermittlung der Kostenfunktion; Unterscheidung in disponierbare und nicht disponierbare Einflussgrößen | Mehrdimensionale Kostenzusammenhänge, keine Kostenfunktion; zentrale Einflussgröße = Entscheidung |
| Verfahren zur Bestimmung der Produktions- und Kostenfunktion | Statistische Verfahren, „Durchschnittsprinzip" | Vorrangig analytisch unter Nutzung naturwissenschaftlicher, technischer Erkenntnisse; aber auch statistische Methoden | Analytische und statistische Verfahren | Orientierung an empirisch beobachtbaren Größen / an Zahlungen |

**zu c)**

*wichtige Unterschiede ergeben sich bei:*

- Bezugsgrößen (Anzahl, Beeinflussbarkeit), zentraler Kosteneinflussgröße
- der Nutzung naturwissenschaftlichen, technischen Wissens
- zentralem Kostenrechnungsprinzip

## Aufgabe 5.4.3: Bezugsgrößen

**zu a)**

Für jede Kostenstelle und Kostenart werden Sollkostenfunktionen formuliert; hierbei stellen die unabhängigen Variablen die Bezugsgrößen dar.

Anforderungen an Bezugsgrößen:
- proportional zur Höhe der Kosten
- proportional zur Leistung

Kostenzusammenhänge:
- homogen / inhomogen
- direkt / indirekt

**zu b)**

Relative Einzelkostenrechnung:
- Bezugsgrößenhierarchie
- Kosten werden Entscheidungen zugeordnet

Entscheidungsobjekte: Produkte, Produktgruppen, Kostenstellen, ...
- Keine Kostenfunktion
- Identitätsprinzip

Periodische Planerfolgsrechnung:
- Unterscheidung in (nicht) disponierbare Einflussgrößen
- Beispiele: Produktmengen, Losgrößen, Preise, usw.
- Mehrvariablige, mehrdimensionale, lineare Kostenfunktion

Prozesskostenrechnung:
- Prozessbezugsgrößen (= cost driver)
- Beschäftigung, Variantenzahl, ...
- Keine heterogene Kostenverursachung

## Aufgabe 5.4.4: Systeme der Teilkostenrechnung

**zu a)**

| | Kilger | Riebel |
|---|---|---|
| *Kostenbegriff* | Wertmäßig | Pagatorisch |
| *Rechnungstyp* | Kalkulatorisch | Pagatorisch |
| *Lohnkosten, Abschreibungen* | Löhne:<br>voll variabel (alternative Verwendbarkeit von Arbeitskräften als Prämisse)<br><br>Abschreibungen:<br>z. T. variabel (Gebr.verschleiß)<br>z. T. fix | Löhne und Abschreibungen<br>kurzfristig nicht veränderbar → Bereitschaftskosten |
| *Zuordnung echter, variabler Gemeinkosten* | Schlüsselung | Keine Schlüsselung |
| *Kostenfunktion* | Mehrvariablige lineare Kostenfunktionen | Mehrdimensionale lineare Kostenzusammenhänge, keine Kostenfunktion |
| *Zentrales Kostenrechnungsprinzp* | Verursachungsprinzip | Identitätsprinzip |
| *Zentrale Einflussgröße* | Beschäftigung | Entscheidung |
| *Zeitliche Reichweite* | Eine Periode | Eine oder mehrere Perioden |
| *Rechnungsgrößen* | Kosten und Erlöse | Ein- und Auszahlungen |

**zu b)**

Planung – Beispiele für Beurteilung von Kilger und Riebel:

- Kilger: Orientierung an eher kurzfristigem Planungshorizont → Bereitstellung von Informationen für die Programmplanung, Preispolitik, …; Ausbaufähigkeit zur mehrdimensionalen, mehrstufigen Deckungsbeitragsrechnung
- Riebel: Orientierung an eher mittel- bis langfristigem Planungshorizont → gibt Hinweise für Investitions- und Desinvestitionsentscheidungen

Steuerung – Beispiele für Beurteilung von Kilger und Riebel:

- Kilger: Kostenstellenorientierung und damit Zuordnung von Planung und Kontrollergebnissen zu einem Verantwortlichen, umfangreiches Instrumentarium der Abweichungsanalyse

– Riebel: Zusammenhang zwischen Kosten und eigener Entscheidungsmöglichkeit durch Identitätsprinzip besser sichtbar (Sicherung des Entscheidungsbezugs und damit der Entfaltung von Anreizwirkungen); jeglicher Verzicht auf Schlüsselung mag zudem die Akzeptanz seitens der Verantwortlichen erhöhen, da Willkür vermieden wird

## Aufgabe 6.1.1: Abschreibungen, Lücke-Theorem

**zu a)**

| Periode | Saldo [€] | Vermögen am Periodenende [€] | | | Vermögensänderung [€] | | | Gewinn [€] | Kalk. Zinsen [€] | Periodenerfolg = G* [€] |
|---|---|---|---|---|---|---|---|---|---|---|
| | | Vorräte | Anlage | Σ | Vorräte | Abschr. | Σ | | | |
| 0 | –100,– | 40,– | 60,– | 100,– | – | – | – | – | – | – |
| 1 | 40,– | 50,– | 40,– | 90,– | +10,– | –20,– | –10,– | 30,– | 8,– | 22,– |
| 2 | 60,– | 50,– | 20,– | 70,– | – | –20,– | –20,– | 40,– | 7,2 | 32,8 |
| 3 | 20,– | – | – | – | –50,– | –20,– | –70,– | –50,– | 5,6 | –55,6 |

**lineare Abschreibung:** $KW = \frac{22}{1{,}08} + \frac{32{,}8}{1{,}08^2} - \frac{55{,}6}{1{,}08^3} = \mathbf{4{,}35}$

| Periode | Saldo [€] | Vermögen am Periodenende [€] | | | Vermögensänderung [€] | | | Gewinn [€] | Kalk. Zinsen [€] | Periodenerfolg = G* [€] |
|---|---|---|---|---|---|---|---|---|---|---|
| | | Vorräte | Anlage | Σ | Vorräte | Abschr. | Σ | | | |
| 0 | –100,– | 40,– | 60,– | 100,– | – | – | – | – | – | – |
| 1 | 40,– | 50,– | 30,– | 80,– | +10,– | –30,– | –20,– | 20,– | 8,– | 12,– |
| 2 | 60,– | 50,– | 10,– | 60,– | – | –20,– | –20,– | 40,– | 6,4 | 33,6 |
| 3 | 20,– | – | – | – | –50,– | –10,– | –60,– | –40,– | 4,8 | –44,8 |

**digitale Abschreibung:** $KW = \frac{12}{1{,}08} + \frac{33{,}6}{1{,}08^2} - \frac{44{,}8}{1{,}08^3} = \mathbf{4{,}35}$

$$d = \frac{AW - RW}{\frac{n(N+1)}{2}} = \frac{60}{\frac{3 \cdot 4}{2}} = \mathbf{10}$$

**zu b)**

| Periode | Saldo [€] | Vermögen am Periodenende [€] | | | Vermögensänderung [€] | | | Gewinn [€] | Kalk. Zinsen [€] | Periodenerfolg = G* [€] |
|---|---|---|---|---|---|---|---|---|---|---|
| | | Vorräte | Anlage | Σ | Vorräte | Abschr. | Σ | | | |
| 0 | –100,– | 40,– | 60,– | 100,– | – | – | – | – | – | – |
| 1 | 40,– | 50,– | 30,– | 80,– | +10,– | –30,– | –20,– | 20,– | 8,– | 12,– |
| 2 | 60,– | 50,– | – | 50,– | – | –30,– | –30,– | 30,– | 6,4 | 23,6 |
| 3 | 20,– | – | (–30,–) | (–30,–) | –50,– | (–30,–) | –80,– | –60,– | 4,– | –64,– |

**kalkulatorische Abschreibung:** $KW = \frac{12}{1{,}08} + \frac{23{,}6}{1{,}08^2} - \frac{64}{1{,}08^3} = \mathbf{-19{,}46}$

$KW = 4{,}35 - 30 \cdot 1{,}08^{-3} = \mathbf{-19{,}46}$

**zu c)**

- Die Aussagefähigkeit des Periodenerfolges ist abhängig von der Abschreibungsmethode.
- Sofern die Abschreibung nur zu abweichenden Periodisierungen führt bleibt die Basisaussage des Lücke-Theorems erhalten.
- Sofern die Abschreibung zur Verletzung des Kongruenzprinzips führt, gilt die Basisaussage nicht mehr; der Zusammenhang zwischen Periodenerfolgs- und Zahlungsrechnung geht verloren.
- Problem: Das Lücke-Theorem liefert keine Anhaltspunkte für die Herleitung der „richtigen“ Bewertungsansätze.

## Aufgabe 6.1.2: Abschreibungen, Lücke-Theorem

**zu a)**

*zentrale These:*

- Kapitalwertberechnungen auf der Basis von Periodenerfolgsgrößen (Kosten und Leistungen oder Aufwand und Ertrag) führen unter Berücksichtigung von kalkulatorischen Zinsen auf das gebundene Kapital zu dem gleichen Ergebnis, wie eine mit Zahlungsgrößen durchgeführte Kapitalwertberechnung.
- Die kalkulatorischen Zinsen haben dabei die Aufgabe, die Diskontierungsreihen einander anzugleichen.
- Aufgrund der Periodisierung (die Erfolgsgrößen Kosten/Erlöse bzw. Aufwand/Ertrag stellen lediglich periodisierte Zahlungen dar) ist eine Modifikation der Gewinnreihe notwendig. Achtung: nur das Periodisierungsproblem wird betrachtet; keine Wertunterschiede wegen Abschreibung auf Wiederbeschaffungswertbasis etc.

Unter Einhaltung dieser Prämissen gilt für den Kapitalwert $C_0$ zum Zeitpunkt 0:

$$C_0 = \sum_{t=0}^{T}(E_t - A_t)\cdot(1+i)^{-t} = \sum_{t=0}^{T}(G_t - i\cdot KB_{t-1})\cdot(1+i)^{-t} = \sum_{t=0}^{T}G_t^*\cdot(1+i)^{-t}$$

und für den **Endwert** am Planungshorizont T:

$$C_T = \sum_{t=0}^{T}(E_t - A_t)\cdot(1+i)^{T-t} = \sum_{t=0}^{T}(G_t - i\cdot KB_{t-1})\cdot(1+i)^{T-t} = \sum_{t=0}^{T}G_t^*\cdot(1+i)^{T-t}$$

**Prämissen:**

1. Die Summe der (Teil-)Periodengewinne Gt ist gleich der Summe der Zahlungsüberschüsse $Ü_t = E_t - A_t$

$$\sum_{t=0}^{T}G_t = \sum_{t=0}^{T}(E_t - A_t) = \sum_{t=0}^{T}Ü_t$$

2. Zu Beginn jeder Periode t muss die Kapitalbindung KBt-1 (zu Beginn der Periode bzw. der Vorperiode) nach folgender Formel berechnet werden:

$$KB_{t-1} = \sum_{s=0}^{t-1}G_s - \sum_{s=0}^{t-1}(E_s - A_s) = \sum_{s=0}^{t-1}G_s - \sum_{s=0}^{t-1}Ü_s$$

mit: $KB_{-1} = 0$ und $KB_T = 0$

**zu b)**

| Periode t | $L_t$ | $K_t$ | $G_t$ | $\Sigma G_s$ | $\Sigma(E_s - A_s)$ | $KB_t$ | $KB_{t-1}{}^*i$ | $G^*t$ | $G^*_t(1+i_t)^{-t}$ | $G^*_t(1+i_t)^{(T-t)}$ |
|---|---|---|---|---|---|---|---|---|---|---|
| 0 | 0 | 0 | 0 | 0 | 0 | 0 | 0 | 0 | 0 | 0 |
| 1 | 700 | 700 | 0 | 0 | –1.400 | 1.400 | 0 | 0 | 0 | 0 |
| 2 | 1.400 | 1.400 | 0 | 0 | –1.400 | 1.400 | 140 | –140 | –115,70 | –186,34 |
| 3 | 1.960 | 1.400 | 560 | 560 | –1.400 | 1.960 | 140 | 420 | 315,55 | 508,2 |
| 4 | 1.260 | 700 | 560 | 1.120 | –140 | 1.260 | 196 | 364 | 248,62 | 400,4 |
| 5 | 0 | 0 | 0 | 1.120 | 1.120 | 0 | 126 | –126 | –78,24 | –126 |
| Σ | 5.320 | 4.200 | 1.120 | | | | 602 | | 370,23 | 596,26 |

| Periode t | $E_t$ | $A_t$ | $Ü_t$ | $KB_s$ | $\Delta KB_t$ | $G_t$ | $KB_{t-1}{}^*i$ | $G^*_t$ | $G^*_t(1+i_t)^{-t}$ | $G^*_t(1+i_t)^{(T-t)}$ |
|---|---|---|---|---|---|---|---|---|---|---|
| 0 | 0 | 0 | 0 | 1.400 | 1.400 | 1.400 | 0 | 1.400 | 1.400 | 2254,71 |
| 1 | 0 | 1.400 | –1.400 | 1.400 | 0 | –1.400 | 140 | –1540 | –1.400 | –2.254,71 |
| 2 | 0 | 0 | 0 | 1.400 | 0 | 0 | 140 | –140 | –115,70 | –186,34 |
| 3 | 0 | 0 | 0 | 700 | –700 | –700 | 140 | –840 | –631,10 | –1.016,4 |
| 4 | 1.260 | 0 | 1.260 | 0 | –700 | 560 | 70 | 490 | 334,68 | 539 |
| 5 | 1.260 | 0 | 1.260 | 0 | 0 | 1.260 | 0 | 1.260 | 782,36 | 1.260 |
| Σ | 2.520 | 1.400 | 1.120 | | | 1.120 | | | 370,23 | 596,26 |

Kapitalwert der Zahlungen:

$$C_0 = -\frac{1.400}{1,1} + \frac{1.260}{1,1^4} + \frac{1.260}{1,1^5} = 370,23$$

$$C_5 = -1.400 \cdot 1,1^4 + 1.260 \cdot 1,1^1 + 1.260 \cdot 1,1^0 = 596,26$$

**zu c)**

Die Gültigkeit des Lücke-Theorems ändert sich bei variablem Zinssatz nicht, da auch in diesem Fall Änderungen über die Verzinsung des gebundenen Kapitals ausgeglichen werden. Die Berechnung erfolgt analog der Berechnung bei konstantem Zins; Unterschied: je Periode gilt ein anderer Zinssatz.

## Aufgabe 6.2.1: Traditionelle versus Investitionstheoretische Kostenrechnung

| Kriterium | Traditionelle Kostenrechnung | Investitionstheoretische Kostenrechnung |
|---|---|---|
| **Unterschiede** | | |
| Zielsetzung | Bestimmung der optimalen Bestellmenge über einfaches Verfahren | Verknüpfung von Kosten und Investitionsrechnung zur Verein-heitlichung der betrieblichen Planung |
| Einordnung in die Planungs- und Steuerungshierarche | operatives Vorgehen ohne strategischen Bezug | durch Anlehnung an die Investitionsrechnung stärker taktisch, strategisch ausgerichtet |
| Rechnungsgrößen | Lagerkosten, Bestellkosten | Einzahlungen, Auszahlungen |
| Vorgehen | Minimierung der Gesamt-kosten der Lagerhaltung | Minimierung des Kapitalwerts der Zahlungen über eine Kette von Bestellzyklen |
| Verwendbarkeit für Planung und Kontrolle | einfaches Vorgehen, zahlreiche Modellvarianten, große praktische Bedeutung | Konzept mit hohem theoretischen Aussagegehalt, praktische Verwendbarkeit allerdings gering |
| Behandlung dynamischer Zusammenhänge | Erweiterung auf dynamische Bestellmengenmodelle | Annahme unendlicher Kette identischer Bestellzyklen |
| **Überleitungsmöglichkeiten:** | | |
| | Informationsbereitstellung für den Entscheider | |
| | Vorgehen der traditionellen Kostenrechnung als Grenzfall der investitionstheoretischen Kostenrechnung bei kleinem Zinssatz oder kurzer Zyklusdauer | |
| | theoretische Fundierung der traditionellen Kostenrechnung durch die Investitionstheorie | |

## Aufgabe 6.2.2: Investitionstheoretische Kostenrechnung, Abschreibung

**zu a)**

Anlagenabschreibung: Kapitalwertänderung des Anlageneinsatzes in jedem Zeitpunkt

**Vorgehen:**

1. Bestimmung des Kapitalwertes des Anlageneinsatzes als Kapitalwert der unendlichen Investitionskette K
2. Bestimmung des Kapitalwertes $K_t$ des Anlageneinsatzes zu jedem Zeitpunkt t
3. Differenz der Kapitalwerte K und $K_t$ entspricht dem Anlagenwert $W_t$
4. Die Wertänderung des Anlagenwertes entspricht der Gesamtabschreibung $D_t^G$

**Annahmen:**

1. sichere Erwartungen / Risikoneutralität des Entscheiders
2. Vorliegen einer unendlichen identischen Investitionskette, d.h. Anlagen werden mit gleichen Aus- und Einzahlungen immer wieder angeschafft und eingesetzt
3. kontinuierliche Funktionen / Verzinsung
4. kein technischer Fortschritt / Inflation
5. Der Kapitalwert des Anlageneinsatzes wird durch die Größen (A, C, T, L) bestimmt, direkte Zurechnung der Einzahlungen zu den Produkten. $K = K(A, C, T, L)$
6. Anschaffungsauszahlungen A sind konstant und fallen zum Anschaffungszeitpunkt 0 und zu den Ersatzzeitpunkten T an. $A = \text{const.}$
7. In den Ersatzzeitpunkten erhält man für den Verkauf der alten Anlage einen Liquidationserlös L. Dieser ist nur vom Anlagenalter T beim Ersatz abhängig. $L = L(T)$
8. Während der Nutzungsdauer fallen Betriebs- sowie Instandhaltungszahlungen C an. Die Funktion der Betriebs- und Instandhaltungszahlungen ist mehrvariablig, linear und monoton steigend, sie umfasst neben den Zahlungen für Betriebsstoffe und verschleißbedingten Mehrverbrauch an Werkstoffen die Wartungs-, Reparatur- und sonstigen Instandhaltungszahlungen. Ihre Höhe ist bestimmt durch das Anlagenalter t, die Beschäftigung pro Periode (bzw. Zeitpunkt) $y_t$ und die kumulierte Beschäftigung $Y_t$.

   $C(t, y_t, Y_t) = \alpha \cdot t + \beta \cdot y_t + \gamma \cdot Y_t$

Diese Hypothese ist nicht empirisch bestätigt. Plausibel erscheint, dass z. B. bei Kraftfahrzeugen deren Alter, Fahrleistung in der Periode und bisheriger Kilometerstand näherungsweise bestimmend für Benzinverbrauch, Wartung, Reparaturen und dergleichen sind. Dennoch ist dieser Funktionsverlauf lediglich als erster Ansatz zu werten, der durch empirisch bestätigte Hypothesen für unterschiedliche Gebrauchsgüter zu ersetzen ist.

**zu b)**

**Angaben**:

$$A = 50 \qquad L = \frac{75}{T+1} \qquad \bar{y} = 6 \qquad C = 0{,}3 \cdot t + 3 \cdot y_t + 0{,}12 \cdot Y_t$$

**Umrechnung:**

$$C = 0{,}3 \cdot t + 3 \cdot (y_t = \bar{y}_t = 6) + 0{,}12 \cdot (Y_t = \bar{y}_t \cdot t = 6 \cdot t) = 0{,}3 \cdot t + 3 \cdot 6 + 0{,}12 \cdot 6 \cdot t = 18 + 1{,}02 \cdot t$$

$$T = 10{,}3 \qquad K = 297{,}74$$

**Berechnung von** $K_t$

$$K_t = \left[ \int_t^T C(s, y_s, Y_s) \cdot e^{-is} ds - L(T) \cdot e^{-iT} + K \cdot e^{-iT} \right] \cdot e^{it}$$

für $t = 1$

- $$K_1 = \left[ \int_{t=1}^{T=10{,}3} C(s) \cdot e^{-0{,}1 \cdot s} ds - L(T) \cdot e^{-0{,}1 \cdot 10{,}3} + K \cdot e^{-0{,}1 \cdot 10{,}3} \right] \cdot e^{0{,}1 \cdot 1}$$

**Berechnung des Integrals**

$$\int_{t=1}^{T=10{,}3} C(s) \cdot e^{-0{,}1 \cdot s} ds = \int_{t=1}^{T=10{,}3} (18 + 1{,}02 \cdot s) \cdot e^{-0{,}1 \cdot s} ds$$

$$= \int_{t=1}^{T=10{,}3} \left(18 \cdot e^{-0{,}1 \cdot s} + 1{,}02 \cdot s \cdot e^{-0{,}1 \cdot s}\right) ds$$

$$= \left[ \frac{18}{-0{,}1} \cdot e^{-0{,}1 \cdot s} + \frac{1{,}02}{(-0{,}1)^2} \cdot e^{-0{,}1 \cdot s} \cdot (-0{,}1 \cdot s - 1) \right]_{t=1}^{T=10{,}3}$$

$$= \frac{18}{-0{,}1} \cdot e^{-0{,}1 \cdot 10{,}3} + \frac{1{,}02}{(-0{,}1)^2} \cdot e^{-0{,}1 \cdot 10{,}3} \cdot (-0{,}1 \cdot 10{,}3 - 1)$$

$$- \left[ \frac{18}{-0{,}1} \cdot e^{-0{,}1 \cdot 1} + \frac{1{,}02}{(-0{,}1)^2} \cdot e^{-0{,}1 \cdot 1} \cdot (-0{,}1 \cdot 1 - 1) \right]$$

$$= -180 \cdot e^{-1{,}03} + 102 \cdot e^{-1{,}03} \cdot (-1{,}03 - 1) - \left[ -180 \cdot e^{-0{,}1} + 102 \cdot e^{-0{,}1} \cdot (-0{,}1 - 1) \right]$$

$$= -180 \cdot e^{-1{,}03} + 102 \cdot e^{-1{,}03} \cdot (-2{,}03) - \left[ -180 \cdot e^{-0{,}1} + 102 \cdot e^{-0{,}1} \cdot (-1{,}1) \right]$$

$$= -64{,}26 - 73{,}92 - [-162{,}87 - 101{,}52]$$

$$= \underline{\underline{126{,}21}}$$

$$K_1 = \left[126{,}21 - \frac{75}{10{,}3+1} \cdot e^{-0{,}1\cdot 10{,}3} + 297{,}74 \cdot e^{-0{,}1\cdot 10{,}3}\right] \cdot e^{0{,}1\cdot 1}$$
$$= [126{,}21 - 2{,}37 + 106{,}29] \cdot e^{0{,}1}$$
$$= [230{,}13] \cdot e^{0{,}1}$$
$$= \underline{\underline{254{,}33}}$$

**zu c)**

Die lineare Abschreibung ist ein Grenzfall der investitionstheoretischen, wenn man die Zinsen vernachlässigt oder als eigene Kostenart verrechnet und bei den laufenden Anlagenzahlungen keine dynamischen Beziehungen auftreten oder diese durch den Ansatz von Durchschnittswerten geglättet sind. Insofern ist der investitionstheoretische Ansatz umfassender.

## Aufgabe 6.2.3: Bestimmung von Preisuntergrenzen

**zu a)**

Teilkostenrechnung: 1 €

*Vollkostenrechnung:*

$$\left(10000 + \int_0^2 2000\,dt + 12000 + \int_2^4 1000\,dt\right) \Big/ 2000 = 28000/2000 = 14$$

**zu b)**

*Berechnung des Kapitalwerts K*

$$K = -10000 - \int_0^2 2000 e^{-0{,}1t}\,dt - 12000 e^{-0{,}1\cdot 2} + (p-1) \cdot \int_2^4 1000 e^{-0{,}1t}\,dt$$

*Bestimmung der Preisuntergrenze: Kapitalwert gleich null setzen und nach dem Preis auflösen:*

$$p = \left(10000 + \int_0^2 2000 e^{-0{,}1t}\,dt + 12000 e^{-0{,}1\cdot 2} + \int_2^4 1000 e^{-0{,}1t}\,dt\right) \Big/ \int_2^4 1000 e^{-0{,}1t}\,dt$$

*Preisuntergrenze vor dem Kauf des Web-Servers:*

$$p = \left(10000 + \int_0^2 2000 e^{-0{,}1t}\,dt + 12000 e^{-0{,}1\cdot 2} + \int_2^4 1000 e^{-0{,}1t}\,dt\right) \Big/ \int_2^4 1000 e^{-0{,}1t}\,dt$$
$$= \frac{10000 + 2000 \cdot (-10)\left(e^{-0{,}2} - e^{0}\right) + 12000 e^{-0{,}2} + 1000 \cdot (-10)\left(e^{-0{,}4} - e^{-0{,}2}\right)}{1000 \cdot (-10)\left(e^{-0{,}4} - e^{-0{,}2}\right)}$$
$$= (10000 + 3625 + 9825 + 1484)/1484$$
$$= 24934/1484$$
$$= 16{,}80$$

*Preisuntergrenze zum Zeitpunkt 1:*

$$p=\left(\int_1^2 2000e^{-0,1t}\,dt+12000e^{-0,1\cdot 2}+\int_2^4 1000e^{-0,1t}\,dt\right)\Big/\int_2^4 1000e^{-0,1t}\,dt$$

$$=\frac{2000\cdot(-10)\left(e^{-0,2}-e^{-0,1}\right)+12000e^{-0,2}+1000\cdot(-10)\left(e^{-0,4}-e^{-0,2}\right)}{1000\cdot(-10)\left(e^{-0,4}-e^{-0,2}\right)}$$

$$=(1722+9825+1484)/1484$$

$$=13031/1484$$

$$=8,78$$

*Preisuntergrenze vor der Vermarktungsauszahlung zum Zeitpunkt 2:*

$$p=\left(12000e^{-0,1\cdot 2}+\int_2^4 1000e^{-0,1t}\,dt\right)\Big/\int_2^4 1000e^{-0,1t}\,dt$$

$$=\left(12000e^{-0,2}+1000\cdot(-10)\left(e^{-0,4}-e^{-0,2}\right)\right)\Big/\left(1000\cdot(-10)\left(e^{-0,4}-e^{-0,2}\right)\right)$$

$$=(9825+1484)/1484$$

$$=13031/1484$$

$$=7,62$$

*Preisuntergrenze zum Zeitpunkt 3:*

$$p=\left(\int_3^4 1000e^{-0,1t}\,dt\right)\Big/\int_3^4 1000e^{-0,1t}\,dt$$

$$=1$$

**zu c)**

- Investitionstheoretischer Ansatz geht von sicheren Erwartungen aus (bzw. Erwartungswert verbunden mit Risikoneutralität des Entscheiders) – hohe Unsicherheit im Bereich Internet schränkt Anwendbarkeit ein.
- Sehr hohe Vorleistungen im vorliegenden Fall – investitionstheoretischer Ansatz empfiehlt frühzeitigen Projektabbruch in der Investitionsphase, falls der Marktpreis frühzeitig unter die Preisuntergrenze fällt.
- Folgeprojekte müssten in die Bestimmung der Preisuntergrenze einbezogen werden.

**zu d)**

| Fristigkeit des Entscheidungsproblems | Strategisch | Taktisch | Operativ |
|---|---|---|---|
| Erfolgsgröße | Erfolgspotential | Kapitalwert | Deckungsbeitrag, Gewinn |
| Entscheidungsrelevante Informationen | Stärken/ Schwächen | Einzahlungen/ Auszahlungen, Zinsfuß | Kosten, Erlöse |

Bereitstellung der Informationen durch das Rechnungssystem, idealerweise sind die Größen der operativen Ebene konsistent auf jene der taktischen und strategischen Ebene ausgerichtet.

## Aufgabe 6.2.4: Preisuntergrenze

**zu a)**

| | | |
|---|---|---|
| $A_F$ = 800 | Auszahlungen für Forschung |
| $A_E$ = 1.000 | Auszahlungen für Entwicklung |
| $A_A$ = 3.000 | Auszahlungen für Anlagen |
| $T_P$ = 6 | Anzahl der Produktionsperioden |
| $F$ = 200 | Fixe Zahlungen je Produktionsperiode |
| $k_v$ = 10 | Variable Zahlungen je Stück |
| $x$ = 200 | Anzahl der gefertigten Stück |
| $K$ | Kapitalwert |
| $a$ | Deckungsbeitragsprozentsatz als Zuschlag auf die variablen Selbstkosten $k_v$ |
| $a_0^*$ | Mindestzuschlagssatz im Zeitpunkt $t = 0$ |

*Annahme:*

Bis zum Anlaufen der Fertigung eines Produktes sind Vorleistungsauszahlungen z. B. für Forschung $A_F$, Entwicklung $A_E$ und Anlagenkauf $A_A$ zu erbringen. Diese fallen zu Beginn in einperiodigem Abstand an.

Ausgangspunkt für die Berechnung von Preisuntergrenzen ist der Kapitalwert K der während des gesamten Lebenszyklus einer Produktart anfallenden Zahlungen:

$$K = -A_F - A_E \cdot e^{-i} - A_A \cdot e^{-2i} - F \cdot \sum_{t=t'}^{T-1} e^{-it} + (p - k_v) \cdot x \cdot \int_{t=t'}^{T} e^{-it} dt$$

*Annahmen:*

- In den Perioden der Herstellung sind jeweils zum Periodenbeginn fixe Zahlungen F und laufend die Zahlungen $k_v$ je Stück zu leisten.
- Diesen Fertigungsauszahlungen stehen die Erlöse p je Stück gegenüber.
- Nach einer Forschungs- und Entwicklungszeit werde das Produkt in dem Zeitraum t' bis T gefertigt und abgesetzt.
- Der Stückdeckungsbeitrag ist als Zuschlagssatz $\alpha$ auf die variablen Kosten $k_v$ angegeben, so dass gilt:

$$p = \left(1 + \tfrac{\alpha}{100}\right) \cdot k_v \quad \rightarrow \quad DB = \left[\left(1 + \frac{\alpha}{100}\right) \cdot k_v - k_v\right] \cdot x = \frac{\alpha}{100} \cdot k_v \cdot x$$

→ Man erhält die Preisuntergrenze, indem man obige Gleichung für einen Kapitalwert von K = 0 nach $\alpha$ auflöst:

$$\alpha = \frac{A_F + A_E \cdot e^{-i} + A_A \cdot e^{-2i} + F \cdot \sum_{t=t'}^{T-1} e^{-it}}{k_v \cdot x \cdot \int_{t=t'}^{T} e^{-it} dt} \cdot 100$$

Wenn die Verzinsung auf i = 0 sinkt und der Zinseffekt damit vernachlässigt wird,
→ ergibt sich die Preisuntergrenze $\alpha_0^*$ der Vollkostenrechnung:

$$\alpha_0^* = \frac{A_F + A_E + A_A + F \cdot T_P}{k_v \cdot x \cdot T_P} \cdot 100$$

*Berechnung der kurzfristigen Preisuntergrenze:*

- Bei einer Verzinsung größer als Null verändert sich der Mindestzuschlagssatz $\alpha_t^*$ nach jeder durchgeführten Zahlung.
- Ergebnis: der Zuschlagssatz sinkt von anfänglich 65% nach der letzten Zahlung von F in t = 7 auf null ab.
- Da keine fixen Zahlungen mehr anfallen, bilden die variablen Kosten hier die Preisuntergrenze.
- Preisuntergrenzenansätze der Voll- und der Teilkostenrechnung lassen sich somit als Grenzfälle des investitionstheoretischen Ansatzes interpretieren.

Mindestzuschlagssätze bei einmaligem Produktlebenszyklus (i = 0,1):

| $t$ | 0 | 0 | 1 | 1 | 2 | 2 | 3 | 3 | 4 | 4 |
|---|---|---|---|---|---|---|---|---|---|---|
| $\alpha_t^*$ | 65,94 | 55,35 | 55,35 | 43,31 | 43,31 | 8,30 | 10,48 | 7,97 | 10,48 | 10,48 |

| $t$ | 5 | 5 | 6 | 6 | 6,5 | 7 | 7 | 8 |
|---|---|---|---|---|---|---|---|---|
| $\alpha_t^*$ | 10,48 | 6,65 | 10,48 | 4,99 | 6,82 | 10,48 | 0 | 0 |

$$\alpha = \frac{\underbrace{800}_{A_F} + \underbrace{1.000}_{A_E} \cdot e^{-0,1} + \underbrace{3.000}_{A_A} \cdot e^{-2 \cdot 0,1} + \underbrace{200}_{F} \cdot \sum_{t=t'}^{T-1} e^{-0,1 \cdot t}}{\underbrace{10}_{k_v} \cdot \underbrace{200}_{x} \cdot \int_{t=t'}^{T} e^{-0,1 \cdot t} dt} \cdot 100$$

$t = 0$

Vor den Forschungsauszahlungen:

$$\alpha_0^* = \frac{800 + 1.000 \cdot e^{-0,1} + 3.000 \cdot e^{-0,2} + 200 \cdot \sum_{t=2}^{7} e^{-0,1 \cdot t}}{10 \cdot 200 \cdot \int_{t=2}^{8} e^{-0,1 \cdot t} dt} \cdot 100$$

Berechnung des Integrals:

$$\int_2^8 e^{-0,1 \cdot t} dt = \left(-\tfrac{1}{0,1}\right) \cdot \left[e^{-0,1 \cdot t}\right]_2^8 = \left(-\tfrac{1}{0,1}\right) \cdot \left[e^{-0,8} - e^{-0,2}\right]$$

$$\alpha_0^* = \frac{4.161,03 + 200 \cdot \left[e^{-0,2} + e^{-0,3} + e^{-0,4} + e^{-0,5} + e^{-0,6} + e^{-0,7}\right]}{20 \cdot \left\{\left(-\tfrac{1}{0,1}\right) \cdot \left[e^{-0,8} - e^{-0,2}\right]\right\}} = 65,94$$

Differenzen beim Nachrechnen ergeben sich durch Rundungsfehler!

Nach den Forschungsauszahlungen:

$$\alpha_0^* = 55,35 = \frac{1.000 \cdot e^{-0,1} + 3.000 \cdot e^{-0,2} + 200 \cdot \sum_{t=2}^{7} e^{-0,1 \cdot t}}{10 \cdot 200 \cdot \int_{t=2}^{8} e^{-0,1 \cdot t} dt} \cdot 100$$

$t = 1$

Vor den Entwicklungsauszahlungen:

$$\alpha_1^* = 55,35 = \frac{1.000 \cdot e^{-0,1} + 3.000 \cdot e^{-0,2} + 200 \cdot \sum_{t=2}^{7} e^{-0,1 \cdot t}}{10 \cdot 200 \cdot \int_{t=2}^{8} e^{-0,1 \cdot t} dt} \cdot 100$$

Nach den Entwicklungsauszahlungen:

$$\alpha_1^* = 43,31 = \frac{3.000 \cdot e^{-0,2} + 200 \cdot \sum_{t=2}^{7} e^{-0,1 \cdot t}}{10 \cdot 200 \cdot \int_{t=2}^{8} e^{-0,1 \cdot t} dt} \cdot 100$$

t = 2

Vor den Anlagenauszahlungen:

$$\alpha_2^* = 43{,}31 = \frac{3.000 \cdot e^{-0,2} + 200 \cdot \sum_{t=2}^{7} e^{-0,1 \cdot t}}{10 \cdot 200 \cdot \int_{t=2}^{8} e^{-0,1 \cdot t} dt} \cdot 100$$

Nach den Anlagenauszahlungen und den Fixkosten:

$$\alpha_2^* = 8{,}30 = \frac{200 \cdot \sum_{t=3}^{7} e^{-0,1 \cdot t}}{10 \cdot 200 \cdot \int_{t=2}^{8} e^{-0,1 \cdot t} dt} \cdot 100$$

t = 3

Vor Fixkosten:

$$\alpha_3^* = 10{,}48 = \frac{200 \cdot \sum_{t=3}^{7} e^{-0,1 \cdot t}}{10 \cdot 200 \cdot \int_{t=3}^{8} e^{-0,1 \cdot t} dt} \cdot 100$$

Unmittelbar nach Fixkosten:

$$\alpha_3^* = 7{,}97 = \frac{200 \cdot \sum_{t=4}^{7} e^{-0,1 \cdot t}}{10 \cdot 200 \cdot \int_{t=3}^{8} e^{-0,1 \cdot t} dt} \cdot 100$$

t = 4

Vor Fixkosten:

$$\alpha_4^* = 10{,}48 = \frac{200 \cdot \sum_{t=4}^{7} e^{-0,1 \cdot t}}{10 \cdot 200 \cdot \int_{t=4}^{8} e^{-0,1 \cdot t} dt} \cdot 100$$

Unmittelbar nach Fixkosten:

$$\alpha_4^* = 7{,}48 = \frac{200 \cdot \sum_{t=5}^{7} e^{-0,1 \cdot t}}{10 \cdot 200 \cdot \int_{t=4}^{8} e^{-0,1 \cdot t} dt} \cdot 100$$

t = 5

Vor Fixkosten:

$$\alpha_5^* = 10,48 = \frac{200 \cdot \sum_{t=5}^{7} e^{-0,1 \cdot t}}{10 \cdot 200 \cdot \int_{t=5}^{8} e^{-0,1 \cdot t} dt} \cdot 100$$

Unmittelbar nach Fixkosten:

$$\alpha_5^* = 6,65 = \frac{200 \cdot \sum_{t=6}^{7} e^{-0,1 \cdot t}}{10 \cdot 200 \cdot \int_{t=5}^{8} e^{-0,1 \cdot t} dt} \cdot 100$$

t = 6

Vor Fixkosten:

$$\alpha_6^* = 10,48 = \frac{200 \cdot \sum_{t=6}^{7} e^{-0,1 \cdot t}}{10 \cdot 200 \cdot \int_{t=6}^{8} e^{-0,1 \cdot t} dt} \cdot 100$$

Unmittelbar nach Fixkosten:

$$\alpha_6^* = 4,99 = \frac{200 \cdot e^{-0,7}}{10 \cdot 200 \cdot \int_{t=6}^{8} e^{-0,1 \cdot t} dt} \cdot 100$$

t = 7

Vor Fixkosten:

$$\alpha_7^* = 10,48 = \frac{200 \cdot e^{-0,7}}{10 \cdot 200 \cdot \int_{t=7}^{8} e^{-0,1 \cdot t} dt} \cdot 100$$

Unmittelbar nach Fixkosten:

$$\alpha_7^* = 0 = \frac{0}{10 \cdot 200 \cdot \int_{t=7}^{8} e^{-0,1 \cdot t} dt} \cdot 100$$

**zu b)**

Die Lösungen der Teil- und der Vollkostenrechnung stellen Grenzfälle des investitionstheoretischen Ansatzes dar.

- Die variablen Kosten bilden die kurzfristige Preisuntergrenze.
- Die vollen Durchschnittskosten bilden die langfristige Preisuntergrenze, sofern alle Zahlungen kontinuierlich anfallen, der Zinssatz Null wird oder die Zinsen gesondert verrechnet werden.

## Aufgabe 6.2.5: Preisuntergrenze

**zu a)**

Ausgangspunkt für die Berechnung von Preisuntergrenzen ist der Kapitalwert K der während des gesamten Lebenszyklus des Produktes „Race" anfallenden Zahlungen:

$$K = -A_{FE} - A_A \cdot e^{-i} - F \cdot \sum_{t=t'}^{T-1} e^{-it} + (p - k_v) \cdot x \cdot \int_{t=t'}^{T} e^{-it} dt$$

Bei einem Kapitalwert von $K$=0 lässt sich dies unter Verwendung der angegebenen Formel $DB = (p - k_v) \cdot x = \frac{\alpha}{100} \cdot k_v \cdot x$ darstellen als:

$$\frac{\alpha}{100} \cdot k_v \cdot x \cdot \int_{t=t'}^{T} e^{-it} dt = A_{FE} + A_A \cdot e^{-i} + F \cdot \sum_{t=t'}^{T-1} e^{-it}$$

Für den Zuschlagssatz $\alpha$, der für die Ermittlung der Preisuntergrenze relevant ist, ergibt sich durch Auflösen der obigen Gleichung nach $\alpha$:

$$\alpha = \frac{A_{FE} + A_A \cdot e^{-i} + F \cdot \sum_{t=t'}^{T-1} e^{-it}}{k_v \cdot x \cdot \int_{t=t'}^{T} e^{-it} dt} \cdot 100$$

Berechnung der Preisuntergrenze bei einem Verhandlungszeitpunkt zu Beginn des Betrachtungszeitraums:

$$\alpha^0 = \frac{4000 + 1500 \cdot e^{-0,05} + 500 \cdot \sum_{1}^{3} e^{-0,05t}}{80 \cdot 100 \cdot \int_{1}^{4} e^{-0,05t} dt} \cdot 100$$

$$\alpha^0 = \frac{4000 + 1500 \cdot e^{-0,05} + 500 \cdot (e^{-0,05} + e^{-0,1} + e^{-0,15})}{80 \cdot (-\frac{1}{0,05}) \cdot \left[ e^{-0,05t} \right]_1^4}$$

$$\alpha^0 = \frac{4000 + 1426,84 + 1358,39}{80 \cdot (-20) \cdot \left( e^{-0,2} - e^{-0,05} \right)} = \frac{6785,23}{211,99} = 32$$

Für die Preisuntergrenze ergibt sich damit:

$$PUG = k_v \cdot (1+\alpha) = 105{,}60$$

**zu b)**

Bestimmung der Preisuntergrenze bei Nachverhandlung unmittelbar vor Beginn der letzten Produktionsperiode:

Berechnung von $\alpha^3$

$$\alpha^3 = \frac{500 \cdot \sum_3^3 e^{-0{,}05t}}{80 \cdot 100 \cdot \int_3^4 e^{-0{,}05t} dt} \cdot 100 = \frac{500 \cdot e^{-0{,}15}}{80 \cdot (-20) \cdot (e^{-0{,}2} - e^{-0{,}15})} = \frac{430{,}35}{67{,}16} = 6{,}41$$

Für die Preisuntergrenze ergibt sich damit: PUG = 85,21

**zu c)**

Preisuntergrenze bei Vollkostenrechnung entspricht Durchschnittskosten, d. h. konkret:

$$k_v + \frac{K_{fix}}{x_{gesamt}} = 80 + \frac{7000}{300} = 103{,}33$$

Preisuntergrenze bei Teilkostenrechnung entspricht den variablen Kosten. Es ergibt sich damit eine PUG = 80.

Investitionstheoretische PUG ist in den frühen Perioden höher als die Durchschnittskosten, sinkt dann aber ab in Richtung der kurzfristigen PUG (bei einmaligem Produktlebenszyklus sogar bis auf einen Zuschlagssatz von 0).

Mögliche Begründung: Bei investitionstheoretischer Rechnung Betrachtung und Einbeziehung aller – vom Betrachtungszeitpunkt ausgehend – zukünftig noch anfallenden Zahlungen inklusiver ihrer Verzinsung. Traditionelle VKR lässt hingegen zeitlichen Anfall der Zahlungen im Sinne von Zinsbetrachtungen außer Acht.

## Aufgabe 7.1: Single Choice

a) (3); b) (1); c) (1); d) (2); e) (3); f) (1); g) (3); h) (1); i) (1); j) (1); k) (2); l) (3); m) (4); n) (1); o) (3); p) (1); q) (3); r) (3); s) (2); t) (2); u) (3); v) (1); w) (3); x) (2); y) (2); z) (2); aa) (3); ab) (1); ac) (4); ad) (2); ae) (2); af) (2); ag) (1); ah) (2); ai) (2); aj) (4); ak) (2); al) (4); am) (4); an) (3); ao) (1); ap) (1); aq) (2); ar) (2); as) (3); at) (2); au) (4); av) (3); aw) (4); ax) (2); ay) (3); az) (4); ba) (2); bb) (4); bc) (1); bd) (1); be) (4); bf) (2); bg) (3); bh) (2); bi) (3); bj) (2); bk) (3); bl) (2); bm) (1); bn) (2); bo) (3); bp) (2); bq) (1); br) (4); bs) (2); bt) (1); bu) (3); bv) (4); bw) (2); bx) (4); by) (3); bz) (3); ca) (4); cb) (4); cc) (3); cd) (1); ce) (1); cf) (1); cg) (2); ch) (1); ci) (3); cj) (3)

## Aufgabe 7.2: Multiple Choice Aufgaben

a) (1), (2), (5); b) (1), (2), (4); c) (1), (4); d) (3); e) (2), (3); f) (3), (4), (5); g) (2), (3), (4), (5); h) (1), (2), (3); i) (1), (5); j) (3), (4), (5); k) (2), (5); l) (1), (2), (5); m) (1), (4); n) (2), (4); o) (2); (3); p) (2), (4), (5); q) (2); r) (1), (2), (5); s) (1), (3); t) (2), (3)

# Stichwortverzeichnis

## G



## H



## K



## L



## M



## N



## O



## P